EXPOSITION UNIVERSELLE DE 1851.

TRAVAUX

DE

LA COMMISSION FRANÇAISE

SUR L'INDUSTRIE DES NATIONS.

EXPOSITION UNIVERSELLE DE 1851.

TRAVAUX

DE

LA COMMISSION FRANÇAISE

SUR L'INDUSTRIE DES NATIONS,

PUBLIÉS

PAR ORDRE DE L'EMPEREUR.

TOME III.

PREMIÈRE PARTIE.

DEUXIÈME SECTION.

PARIS.

IMPRIMERIE IMPÉRIALE.

M DCCC LVII.

EXPOSITION UNIVERSELLE DE 1851.

TRAVAUX DE LA COMMISSION FRANÇAISE.

IIe GROUPE.

JURY DE LA 1re PARTIE, 2e SECTION.

VIe, 2e partie. MACHINES ET OUTILS DE FILATURES ET TISSAGES.

VIIe. CONSTRUCTIONS CIVILES.

IIE GROUPE.

PRÉSIDENT DU GROUPE :

M. LE BARON CHARLES DUPIN,

PRÉSIDENT DE LA COMMISSION FRANÇAISE.

PREMIÈRE PARTIE. — DEUXIÈME SECTION.

JURYS.	PRÉSIDENTS DES JURYS.
VIe, 2e partie. Machines et outils appliqués aux arts textiles.	M. le g^{al} PONCELET.
VIIe. Génie civil.	M. J. K. BRUNEL.

TABLE

DES MATIÈRES PRINCIPALES

CONTENUES

DANS LA 2e SECTION DE LA 1re PARTIE DU IIIe VOLUME.

SECONDE PARTIE

COMPRENANT

LES MACHINES ET OUTILS

SPÉCIALEMENT EMPLOYÉS

A LA FABRICATION DES MATIÈRES TEXTILES.

CONSIDÉRATIONS GÉNÉRALES,

HISTORIQUES ET CRITIQUES,

PRINCIPALEMENT RELATIVES À LA FILATURE MÉCANIQUE DE LA LAINE ET DU COTON.

Antiquité, propagation et progrès mécaniques des arts textiles.—Le rouet à pédale et à bobine, considéré comme type des métiers continus à filer, avec ou sans adjonction de cylindres étireurs et lamineurs : *Paul-Louis, Vaucanson, Arkwright* et *John Kay, Ph. de Girard, Houldsworth.* — Le rouet à fuseau et les métiers discontinus ou à aiguillées alternatives : *Hargreaves, Crompton, Kelly, Jough, Roberts.* — Systèmes cardeurs et peigneurs, boudineurs, rouleurs et frotteurs, étireurs, mélangeurs, réunisseurs ou alimentaires : *Paul-Louis, Robert Peel, Arkwright, Edmund, Cartwright, Dobo, John Collier, Bodmer, Heilmann*, etc. — MM. *Hibbert* et *Platt, Sharp frères, Higgins, Mason* et *Collier, Stamm, Mercier, Risler*, etc., à l'Exposition universelle de Londres.

Nous voici enfin parvenus à ces immenses et fécondes branches d'industries qui datent, comme quelques autres déjà mentionnées dans la première Partie, de l'origine même des sociétés, c'est-à-dire de l'époque où l'homme, à demi sauvage, à demi civilisé, cessa de se revêtir exclusivement de la peau des animaux qu'il avait tués pour y substituer les produits obtenus des fibres naturelles, filées et tissées de ses propres mains, au moyen de procédés en apparence excessivement simples, mais, au fond, tous fort ingénieux, et dont les heureuses combinaisons mécaniques ou géométriques font aujourd'hui encore l'objet de notre admiration. Ces bienfaisantes industries, dont le perfectionnement, le développement prodigieux, constituent, à notre époque, le plus solide fondement de la fortune et de la puissance des nations occidentales, ne sont, comme on sait, qu'une imitation, une pure émanation des similaires, antiques et splendides industries de l'Orient, non encore surpassées, égalées même pour la finesse des plus riches tissus, la beauté, la solidité des couleurs et l'art intelligent avec lequel les plus fins débris des matières textiles sont réunis et tordus en fils pour constituer la chaîne et la trame des étoffes, par leurs croisements réciproques, variés à l'infini, suivant des lois mathématiques ou artistiques. On sait aussi que ces admirables industries, source principale et primitive de la richesse et de la civilisation dans l'Indo-Perse, n'y sont entretenues depuis tant de siècles que par les forces accumulées, la lente, pénible et incessante collaboration manuelle d'une exubérante population d'esclaves et de parias, dont la patience, l'indolence et l'extrême sobriété, égalant la misère, servent de prétexte ou d'excuse à une insignifiante rémunération, accordée, il est vrai, à un travail purement machinal et dont la monotone répétition met rarement en exercice les facultés de l'esprit et de l'imagination.

Ce sont pourtant ces mêmes fabrications, appuyées sur des agents mécaniques relativement grossiers et imparfaits, tels qu'en exigent le tors, l'étirage et l'enroulement régulier des fils dans les antiques rouets ou fuseaux, leurs levées et abaissements périodiques dans la chaîne des métiers à tisser, le lancé de la navette à bobine porte-trame, etc., ce sont, dis-je, ces moyens primitifs et simples, mais ingénieusement combinés, qui transmis, propagés lentement au travers des espaces et des siècles, de l'Asie à l'Europe méridionale, puis du nord de l'Europe aux États-Unis d'Amérique, sont venus, à des époques diverses, en chasser la barbarie et les ténèbres, y répandre, avec le luxe oriental, l'aisance et le bien-être inséparables de toute civilisation. Or, ces précieux avantages sont ici d'autant plus dignes de l'intérêt des philosophes et de la sollicitude des gouvernements, qu'ils sont obtenus par un travail plus libre, moins énervant et fondé sur le rapide développement des procédés mécaniques ou automatiques, à leur tour, créés, propagés sous l'empire et l'énergique impulsion des idées morales ou scientifiques modernes, idées endormies depuis tant de siècles dans l'Inde stationnaire ou dégénérée.

Toutefois, il ne faut pas se faire trop d'illusions à cet égard : la multiplication des fruits du travail pour une même dépense de temps ou de force motrice, la suppression, pour ainsi dire, entière de la fatigue corporelle, enfin la simplification graduelle, incessante, des organes de machines servant à la production automatique de certaines combinaisons de mouvements propres à atteindre un but et des effets déterminés; en d'autres termes, l'abaissement du prix de revient et l'accroissement du bénéfice, telle est, si l'on en excepte les productions de quelques génies rares, désintéressés et plus amoureux de renommée que de fortune, telle est, il faut bien le reconnaître, plus encore peut-être que pour les autres spécialités, la tendance des esprits dans cette vaste et importante branche des arts qui concerne la transformation des matières textiles et leur appropriation aux besoins de la société; et c'est, à vrai dire, qu'on me permette ici d'en faire la remarque, c'est dans le perfectionnement, l'accroissement graduel, lent, mais incessant et pour ainsi dire indéfini des découvertes, des idées chimiques, physiques, mécaniques, géométriques ou mathématiques, appliquées ou non à la satisfaction de nos besoins, que réside la perfectibilité de la race humaine, plus encore que dans le prétendu progrès des idées morales, philosophiques et artistiques, dont l'antiquité nous a légué des exemples ou des modèles non encore surpassés de nos jours. En un mot, nous égalons à peine les anciens dans les productions qui se rattachent à l'esprit et au jugement, au goût et à l'imagination; mais nous les surpassons de beaucoup en tout ce qui touche à la multiplication, à la vulgarisation et à la reproduction rapide, économique, des objets de consommation ou de jouissances matérielles, artistiques et intellectuelles.

On ne saurait se faire une idée exacte, consciencieuse et tant soit peu rationnelle du progrès des idées mécaniques dans une branche d'industrie quelconque, sans remonter aux éléments qui ont réellement servi de point de départ aux plus récentes découvertes et qui en renferment, pour ainsi dire, le germe, le principe, ou tout au moins le sentiment théorique. Des noms de machines et d'inventeurs, des évaluations de produits, des citations même de dates ou d'écrits, quelque exacts qu'on les suppose, ne constitueront jamais l'histoire des progrès mécaniques, comme on a pu déjà s'en apercevoir dans la première partie de ce Rapport. Cette observation est surtout applicable à l'ensemble des mécanismes ou outils par lesquels on est parvenu, dans ces derniers temps, à réduire en fils plus ou moins déliés, les différentes matières textiles sans le secours, pour ainsi dire, de l'intelligence humaine, et c'est pourquoi je pense faire une chose utile en insistant un peu sur ce point de vue spécial dans ces préliminaires.

Les transformations que l'on fait subir aux diverses matières textiles consistent principalement, comme on sait : 1° en préparations préalables ou *premières* pour amener la matière brute ou naturelle à l'état qui permet aux machines de la réduire en fils de diverses formes et grosseurs ; 2° dans les différents genres de filatures en gros et en fin ; 3° dans le tissage des fils en étoffes plus ou moins compliquées ou riches ; 4° enfin, dans les apprêts divers que l'on fait subir à ces étoffes, tels que blanchissage, décreusage, foulage ou feutrage, peignage, lustrage, calandrage, teinture, impression, etc. Les deuxième et troisième transformations sont celles qui ont acquis le plus de développement, de perfectionnement et de régularité au point de vue automatique ou mécanique, parce que les questions diverses qu'elles présentent pouvaient être soumises, en quelque sorte, à l'empire de la géométrie et du calcul. Le dévidage des cocons de soie, le teillage et le peignage du lin et du chanvre, l'épuration, le lavage et le cardage de la laine, du coton, des étoupes, bourres, blousses ou résidus divers, ceux mêmes des matières les plus belles et les plus fines, laissent encore à désirer, malgré les progrès récents que ces branches de fabrication ont faits au point de vue mécanique. La raison en paraîtra toute simple, si l'on réfléchit à la diversité de textures et de qualités naturelles des filaments rudimentaires de chaque substance, à l'imperfection, à la grossièreté, pour ainsi dire, des moyens mis en usage dans la production, la cueille ou la récolte, ainsi qu'à la nécessité de faire intervenir dans leurs préparations premières, des procédés chimiques ou physiques de nature variable avec l'espèce, et qui permettent de les livrer dans les conditions les plus favorables à l'action ultérieure des machines et outils.

Cette observation s'étend d'ailleurs à toutes les fabrications où la mécanique n'intervient que comme l'auxiliaire des manipulations, et qui, se trouvant soumises à diverses conditions physiques étrangères, ne peuvent se ramener à des mouvements ou solutions en quelque sorte géométriques.

Quoi qu'il en soit, il est incontestable qu'ici, mieux encore peut-être que dans les autres branches d'industrie, les plus anciens procédés manuels de fabrication, les plus anciens outils, ont servi de point de départ et souvent de modèles aux plus récentes découvertes ou aux plus parfaites machines que nous possédions; de sorte qu'il est permis d'affirmer que les ingénieuses et savantes solutions qu'on y admire avec tant de raison sont aussi les plus anciennes et les plus importantes sous le rapport du génie et de l'invention : la gloire des modernes ayant principalement consisté non à les copier ou imiter servilement, mais bien, je le répète, à en perfectionner, à en multiplier les effets, à les automatiser, pour ainsi dire, de plus en plus, de manière à épargner la fatigue et la main-d'œuvre, tout en produisant une économie de temps et de matières premières de plus en plus appréciable. Il est, en outre, résulté du perfectionnement progressif des procédés mécaniques, que l'on est parvenu à un plus grand degré de régularité, de symétrie et de perfection dans la qualité et la forme des produits; perfection à laquelle on n'avait, pour ainsi dire, pas songé d'abord, que l'on ne s'était pas réellement proposée pour but final, mais qui se trouve naturellement et plus particulièrement limitée aux objets susceptibles d'une définition géométrique précise, en dehors desquels il serait peut-être superflu, sinon puéril, de rechercher une rigoureuse imitation de la nature ou des œuvres plus spécialement réservées au domaine des beaux-arts.

Les cardes plates à dents crochues et à manche dont se servent aujourd'hui encore les matelassiers; les peignes et serans à dents droites et longues employés dans la préparation de la laine et du chanvre; le fuseau ou broche en fer à crochet librement suspendue et pirouettant sous les doigts de la fileuse pour tordre et renvider alternativement les fils sous la forme d'un double cône; le tour ou rouet à manivelle et grande roue à cordon sans fin faisant tourner pareillement, à intervalles réguliers et dans des sens contraires, la broche horizontale qui porte la laine ou le coton filés; enfin le rouet commun des fileuses de lin, à pédale, à broche conique percée d'un œil au gros bout pour le passage du fil et traversant une bobine en bois, munie à ses extrémités d'oreilles cylindriques, tour, rouet au contraire essentiellement doué d'un mouvement continu : ces ingénieux outils, dis-je, le dernier surtout, d'une date relativement moderne[1], sont des inventions dignes d'admiration et d'une étude sérieuse, réfléchie, quoique beaucoup trop négligée de nos jours.

Dans le rouet à pédale, en effet, qui constitue une machine véritable, dont nous avons déjà cité le volant régulateur

[1] Nous avons vu, p. 10 (Ire Partie), que certains auteurs allemands attribuent la découverte du rouet à filer le lin, tantôt à un ecclésiastique du pays, ce qui certes n'a rien qui répugne; tantôt à un séculier, et tel est, en effet, le témoignage affirmatif de Poppe (*Geschichte der Technologie;* Gœttingen, 1805, t. Ier, p. 270), prétendant que cette invention a été faite, en 1530, par un nommé Burgens, de Wattenmuttel, près Brunswick. Mais, je le redis à dessein, comme on ne nous fait connaître ni les antécédents de chaque découverte, ni les dispositions spéciales, caractéristiques et propres à en préciser la valeur relative ou l'origine plausible, il devient permis de supposer qu'il en est ici de ces prétentions absolues comme de celles qui concernent l'invention de beaucoup d'autres importantes machines, dues au progrès lent des arts mécaniques, et dont plusieurs pays s'attribuent à la fois, mais à tort, et très-souvent par pure ignorance, le mérite à peu près exclusif.

et le mécanisme servant à transformer directement le mouvement oscillatoire de la pédale en un mouvement rotatif continu de la broche et de la bobine, on remarque en outre, d'une part, la disposition extrêmement ingénieuse du cordon sans fin, à deux branches inégales ou à mouvement différentiel, par laquelle des vitesses de 600 à 800 tours à la minute sont transmises simultanément à la broche et à la bobine, tout en maintenant entre ces vitesses absolues une différence ou vitesse relative aussi petite que le réclament et le tirage de la filasse hors de la quenouille et le très-lent enroulement autour de la bobine du fil qui en résulte, et dont la torsion continuelle est, à son tour, réglée par la vitesse rotative même de la broche à *ailettes* et *épingliers* ou crochets servant à diriger rectangulairement ce même fil sur la bobine; d'autre part, le chariot à poupées verticales porte-broche, glissant horizontalement le long des jumelles supérieures de la petite machine, et que conduit parallèlement, à l'instar de ce qui a été pratiqué postérieurement dans de grands tours, une vis centrale extrême, servant à régler la tension du cordon sans fin moteur, d'après l'état hygrométrique de l'atmosphère et le grossissement progressif de la bobine, grossissement qui tend à produire un surcroît correspondant du tirage du fil, en partie corrigé cependant par le glissement relatif de ces mêmes cordons sur leurs poulies motrices respectives.

Supposez, enfin, que le pied de la fileuse soit remplacé par un moteur quelconque; que l'épinglier, l'ailette à crochets, le soit aussi par un mécanisme qui permette au fil de s'enrouler d'un mouvement de va-et-vient spontané sur la bobine devenue verticale ainsi que la broche, etc.; que le rapport de la vitesse de l'enroulement ou de l'étirage du fil à la torsion soit rendu indépendant du grossissement de la bobine; qu'enfin, les doigts de la fileuse, qui produisent et règlent l'étirage des fibres dans la masse de la quenouille, soient remplacés encore par une succession de mécanismes rangeant ces fibres les unes à côté des autres parallèlement, et les étirant de quantités proportionnelles convenablement allongées ou tordues, et l'on aura une idée générale, sinon exacte et complète, des conditions auxquelles devrait être assujettie une machine à filer automate, et, par la répétition des mêmes effets appliquée à un nombre plus ou moins grand de fils ou de broches, l'idée des métiers dits *continu, banc à broches*[1], selon qu'il s'agit de fils très-fins ou de gros fils nommés *mèches de préparation;* machines fort analogues à celles qui existent aujourd'hui dans toutes les grandes filatures, et telles, notamment, qu'il

[1] Le banc à double rang de broches munies d'ailettes en fer à cheval, à branches renversées, pleines ou creuses, pour le passage du gros fil de coton, équilibrées sur elles-mêmes, tournant avec leurs broches et munies de compresseurs à ressorts pour serrer le fil sur les bobines, etc., cette machine, aujourd'hui si parfaite et si compliquée, la dernière en quelque sorte que la France ait empruntée à l'Angleterre pour la filature du coton (1824 à 1826), diffère principalement, comme on sait, de la continue ordinaire par l'application du cône différentiel à courroie sans fin et du tambour à rouages planétaires ralentisseurs, dont l'ingénieuse conception, due à Henry Houldsworth, de Manchester, a reçu depuis divers perfectionnements ayant tous pour but d'assurer la régularité du tors et de l'enroulement du fil sur les bobines; problème délicat dont (voyez la Section ci-après) Vaucanson s'était aussi occupé, dès 1750, dans des moulins à tordre la soie, où pour la première fois on vit les broches à bobines des anciens moulins piémontais rangées les unes à côté des autres, dans des plans verticaux parallèles; disposition beaucoup plus tard appliquée aux machines anglaises automates à tordre le coton, connues sous le nom de *water-twist* et de *throstle* (continue). Ces dernières machines, attribuées originairement à Richard Arkwright (1769), introduites en France dans l'intervalle de 1790 à 1795 par Ch. Albert, au prix de cinq années de détention dans le château de Lancastre, différaient principalement des anciens moulins à tordre par l'addition de deux ou plusieurs couples de petits cylindres lamineurs ou alimentaires placés vers le haut du métier, parallèlement entre eux, marchant de même sens en vertu du mécanisme à poulies de renvoi de la machine, qui leur imprimait des vitesses croissantes d'un couple au suivant, de façon que la mèche ou bande de coton, avant d'arriver aux broches tournantes, se trouvait progressivement étirée, allongée sous des pressions variables à volonté, au moyen de petites bascules à poids, etc., déjà employées dans la calandre de Vaucanson (Section III, chap. 1er).

L'étirage automatique des fibres du coton et de la laine par cylindres lamineurs qui remplacent ici la main de la fileuse et sont appliqués à de longues mèches préalablement enroulées sur de grosses bobines de préparation, cet étirage constitue, en réalité, une grande et heureuse innovation

en a été présenté à l'Exposition universelle de Londres, par MM. Hibbert et Platt, Parr et Curtis, Higgins, Mason et Collier, pour l'Angleterre, et par M. Stamm père, de la ville de Thann (Haut-Rhin), pour la France; machines plus particulièrement destinées au filage du coton, mais qui, sauf quelques détails de construction ingénieux, n'offraient, pour ainsi dire, rien qu'on ne connût déjà parfaitement avant leur arrivée à cette Exposition, si ce n'est peut être la nouvelle disposition

désormais mise à profit dans toutes les machines à filer la laine et le coton; mais c'est par un sentiment de partialité vraiment inconcevable que l'on a prétendu en ravir l'heureuse et féconde idée à Paul-Louis, filateur à Southampton, quoique étranger à l'Angleterre, et dont, en effet, la patente, du 24 juin 1738, est fort explicite à cet égard, pour en gratifier son associé Wyatt, négociant à Londres, lequel n'a figuré que comme simple témoin dans l'acte de délivrance (*Histoire anglaise des manufactures de coton*, par H. Baines, p. 120 et suiv.). A la vérité, dans une patente subséquente du 29 juin 1758, dont le dessin est rapporté à la p. 139 de cette histoire, et où ne figure plus le nom de Wyatt comme témoin, Paul-Louis semble avoir renoncé à son principe d'étirage pour l'établissement d'une machine à simples couples de grands rouleaux presseurs et porte-mèches alimentaires mis en présence d'une série de longues broches verticales à ailettes renversées, rangées circulairement autour d'un arbre commun moteur, également vertical, et communiquant par engrenage la rotation aux divers rouleaux et bobines. Mais ce fait tendrait simplement à prouver, d'une part, la difficulté d'appliquer le principe des cylindres étireurs parallèles, à la forme circulaire de la machine, empruntée aux moulins ronds du Piémont ou de Derby pour l'organsinage de la soie, les seuls qui en Angleterre marchaient alors automatiquement, à manége ou à eau; d'autre part, l'ignorance où l'on était encore des moyens d'obtenir, automatiquement aussi, des rubans continus à l'aide des cardes cylindriques à chapeaux renversés ou inférieurs, dont Paul fut également le premier inventeur, comme le montre sa deuxième patente du 30 août 1748, ayant principalement pour objet la formation de bandes ou nappes continues, enroulées en spirales, sur de grands et étroits rouleaux à rebords, d'après un système bientôt abandonné par ses successeurs, mais auquel on est revenu dans ces derniers temps avec un très-grand avantage.

Que le principe de l'étirage aux cylindres ait été transmis à Arkwright par l'horloger Kay, devenu son constructeur vers 1666 ou 1667; que ce dernier l'ait reçu auparavant d'un autre intelligent mais infortuné filateur du nom de *Highs*, ce n'est pas là ce qui importe, et il faut seulement considérer que quand Arkwright en indiqua, dans sa première patente de 1769,

des broches à engrenages de M. Stamm et la suppression entière des ailettes à deux branches, opérée dans des continues de MM. Sharp, d'après un principe émané de l'Amérique, et selon lequel la mèche, en sortant de l'œil de la broche, s'en écarte d'abord en vertu de l'action centrifuge, pour s'en rapprocher et s'enrouler bientôt sur la bobine, où elle est ramenée par un anneau poli tournant avec cette broche.

Pour arriver à d'aussi admirables et parfaits résultats, il a fallu près d'un siècle de persévérants efforts et le concours d'un grand nombre d'intelligences d'élite, parmi lesquelles je dois me borner ici à citer Paul-Louis, Vaucanson, Richard Arkwright et John Kay, Philippe de Girard, Henry Houldsworth, dont les titres à la priorité d'initiative ou d'invention sont d'une authenticité à l'abri de toute contestation. Mais, comme on le sait, la difficulté pour atteindre ces mêmes résultats n'a pas tant consisté dans la savante combinaison des rouages, que dans la conception même de procédés automatiques propres à remplacer, dans chaque cas, l'action intel-

l'application au métier continu à manége, dont les quatre broches verticales à ailettes et *épingliers* rangés en ligne droite, et mises en mouvement par un tambour horizontal à courroie sans fin à laquelle, comme nous le verrons dans la Section suivante, Vaucanson avait déjà tenté, pour un cas analogue, de substituer la chaîne qui porte son nom, cette application était devenue beaucoup moins difficile que pour la machine circulaire à quarante broches de Paul-Louis. Pourtant, il s'en faut que la petite machine d'Arkwright fût née viable, comme l'attestent les épingliers mêmes adaptés aux branches pendantes des ailettes; il s'écoula encore bien des années avant qu'elle pût rendre d'utiles services à la fabrication des fils de chaîne forts, auxquels elle était spécialement destinée; ce qui n'ôte absolument rien à l'honneur que ce célèbre et richissime filateur s'est acquis en appropriant de la manière la plus heureuse le principe des étirages par cylindres à diverses autres machines de préparation, tout au moins perfectionnées par lui, et pour la première fois construites en métal dans les organes essentiels, par John Kay, sous son énergique et persévérante impulsion; mais, comme on le verra plus au long dans l'une des Sections ci-après, le principe découvert par Paul-Louis n'était point aussi facilement applicable à l'étirage de la longue et rebelle filasse du chanvre ou du lin, et il a fallu à Philippe de Girard d'autres efforts, d'autres inspirations, pour y réussir.

ligente des mains de la fileuse employée à extraire, ranger, choisir et démêler, en quelque sorte une à une, les fibres textiles dans la masse de la quenouille, ou ce qu'on nomme les appareils alimentaires, tels que cylindres accouplés et étireurs, bobines de préparation à gros fils, grands rouleaux délivreurs et compresseurs à boudins continus, tables à toile sans fin mouvante, peignes sans fin à serans multiples, également mobiles, etc., etc.

Il s'en faut de beaucoup que James Hargreaves (ou Hargraves), dans sa patente de 1770, ait eu à vaincre de semblables difficultés pour passer de l'antique rouet à un fuseau servant à filer les courtes loquettes ou boudins de la laine et du coton, par aiguillées alternatives, à la *jenny* actuellement encore employée en France dans quelques anciennes filatures de laine cardée, où, connue sous le nom de *jeannette* depuis 1784 ou 1785, elle fut introduite en des formes légèrement différentes par les nommés Martin, de Rouen, et Milne, mécanicien anglais, tous deux richement gratifiés par le ministre Calonne. Il ne s'agissait, en quelque sorte, que de multiplier les broches à crochet conduites par la grande roue à manivelle, en les rangeant parallèlement dans un plan vertical vis-à-vis d'un autre rang pareil de grosses bobines alimentaires, susceptibles de tourner à frottement doux, sur leur siége immobile, par la simple traction des mèches aboutissant parallèlement aux broches respectives et serrées simultanément, en des points dépendant à chaque reprise de la longueur de l'aiguillée ou de l'étirage, par une tringle transversale à pince cannelée, dirigée, soutenue par des guides horizontaux, et que la fileuse manœuvre d'une main en avant et en arrière, tandis que de l'autre, appliquée à la manivelle de la roue motrice des poulies et tambours à cordons sans fin, elle imprime un mouvement rapide aux fuseaux, tantôt en un sens pour tordre et surtordre les fils pendant ou après l'étirage, tantôt en sens inverse pour les renvider sur ces fuseaux, après un décrochement favorisé par le rabat d'une seconde tringle horizontale à bascule et pédale, etc.

L'histoire de la filature du coton en particulier est trop connue et a été trop souvent reproduite, avec ses nombreuses contradictions et obscurités, dans les ouvrages anglais ou français, pour qu'il soit à propos d'indiquer ici comment de la simple et primitive jenny on est passé à la *mule-jenny* de Samuel Crompton (1779), où les broches, leurs tambours moteurs à cordon sans fin, la tringle à bascule de rabat ou renvidement des fils, ont été placés sur un chariot à rails horizontaux, conduit, ainsi que la roue latérale et motrice, à la main, en face des bobines alimentaires, désormais accompagnées, suivies d'un large équipage horizontal de cylindres lamineurs d'après le système du *banc d'étirage à lanterne*, précédemment perfectionné par Arkwright (1775); comment ensuite la mule à deux fins ou double étirage à cylindres et chariot, remplacée pour la laine cardée par la *billy* à pince fixe, également à chariot, mais où, au lieu de bobines alimentaires, on se sert d'une toile sans fin mobile et inclinée, recevant des boudins rattachés, bout à bout et parallèlement, par de jeunes enfants qui les enlèvent à la carde au fur et à mesure de la production; comment, dis-je, ces dernières machines, relativement simples encore et conduites à la main, au moins partiellement, ont, de perfectionnements en perfectionnements, abouti à ces magnifiques et colossales renvideuses automates à simple ou à double chariot, portant de quatre cents à huit cents et mille broches, qui sont le triomphe de l'industrie britannique, et qu'on doit principalement au génie inventif des William Kelly (1792), des Maurice Jough (1825 à 1827) et des Richard Roberts (1830). On a vu, à l'Exposition de 1851, le système de ce dernier, à double chariot placé de part et d'autre du mécanisme automoteur, fonctionner avec une rare précision, grâce à la parfaite exécution dont il était redevable à MM. Hibbert et Platt, désireux de montrer au public l'ensemble des machines usuelles à filer, tordre et tisser le coton; ce qui paraît aussi avoir été le but de MM. Parr, Curtis et Madeley, tandis que M. Macindoe faisait fonctionner une autre mule double et automate, fort bruyante, à grand levier de bascule et de décrochement placé dans l'intervalle des deux chariots.

La France, qui jusqu'à présent n'a pas senti le besoin d'adopter dans ses filatures d'aussi puissantes machines, et qui s'est plus préoccupée du soin d'alléger, faciliter, régulariser le maniement des simples mule-jennys, surtout pour les numéros élevés du coton et la filature des laines cardées, la France a été, sous ce rapport, très-dignement représentée à Londres par M. A. Mercier, de Louviers, non pas seulement pour l'excellence de la construction, mais aussi pour la nouveauté des combinaisons qui tendent à assujettir la filature si rebelle de ce genre de laine à une régularité et une précision, pour ainsi dire, mathématiques; but qui toutefois serait impossible à atteindre sans un perfectionnement équivalent des machines de préparation servant à convertir cette même laine en rubans continus, exactement démêlés, dosés, échantillonnés et sans tors appréciable.

Les anciennes machines nommées loups, diables, batteurs, étaleurs et éplucheurs, cardes en gros ou en fin, machines que nous avons déjà citées à un autre point de vue, malgré les importantes transformations qu'elles avaient subies de longue date pour le coton, et dont on a pu acquérir une idée par les collections anglaises d'abord citées, notamment par celle de M. Mason, de Rochdale, relative à la laine cardée; ces différentes machines, malgré même leur admirable exécution mécanique, ne sauraient, j'ose le dire, atteindre le but sans entraîner à d'énormes déchets et à de fâcheuses altérations que nous cherchons à éviter à tout prix, en France, dans le travail des laines et du coton, grâce à une tendance déjà ancienne et qui commence à être appréciée même en Angleterre, comme le démontrent les hautes distinctions accordées par le VIe Jury à l'ensemble des machines de M. Mercier et à celle où M. Risler jeune, de Cernay, s'est principalement proposé un système *épurateur*, cardeur et mélangeur à triple entrée ou alimentation, pour la préparation économique et rapide du coton, cette matière textile par excellence.

On ne concevrait guère le mérite et la portée de semblables innovations, si, en revenant au plan que je me suis tracé dans cette Introduction, je ne me hâtais de reprendre les généralités qui m'ont servi de point de départ, et de jeter un rapide coup d'œil sur l'histoire des principes ou des idées qui ont dirigé les premiers inventeurs des machines de préparation, en m'attachant plus particulièrement à celles qui ont exercé une influence directe et efficace sur la perfection même du filage, machines en tête desquelles on doit placer la carde automate à loquettes et boudins, dont jusqu'ici je n'ai dit qu'un mot incidemment.

Le travail des plus anciennes cardes à manche, suspendues ou non et oscillant au-dessus d'une table immobile, constitue, au fond, le type d'après lequel ont été établies les machines rotatives modernes. Pour s'en rendre compte, il suffit de remarquer que, selon le sens parallèle du mouvement de la carde mobile sur la carde fixe, les fibres, naturellement très-courtes, de la laine et du coton sont ou étirées, dressées et distribuées également entre les deux cardes, ou complétement enlevées à l'une d'elles par l'autre, ou roulées entre les deux, sous la forme cylindrique d'une courte *loquette,* d'un *boudin* rond propre à subir par rattachement l'opération ultérieure du filage. On conçoit même comment, en enroulant par bandes égales et parallèles des cuirs armés de pareilles cardes autour de rouleaux, de tambours horizontaux parfaitement cylindriques, ainsi que l'avait tenté dès 1748 Paul-Louis, et faisant tourner l'un vis-à-vis de l'autre, pour ainsi dire tangentiellement, ces cylindres, nommés tantôt *cardeurs,* tantôt alimentaires ou *délivreurs,* on a pu, selon l'inclinaison des dents ou fils de fer, le sens et la différence des vitesses relatives, tangentielles ou rotatoires, opérer d'une manière continue l'étirage, le redressement parallèle des fibres primitivement courbées, infléchies, entrelacées de mille manières; dégarnir alternativement le plus gros des cylindres pour en garnir l'autre, ou la succession des autres qui l'entourent extérieurement, et finalement produire, tantôt au moyen d'un dernier cylindre à cannelures plus ou moins profondes, les mêmes loquettes dont il vient d'être parlé, tantôt à l'aide d'un dernier cylindre délivreur, des nappes cylindriques continues, détachées au moyen d'un large peigne horizontal à manivelles extrêmes, attribué par les uns à un certain Lees, par les autres à Arkwright; peigne animé, tangentiellement au dernier rouleau cardeur, d'un mouvement alternatif vertical, qui en détache incessamment les fibres dans toute la longueur, pour en former ensuite des nappes continues ou de simples rubans, par leur passage au travers d'une sorte d'entonnoir ou tuyère évasée en cuivre, suivie de cylindres compresseurs, puis finalement enroulées en hélice ou en spirale autour d'un cylindre uni qui permet de les soumettre à un nouveau cardage en fin ou à des étirages successifs.

Ces diverses et ingénieuses opérations n'ont guère été modifiées, quant au principe, depuis l'époque de 1779, où elles enrichirent l'aïeul de Sir Robert Peel, auquel fut délivrée une patente pour divers perfectionnements; elles furent aussi l'une des sources principales de fortune de Richard Arkwright, qui avait su d'ailleurs se créer pour la filature du coton fin un élément indispensable de succès dans les étirages, les doublages ou réunissages multiples et répétés des premiers rubans, par la machine nommée spécialement *banc d'étirage à lanterne*, ou bidons verticaux tournants; machine dont l'ingénieuse combinaison est l'un des plus solides titres de gloire de ce célèbre manufacturier, puisque par là on parvenait non-seulement à redresser, aligner de plus en plus les fibres, mais aussi à en marier les inégalités de manière à transformer ces mêmes rubans, grâce à de légères torsions successives, dues à la rotation de plus en plus rapide des bidons sur eux-mêmes, en une dernière bande ou en une dernière mèche arrondie et susceptible d'être immédiatement soumise à la mule-jenny, etc., après avoir subi ainsi une série de doublages et d'étirages fondée sur un principe de probabilité justement apprécié par M. Ch. Dupin dans ses leçons du Conservatoire des arts et métiers, et qui soumet en quelque sorte ici le hasard à la loi de l'uniformité et de la régularité mathématique.

Avant cette admirable conception, qui depuis est devenue la base fondamentale de tout système de filature en fin automatique, notamment des machines à doubler ou réunir, on n'était point parvenu, en effet, à produire des fils de qualités supérieures eu égard au manque de l'égalité, de l'homogénéité de texture des fibres ; le nombre des doublages et étirages devant croître d'ailleurs avec l'élévation du *numéro*[1], de sorte qu'il est tel fil de coton fin qui contient des fibres naturelles provenant de plusieurs centaines de mille de rubans primitifs. On a bien pu, dans ces derniers temps, remplacer les bancs d'étirage à lanterne et le système de doublage dus à Arkwright par la méthode expéditive de l'ingénieur Bodmer, de Zurich, dans laquelle la nappe en spirale qui recouvre les premiers rouleaux alimentaires des cardes en fin est immédiatement constituée d'un grand nombre d'étroits rubans (12 à 15), issus d'autant de petites cardes boudineuses rangées les unes à côté des autres, au devant d'une toile sans fin mobile, etc. ; mais le principe fécond de la multiplication et du mélange des rubans par doublages et étirages successifs n'en est pas moins dû à Arkwright, et il se reproduit dans tous les genres de filages de matières textiles à filaments plus ou moins courts et entremêlés.

On peut même dire que c'est, au fond, ce principe qui a dirigé, avant M. Bodmer, notre célèbre compatriote Philippe de Girard dans ses peigneuses continues à rubaner les fibres du lin et ou du chanvre[2], puis Josué Heilmann, dans ses peigneuses à action alternative, appliquées aux fibres plus ou

[1] Longueur sous un poids donné : en France, le nombre des kilomètres de fil pour un kilogramme.

[2] Plus tard (1821), des machines fondées sur un principe analogue furent appliquées au peignage de la laine longue par Laurent, le même, je crois, qui travailla aux premières machines de Girard, ainsi que nous le verrons dans la Section spécialement consacrée aux machines à filer le lin et le chanvre. Les tentatives de Laurent furent ensuite poursuivies avec

moins longues de la laine et du coton; machines dont les dernières ont pour caractère distinctif d'opérer le peignage par petites mèches, alternativement pincées et détachées de la masse alimentaire, puis déposées successivement sur un tambour à rotation lente, pour en former, à l'ordinaire, un ruban continu purgé de la blousse. Cette idée vraiment originale, réalisée par l'honorable et généreux concours de M. Nicolas Schlumberger, ne saurait, en effet, être contestée au célèbre secrétaire de la Société industrielle de Mulhouse, à l'inventeur peu fortuné de la machine à broder, malgré la grande médaille accordée à ses compétiteurs Donisthorpe et Cie, exposants de la VIe classe, à Londres, pour une peigneuse à levier basculant, prenant, d'une part, la laine au système alimentaire à pince et seran droit détacheur, agissant d'une manière alternative, et la déposant, d'une autre, au moyen d'une brosse, sur l'un des points de la circonférence d'un grand peigne circulaire horizontal tournant, à rangée d'aiguilles concentriques et étagées, d'où la longue laine, le cœur, est con-

quelques succès, à Paris, par M. Lasgorseix (Étienne), qui se fit délivrer, le 5 mars 1828, un brevet (t. XXXVI, p. 188) pour des machines à filer offrant plus d'un rapport avec celles de Ph. de Girard, mais où l'on aperçoit une première application des *tubes tournants*, servant à former les boudins sans torsion sensible ou persistante, procédé importé d'Amérique en Angleterre, en 1825, par M. Dyer, de Boston, et au moyen duquel on se proposait d'accélérer la préparation des grosses mèches à coton, en supprimant en partie, sinon entièrement, les étirages à lanternes ou au banc à broches: ces étirages, s'opérant en effet sous l'influence de la torsion, ont l'inconvénient de fatiguer beaucoup la matière, dont les fibres, primitivement élastiques, énervées ou rompues, sortent inégalement des fils sous la forme de peluches, de duvets, malgré les soins qu'on ait pris dans le cardage ou le peignage. Ce grave inconvénient, qui se fait plus particulièrement apercevoir dans la laine courte ou naturellement frisée, explique comment les cardes peigneuses ou sans chapeau, à subdivisions et tubes bobineurs rotatifs, multiples, suivis d'un égal nombre de rouleaux cannelés compresseurs qui assurent aux mèches la cohésion ou consistance convenable; comment, dis-je, ces cardes ont été définitivement adoptées depuis 1835, avec des perfectionnements essentiels, par MM. Mercier père et fils, pour la filature de la laine cardée, si rebelle aux autres moyens connus de roulage et d'étirage sans torsion des mèches de préparation.

tinuellement extraite par des cylindres étireurs ou *étironneurs*, qui laissent la blousse dans le peigne, etc. : système bien connu en France et dont, anciennement déjà (1825), John Collier, de Paris, s'était servi dans une ingénieuse machine attribuée à M. Godart, d'Amiens, perfectionnée encore depuis, mais, comme on sait, formée de deux grands peignes circulaires à plans, l'un horizontal, l'autre incliné, qui, dans leur rotation rapide et tangentielle, se disputent en quelque sorte la longue laine par une action, centrifuge d'abord mise en usage par Edmund Cartwright (1789 à 1792).

Au fait, malgré les perfectionnements incessants qu'avait subis, jusqu'à l'apparition des célèbres ingénieurs que j'ai d'abord cités, le peignage automatique des matières à fibres un peu longues, on peut dire qu'il n'existait aucun moyen mécanique satisfaisant de suppléer le travail à la main, de sorte que tout restait à découvrir, sauf le peigne à serans multiples, dont les manipulations pour les laines longues, rendues si délicates par l'intervention de l'électricité, de la chaleur et de l'humidité atmosphérique, avaient reçu dès le commencement de ce siècle, en France, d'appréciables mais insuffisants perfectionnements, à cause de l'extrême lenteur, de la cherté du travail confié à des ouvriers particulièrement intelligents et exercés; travail dont l'habile ingénieur Dobo tenta, le premier chez nous (1816), de s'affranchir, en cherchant à éviter la torsion permanente dans l'étirage et la formation ordinaire des mèches ou boudins, et y substituant le *roulage* par frottement, ce qui a été depuis imité par beaucoup d'autres, en France ou ailleurs, non-seulement pour la laine, mais aussi pour la préparation expéditive des fils de coton [1].

Quant à cette variété infinie de machines à doubler, tordre et

[1] Le procédé dont le mécanicien Dobo s'était servi consiste principalement dans l'emploi d'un appareil à planchettes glissantes, entre lesquelles étaient roulés transversalement les boudins ou loquettes, par différents moyens, qui furent sans doute l'origine du rouleau ou *rota-frotteur*, dont la première importation d'Angleterre ou d'Amérique en France est due, si je ne me trompe, à M. Winslow, du Havre (1827, t. XXIV, p. 80 du *Recueil des*

retordre les fils, à les dévider et bobiner, si généralement employées sous différents noms et différentes formes dans les industries distinctes de la soie, du lin, de la laine et du coton, dans l'art du passementier, du cordier, etc., leur ingénieuse et admirable disposition repose sur des notions physiques ou mécaniques beaucoup plus simples et mieux définies, puisque la matière textile y a déjà reçu une forme régulière, en quelque sorte mathématique, qui la rapproche considérablement de son état final, c'est-à-dire de fils à divers degrés de finesse ou grosseur, auxquels il ne s'agit plus que de donner le dernier tors ou apprêt.

Dans le fil simple, en effet, les fibres rudimentaires, plus ou moins courtes, sont déjà disposées par la torsion, si ce n'est pour la soie longue ou grége, en spirales qui se recouvrent les unes les autres, autour d'un axe idéal commun, en

brevets), et ne tarda pas à être perfectionnée, mise en usage par MM. Lemaire, Choisy et Loyer, à Maromme et Montville, près de Rouen, pour la filature expéditive des cotons de bas numéros, sous la forme d'un gros rouleau à va-et-vient frotteur, posé transversalement sur un large cuir horizontal, sans fin et mobile, qui soutient et entraîne longitudinalement les petites mèches à coton parallèles, sollicitées, aux deux bouts, par des équipages à cylindres lamineurs et étireurs, dispensant ainsi du banc à broches et permettant de soumettre directement ce genre de fils aux mule-jennys. Mais c'est surtout dans la filature des laines longues pour chaînes d'étoffe que l'étirage sans torsion a exercé une véritable révolution, grâce aux ingénieuses combinaisons du banc à doubles cuirs de buffle, animés de va-et-vient en sens contraire, pour frotter et rouler les multiples boudins, simultanément étirés à leurs bouts, au moyen d'ingénieux systèmes, oscillants ou à bascule, qui ont été notablement perfectionnés dans ces derniers temps par M. Villeminot, constructeur mécanicien à Reims, auquel on doit diverses autres combinaisons employées avec succès dans les machines à préparer et filer les laines peignées.

C'est dans un but pareil encore que, pour ce système de fabrication, les rubans, au sortir des entonnoirs fixes ou mobiles, tantôt, soumis à un jet de vapeur, vont s'enrouler en zigzags autour d'un cylindre animé d'un va-et-vient longitunal tout en tournant sur son axe, tantôt vont se déposer dans des caisses prismatiques verticales, animées elles-mêmes d'un va-et-vient horizontal, rectiligne, afin d'éviter la torsion que ces rubans éprouvent dans le système ancien des bidons tournants, etc.

se pressant mutuellement de manière à faire naître entre elles un frottement tangentiel qui, en somme, ne doit pas être sensiblement inférieur aux efforts extrêmes de tension qu'elles peuvent subir dans les divers usages, afin de rendre impossible leur glissement réciproque, abstraction faite de tout moyen d'adhérence artificiel. Or, cette compression, ces frottements réciproques qui croissent avec l'énergie de la tension longitudinale aussi bien qu'avec la torsion et la roideur élastique des brins rudimentaires, ne doivent pas non plus excéder la ténacité, la résistance à la rupture de ceux-ci : sollicités incessamment, en effet, à se redresser contre les effets de la torsion générale, ils ne peuvent demeurer en faisceau continu, sans que des forces spéciales, ou ce qu'on nomme des *couples de forces*, égales et de sens contraire, ne les maintiennent unis aux différents points, de manière à en former un ensemble continu et régulier, soit par un couple pareil de forces extérieurement appliquées à ces bouts, soit par voie d'adhérence naturelle ou artificielle des fibres, soumises à un mode spécial de préparation.

En exceptant toujours les gréges, cela arrive nécessairement pour tous les fils simples ou de premier apprêt destinés à la fabrication de fils plus forts ou de second apprêt, tels que fils de chaîne et à coudre, organsins, ficelles, cordonnets, où on les accouple dans un certain ordre, deux à deux, trois à trois, etc., après les avoir tordus séparément et à nouveau dans le sens primitif; ce qui, dans leur juxtaposition, leur donne une tendance naturelle à se dérouler isolément, et, par suite, à s'enrouler les uns autour des autres, en hélices serpentantes, de sens contraire à celui des fibres simples, jusqu'à ce qu'une exacte neutralisation de tous leurs couples élastiques s'ensuive. Néanmoins, cette neutralisation ne saurait être régulière et complète sans un excédant de tors donné à l'ensemble toujours en sens contraire du tors ou *surtors* primitif, et c'est ce que la fileuse, comme on sait, obtient d'une manière très-simple dans le rouet ordinaire, après avoir dévidé les bobines humides du premier filage sur un asple ou dévidoir à quatre branches, pour en former autant d'*écheveaux*, qui, entièrement secs et placés sur un deuxième dévidoir, sont, à leur tour, convertis en pelotes sphériques, humectées ensuite, et dont les bouts similaires réunis sont finalement soumis à l'action du même rouet, afin de leur donner le tors de stabilité dont il vient d'être parlé.

Quant au degré de torsion qui convient à chaque nature de fil simple, double, triple, etc., c'est évidemment une question de pratique ou d'expérience, dans laquelle on aperçoit très-clairement que, pour donner aux hélices extérieurs d'une même qualité de fils une inclinaison indépendante du diamètre, ce qui paraît le plus convenable, le nombre des révolutions par unité de longueur, doit être réciproque à ce diamètre ou à la racine carrée de l'aire de la section, c'est-à-dire du nombre qui exprime le numéro du fil; règle, en effet, indiquée, expliquée par les auteurs, notamment par M. Joseph Kœchlin, et qui semble assez généralement admise dans la pratique des ateliers, précisément parce qu'elle suppose que, sous les divers étirages ou préparations du fil, la torsion n'aura dû exercer aucune influence directe pour rapprocher ou écarter les fibres dans le sens perpendiculaire à leur épaisseur, ou, ce qui revient au même, pour changer la densité du fil. Cette règle montre d'ailleurs pourquoi, dans les numéros les plus élevés, on se voit obligé d'imprimer aux broches ou bobines jusqu'à 5 et 6 mille révolutions à la minute, par des artifices non moins ingénieux d'ailleurs que variés, et sur les plus importants desquels je ne manquerai pas de revenir par la suite, aussi bien que sur les autres particularités ou inventions qui intéressent spécialement les machines à filer, à tordre ou à câbler en général.

Après ces diverses machines et leurs dérivées ou annexes immédiates, telles que celles à doubler, à tresser, etc., qui exigent une combinaison de mouvements, directs ou excentriques, produits par le jeu de crochets émérillons, de bobines pivotant autour d'axes fixes ou voyageant, changeant de place le long de gabarits, de rainures directrices ondulées, serpentantes, croisées ou non croisées; après ces machines, dis-je, vient naturellement la catégorie des métiers à fabriquer les tissus pleins ou à jours, unis ou figurés, c'est-à-dire brochés et brodés; métiers dont le grand nombre et l'extrême variété seraient capables d'effrayer l'imagination, si l'on n'entrevoyait, à priori, qu'ils se rattachent à quelques opérations ou combinaisons de mouvement principales, très-simples, en quelque sorte primitives, quoique par elles-mêmes extrêmement fécondes, et donnant lieu à une classe de problèmes curieux et difficiles. Ces problèmes, en effet, comme la marche du cavalier dans le jeu des échecs, appartiennent à cette géométrie particulière que Leibnitz nommait *géométrie de situation;* science qui n'est point encore faite ni même tentée, dont a parlé Carnot, mais qu'il ne faut pas confondre avec la *géométrie de position* de cet illustre savant, ou avec ce qu'il nommait la *théorie des mouvements géométriques,* non plus qu'avec cette autre science appelée, abusivement peut-être, dans ces dernières années, *mécanique géométrique, théorie des mécanismes,* bien qu'on y fasse abstraction des causes ou forces : car on s'y occupe encore des relations de mouvement ou d'espace et de temps, étrangères à la géométrie de situation, ce qui a fait, avec juste raison, appliquer par feu l'illustre Ampère l'épithète de *cinématique* à cette même branche de nos connaissances, qu'il ne serait guère plus exact de confondre avec la *technologie,* et qui, envisagée spécialement sous le rapport de la génération, de la composition ou combinaison, de la transformation et de l'observation expérimentale des mouvements divers, a été pour la première fois, si je ne me trompe, professée publiquement à la faculté des sciences de Paris (1838 à 1848), afin de satisfaire au vœu d'une amitié scientifique bien chère. Depuis, la cinématique est devenue, comme on sait, l'objet de beaucoup d'ouvrages intéressants, envisagés à différents points de vue, et parmi lesquels je citerai, avant tous, celui de l'honorable et savant rapporteur anglais du VIᵉ Jury.

Au surplus, je ne saurais me proposer ici d'embrasser l'histoire du tissage mécanique en entier; je me bornerai à donner, sous forme de Section finale comprenant les machines à câbler, etc., le résumé rapide des idées et des inventions les plus essentielles, afin de ne pas laisser ma tâche trop imparfaite, à peu près comme je l'ai fait, dans ces préliminaires, à l'égard même des machines à filer la laine et le coton, machines d'un intérêt tout spécial, et qui mériteraient bien que nous leur consacrassions deux Sections entières et distinctes, si, je le répète, le sujet n'en avait pas aussi souvent été traité au point de vue historique, et s'il n'était, en quelque sorte, devenu aussi familier à toutes les personnes qui s'occupent du progrès mécanique des arts textiles.

A l'égard des machines à préparer, filer et tordre plus particulièrement la soie, le lin ou le chanvre, dont je me suis tout d'abord occupé à mon retour de Londres, c'est-à-dire en 1851 ou 1852, je ne saurais me dispenser d'en faire l'objet de deux Sections étendues et toutes spéciales; non pas seulement parce que les matières textiles qu'elles servent à transformer sont abondamment fournies par notre sol, non pas tant encore en raison de l'importance et de l'ancienneté de la première ou de la nouveauté de la seconde, mais bien parce qu'elles constituent en réalité, avec les machines à tisser diversement les étoffes unies ou figurées, l'un des principaux éléments de notre prospérité nationale et de nos titres incontestables à l'estime des autres peuples; tout comme la production automatique même du coton, la préparation accélérée et économique de la fonte et du fer, l'établissement et le perfectionnement des premières et puissantes machines à vapeur d'épuisement ou servant de moteurs, en quelque sorte indépendants et universels à toutes les autres machines ou agents mécaniques, enfin le perfectionnement, la multiplication même des machines-outils, aujourd'hui si nécessaires à la bonne et prompte exécution des arbres de couche, des roues dentées et autres organes ou pièces d'ajustement en fer et en fonte; ces productions, dis-je, ces créations immenses, qui ont centuplé nos forces et transformé même notre industrie mécanique, constituent, aux yeux de tous, l'honneur éternel de la Grande-Bretagne.

Comme remarque générale enfin, j'ajouterai que, si le filage de la grége ou longue soie exige des procédés tout particuliers et très-distincts de ceux qui concernent la laine, le coton et même le lin ou le chanvre à fibres déjà passablement allongées, il en est tout autrement des déchets de soies nommés *bourres, effiloches* et *frisons,* puisque les premières, les plus courtes, sont traitées par la carde, etc., à la manière des laines ou des cotons, tandis que les seconds, découpés et peignés dans des machines à serans continus ou sans fin, telles qu'en construit en France M. Nicolas Schlumberger, sont traitées absolument comme la filasse du chanvre et du lin, d'après les méthodes déjà anciennes, mais perfectionnées, comme on le verra, depuis leur découverte par Philippe de Girard; ce qui nous dispensera d'en faire le sujet d'un chapitre à part, malgré toute l'importance que cette intéressante branche de la filature a acquise dans ces derniers temps pour la fabrication des étoffes de fantaisie, etc.

Ire SECTION.

MACHINES ET OUTILS

SERVANT À FILER, MOULINER, DÉVIDER LA SOIE GRÉGE OU LONGUE.

CHAPITRE Ier.

ÉTAT ANCIEN OU ANTÉRIEUR À 1815.

§ Ier. — Introduction des machines à filer les gréges en Europe. — *Borghesano Lucchesi*, à Bologne; *Pierre Benay* et *Colbert*, en France; *Thomas Lombe*, en Angleterre.

L'art de récolter et de travailler la soie nous vient incontestablement de l'Inde par la Perse, l'Asie Mineure, la Grèce, l'Espagne, la Sicile et Naples, Bologne, Venise, Milan et le Piémont, d'où il s'est propagé du XVe au XVIIe siècle à Tours, Avignon, Nîmes, Lyon, pour de là se répandre plus tard encore, et peu après la révocation de l'édit de Nantes (1685), en Suisse, sur les bords du Rhin, en Autriche, à Berlin, à Derby, à Londres (Spitalfield), et jusqu'en Suède et en Russie. Les nombreux édits, les encouragements de Louis XI, Charles VIII, Henri IV et Louis XIV, avaient donné à l'industrie de la soie en France une heureuse et durable impulsion; mais, quoiqu'il soit à peu près certain que le moulinage automatique de cette précieuse matière ait été pratiqué avec succès dès le XIVe siècle (1372), à Bologne, par un nommé *Borghesano Lucchesi*, si l'on en croit le témoignage de Masini[1], d'où il aurait été transmis de proche en proche dans tout le nord de l'Italie et le Comtat d'Avignon (1450 à 1692), néanmoins il n'existe, à ma connaissance, aucun écrit qui puisse donner une idée

[1] Masini, *additions* à l'ouvrage sur *Bologne illustré.* Voy. le livre italien publié à Venise, en 1844, sous le titre : *Il trattore da seta*, par le docteur François Gera, ouvrage tiré seulement à 60 exemplaires, et dont je dois la communication au savant séricicultur M. Robinet, de Paris.

précise de la nature des machines en usage à une époque contemporaine ou très-peu postérieure à celle de leur introduction en France. Encore moins m'a-t-il été possible de découvrir le nom des premiers inventeurs, et de suivre les progrès, les perfectionnements successifs que ces machines ont dû subir avant d'arriver jusqu'à nous.

Les auteurs nous apprennent bien que le nommé Benay, moulinier bolonais, fut attiré en France, vers 1670, sous le ministère de Colbert, à la demande du conseil municipal de la ville de Lyon, pour y créer une filature et un moulinage perfectionnés de la soie et qu'après avoir formé à Fores, près d'Aubenas, en Vivarais, un établissement modèle dont les élèves répandirent ensuite la nouvelle méthode à Chomerac, à Privas, etc., il mourut en 1690 sans postérité, pensionné et ennobli en France, mais pendu en effigie par la ville de Bologne, alors si jalouse de la possession de cette riche branche d'industrie [1], qu'elle a cependant depuis tant négligée. Ces auteurs nous apprennent encore le nombre des *métiers*, des balles de soie ouvrées ou non ouvrées, dans la ville de Lyon, sous le grand Colbert; mais quelle était au fond la constitution des machines à filer et à tordre la soie, et doit-on supposer que ce sont les mêmes qui se trouvent décrites dans les volumineux ouvrages français du dernier siècle sous le nom de *tour* et de *moulin* du Piémont?

Nous savons, d'un autre côté [2], que Thomas Lombe érigea le premier, en 1719 selon M. Baines et en 1734 suivant le che-

[1] *Encyclopédie méthodique* (t. II, p. 25, *Arts et manufactures*), article *Soie*, par Roland de la Plâtière. Selon M. Grognier (*Recherches historiques et statistiques, etc.*, particulièrement relatives à Lyon), Benay, attiré par les encouragements de Colbert, s'était établi, en 1684, à Virieux, près Pelussin; mais le moulinage existait à Neuville-l'Archevêque quelques années avant (1670), sous la direction d'un sieur Lauze, qui travaillait aussi *à la bolonaise*. Quant à l'usine de Pierre Benay, elle serait aujourd'hui possédée par M. Julien du Colombier, dont la famille l'exploite depuis environ un siècle.

[2] *Dictionnaire universel de la géographie commerciale*, par Peuchet, t. II, p. 179. La patente de Thomas Lombe porte en réalité la date du 9 septembre 1718.

valier Nickols, un moulin à organsiner la soie sur la rivière de Derwent à Derby, d'après le modèle de ceux du Piémont, dont il aurait rapporté les dessins au péril de sa vie; mais comment étaient disposés les 26 586 roues, les 97 746 mouvements, etc., dont se composait ce moulin, qui valut à l'importateur breveté une récompense de 14 000 livres sterling, que lui décerna généreusement le parlement d'Angleterre pour qu'il renonçât à ses droits d'importation; moulin qui fut sans contredit le type des immenses *factories anglaises* à filer, retordre la laine et le coton, sous le nom générique de *water-frame?* Les docteurs anglais Lardner et Ure, qui ont écrit sur l'industrie de la soie, ne nous apprennent rien à ce sujet, et il y a même lieu de croire que, à l'époque précitée, il s'en faut de beaucoup que le moulinage de cette précieuse substance ait reçu en Angleterre une extension comparable à celle que les victimes de la révocation de l'édit de Nantes imprimèrent dans Spitalfield au tissage mécanique des étoffes de soie, dont les fils organsins étaient alors presque entièrement tirés de France et d'Italie.

Dans cette absence absolue de documents, on doit admettre que les anciennes machines, nommées aujourd'hui encore *tour, moulin du Piémont,* et qu'ont décrites avec tant de soin les encyclopédistes du XVIIIe siècle, représentent à peu près l'état d'avancement où cette branche d'industrie était parvenue au commencement de ce même siècle ou vers la fin du précédent. Dès lors, il devient intéressant de prendre pour point de départ ces mêmes machines, afin d'examiner les changements et perfectionnements qu'elles ont successivement reçus et qui n'ont peut-être pas toute l'importance qu'on leur suppose, du moins sous le rapport du génie et de l'invention mécanique.

§ II. — Tour piémontais modifié, perfectionné en France. — *Isnard, Larouvière* et *Vaucanson* (1700 à 1750).

L'ancien tour du Piémont a, comme on sait, pour objet le *tirage* de la soie des cocons, véritable *dévidage* opéré sous la forme de fils qu'on nomme soie *crue,* soie *grége,* parce qu'elle n'a reçu aucun *apprêt* ou *tors*. Chacun de ces fils est formé par la juxtaposition d'un plus ou moins grand nombre d'autres fils ou *brins* naturels (*baves*), sortis d'autant de cocons unis entre eux par une sorte de gomme ou gluten (*grès*) qui les enveloppe en forme de gaîne, et que l'immersion de ces cocons dans l'eau chaude d'une bassine inférieure plus ou moins allongée sert à ramollir convenablement. Ces brins réguliers, qu'il faut distinguer de ceux de l'enveloppe extérieure enlevés au balai sous le nom de *bourre*, de *frisons*, ces brins, d'une extrême longueur, d'abord isolés en sortant de la bassine où nagent les cocons, vont se réunir dans l'ouverture d'une filière en fer placée au-dessus de cette bassine, et qui a aussi pour objet d'en exprimer partiellement le liquide surabondant sous une compression réciproque qui les fait adhérer entre eux jusqu'à un certain point, de manière à en constituer, comme on l'a dit, du moins jusqu'au *décreusage*, un seul fil grége, nommé *bout*.

Au sortir de cette filière et de son analogue, relative à un second bout ou faisceau de brins placé à une certaine distance horizontale du premier, les deux fils distincts, ainsi formés, reçoivent au-dessus des filières, et l'un autour de l'autre, ce qu'on nomme une *croisure* ou *croisade*, déterminée par un plus ou moins grand nombre de tours en *hélices*, selon la qualité, la finesse des cocons et la difficulté qu'on éprouve à rapprocher, à faire adhérer les brins entre eux sous une forme en quelque sorte arrondie, déterminée par une compression symétrique, qui tend à refouler du centre à la circonférence, du plein vers les vides, la matière liquide et gommeuse interposée[1] : le tout ainsi qu'on le pratique encore de nos jours.

Bientôt ces deux bouts se séparent, se bifurquent, pour se

[1] Cette manière de voir est conforme aux résultats des belles et curieuses recherches expérimentales consignées par M. Robinet dans les *Mémoires de la Société centrale d'agriculture*, année 1843, et qui concernent les lois d'après lesquelles la ténacité et la ductilité des soies gréges varient avec leur titre ou le nombre des brins de cocons qui y entrent. Le singulier accroissement de ténacité que ce savant professeur a observé dans les fils à 7 brins

rendre, en arrière ou au-dessus de la bassine, dans deux œillères ouvertes ou boucles métalliques en tire-bouchons, nommées *barbins*, fixées sur une tringle horizontale en bois, à mouvement alternatif, dont il sera parlé ci-après, et d'où les fils s'échappent parallèlement, sous une direction plus ou moins inclinée à l'horizon, pour envelopper finalement en zigzag, et sous forme d'écheveaux distincts, un dévidoir à quatre branches ou lames de bois minces, nommé *guindre, asple*[1], dont l'axe horizontal était mû par une manivelle ou une pédale que dirigeait avec douceur et une certaine vitesse une jeune fille, apprentie tireuse, soumise au commandement de la fileuse proprement dite, exclusivement occupée à surveiller le tirage des cocons, le remplacement successif de ceux qui sont ou mieux qui vont être épuisés, par de nouveaux cocons dont elle doit intercaler, *jeter le bout* parmi le faisceau des autres, enfin soigner la *purge*, le rattachement ou nouage des fils cassés, plissés, doublés ou mariés, etc. Un engrenage d'angle, entièrement construit en fer ou en bois dur, placé à l'extrémité de l'axe opposée à la manivelle, communiquait, dans ces anciens tours, le mouvement rotatoire du même arbre à un second arbre rond, légèrement incliné à l'horizon, et qui, par un nouveau rouage d'angle monté sur la traverse antérieure du châssis fixe de la machine, faisait mouvoir horizontalement un excentrique ou bouton de manivelle, adapté à l'une des roues et servant à imprimer le mouvement de va-et-vient à la tringle horizontale porte-barbins mentionnée ci-dessus, sorte de bielle tournant et glissant par enfourchement, à l'un des bouts, autour d'une cheville verticale fixée à la traverse supérieure du bâti.

montre, en particulier, l'influence de l'arrangement symétrique de ces brins autour d'un noyau central qui rappelle l'âme dont se servent les cordiers pour remplir le vide intérieur des plus gros câbles de la marine; et l'on peut également comparer la croisure que l'on fait subir aux fils de soie grége à la méthode ingénieuse et simple dont ils se servent pour comprimer et rapprocher entre eux les fils de caret et les torons des mêmes câbles.

[1] Expression évidemment tirée du mot allemand *hasple*, dévidoir.

Le nombre des dents, très-fines et très-serrées, dont les quatre roues d'angle ci-dessus sont munies était réglé, d'après un édit du Piémont de 1724, de manière qu'un même fil ne pût qu'au bout de 875 révolutions de l'asple se superposer exactement à lui-même, et donner lieu à une sorte de *collure* ou *vitrage* qui deviendrait inévitable en l'absence de tout croisement, ou si le nombre des tours compris dans l'intervalle des coïncidences était insuffisant pour amener la parfaite dessiccation des premiers spires du fil. Cet ingénieux dispositif, rigoureusement prescrit par le règlement précité, mais trop souvent violé dans les copies subséquentes du tour piémontais, a évidemment pour objet l'imitation de la nature dans la formation des cocons, au moyen de fils distribués en zigzags par l'insecte au pourtour de l'enveloppe.

Telle est aussi, à peu près, la disposition du tour à filer décrit dans un ouvrage publié à Paris chez Joly, en 1665, sous le patronage du grand Colbert, par un nommé Isnard, qui, d'ailleurs, ne nous a rien appris sur l'origine étrangère du tour à tirer la soie, dont le dispositif principal et le perfectionnement, d'après le témoignage même de l'illustre Vaucanson[1], ne sauraient être contestés aux Piémontais : ceux-ci ayant substitué le tirage double avec croisure au tirage ancien sur bobines, à un seul fil *plat*, humide, et dont les brins étaient mal unis entre eux, tout en remplaçant par un équipage de roues dentées le système de poulies et de cordes sans fin qui servait jusque-là à imprimer le va-et-vient aux *barbins distributeurs*. Ces heureuses innovations, en effet, doublaient les produits, tout en améliorant la qualité des soies, dont les gréges acquirent ainsi plus de rondeur.

D'un autre côté, l'époque déjà reculée à laquelle Isnard écrivait son traité fait vivement regretter que cet auteur ne nous ait rien appris des machines à dévider et à mouliner la soie de cette même époque, malgré les promesses indiquées dans le titre de l'ouvrage, dont, en réalité, l'objet principal

[1] *Mémoires de l'Académie des sciences de Paris*, 1749.

concerne la culture des mûriers et des vers à soie, sur laquelle on a tant écrit depuis Olivier de Serres.

On voit, au surplus, d'après la description sommaire ci-dessus, que le tour du Piémont, pas plus que le rouet à filer ordinaire, ne jouissait de la propriété automatique, et que, pour d'assez faibles résultats, il exigeait constamment la coopération de deux personnes, sans compter qu'il présentait divers défauts assez graves dont on a sans cesse, mais sans un entier succès, cherché à le débarrasser depuis sa primitive introduction en France, où pendant longtemps, et en vue de simplifier le mécanisme, on a continué à se servir, pour la transmission du mouvement de la manivelle à l'asple, de poulies à gorge mues par des ficelles ou cordes à boyaux sans fin qui, soumises aux émanations de la bassine à eau chaude et aux variations atmosphériques, donnaient lieu à de fréquents glissements de ces cordes sur les poulies, et, par suite, à des irrégularités dans le jeu du va-et-vient et dans l'enroulement même des fils sur l'asple.

Cet inconvénient, auquel Vaucanson avait cherché à porter remède par une poulie de tension, lors d'un premier essai de machine à tirer la soie, dont la date doit être antérieure à 1744[1], se rencontrait aussi dans un tour inventé par Larouvière, bonnetier du roi[2], et qui fut vers cette époque, soumis à l'Académie des sciences de Paris. Dans ce tour, fort imparfait d'ailleurs, la vitesse de l'asple, simple ou double, mais d'un assez faible diamètre, était quadruplée, sextuplée, par des poulies de renvoi, et le mécanisme du va-et-vient avait également subi des modifications plus ou moins heureuses, le tout en vue d'*activer* le tirage de la soie des cocons, etc. Ce même tour, soumis en 1744 et 1745, à Paris, à Montpellier et à Avignon, à des expériences comparatives avec ceux du Piémont, du Languedoc et celui de Vaucanson, donna effectivement un accroissement sensible de produits; mais il était compensé par des

[1] *Mémoires de l'Académie des sciences* de 1749, p. 121.
[2] *Essai sur de nouvelles découvertes, etc.*, Liége et Paris, 1770.

déchets et un ralentissement équivalents dans le dévidage ultérieur des écheveaux, à moins que les cocons ne fussent d'une qualité parfaite et la fileuse très-habile et très-attentive; circonstances exceptionnelles alors comme aujourd'hui, et qui ne prouvaient rien en faveur du tour Larouvière.

Vaucanson, instruit par douze années d'expériences et d'essais appliqués à une centaine de tours à filer établis dans la grande manufacture d'Aubenas, publia longtemps après, dans les *Mémoires de l'Académie des sciences* pour 1770 (p. 106), une nouvelle notice, dans laquelle il préconise les avantages économiques des grands établissements où les ateliers de tirage des cocons sont réunis à ceux de moulinage et de dévidage de la soie. Renonçant cette fois à transmettre par un cordon sans fin le mouvement de la manivelle à l'asple, il se sert d'une combinaison d'engrenages cylindriques en fer et à petites dents, montés à l'extrémité de l'arbre moteur, pour communiquer, par un excentrique à cheville ou bouton de manivelle établi sur la dernière roue, un mouvement oscillatoire rapide à un levier coudé, dont l'extrémité de la longue branche verticale est terminée, en forme de T, par une tringle transversale munie des barbins de guide et voisine de la *seconde croisure* que Vaucanson fait subir aux deux fils du nouveau tour. Ce tour se distingue d'ailleurs des précédents et de celui du Piémont par un mécanisme à manivelle fort ingénieux, permettant à une fileuse inexpérimentée de régler à volonté le nombre des enroulements des croisures par la rotation sur lui-même d'un anneau vertical, muni de deux œillères diamétralement opposées pour maintenir l'écartement des bouts entre ces mêmes croisures, tordues en sens contraire, de manière à prolonger diagonalement une sorte de losange formé par les fils aboutissant à chacune des œillères, dont la droite de jonction occupe elle-même l'autre diagonale.

C'était là évidemment, eu égard à l'époque, une addition précieuse au tour piémontais, bien qu'elle ait été abandonnée depuis pour des motifs que nous ferons connaître; mais on n'en saurait dire précisément autant de la substitution des rouages plans aux rouages d'angle de ce tour, attendu que, d'une part, s'il y avait simplification sous le rapport des difficultés d'exécution, alors assez graves, d'une autre, il arrivait que la tringle du va-et-vient, le porte-barbins distributeur des fils sur l'asple, mal soutenu à l'extrémité antérieure d'un long manche mis en mouvement par un renvoi de bielles et de varlets, était soumis à des flexions et secousses transversales qui tendaient à faire rompre les fils. Du moins, est-il naturel d'attribuer en partie à ces causes les critiques dirigées à diverses époques contre l'ingénieux dispositif de Vaucanson, à la double croisure duquel on a particulièrement reproché :

1° D'énerver considérablement la soie;

2° D'être réglé par une transmission de cordons sans fin qui laisse encore trop d'incertitudes dans le comptage du nombre des croisures ou hélices et trop d'arbitraire aux fileuses inexpérimentées.

Mais on est également autorisé à croire que ces objections, déjà fort anciennes et toutes spécieuses qu'elles paraissent, ne sont pas les plus graves, et que la suppression définitive de la double croisure est principalement due à l'usage des *tours sans tourneuses* et des moyens automatiques d'empêcher ce qu'on nomme les *mariages*, sur lesquels nous reviendrons avec détail dans le chapitre suivant, après que nous aurons parcouru l'ensemble assez vaste des anciennes machines à filer, à mouliner et dévider les soies gréges.

De l'aveu même des mécaniciens éclairés de notre époque, la perfection, la régularité de ce genre de fils, dépendent bien moins de la perfection du tour que de l'habileté et des soins de la fileuse à marier convenablement entre eux les brins des cocons, dont, comme on sait, la grosseur n'est pas la même aux deux bouts; et c'est pourquoi, lorsqu'on en dévide les flottes ou écheveaux sur des bobines cylindriques nommées ordinairement *roquets*, le fil grége a besoin d'être *purgé* à nouveau de tous nœuds, bourillons, doublures, etc.; opération qui ne peut se faire qu'à la main, du moins pour le rattachement des fils, et exige de nouvelles attentions dont les récents modes de filage ne sont nullement exempts. Après cette seconde opération ou dévidage à la main, la soie grége, ainsi purgée, recevait d'ailleurs un premier apprêt ou tors à gauche dans de grands *moulins,* qui servaient aussi à donner le deuxième tors, en sens contraire, à la réunion de deux, trois ou quatre fils pareils, enroulés préalablement sur de nouvelles bobines cylindriques, dans un instrument particulier, nommé *doublier* ou *doubloir,* où ces bobines étaient enfilées sur un axe horizontal recevant un mouvement rotatoire rapide d'une poulie et d'une corde sans fin passée sur la gorge d'une grande roue à manivelle, tandis que les bobines à fils simples étaient disposées en face, par rangées verticales, sur des axes parallèles soutenus par des montants verticaux, etc.

§ III.— Anciens moulins et dévidoirs automates du Piémont, principalement d'après l'encyclopédiste Roland de la Platière.

Je ne m'étendrai pas davantage sur les instruments à main servant à dévider et à doubler les fils, auxquels on a fort peu ajouté depuis leur adoption en France. Quant aux colossales machines piémontaises à mouliner diversement les gréges ou organsins, machines à peine mentionnées dans les ouvrages de notre époque, nous n'en dirons que ce qu'il faut pour faire comprendre le but et la disposition principale des perfectionnements qu'elles ont reçus de la part de Vaucanson et de ses successeurs, en prenant pour base les descriptions que nous en ont transmises les encyclopédistes du XVIIIe siècle[1].

Les moulins *ronds,* dits *de Piémont,* employés aujourd'hui encore dans quelques localités du Midi et à Tours même, ont une forme cylindrique à base circulaire, qui leur donne l'apparence d'une véritable cage à jours, de quatre à cinq mètres de diamètre sur autant de hauteur, dont l'axe est occupé par

[1] Voyez notamment le t. II de l'*Encyclopédie méthodique* (*Manufactures et arts,* 1784), où Roland de la Platière décrit dans les plus grands détails les moulins ronds, qu'il attribue entièrement aux Piémontais, quoiqu'ils aient subi plusieurs perfectionnements essentiels depuis l'époque où Vaucanson entreprit de les critiquer ou modifier.

un arbre moteur vertical, mis en action par un autre arbre horizontal situé à l'étage inférieur de l'édifice et qui fait marcher plusieurs moulins pareils, dont, à leur tour, les arbres verticaux prolongés vont, à l'étage supérieur, animer une série de machines à dévider qui occupent, sur plusieurs rangs adossés deux à deux, toute la longueur de ce dernier étage. Les moulins eux-mêmes, mus tantôt à bras d'hommes ou par manége dans les petits établissements, tantôt au moyen de puissantes roues hydrauliques, dans les plus grands, sont divisés en plusieurs compartiments ou étages horizontaux, séparés par des anneaux en bois destinés à supporter autant de *vargues* ou rangées circulaires de grosses bobines verticales contenant le fil à tordre de droite à gauche pour le premier apprêt, ou à retordre en plus ou moins grand nombre de gauche à droite pour le deuxième apprêt.

Chacune de ces bobines repose, vers sa base, à frottement dur, sur une portion conique d'une broche verticale en fer dont le pivot inférieur tourne sur une crapaudine en verre ou en cuivre : cette bobine est surmontée d'une petite pièce de bois arrondie en guise de chapeau, nommée *coronnelle*, très-mobile autour de l'extrémité de la broche, et munie en dessous d'un anneau de plomb, sorte de *lest*, par lequel elle pèse sur la tête de la bobine, où elle glisse généralement et d'un mouvement relatif par l'effet du tirage extérieur du fil de soie enroulé sur cette bobine. Ce même coronnelle porte une ailette en fil de métal, pliée en S, couchée transversalement à l'axe vertical de la broche et munie à ses extrémités supérieure et inférieure, situées, l'une sur le prolongement de cet axe où s'opère la torsion de la soie, l'autre vis-à-vis du ventre de la bobine où se fait le déroulement du fil, de boucles en tire-bouchons destinées à guider et maintenir ce fil dans un état de tension suffisant pour l'empêcher de vriller ou se replier sur lui-même au sortir de la bobine : celle-ci, dans la rotation rapide à laquelle le coronnelle n'obéit que partiellement et par simple frottement, abandonne peu à peu ce même fil, attiré lentement vers le haut par d'autres rangées de grosses bobines horizontales nommées *roquelles* ou par de longs guindres à quatre lames, montés respectivement sur des axes horizontaux en fer, correspondant à autant de groupes distincts de six fuseaux ou bobines inférieures. Les broches verticales de celles-ci portent d'ailleurs, vers le bas, des renflements arrondis, contre lesquels viennent frotter alternativement des segments circulaires ou jantes de bois nommés *strafins*, garnis de bandes de cuir tendu et recouvrant plusieurs couches de draps; segments fixés aux extrémités d'autant de bras de l'arbre vertical du moulin, où ils sont maintenus par une articulation accompagnée de ressorts-repoussoirs, de contre-poids à poulie de renvoi, qui les obligent à appuyer fortement contre le renflement des broches.

A l'étage ou vargue inférieure du moulin, les strafins agissent extérieurement pour faire tourner, de gauche à droite, les bobines chargées des fils destinés à recevoir le second tors ou apprêt, et qui montent plus ou moins obliquement sur les guindres horizontaux situés immédiatement au-dessus, pour y former autant d'écheveaux (six) qu'il existe de fuseaux dans la rangée inférieure correspondante. Dans les vargues ou compartiments du haut, destinés au premier apprêt, et dont les strafins agissent intérieurement, ou de droite à gauche, sur le ventre des fuseaux, les fils se rendent sur des roquelles supérieures, qui sont rangées également six par six, sur des axes horizontaux situés, deux par deux, sur le prolongement les uns des autres, et dont l'ensemble constitue, pour une même vargue, un polygone régulier inscrit à la cage du moulin, tout comme cela a lieu pour les axes horizontaux des couples de guindres dont il a d'abord été parlé.

Ajoutons que ces divers axes, soutenus à leurs extrémités par des coussinets fixés aux piliers correspondants du moulin, sont, à l'extrémité commune à chaque couple, mis en mouvement par un système d'engrenages en bois nommés *ponsonnelles*, et dont la roue motrice verticale porte des chevilles ou mentonnets en *hérisson*, que poussent alternativement et transversalement des segments hélicoïdes rampants, nommés *serpes :* celles-ci, fixées aux extrémités des bras, concentriquement à l'arbre central ou moteur du moulin, représentant autant de portions de vis à filet carré, dont l'action oblique sous les chevilles saillantes du hérisson occasionnait un frottement de glissement nécessairement très-rude.

Enfin, pour acquérir une notion à peu près complète du moulin rond du Piémont, tel que le décrit Roland de la Platière dans l'*Encyclopédie méthodique*, il est nécessaire d'ajouter que les guindres, ou les rangées horizontales de roquelles qui les remplacent dans les vargues supérieures, sont accompagnés, en dessous, d'autant de *barres de guide à barbins*, parallèles à leurs axes respectifs et animés d'un mouvement lent de va-et-vient[1], par lequel le fil est distribué en *hélices* sur son écheveau ou sa bobine; mouvement produit par autant d'excentriques circulaires qu'enveloppent des brides en fer à cheval, fixées respectivement sur chacune des barres de guide, tandis que les excentriques le sont à l'extrémité de l'un des arbres tournants horizontaux de la ponsonelle adjacente.

Par ce dispositif, compliqué à cause de la double fonction qu'il remplit et qui constitue véritablement, du moulin rond, deux machines automates à retordre, très-distinctes, mais dont la grossièreté primitive d'exécution en bois ne répond peut-être pas au génie de l'invention, on parvenait à donner à la fois un mouvement de 600 à 800 tours par minute aux 336 broches ou fuseaux dont les diverses vargues de ce moulin étaient garnies. Pour en donner l'intelligence parfaite, il resterait beaucoup de choses intéressantes à dire sur l'action alternative et intermittente des strafins; sur le jeu non moins

[1] L'application ingénieuse du va-et-vient au moulinage des soies est-elle véritablement d'origine piémontaise, comme semble l'insinuer Roland de la Platière? C'est ce dont il est d'autant plus permis de douter que cet ancien inspecteur des manufactures royales se montre fort peu disposé à reconnaître le mérite des inventions de Vaucanson, et que le brevet pris en 1807 par le sieur Amaretti de Versuolo semble démontrer combien peu l'usage de cet organe était alors familier aux constructeurs de moulins ronds en Italie, bien qu'il fît partie intégrante du tour piémontais, comme on l'a vu.

mystérieux, et inexpliqué dans les livres, du coronnelle à ailettes, où l'inertie, la force centrifuge, la résistance de l'air et les frottements jouent un rôle nécessaire dans le déroulement du fil des fuseaux et son enroulement sur les guindres ou les roquelles; enfin, sur le rapport à établir entre les vitesses de ce déroulement et de cet enroulement, ou entre les vitesses rotatoires des axes respectifs, afin d'assurer aux fils, dans chaque cas, le degré de tors convenable par unité de longueur, et que prescrivaient rigoureusement les règlements piémontais de 1724, et, en France, ceux de 1737, déjà cités. Il nous suffit ici d'avoir en quelque sorte constaté, pour le point de vue historique, l'existence des organes les plus essentiels et dont le mécanisme a été reproduit ou imité dans toutes les machines ayant un but analogue.

Au surplus, le moulin double dont je viens de donner un rapide aperçu n'est pas la seule machine automatique empruntée à l'Italie, et je ne saurais passer sous silence le système des dévidoirs automates qui, placés au dernier étage du bâtiment, étaient mis en mouvement par des rouages d'angle fixés au plafond de cet étage, à l'extrémité supérieure du prolongement de chacun des arbres moteurs verticaux de l'étage inférieur.

Ces dévidoirs, nommés *tavelles*, au nombre de soixante par arbre moteur, sont très-étroits, très-légers, composés de quatre bras et d'autant de lames mobiles portant les *flottes* de soie, et tournant avec beaucoup de douceur et de liberté autour d'axes en fer horizontaux garnis respectivement de noyaux en bois où s'assemblent les bras de tavelles; noyaux dont le milieu, creusé en forme de gorge, est embrassé avec un *grand jeu* par un anneau métallique soutenant un petit poids destiné à faire naître sur cette gorge un frottement qui sert de frein et maintient les fils de soie légèrement tendus pendant le dévidage des flottes, c'est-à-dire pendant que ces mêmes fils montent sur la rangée correspondante des roquelles ou bobines horizontales établies à la partie supérieure des supports, après avoir traversé, à l'ordinaire, les œillets ou barbins de guide d'un va-et-vient à excentrique, intermédiaire entre ces bobines et les tavelles. Or, il y a cela ici de particulier que les roquelles, nommées souvent *roquets*, ne sont pas mises directement en mouvement par leurs axes horizontaux, mais bien par le frottement de disques circulaires et verticaux en bois, sur lesquels elles reposent, en vertu de leur poids, par une partie coniquement arrondie et extérieure à leur gorge; dispositif adopté depuis, comme on le verra, pour communiquer le mouvement aux asples mêmes du tour à tirer la soie. Ces disques d'ailleurs, montés par quinze, et à des intervalles convenables, sur des axes horizontaux en fer, sont mis en action par une roue d'engrenage latérale, qui reçoit, ainsi que ses analogues, le mouvement d'un arbre moteur vertical aboutissant également au plancher supérieur de l'étage, etc.

Ces immenses dévidoirs, montés sur des chevalets en nombre égal à celui des tavelles, exigeaient, comme les moulins à organsiner ou à tordre, très-peu de surveillants employés au rattachement des fils; ils étaient si bien appropriés au but à remplir qu'ils n'ont, pour ainsi dire, subi aucune modification essentielle depuis le commencement du dernier siècle, soit en France, soit même en Angleterre, où ils auraient continué à être exécutés en bois, tout au moins jusqu'en 1831, si l'on en juge d'après l'ouvrage du docteur Lardner[1]. Mais on n'en saurait dire autant de l'ancien moulin à organsiner du Piémont, qui a subi dans l'un et l'autre pays, comme on le verra plus tard, un changement, pour ainsi dire, radical, sinon dans la solution mécanique, du moins dans le dispositif et la forme principale.

§ IV. — Perfectionnement des moulins à tordre la soie en France; moulin droit proposé par *Vaucanson*; ses automates et son mémoire de 1751.

Les moulins simples de second apprêt, tels qu'il en existe aujourd'hui même en France, moulins tantôt *ronds* ou circu-

[1] *Treatise of the origine of the silk manufacture*, extrait du *Cabinet encyclopédique* du même auteur, publié à Londres en 1831.

laires, tantôt allongés ou *ovales*, à base elliptique ou formée par la rencontre de deux arcs de cercle convexes, sont évidemment une dérivation des moulins doubles du Piémont, si toutefois ils ne les ont pas précédés pour certaines industries, car on chercherait vainement dans les écrits du dernier siècle quelque chose de précis à cet égard, non plus que sur les perfectionnements divers que leur application a reçus chez nous, où ils portent le nom de *moulins français;* ce qui semblerait indiquer une origine assez récente, contemporaine peut-être des travaux de Vaucanson, dont il sera bientôt parlé. Dans ces moulins simples, uniquement destinés au dernier tors, le grand axe correspond, en plan, au guindre horizontal unique, établi à la partie supérieure des supports de la machine, tandis que les bobines à broches verticales sont établies, vers le bas, sur un ou deux rangs étagés en gradins ou banquettes, où elles reçoivent le mouvement de courroies sans fin, à rouleaux de tension, de renvoi ou de guide, qui embrassent extérieurement et en serpentant les parties renflées des broches de chaque rang et vont se replier sur un gros tambour dont l'arbre vertical commande, vers le haut, un rouage d'angle à chevilles ou lanterne faisant marcher simultanément l'axe du guindre unique dont est munie la machine, ici privée du va-et-vient, que remplace simplement une barre de guide à barbins ou œillères fixes.

Mais ces anciens appareils, où les bobines sont munies seulement vers le bas d'un large rebord contenant le fil enroulé en hélices à fusées coniques, et que termine au sommet un bouton de retenue duquel ce même fil s'échappe dans la direction de l'axe où la torsion s'opère, tandis que son dévidement est aidé par l'action de la force centrifuge, ces appareils, dis-je, paraissent, d'après Roland de la Platière [1], avoir été plus spécialement employés à donner le retors ou second tors aux

[1] *Encyclopédie méthodique*, Manufactures, t. II, article *Retordage*, pl. 2, 3 et 4, rédigé trente ans au moins après l'époque où écrivait Vaucanson.

fils doubles de laine, de coton, de filoselle, destinés à la couture ou à former la chaîne de certaines étoffes, etc.

Dans un mémoire publié parmi ceux de l'*Académie des sciences* pour 1751 (p. 121), Vaucanson adresse aux moulins à organsiner de son temps, qui avaient, dit-il, jusqu'à 24 pieds de diamètre et 160 broches ou fuseaux par vargue ou rangée horizontale, divers reproches souvent cités, mais qu'il est utile de résumer ici, parce qu'ils attestent, en effet, que ces moulins n'étaient alors ni généralement doubles ni toujours munis de va-et-vient, comme l'indique l'*Encyclopédie*, et que réellement ils se subdivisaient en moulins distincts de premier apprêt ou tors, mus par des strafins, et en moulins de deuxième apprêt, mus par des cordes ou des courroies sans fin :

1° Les strafins et courroies n'agissent pas avec la continuité qui serait indispensable pour imprimer aux broches, mal assujetties sur leurs crapaudines ou épaulements et situées à des distances inégales de l'arbre moteur, les vitesses rigoureusement uniformes réclamées par l'égalité du tors; 2° les fils montant obliquement, et sous des angles divers, des fuseaux aux guindres ou aux rangées de roquelles supérieures, donnent lieu forcément encore à des inégalités correspondantes dans le tors; 3° l'excentrique du va-et-vient que comportent les moulins de premier apprêt étant circulaire, il en résulte des hélices irrégulières, une distribution inégale du fil sur les roquelles, où il s'accumule principalement aux deux bouts, ce qui constitue une nouvelle cause d'inégalité dans le tirage et le tors des fils, cause à laquelle vient s'ajouter celle qui est due au grossissement progressif des mêmes roquelles, puisque en augmentant vers la fin de $\frac{1}{5}$ environ l'étirage ou dévidage des fuseaux, il diminue d'autant le tors proportionnel du fil; 4° la fixité des guindres du deuxième apprêt, dans le sens longitudinal, et l'absence du va-et-vient, remplacé par une barre à guides ou barbins *immobile*, font que le fil ne s'y développe que sur une très-petite largeur, s'y accumule irrégulièrement en écheveaux pointus ou en talus, quand, selon l'usage des grands établissements d'alors, on se dispense de les *capier* fréquemment, opération qui, exigeant qu'on les fasse glisser le long des lames de guindres pour faire place à de nouveaux écheveaux, est très-difficile sans savonnage, dommageable même à cause de l'adhérence et du frottement contractés par les fils sous l'influence d'une pression accumulée, etc.; 5° enfin, la diversité de tors nécessaire aux fils de différentes natures, et qui exige un changement correspondant dans la vitesse rotatoire constante des roquelles ou des guindres renvideurs, ne peut s'opérer dans les anciens moulins qu'en changeant à la fois tous les engrenages ou ponsonnelles dont ils tirent directement le mouvement; ce qui occasionne une longue suspension de travail, etc.

Vaucanson affirme, dans le mémoire précité, être parvenu à corriger tous ces défauts dans des moulins rectangulaires ou à deux faces planes verticales et parallèles, distantes de 15 pouces seulement et longues de 15 pieds, établis dès 1750 dans la manufacture royale d'Aubenas, où l'on produisait effectivement des organsins que Lyon aurait préférés même à ceux du Piémont, d'après le témoignage des contemporains. Malheureusement, notre célèbre compatriote, nommé associé de l'Académie des sciences en 1758, et qui n'avait pas dédaigné auparavant (1738 et 1748) de publier deux écrits contenant la description des automates qui firent tant de bruit en Europe, a cru devoir garder le silence sur la nature des mécanismes qu'il avait mis en usage pour atteindre le but indiqué dans son mémoire de 1751, terminé par une invitation au gouvernement de Louis XV de rendre ses nouvelles découvertes profitables à l'industrie, en supportant la première dépense d'installation pour quelques-unes des manufactures d'organsin déjà établies. La seule chose qui ressorte nettement de ce dernier écrit, c'est que, d'une part, Vaucanson substitue aux courroies et aux strafins des anciens moulins, la chaîne sans fin à maillons de fil de fer qui porte son nom, et pour laquelle il avait imaginé, comme on l'a vu, une ingénieuse machine servant à la fabriquer, pour ainsi dire, automatiquement et avec une précision telle, qu'elle pût engrener, avec de petites roues, des molettes à dents, en corne ou en cuir fort, montées sur les broches des fuseaux; d'autre part, c'est qu'il remplace dans le nouveau moulin l'excentrique circulaire par un secteur denté, agissant alternativement sur les branches d'une crémaillère double, donnant un mouvement de va-et-vient, ici *uniforme*, à la tige porte-barbins : système, au surplus, déjà proposé en 1588 par Ramelli[1] pour faire mouvoir des pompes doubles, mais qui, en raison des chocs, offre de bien graves inconvénients, même dans le moulinage de la soie, et que Vaucanson a bientôt remplacé par un *excentrique en cœur*, poussant une tige à contre-poids de recul et roulettes de friction, dans le modèle dont il sera parlé ci-après.

Quant aux mécanismes par lesquels notre célèbre compatriote prétendait faire varier la vitesse des roquelles, à chacune des circonvolutions ou couches cylindriques du fil sur leur contour, en raison inverse du grossissement ou diamètre; changer à volonté le degré de tors par le déplacement d'un rouage denté; faire glisser, à l'aide d'une détente et de toute la largeur des écheveaux, réduite à dix lignes, les barres de guide ou porte-barbins servant à distribuer les fils sur le guindre, après un certain nombre de révolutions marquées par un compteur; enfin suspendre complétement le jeu de la machine à l'aide de ce compteur, qui sert aussi à avertir par une sonnerie quand il devient nécessaire de remplacer les guindres pleins par d'autres vides; à l'égard, dis-je, de ces divers mécanismes, le mémoire de Vaucanson ne renferme aucune indication qui mette sur la voie des moyens employés, et, pour s'en faire une idée un peu nette, il est indispensable de recourir au modèle en petit existant aujourd'hui encore au Conserva-

[1] *Le diverse et artificiose machine*, in-folio, publié en français et en italien à Paris, chez l'auteur, avec privilége. Ramelli fait un grand usage, dans la première partie de son livre, de crémaillères accouplées ou non accouplées, qu'il fait mouvoir souvent au moyen d'un arbre tournant muni de deux portions de vis à filets dirigées en sens contraire, mais grâce auxquelles le choc alternatif des secteurs est substitué aux frottements non moins rudes des filets contre les mentonnets ou dents de la crémaillère.

toire des arts et métiers de Paris, modèle à la vérité mutilé et qui attend une restauration, une description satisfaisantes, dont il me paraît digne au point de vue historique des progrès accomplis dans la filature automatique.

§ V. — Modèle du moulin droit de *Vaucanson* (1760 à 1770), tel qu'il existe au Conservatoire des arts et métiers de Paris. — *Vandermonde* et *Molard*, successeurs de Vaucanson; MM. *Borgnis* et *Alcan*.

Ce modèle, qui provient de l'ancien *magasin des machines* établi, vers 1775, dans le faubourg Saint-Antoine[1] par les soins de Vaucanson, auquel succédèrent plus tard Vandermonde et Molard, était probablement destiné à répandre la connaissance des nouveaux procédés de moulinage dans les filatures et manufactures de soieries dont Vaucanson avait été, sous Louis XV, l'inspecteur général avant Roland de la Platière. Il se compose de deux parties ou moulins distincts, disposés parallèlement, ayant chacun deux étages à double rang de fuseaux, mus par un même arbre de couche transversal, établi à la partie supérieure des cadres ou châssis qui constituent la grosse charpente, le bâti fixe de la machine, et dont les extrémités sont armées de roues d'angle, à chevilles de bois, faisant tourner les arbres verticaux en fer, qui sont les véritables moteurs des deux moulins, destinés respectivement : l'un, au premier tors ou apprêt de la soie, qui est muni à cet effet d'un double rang de roquelles horizontales à chaque étage; l'autre, au deuxième apprêt, et dans lequel les rangées de roquelles sont remplacées par des guindres horizontaux. Chacun de ces arbres moteurs porte de grandes poulies horizontales, à gorge unie et cylindrique en bois, placées vis-à-vis de chacune des doubles rangées de broches ou fuseaux, qu'elles font tourner simultanément, au moyen des chaînes sans fin dont il a déjà été parlé, et que dirigent, à l'extrémité opposée du métier, d'autres grandes poulies de

[1] Rue de Charonne, dans un hôtel habité successivement par les académiciens cités dans le texte, et qui porte aujourd'hui encore le nom de *Vaucanson* (ci-devant hôtel de *Mortagne*).

guide à *vis de rappel*, pour régulariser de loin en loin la tension des chaînes, et, intermédiairement, de petits rouleaux guides à rebords, précédés d'un dernier rouleau de tension voisin de la poulie motrice. Ce dernier rouleau est fixé à l'extrémité d'un levier horizontal que presse constamment un ressort, dont la détente brusque, ainsi que celle de la chaîne, s'opère par un encliquetage ingénieux, mais compliqué, formé d'un verrou tournant, vertical, armé d'ailettes et de repoussoirs à ressorts mis en action par un système de leviers horizontaux, à contre-poids et à bascule, contre le dernier desquels vient presser, d'en haut, une tige verticale descendante, au moment précis où le moulin attenant doit être arrêté pour regarnir les fuseaux, rattacher les fils rompus, etc.

Mais, comme il importe que le mouvement de l'arbre moteur vertical de ce moulin puisse être suspendu aux mêmes instants, la roue d'angle supérieure de cet arbre est rendue folle à volonté, au moyen d'un embrayage à doubles griffes ou tenons montés sur un manchon à gorge, mobile par glissement, qu'un ressort à boudin enveloppant l'arbre pousse constamment contre la platine en cuivre dont l'épaulement inférieur de la roue d'angle est muni; platine, à l'inverse, percée de deux mortaises diamétralement opposées, d'où les tenons ne se dégagent qu'à l'instant où l'on vient à lâcher un levier, une bascule à contre-poids, embrassant la gorge du manchon; ce levier, dans sa chute, forçant le ressort à se replier brusquement sur lui-même.

L'embrayage dont il s'agit est d'autant plus remarquable, qu'il date d'une époque où la construction des machines était encore peu avancée, et qu'il a été imité depuis dans son principal moyen de solution; mais, quel qu'en soit le mérite, l'examen attentif que j'ai pu faire de cette partie du mécanisme ne m'a cependant pas permis d'apercevoir, avec MM. Borgnis et Alcan[1], comment le ressort à boudins, aussi bien que la

[1] *Traité complet de mécanique appliquée aux arts*, t. VII, 1820, p. 170; *Essai sur l'industrie des matières textiles*, 1847, p. 386 et 387.

détente élastique des rouleaux de tension des chaînes motrices, pouvait devenir la source d'une régularisation quelconque du mouvement des roquelles et des fuseaux dans le moulin de premier apprêt, où, d'après les vues de Vaucanson, ils semblent servir uniquement à suspendre ce même mouvement, à volonté et simultanément, aux deux étages du moulin, entre lesquels se trouve établie, par une transmission de tringles, de varlets ou verroux tournants, une solidarité nécessaire quant aux moyens de détente et de débrayage.

Ajoutons qu'il m'a pareillement été impossible d'apercevoir, dans aucune autre partie de ce moulin de premier tors rien qui ressemble à un mécanisme propre à faire varier graduellement la vitesse angulaire des roquelles pendant la marche même de la machine, c'est-à-dire au fur et à mesure du renvidement des fils sur leur contour, ici déterminé par l'oscillation lente qu'un excentrique ou *came en cœur* imprime, de part et d'autre, aux roulettes dont sont munis les prolongements de deux côtés opposés d'un parallélogramme, articulé et horizontal, qui transmet le mouvement de va-et-vient à un autre système de tringles, de varlets également articulés, rappelant le dispositif de l'ancienne machine de Marly, et mettant finalement en jeu, à chaque étage, le châssis horizontal très-léger et très-mobile qui porte, sur un double rang, les barbins guides des fils. Rien enfin ne laisse même soupçonner, dans le dispositif du modèle, l'intention nettement indiquée au mémoire de Vaucanson, d'employer le va-et-vient à ralentir, après chaque oscillation, le mouvement des roquelles par l'un des ingénieux systèmes à crémaillères, à comptage, etc., aujourd'hui employés dans les filatures, et dont on aperçoit seulement quelques traces dans le modèle du moulin de deuxième tors, qui sera décrit ci-après. Aussi, j'aime mieux supposer, ou que le modèle qui nous occupe ne contient en réalité que les essais de solution qui ont précédé le mémoire de 1751, ou que Vaucanson, instruit par une plus longue expérience, aura, pour le premier apprêt de la soie, renoncé à la rigoureuse égalisation du tors, si nécessaire quand il s'agit de gros fils, et qu'à une difficile et onéreuse perfection il aura préféré, comme cela se fait aujourd'hui encore pour l'organsin, la simplicité qui résulte soit de l'agrandissement du diamètre des roquelles et des bobines de fuseaux, soit de la réduction plus ou moins appréciable de l'épaisseur des différentes couches de fil qui s'y enroulent ou s'en dévident respectivement.

Quant au mécanisme ingénieux par lequel Vaucanson évite, dans son modèle, le changement complet de rouages qui avait lieu dans l'ancien moulin, et parvient à faire varier dans six proportions différentes le degré de tors des fils, il se trouve décrit avec beaucoup d'exactitude dans les ouvrages cités de MM. Borgnis et Alcan, et il me suffira de rappeler qu'il consiste dans l'emploi d'une *fusée* à six roues dentées, décroissant en diamètre de bas en haut, montée sur un deuxième arbre carré vertical qui conduit par un engrenage inférieur l'arbre moteur du moulin, et contre lequel cette fusée est maintenue par des vis de pression à une hauteur qui permet à l'une quelconque des six roues d'engrener avec un équipage d'autres roues horizontales établi sur une plate-forme susceptible d'être déplacée, au besoin, d'une petite quantité angulaire, autour d'un troisième arbre vertical qui, par un dernier rouage d'angle, donne l'impulsion aux deux rangées parallèles et horizontales des roquelles supérieures.

Remarquons, enfin, que le moulin de premier apprêt qui vient de nous occuper se trouve entièrement privé des organes à l'aide desquels il pourrait être spontanément réduit au repos à des intervalles déterminés par le grossissement des roquelles, tandis que ces organes existent, au contraire, dans le moulin de deuxième apprêt, dont, à ce point de vue principalement, il me reste à donner une idée, afin de compléter les notions qui peuvent servir à faire connaître avec une certaine précision l'état d'avancement où se trouvait vers le milieu du siècle précédent la partie de la mécanique qui concerne plus spécialement la composition ou les organes de transmission des machines.

En voyant, au surplus, le soin avec lequel Vaucanson a traité, dans le second de ses modèles, tout ce qui est relatif au mécanisme compteur servant à distribuer le fil, en écheveaux distincts, sur les guindres, conformément à ce qui est annoncé dans le texte de son mémoire, on ne peut s'empêcher de regretter que les auteurs déjà plusieurs fois cités se soient abstenus d'en donner une description et des dessins, qui aujourd'hui même eussent été pleins d'intérêt pour les constructeurs de moulins à organsiner la soie. Que l'on me permette donc de réparer ici, bien imparfaitement sans doute, un oubli si préjudiciable à la renommée de l'inventeur et à notre propre gloire nationale.

Rappelons tout d'abord que le système général du bâti, de l'arbre moteur principal, des poulies, des chaînes de transmission, de l'embrayage à griffes et des rouleaux de tension, à déclic, sont dans le second moulin, à très-peu de chose près, tels que nous les avons déjà décrits pour le précédent. Remarquons ensuite que la fusée des roues de rechange et l'équipage à platine tournante, par lequel le mouvement est transmis aux roquelles ou aux couples de guindres qui en tiennent lieu ici, sont remplacés par un dispositif beaucoup plus simple, qu'on retrouve dans les machines anglaises à organsiner et dans le système de quadrature à roue de rechange des tours à fileter. Mais ce qu'il importe surtout de remarquer, c'est que le mécanisme du va-et-vient, l'excentrique en cœur, est ici rattaché directement au mécanisme compteur qui fait agir les détentes d'embrayage après un nombre déterminé de révolutions des guindres, et sert intermédiairement, par une ingénieuse combinaison de crémaillères dentées, à imprimer au châssis porte-guides des fils, outre le mouvement lent de va-et-vient que nécessite la formation régulière de chacun des écheveaux, le mouvement progressif et intermittent qui, à des intervalles réglés, oblige ces mêmes fils à changer brusquement de place pour recommencer une nouvelle rangée d'écheveaux sur les guindres, conformément à ce qui est annoncé dans le mémoire de Vaucanson.

Dans ce but, l'une des roues extrêmes par lesquelles les arbres horizontaux et parallèles du couple de guindres principal se commandent réciproquement, fait mouvoir un *compteur à vis sans fin*, dont la roue verticale, à dents très-serrées, conduit, avec beaucoup de douceur, l'arbre horizontal qui porte l'excentrique en cœur agissant, à peu près comme dans le premier modèle et de part et d'autre, contre les roulettes inférieures d'un parallélogramme articulé, lequel, par une transmission de tringles et de leviers situés au-dessous et dans le même plan vertical, donne le mouvement de va-et-vient à la tige horizontale de l'une des crémaillères dont il a déjà été parlé : cette tige saisit, par enfourchement de l'un de ses crans, la partie saillante d'une lame de fer verticale fixée à l'extrémité correspondante du châssis porte-barbins, que sollicite un contre-poids de recul suspendu à un cordon passant sur une poulie de renvoi postérieure : l'axe horizontal de cette poulie faisant système avec le levier articulé, vertical, qui pousse directement la tige ou manche horizontal de la crémaillère, il en résulte un dispositif très-simple qui assure évidemment le va-et-vient du distributeur des fils, quel que soit celui des crans de cette crémaillère qui se trouve engagé.

Pour concevoir d'ailleurs comment peut s'opérer le changement de cran qui produit le déplacement simultané des guides et des écheveaux, il faut remarquer que la partie dentée et antérieure de la crémaillère forme, en dessous, un talus dont les pleins peuvent glisser sur la lame d'arrêt du châssis porte-barbins, lorsqu'elle vient à être soulevée par la tige verticale qu'une autre crémaillère ou segment denté, aussi vertical, tournant autour d'un axe fixe, soutient et met en action, de loin en loin, à chacun des passages d'une came montée sur l'arbre horizontal d'un nouveau compteur placé parallèlement au-dessus du précédent, et dont il reçoit le mouvement à l'aide d'une roue verticale étoilée sur laquelle agit, à son tour, par échappement, une nouvelle came fixée à l'arbre de ce dernier compteur. Il est évident, en effet, que, à chacun des soulèvements de la crémaillère horizontale et inférieure, le châssis porte-barbins, sollicité par son contre-poids, reculera de tout l'intervalle plein ménagé entre les crans voisins et correspondants de cette crémaillère, dont les talus sont proportionnés aux degrés successifs d'élévation du segment denté supérieur. Mais ce n'est pas tout, ce segment ou secteur, à mesure qu'il s'élève d'une dent sous l'action de sa came, communique progressivement, et par le prolongement sensiblement horizontal du bras qui le supporte, un mouvement successif d'abaissement à la tige verticale qui met en jeu, comme on l'a vu pour le premier modèle, le système général de désembrayage du manchon à griffe et des chaînes sans fin motrices.

Maintenant, on doit comprendre aussi comment, à l'aide de modifications, de simplifications même, faciles à saisir, le mécanisme de comptage, dont les roues dentées, entièrement métalliques, sont exécutées avec une précision très-remarquable pour l'époque, pouvait également servir à suspendre spontanément, à des intervalles réglés à l'avance, le mouvement des roquelles et des fuseaux dans le moulin de premier apprêt, et comment ce même compteur a pu mettre en action la sonnerie d'éveil ou d'avertissement mentionnée dans le mémoire de Vaucanson. D'un autre côté, comme on ne saurait suspecter la véracité de ce grand mécanicien dans un écrit lu en pleine Académie, publié immédiatement dans *le Mercure de France*, et soumis ainsi au contrôle, à la critique des contemporains, il faut bien admettre comme conséquence que dans le moulin de premier apprêt, établi dès 1750 à la manufacture d'Aubenas, il avait effectivement résolu le problème qui consiste à faire varier la vitesse des roquelles en raison inverse du grossissement de leur diamètre, quoiqu'il n'en existe aucune trace patente dans le modèle du Conservatoire des arts et métiers de Paris; de sorte qu'il est impossible de lui refuser l'honneur d'avoir, le premier, ouvert la route aux immenses perfectionnements dont le banc à broches et les continues à filer le coton ont, comme on l'a vu (Introduction générale), été l'objet dans ces derniers temps.

On comprendra mieux encore la portée des vues et la puissance d'invention de Vaucanson, si nous faisons remarquer dès à présent que l'on trouve dans ses anciens cartons, également déposés au Conservatoire, un dessin à grande échelle d'un *engrenage à mouvement différentiel*, dont les constructeurs de machines ont depuis, comme on l'a vu encore, fait une utile application à ce même banc à broches, et dont notre ingénieux et regrettable M. Pecqueur a tiré un si bon parti pour la solution de savants problèmes concernant l'horlogerie pratique et la science des machines[1]. Ce dessin, en effet, contient tous les détails nécessaires à l'exécution d'un engrenage de ce genre, composé de deux roues parallèles montées, d'une manière indépendante, sur un même arbre autour duquel elles tournent librement, et qui engrènent de part et d'autre avec un pignon monté à angle droit sur l'extrémité d'un bras fixé à cet arbre, dont la vitesse, le mouvement angulaire peut être lié à celui des deux roues, dans des proportions aussi petites et aussi grandes qu'on le désire, par l'addition ou la soustraction opérées en vertu du mouvement relatif des trois roues, etc.

Malheureusement, la partie supérieure du dessin ayant été enlevée, il est impossible de deviner à quelle application Vaucanson destinait son système d'engrenages différentiels, nommés quelquefois *roues planétaires;* mais si l'on en juge par le génie et la science dont sont empreintes ses diverses inventions, notamment sa machine à tisser automate, dont nous aurons à nous occuper dans une autre partie de ces recherches historiques, on sera tenté de croire que cette application a pu servir de type et de point de départ aux combinaisons qu'on admire, à justes titres, dans quelques machines mo-

[1] Le mémoire adressé à ce sujet à l'Académie des sciences par cet habile mécanicien a été en 1818, de la part de l'illustre Prony, l'objet d'un rapport on ne peut plus favorable, et où la matière se trouve particulièrement approfondie. Depuis, les rouages planétaires ont attiré l'attention des industriels et des savants, parmi lesquels je me contenterai de citer, dans l'ordre de date, MM. Perrelet, Francœur et Willis, l'auteur déjà cité d'un *Traité de cinématique* publié en anglais (1841).

dernes où l'on s'est proposé d'éviter la multiplication des rouages et des frottements qui en résultent.

§ VI. — Critiques adressées aux machines de Vaucanson. — *Roland de la Platière, Villard, Rival, Gentet* et les frères *Jubié de la Sône.*

Roland de la Platière, dont la portée d'esprit et les connaissances en mécanique n'étaient point fort étendues, mais qui, en réalité, a rendu de grands services à l'industrie nationale par la publication de ses traités encyclopédiques de 1780 et 1784, Roland de la Platière, dis-je, n'a guère cité les machines à ouvrer la soie, de Vaucanson et de ses imitateurs, que pour les critiquer : il ne pensait pas que l'on pût faire mieux que le Piémont, dont le moulin rond était généralement en usage à l'époque où il écrivait (1784). Cet état de choses, qui a continué bien longtemps encore, malgré les immenses progrès accomplis, même en France, dans les diverses branches d'industries qui tiennent à la mécanique, cet état de choses fâcheux a été attribué à diverses causes que je n'entreprendrai pas d'approfondir ici, mais dont la principale doit tenir non pas tant à l'influence exercée par les écrits de Roland de la Platière qu'à l'isolement, à la dissémination même où le filage et le moulinage de la soie sont demeurés en France bien plus encore qu'en Italie, dont les grandes manufactures avaient été prises pour modèles, par Vaucanson, dans le célèbre établissement d'Aubenas.

Selon Roland de la Platière lui-même, la chute de cet établissement fut bien moins due à l'imperfection des produits, que Lyon prisait au-dessus de ceux du Piémont, qu'à la cherté du prix de revient, occasionné par l'achat et l'entretien des machines, dont les parties essentielles, les chaînes motrices notamment, tirées à grands frais de Paris, exigeaient de fréquentes réparations, qui, ne pouvant être opérées sur place, forçaient à suspendre totalement ou à ralentir considérablement la marche des fuseaux, etc. C'est au moins ce que l'on peut conclure du rapprochement de divers passages contradictoires et diffus de l'*Encyclopédie méthodique*[1], où cet ancien inspecteur des manufactures, devenu depuis, comme on sait, ministre sous la première Constituante, présente un parallèle entre les machines de Vaucanson et celles que le sieur Villard avait établies, en 1765, dans la manufacture d'organsin de Salon (Bouches-du-Rhône), rivale de la filature d'Aubenas, et dont il préfère, non sans quelques réticences et hésitations, les procédés de filage et d'ouvraison, en se fondant sur des motifs qui peuvent se résumer ainsi :

1° Dans le tour à dévider les cocons de Villard, on a fixé invariablement à *vingt-trois* le nombre des hélices de la double croisure empruntée à Vaucanson, au moyen d'un mécanisme *qui ne laisse rien d'arbitraire* à la fileuse, le nombre *impair* des hélices ayant, aux yeux de l'inventeur, de grands avantages pour diminuer, sinon supprimer, les *mariages;* 2° l'asple de ce tour a été remplacé par deux bobines où le fil est roulé en zigzags, et qui, pleines, sont ensuite rangées 4 par 4 en arrière, pour subir immédiatement un dévidage ou un doublage, également en zigzags, sur de nouvelles bobines mises en action par le même mécanisme, qui supprime ainsi l'ancien dévidage automatique, etc.; 3° enfin, et ceci est capital, le moulin rond du Piémont est maintenu dans ses formes et proportions essentielles, mais on y *supprime les coronnelles,* que l'adhérence naturelle du fil sur les bobines ainsi préparées suffit pour maintenir tendu, et l'on y remplace le renflement des broches par des parties cylindriques, au contraire amincies pour augmenter, doubler la vitesse des fuseaux, etc.

Les machines de Villard, encouragées par le Gouvernement, soumises en 1780 et 1781 à l'Académie royale des sciences[2], ayant été accueillies par elle et par le public avec des éloges qui n'étaient pas sans réserves, surtout en ce qui concerne le

[1] *Manufactures et arts*, t. II, article *Soie*, p. 157 et 162, complément de ce volume, p. 97, 102 et suiv.

[2] Voir les rapports de Vandermonde qui ont été l'objet d'une réclamation de l'auteur, dans laquelle il se plaint de l'intervention occulte de Vaucanson, qu'il avait récusé comme commissaire.

ralentissement produit dans le travail, sur le tour de cet industriel, par la purge que nécessite le dévidage simultané des premières sur les secondes bobines, cela fit revenir Roland de la Platière, qui ne les avait pas vues fonctionner, de la prédilection qu'il avait d'abord montrée en leur faveur, et il s'empressa, dans le *Supplément* à son *Traité encylopédique de la soie,* imprimé vers 1786, de reconnaître la supériorité des machines dues à un autre filateur célèbre, le sieur Rival, Lyonnais, exécutées en grand et qui fonctionnaient aux yeux du public, plusieurs années avant 1784, à Neuville-l'Archevêque, près de Lyon; machines que, sur le rapport de Roland, l'Administration fit transporter à ses frais, vers 1788, à la Sône (en Dauphiné), dans la manufacture des sieurs Jubié[1], « bel établissement, dit Roland, où, ainsi qu'à Romans, dans « la même province, furent autrefois déposés par l'Adminis- « tration, pour leurs essais et usages constants et publics, les « premiers moulins de M. de Vaucanson, qu'elle avait fait « exécuter à ses frais. »

Tout ce qu'il est possible de tirer des éloges, factums et divagations de l'auteur du *Traité encyclopédique sur la soie,* c'est que : 1° les tours à filer du sieur Rival étaient placés, à la suite les uns des autres, au nombre de quarante ou cinquante, quand on pouvait utiliser une chute d'eau, ou au nombre de huit seulement, quand on se servait d'une grande roue mue à bras d'homme, etc.; 2° c'est que chacun de ces tours, dont le mouvement pouvait d'ailleurs être suspendu au gré de la fileuse, au *moyen d'une cheville,* était essentiellement constitué de deux asples ou guindres distincts, à doubles écheveaux, adossés et tournant en sens contraire, afin de déterminer un double courant d'air qui facilitait la prompte

[1] Ces industriels sont les mêmes qui obtinrent, en l'an X, du Jury de l'exposition nationale, une médaille d'or pour des soies filées et organsins préférés par le commerce pour la fabrication des étoffes les plus belles, et dont la supériorité, d'après le rapporteur, était due *à l'emploi des machines de Vaucanson.* Voyez la p. 25 du Rapport de 1806, où la médaille d'or fut continuée à ces habiles manufacturiers.

dessiccation de la soie; 3° c'est que les moulins à organsiner à huit guindres, de ce même industriel, avaient une forme rectangulaire, analogue à celle des moulins de Vaucanson, et que, comme eux, ils se mouvaient au moyen de grandes poulies dont les chaînes sans fin étaient construites par des procédés mécaniques particuliers, plus simples, moins dispendieux, que ceux de ce célèbre ingénieur; 4° enfin, c'est que les équipages de roues dentées de rechange, les compteurs à crémaillères et à détentes que nous avons décrits d'après le modèle du Conservatoire des arts et métiers, étaient ici simplement remplacés par un système composé d'une hélice montée sur l'arbre moteur vertical du moulin, en guise de *serpe continue,* engrenant dans une petite *ponsonnelle* avec laquelle elle formait ainsi une véritable vis sans fin, qui communiquait, à son tour, le mouvement aux arbres des guindres par des roues de rechange; dispositif qui rappelle, comme on voit, celui des moulins du Piémont, un peu simplifié et amélioré, quoique présentant toujours en frottements une déperdition énorme de travail moteur : au moyen de fuseaux d'une forme particulière qu'il n'indique pas, on peut, dit Roland, *tout à la fois filer, doubler et tordre la soie avec la régularité, la précision qui doit résulter de ces différents apprêts.*

Pour acquérir des notions exactes sur l'importance de ces modifications apportées au moulin de Vaucanson et reconnaître jusqu'à quel point elles ont pu exercer de l'influence sur le moulinage dans notre pays, il serait nécessaire de recueillir sur place et de comparer entre eux les vestiges qu'ont laissés dans les manufactures anciennes encore existantes les prétendus perfectionnements du sieur Rival, ainsi que les idées premières de son illustre devancier, idées dont l'abandon, malgré les encouragements de l'Administration d'alors, ne me paraît pas suffisamment justifier la sentence rigoureuse portée contre elles par Roland de la Platière, et reproduite depuis par divers auteurs [1], qui, oubliant le sort réservé dès le début

[1] Voir l'endroit cité de l'Encyclopédie : *Appendice,* p. 157, ainsi que le t. VII, p. 159, de l'ouvrage de Borgnis.

aux inventions et aux inventeurs les plus favorisés, ont moins eu égard peut-être aux progrès dont ces idées contenaient le germe, et à l'état encore si peu avancé de la construction des machines, qu'aux résultats matériels d'une application immédiate, journalière et économique. Voici cette sentence :

« Le peu d'empressement des entrepreneurs de manufac- « tures à en faire usage semble prouver que Vaucanson a plus « travaillé en mécanicien qui cherche à se faire admirer des « savants qu'en artiste qui doit être utile aux fabriques. Si la « perfection a été son but, il paraît n'avoir compté pour rien « les dépenses, les retards, les longueurs, les réparations; ce « n'est pas calculer au profit des arts. »

Il n'en est pas moins vrai que les idées soi-disant théoriques de Vaucanson, par cela même qu'elles tendaient à une précision mathématique, alors si négligée et aujourd'hui encore si désirable et si difficile à atteindre, ont imprimé à l'industrie mécanique de la soie une impulsion, une direction dont le midi de la France conserve aujourd'hui même le reconnaissant souvenir, et qui n'a pas été, comme on l'a vu par anticipation, sans influence sur les progrès ultérieurs et assez récents des autres branches de filature. On se tromperait étrangement, d'ailleurs, si l'on voulait faire consister uniquement ce progrès dans le perfectionnement matériel de tel ou tel organe d'une machine, dans la substitution même d'un organe à un autre, équivalent quant au but : par exemple, si l'on faisait consister le principal mérite des innovations de Vaucanson dans la simple substitution de la chaîne qui porte son nom aux courroies et cordons sans fin des moulins piémontais; car cette chaîne, à cause des difficultés d'exécution ou d'installation, à cause de la discontinuité même de son action sur les petits pignons des broches, est à peu près généralement abandonnée aujourd'hui, où, loin de songer à la remplacer par de plus invariables ou de plus simples, telles que celles de feu Galle, graveur de la monnaie de Paris, on en est revenu à l'ancien mode de transmission dans presque toutes les machines à filer, et cela malgré les vices que lui a justement reprochés Vaucanson ; vices dont le plus grave est, sans contredit, le glissement, les inégalités et variations de tension des cordons et courroies, qui ne sauraient se racheter que par un surcroît correspondant de pression et de frottement sur les axes ou surfaces d'appui, joint à un ralentissement nécessaire de la vitesse de rotation des broches ou fuseaux.

Il n'en est pas moins vrai, d'autre part, que, nonobstant les progrès de l'industrie, on cherche aujourd'hui encore à remplacer ce système de transmission par des combinaisons invariables d'engrenages métalliques, dont l'idée fondamentale rentre bien dans le cercle de celles de Vaucanson, tandis que l'on circonscrit de plus en plus l'usage des cordons et courroies en cuir sans fin aux transmissions à de certaines distances entre arbres moteurs principaux ou secondaires; courroies dont, comme on l'a vu à différentes occasions, les Anglais ont appris à se servir dans les plus puissantes machines, grâce à l'heureux mécanisme de l'embrayage à griffes et à poulies folles qui leur est dû.

Malgré l'étendue déjà consacrée à l'exposé historique des travaux de notre grand mécanicien, je ne puis néanmoins me dispenser de mentionner celle des critiques contemporaines adressées à son mémoire de 1751 qui a dû lui causer le plus de peine, parce que, sortant de la plume d'un partisan sans réserve des moulins à ouvrer la soie, elle contenait des reproches de plagiat peu mérités, mais qu'il crut devoir réfuter de point en point dans une pièce transcrite entièrement de sa main, et qui se trouve déposée, sans date ni nom d'auteur, dans les archives, d'ailleurs si regrettablement incomplètes, du Conservatoire des arts et métiers.

La partie de cet écrit où l'on combat les objections adressées par Vaucanson à l'ancien moulinage des soies était facile à réfuter, parce que l'auteur anonyme n'avait pas pris garde qu'elles s'appliquaient principalement aux grandes filatures d'organsin, dont les machines, véritablement automatiques, fonctionnaient dès 1750, nuit et jour, dans le Piémont. Pour ce qui est du plagiat dont Vaucanson se serait rendu coupable, il consisterait uniquement en ce qu'avant lui, ou à peu près dans le même temps, un sieur Gentet, fabricant à Lyon, aurait déjà rangé les fuseaux sur deux lignes parallèles; ce à quoi cet académicien répond qu'il s'agit là de *véritables arcs de cercle convergents*, dont les fuseaux sont mus par courroies; que les frères Jubié, autres mouliniers, sont *en droit de disputer l'idée de ce dispositif au sieur Gentet;* et que, dans tous les cas, l'invention de moulins *ovales* ou *elliptiques* a déjà anciennement été mise à profit par les bonnetiers fabricants de bas de soie. Enfin, Vaucanson, après avoir insisté sur les défauts occasionnés par le glissement des courroies et des strafins, dans les moulins piémontais, finit par déclarer que, malgré la suspension de l'établissement d'Aubenas, il n'en regardait pas moins le succès de ses machines *comme consommé.*

Ceci, on le voit, éclaircit un point d'histoire que les auteurs avaient laissé obscur, et prouve que les moulins ovales doubles, aujourd'hui encore en usage, sont contemporains de Vaucanson et véritablement d'origine française, quelle que soit d'ailleurs la part que Rival ait prise plus tard à leur perfectionnement ou modification; mais cela n'ôte rien au mérite des idées de notre savant ingénieur : d'abord, parce qu'il est positif, d'après tout ce qui précède, que les frères Jubié les avaient plus ou moins mises à profit dans leur établissement de la Sône; ensuite, parce que l'ancien moulin elliptique des bonnetiers, et celui même de Gentet, étaient dépourvus de tous les moyens de précision que Vaucanson avait introduits dans les siens. Cet ancien moulin à manivelle des bonnetiers, construit sur une petite échelle, et à douze fuseaux seulement, avait d'ailleurs été perfectionné par les Anglais dès avant l'année 1784, où écrivait Roland de la Platière, moyennant l'addition d'un comptage à sonnerie analogue à celui qu'avait auparavant imaginé Vaucanson, mais d'une construction moins délicate, répondant à la simplicité même du but et à la petitesse de la machine, où l'on ne craignait pas la répétition de rouages dentés en fer, disposés à l'une des extrémités de l'ovale, dans des plans verticaux parallèles : cet instrument ne comportait, en effet, ni vis sans fin ni crémaillère à détente ou à transposition d'écheveaux ; il servait uniquement à régler, d'une manière invariable, le nombre de tours des fils sur chacun des écheveaux fixes du guindre, muni néanmoins d'un va-et-vient à simple bouton d'excentrique ou de manivelle.

A une époque où l'usage des bas de soie était si généralement répandu, l'ovale offrait aux bonnetiers d'immenses avantages, puisqu'il les empêchait de recourir aux grands moulins à organsiner, dont le tors rigoureusement fixé et les écheveaux de fils non comptés étaient une source inévitable de discussions et de fraudes très-préjudiciables au commerce des soieries, qu'on n'évitait et qu'on n'évite malheureusement encore aujourd'hui, dans l'ancien moulin à guindres, qu'au moyen de nouveaux dévidages en flottes et à tours comptés, opérés avant ou après la teinture des fils organsins.

Il n'est peut-être pas sans intérêt, non plus, de faire observer que les frères Jubié, mentionnés dans la réplique ci-dessus de Vaucanson, sont les mêmes fabricants dont Roland de la Platière, dans ses *Additions* à l'article *Soierie* (p. 104), parle avec éloges et comme ayant, vers 1787, soumis à l'essai un nouveau tour du sieur Tabarin, sur lequel nous aurons à revenir. Or, d'après la déclaration de l'inspecteur des manufactures du Dauphiné, ces fabricants continuaient à se servir des mécaniques de Vaucanson, phrase qui n'a plus aucun trait à Rival et peut simplement désigner, ou les tours à filer de cet ingénieur, ou certaines additions et modifications apportées aux anciens moulins à organsiner, qu'il serait aujourd'hui d'autant plus impossible d'apprécier que, probablement, il n'existe pas plus de traces à la Sône qu'à Aubenas même des machines diverses dont Roland de la Platière et Vaucanson ont prétendu parler.

§ VII. — Moulin à soie de Le Payen, de Metz (1767); éloges accordés à son livre par Duhamel du Monceau. — L'intendant *de Bernage* et le *maréchal de Belle-Isle*. — Les anciens doubloirs, purgeoirs, dévidoirs et cantres.

Avant de terminer ce sujet, je signalerai à l'attention du

lecteur les efforts tentés vers 1760 par Le Payen, de Metz, pour enlever à l'ancien moulin rond les vices et imperfections graves qui lui avaient été reprochés par Vaucanson dans son célèbre mémoire de 1751. Cet industriel, qui dès lors avait imprimé une heureuse impulsion à la culture du mûrier et à l'éducation des vers à soie dans le pays Messin, publia en 1767, c'est-à-dire quelques années avant l'époque où Roland de la Platière écrivait dans l'Encyclopédie, un remarquable traité sur l'ouvraison des soies[1], qui mérita, à juste titre, les éloges de l'ancienne *Société royale des sciences de Metz* et de l'illustre secrétaire perpétuel de l'Académie des sciences de Paris, Duhamel du Monceau. Cet ouvrage, devenu fort rare aujourd'hui et qui a dû exercer de l'influence sur les progrès du moulinage des soies en France, contient les premières notions théoriques et pratiques exactes qui aient été publiées, depuis le mémoire cité de Vaucanson, sur cette branche importante d'industrie, où nous sommes restés pendant si longtemps inférieurs aux Piémontais, grâce peut-être aux informes et obscures publications de Roland dans l'Encyclopédie méthodique.

En effet, l'*Essai sur le moulinage* contient des notions saines sur les règles ou principes du tors des gréges en trame et organsins, c'est-à-dire soit quant au premier, soit quant au second apprêt. Il montre, en s'appuyant de l'autorité de Réaumur, de Duhamel, etc., que le tors n'ajoute ici rien à la force des fils, au contraire; qu'il doit se réduire, quant aux gréges, à ce qui est strictement nécessaire pour éviter leur emmêlage et cotonnage dans l'opération du décreusement, de la teinture, des dévidages et frottements divers qu'elles ont à subir; que le tors du deuxième apprêt doit, conformément à une opinion déjà émise par M. Geoffons, de la Société royale des sciences à Lyon, être à très-peu près égal, quoique contraire, à celui

[1] *Essai sur les moulins à soie, etc.*, suivi de cinq *Mémoires relatifs à la soie et à la culture du mûrier*, par M. Le Payen, procureur du roi au bureau des finances de la généralité de Metz et Alsace; à Metz, chez Joseph Antoine, imprimeur.

du premier; qu'enfin l'étude des moulins piémontais et des meilleurs organsins semble démontrer que deux révolutions des fils en hélices par ligne de longueur, ou 900 environ par mètre, doivent suffire, tant au premier qu'au deuxième apprêt, pour les usages les plus ordinaires : ce nombre pouvant descendre à la moitié ou s'élever au double dans les cas extrêmes.

Les critiques et les observations très-judicieuses que contient ce chapitre d'introduction étaient bien propres à détruire les préjugés et l'obscurité répandus sur cette matière. Ce que Le Payen ajoute dans les deux dernières parties de l'ouvrage, pour les règles à suivre dans la disposition des divers éléments du moulin qu'il propose de substituer à celui du Piémont, ne mérite pas moins d'attention sous le rapport de l'exactitude des principes et de la nature des combinaisons adoptées par l'auteur pour mettre son système à l'abri des reproches adressés par Vaucanson aux moulins à cage ronde, dont il réduit considérablement les dimensions en diamètre ou en hauteur, et qu'il simplifie en se servant exclusivement du système des guindres ordinairement réservés au deuxième apprêt, et auxquels ne saurait s'appliquer le reproche relatif à l'inégalité de tors occasionné par la petitesse du diamètre des roquelles horizontales qui y sont employées. L'auteur préfère d'ailleurs la répétition d'un même système, simple, de petites machines rondes et indépendantes, dans les ateliers de filature, à l'emploi d'une machine unique, de grande dimension, sujette à de fréquents chômages et dont le moulin piémontais offrait le fâcheux exemple.

Le nouveau système, rond ou ovale, de l'auteur se trouvait ainsi composé d'arcs de cercle d'un faible diamètre, 2 mètres environ, à une ou deux vargues étagées, chacune de 76 fuseaux et de 4 guindres; le tout mis en mouvement par un double système de cordes sans fin, dont les poulies motrices, à gorges multiples et angulaires, formaient, aux extrémités de la machine, deux doubles fusées coniques qui permettaient de faire varier le tors avec la nature de la préparation. Ces cordes ou cordonnets, d'environ 2 millimètres de diamètre, en soie très-flexible, maintenus sur les gorges de poulies par un système fort ingénieux, quoique compliqué, de chariots à contre-poids de recul ou de tension, communiquaient simultanément la vitesse rotatoire, dans des proportions calculées par l'auteur, aux axes des fuseaux, des guindres supérieurs, du va-et-vient, ainsi que du *compte-tours* à sonnerie qui surmontait le moulin et qui avertissait de l'instant où les guindres avaient accompli leur 2 400ème révolution, dont chacune offrait à peu près 1 mètre de développement.

L'ouvrage de Le Payen contient, d'ailleurs, une description claire de l'ingénieux dispositif du coronnelle, dont l'invention, si importante et si mal appréciée par les auteurs modernes, remonte à une époque très-reculée, antérieure peut-être à l'introduction du moulinage des soies en Italie. Le dispositif des bobines légèrement évidées au centre, celui des broches, fuseaux qui les supportent, de leurs collets, pivots et crapaudines en cuivre, est surtout remarquable par *sa fixité,* qui ne lui permet plus d'osciller, de vibrer, sous l'influence des *1 400 révolutions* qu'il accomplit par minute, régulièrement assurées, ajoute Le Payen, par le cordon moteur qui embrasse la gorge angulaire de petites poulies à angle aigu en cuivre, exécutées avec beaucoup de précision et montées sur chacun des axes de fuseaux, dont l'écartement a pu être réduit à la moitié (0^{m},08) de celui des anciens moulins, sans courir le risque des glissements occasionnés par les inégalités de tension et la largeur ordinaire des courroies.

Mais ce qu'il y a particulièrement de remarquable et probablement de neuf dans l'*Essai sur les moulins à soie,* c'est le système du châssis mobile porte-barbins ou distributeur des fils sur les guindres, dont le va-et-vient, au lieu d'être mis en action par bielle et manivelle comme dans l'ancien tour et l'ancien dévidoir piémontais, ou par des crémaillères doubles, par une came en cœur comme dans l'ingénieux moulin de Vaucanson, reçoit ici un mouvement uniforme alternatif d'une goupille verticale à roulette, conduite par une rainure à deux arcs d'hélices dirigés en sens contraire et se rencontrant, en deux points opposés, sur la surface d'un cylindre, horizontal en bois dur placé immédiatement au-dessous de l'axe du châssis porte-guides, et qui reçoit un mouvement uniforme, très-lent, de la poulie à cordon sans fin qu'il porte à une de ses extrémités. Le tracé et la théorie très-exacts de cet organe, qui se trouvent ici exposés avec méthode et clarté, les règles et proportions prescrites en vue d'atteindre le but de la distribution régulière du fil sur les écheveaux, prouvent, ainsi que les autres parties de l'ouvrage, que l'auteur n'a rien laissé au hasard, et qu'il avait appliqué et pratiqué les méthodes qu'il préconise.

Tout cet ensemble de dispositifs constituait, on le voit, pour l'époque, un progrès véritable dans l'art de construire des machines à tordre ou mouliner les soies, quoiqu'on y aperçoive encore l'emploi de l'engrenage d'angle à chevilles et lanterne en bois comme point de départ moteur, ou transmission première du mouvement; système antique mais imparfait, dont les modèles de Vaucanson étaient aussi entachés, et qui aujourd'hui encore n'est point entièrement abandonné, malgré l'irrégularité de vitesse à laquelle il donne forcément lieu. En revanche, l'introduction des poulies à gorge et cordonnets de soie déliés, en quelque sorte sans résistance ni glissement et accompagnés de moyens d'égaliser la tension, constituait un progrès véritable pour l'époque de 1767, où la construction des grandes machines à filer était encore si peu avancée même en Angleterre.

Beaucoup de personnes peuvent encore se souvenir que M. Le Payen avait installé à Metz, dans l'établissement hydraulique dit de la *haute Seille*, un système de moulinage automatique de la soie qui a longtemps fonctionné; que ses exemples, ses enseignements sur la culture et la greffe des mûriers, sur le ver à soie et sa graine, avaient été mis à profit par d'autres propriétaires du pays Messin. On sait aussi que l'état de prospérité où, à partir de 1754, s'y était élevée la production de la soie, sous l'impulsion patriotique de cet estimable citoyen, n'a cessé qu'après l'époque où l'hiver rigoureux de 1788 compromit entièrement la récolte des mûriers; circonstance d'autant plus fâcheuse que la révolution politique qui suivit de si près apporta de nouvelles et irrémédiables entraves à la propagation de l'industrie précieuse de la soie dans une contrée aussi favorablement disposée par la culture étendue qui s'y fait de la vigne et des arbres à fruits, depuis un temps immémorial. C'est ce qu'avait parfaitement compris, au surplus, le fondateur de l'ancienne *Société royale des sciences de Metz*, le maréchal duc de Belle-Isle, gouverneur de la province, à qui elle avait dû ses premières plantations de mûriers vers 1734 ou 1735, et qu'imita, vingt ans après, un autre bienfaiteur du pays, l'intendant de Bernage, qui ne se contenta pas de délivrer gratuitement des plants de mûrier aux cultivateurs, mais fit venir du midi de la France des personnes habiles dans l'art de tirer la soie sur les tours, machines dont Le Payen avait aussi offert les premiers modèles. Tout nous fait espérer qu'une industrie si belle, et si propre à enrichir les habitants, n'est pas entièrement perdue pour le département de la Moselle, et que les prochaines Expositions des produits de l'industrie nationale viendront confirmer les heureuses espérances qu'ont déjà fait naître celles de 1844 et de 1849.

Avant de franchir l'époque de 1793, si désastreuse pour la fabrication des soieries et des objets de luxe en général, il nous reste[1] à mentionner :

1° Les *tracanoirs* et *doubloirs*, ayant respectivement pour objet de dévider les fils sur de nouveaux roquets ou de les réunir, par deux, par trois, en un seul, pour les soumettre ensuite au premier ou deuxième apprêt, débarrassés des solu-

[1] Nous n'avons rien dit du volumineux et néanmoins incomplet *Traité* de Paulet, de Nîmes, *sur l'art du fabricant d'étoffes en soie*, publié par ordre de l'Académie des sciences de Paris dans les années 1773 et 1775, ouvrage qui a dû aussi exercer sa part d'influence sur les progrès de cet art, mais qui renferme peu ou point de choses sur le filage et l'ouvraison; l'auteur y ayant plutôt, d'ailleurs, en vue les outils ou instruments à main que les machines proprement dites, surtout les machines automatiques.

tions de continuité qui peuvent avoir échappé au premier dévidage à la tavelle ou survenir dans l'opération du décreusage des fils de soie, etc. Il me suffit ici de faire remarquer, d'après Le Payen (p. 171), que de telles machines, plus ou moins analogues aux anciens dévidoirs automates à bancs de tavelles et va-et-vient, étaient formées de montants et de tablettes pour recevoir des rangées de girelles ou de bobines à axes parallèles, portant les flottes ou les fils à dévider, à doubler sur de nouveaux roquets, et qu'elles étaient, comme aujourd'hui, munies de purgeoirs en fourches, en lames de fer, serrées par une vis transversale, et garnies intérieurement de drap pour intercepter les bourillons, etc.;

2° L'ancien rouet à main, à quatre guindres verticaux, dit *rouet de Lyon,* dont on se servait autrefois pour dévider les flottes de soie teintes sur de petites bobines allongées, verticales, mais très-légères, nommées *rochets, roquets* ou *roquetins,* et dont les fils sont destinés à l'ourdissage de la chaîne des étoffes;

3° Les *cantres*, où les fils de ces mêmes bobines, montées sur des axes horizontaux disposés par rangées régulières les uns au-dessus des autres, dans un espèce de casier à montants verticaux, allaient se réunir sous la forme d'un long écheveau, en hélice, autour d'un grand guindre vertical tournant à manivelle, et dont, par d'autres procédés non moins ingénieux d'ourdissage, les fils sont de nouveau montés en nappe régulière sur les *ensouples* cylindriques du métier à tisser, dont ils traversent les *ros* ou peignes, etc.

Ces derniers instruments, en eux-mêmes fort simples, qui se rattachent à l'art de tisser les étoffes en général, n'ont pas subi de modifications bien essentielles de nos jours; ils ne rentrent pas d'ailleurs dans la classe des machines automates que nous avons spécialement en vue, et c'est pourquoi, malgré tout l'intérêt qu'ils offrent, je n'insisterai pas davantage ici. Quant au rouet lyonnais, dont l'inventeur est inconnu, grâce à l'ingratitude des contemporains[1], quoiqu'il ait opéré une

[1] Vandermonde, dans un Rapport à l'Académie des sciences de Paris, lu

véritable révolution dans le dévidage des soies teintes, où jusque-là tout se faisait sur un seul guindre conduit directement à la main, il doit me suffire de rappeler que, mû par une *pédale* ou *marche* et muni d'un va-et-vient, il a bientôt été remplacé par un mécanisme moins bruyant, plus doux, attribué à la Suisse, et dont les quatre guindres, à axes horizontaux très-légers et à freins régulateurs de tension comme les tavelles des grands dévidoirs, fournissaient le fil à autant de rochets ou roquets rangés sur des axes pareillement horizontaux, parallèles et recevant le mouvement rotatoire de cordons passés sur une grande poulie à gorge mue par la pédale, tandis que des barres de guides ou des barbins distributeurs, distincts pour chacun des fils de soie, recevaient séparément le va-et-vient d'excentriques continus ou ondes en cœur rangées sur un seul arbre horizontal et servant à imprimer à ces mêmes barres le mouvement uniforme nécessaire à la distribution régulière des fils sur les bobines.

§ VIII. — Époque de la République et de l'Empire; régime des brevets. — *Tabarin, Poidebard* et *Dugas, Belly, Delègue* et *Bailly, Gensoul,* de Lyon, *Rost-Maupas* et *Talabot.*

Nous voici arrivés à l'époque où la Convention nationale, éteignant dans son foyer le plus intense et brisant violemment la résistance que lui opposaient les derniers vestiges des jurandes, des maîtrises et priviléges des corporations, coalisées contre les utiles réformes de l'Assemblée constituante, créa, en compensation de tant de machines ingénieuses détruites, de tant de richesses perdues, la législation si féconde, mais encore si imparfaite, des *brevets d'invention;* les institutions, non moins utiles dans leur but, du *Conservatoire des arts et métiers,* du *Comité consultatif des arts et manufactures,* bientôt complétées par celle des *Expositions de l'industrie nationale.* Ces

dans la séance du 30 mai 1772, en son nom et en celui de Vaucanson, parle déjà du rouet à quatre guindres de Lyon avec de grands éloges et comme d'une chose généralement en usage.

institutions, sous l'égide puissante et les encouragements splendides du Consulat et de l'Empire, revivifièrent, en la perfectionnant, une industrie dont l'aisance et le luxe, fruits de la paix, sont les premiers et indispensables éléments, et qui est redevenue de nos jours l'une des principales, des plus brillantes sources de prospérité dans notre pays. Ce n'est pas que, au surplus, les habitudes sévères de la cour de Louis XVI et la guerre d'Amérique n'aient, dès avant cette époque, porté un coup funeste au commerce et à la fabrication des soieries dans la riche cité de Lyon; car les métiers battants, qui s'y étaient élevés à près de 18 000 dans la période de 1780 à 1788, furent réduits par cette seule cause à moins de 7 500 vers 1790, nombre que réduisit encore à près de moitié la fatale catastrophe d'un siége fratricide où les passions politiques, surexcitées par des intérêts rivaux et étrangers à notre pays, ont joué un si déplorable rôle, mais qui, d'après nos plus véridiques écrivains, s'est relevé au chiffre de 12 000 sous l'Empire, de 20 000 à 27 000 (1827) sous la Restauration, et de 40 000 à 50 000 dans les dernières années du gouvernement de Louis-Philippe.

On est assez dans l'habitude de juger ainsi de la prospérité d'une industrie d'après le nombre des machines qu'elle alimente, comme aussi d'après le nombre de ses ouvriers et l'accroissement même de la population des contrées manufacturières ou la production et le débit de chaque nature de marchandise ouvrée; mais ce criterium, excellent au point de vue politique et commercial, est impropre à faire préjuger les perfectionnements et les progrès réels de chaque branche de fabrication, bien qu'ils constituent aujourd'hui l'élément le plus puissant, le seul vraiment efficace et durable, de la supériorité industrielle d'une nation sur ses rivales. La statistique des brevets d'invention fournirait peut-être, jusqu'à un certain point, une indication assez précise de ces progrès, si elle n'était sujette à de graves méprises provenant de la concurrence que, dans les temps prospères, le charlatanisme, l'esprit de rivalité et de convoitise, apportent au vrai mérite privé de protecteurs et de juges suffisamment éclairés. Sans insister ici sur de tels rapprochements, il doit suffire de faire remarquer, pour la spécialité qui nous occupe, que durant la période de 1795 à 1814, embrassant tout le Consulat et l'Empire, il n'a été pris en France que 7 brevets seulement, quoique l'Italie fût alors enveloppée dans le même régime de législation et de douanes; qu'il n'en fut délivré aucun de 1814 à 1820; mais que, à partir de cette dernière époque, le nombre s'en releva brusquement de 3 jusqu'à 8 ou 10 par année, avec des intermittences également brusques correspondant respectivement aux époques de 1822, 1827, 1829, 1831, 1834, 1840, 1844 et 1848. Le fait de la lacune absolue entre 1814 et 1820 est d'autant plus digne d'attention qu'il correspond au rétablissement de la paix générale en Europe, et que la même stérilité s'observe également dans la délivrance des brevets anglais pour l'industrie de la soie, qui ne prit son essor qu'à partir de l'année 1823, si remarquable, à cet égard, dans l'un et dans l'autre pays.

Revenant donc à notre point de vue spécial, nous continuerons à étudier en eux-mêmes, et principalement sous le rapport mécanique, les perfectionnements progressifs qu'a reçus, depuis 1795 jusqu'en 1814, l'art de filer, dévider et mouliner ou tordre la soie.

Le brevet de quinze ans pris en septembre 1796 (17 fructidor an IV), par Tabarin, pour le tour à filer dont il a été ci-dessus parlé, ce brevet vint, en quelque sorte, inaugurer la nouvelle ère de progrès et de prospérité en tout ce qui touche à cette noble et riche industrie. Le dispositif du nouveau tour ne différait guère de celui de Vaucanson, à lunette tournante et à double croisure, que par un mécanisme à poulie et contre-poids servant à fixer invariablement le nombre des hélices de la croisure. Quoiqu'il rappelât les tentatives analogues de Villard, il jouit d'une grande vogue non-seulement par des perfectionnements de détail, qui amenèrent une économie réelle de main-d'œuvre et de surveillance, mais aussi par la juste célébrité que l'auteur s'était antérieurement acquise dans la publication d'un mémoire estimé sur cette importante matière[1].

Je mentionnerai simplement, comme souvenir historique et parce qu'elle rappelle l'union de la France et de l'Italie, la tentative faite en 1807 par un nommé Amaretti, de Verzuolo, en Piémont, pour améliorer le va-et-vient de l'ancien moulin rond, tentative dont un modèle en petit déposé à cette époque au Conservatoire des arts et métiers ne saurait donner une idée tant soit peu précise. Je citerai de même le brevet pris en juin 1813 par MM. Poidebard aîné et Dugas frères, de Saint-Chamond, pour un perfectionnement dans l'ouvraison de la soie ondée, qui intéresse assez peu les progrès de la mécanique, mais mérite quelque attention en ce qu'il marque le début d'industriels habiles dont les noms ont souvent et honorablement été mentionnés depuis dans les Expositions de l'industrie française. Quant au dévidoir à seize guindres, pour lequel M. Belly, de Lyon, s'est fait breveter en avril 1813, nous lui devons une mention plus spéciale, tant à cause du succès qu'il a obtenu dès cette époque, où il a remplacé économiquement et avantageusement l'ancien dévidoir lyonnais ou suisse, à quatre guindres, employé aux flottes de soie teintes, qu'en raison des simplifications et perfectionnements importants que cet ingénieux mécanicien a appliqués à sa première conception. Il nous suffira de rappeler qu'il s'agit d'une table circulaire horizontale, tournant, à la volonté de la dévideuse, sur un pivot à axe vertical fixe, et qui, établie à une certaine hauteur au-dessus du plancher d'appui, porte les seize guindres et leurs roquelles, mis en mouvement par des transmissions de vis sans fin, de cordons, etc., partant du tambour, à gorges de poulies, qui enveloppe, sous forme de

[1] *Réflexions sur le tirage des soies en France*, Paris, 1783. Ce mémoire, devenu fort rare aujourd'hui, et la lettre citée des frères Jubié, dans l'*Encyclopédie méthodique*, ont, en effet, commencé la réputation de l'auteur, qui a joui jusqu'en 1811 du privilége exclusif de son brevet de 1796, tombé dès lors dans le domaine public et qui, pendant de longues années encore, a servi de guide à l'industrie.

fourreau ou de canon indépendant, le support vertical de la table, autour duquel il est mis en mouvement par un rouage inférieur dont l'arbre vertical de commande, placé en dehors du pivot, porte un volant à trois bras, armés de lentilles, servant à régulariser l'action de la pédale à balancier, bielle et manivelle, menée par la dévideuse.

Cet équipage, assez compliqué, comme on voit, dans ses détails et ses moyens de transmission, quoique cependant très-mobile et très-léger, est muni d'un va-et-vient porte-barbins, formé d'un anneau extérieur et concentrique à la table; les guindres horizontaux, montés sur des châssis à bascules dont les charnières sont fixées aux rebords de cette table, peuvent, d'ailleurs, être abattus extérieurement et mis, quand l'un des fils casse, sous la main de la dévideuse, qui fait pivoter en conséquence tout le système pour atteindre, au besoin, un nouveau guindre, et ainsi de suite.

Le dévidoir tournant de Belly, exécuté en bois avec soin et précision, a été accueilli avec d'autant plus de faveur qu'il pouvait remplacer immédiatement l'ancien métier à quatre guindres, et qu'il produisait deux tiers de plus d'ouvrage. Il a été imité dans ses dispositions principales par MM. Mousset (1831), Delègue et Bailly (1832), qui y ont introduit des modifications plus ou moins heureuses, consistant principalement dans la réduction du nombre des guindres de seize à douze; ce qui a conduit Belly lui-même à apporter à son appareil des perfectionnements et des simplifications analogues, décrits dans un brevet du 3 juillet 1832, où l'on remarque la suppression de l'arbre coudé extérieur à manivelle, la substitution de roues dentées aux cordes sans fin, un dispositif nouveau du va-et-vient, etc. Mais, quels que soient le mérite de ce perfectionnement et l'étendue actuelle de son application aux ateliers fractionnés du tissage des soies, on ne peut le considérer que comme un simple moyen de transition et d'acheminement de l'ancien état de l'industrie, où tout se faisait à la main, vers celui où, conformément aux idées de Vaucanson, la force de l'homme, si coûteuse et si variable dans son action, sera remplacée, autant que faire se pourra, par celle des moteurs inanimés, agissant automatiquement, dans de grandes factoreries soumises à une direction centrale, unique et uniforme, en vue d'abaisser les frais généraux, etc.

En général, on peut dire que, dans la branche toute spéciale du travail des soies qui nous occupe, il ne s'est produit, dans l'intervalle de 1795 à 1814, aucune autre tentative mécanique qui mérite d'être citée, et nous verrons cet état de choses subsister longtemps encore dans notre pays, à cause, sans doute, du bon marché relatif de la main-d'œuvre. Nous n'avons pas d'ailleurs à nous préoccuper ici de la belle application de la vapeur au tirage des cocons ou au chauffage des bassines, introduite dès l'année 1805 en France et en Italie par le célèbre Gensoul de Lyon [1], méthode qu'il n'a cessé depuis d'améliorer et d'étendre dans ses applications. Ce n'est point non plus le lieu de parler de la transformation plus importante encore que Jacquard et Berton ont fait subir, vers la même époque, au métier à tisser les étoffes de soie, ni, enfin, des perfectionnements si utiles du conditionnement des soies dans la ville de Lyon, pour lequel M. Rost-Maupas s'est fait breveter en 1800, et dont les procédés, remplacés dans ces derniers temps par la méthode bien plus parfaite de M. Talabot, n'ont guère moins exercé d'influence sur l'amélioration économique des produits, dans cette période de rénovation ouverte sous tant d'heureux auspices. Nous devons nous hâter d'aborder le chapitre qui concerne spécialement les progrès mécaniques du filage et du moulinage de la soie dans les années qui ont suivi le retour de la paix en Europe.

[1] D'après le docteur Gera de Conegliano (*Il trattore da seta*, Venise, 1844), Ferdinand Gensoul aurait introduit, dès 1803, quelques modifications dans le tour de Vaucanson : présentées à l'Académie de Nîmes, elles en auraient reçu l'approbation ; elles consistent principalement dans la multiplication du nombre des croisements ou losanges du fil sur l'asple, pour hâter la dessiccation. Ces modifications auraient fait d'ailleurs l'objet spécial d'un mémoire de Gensoul, daté de la même époque (1803), mais que, malheureusement, je n'ai pas sous les yeux pour en apprécier le mérite au point de vue mécanique.

CHAPITRE II.

PERFECTIONNEMENTS DES MACHINES À FILER LA SOIE, À DATER DE 1815, PRINCIPALEMENT D'APRÈS LES BREVETS DÉLIVRÉS AUX AUTEURS.

---

§ Ier. — Brevets délivrés en France et en Angleterre. — Tours de MM. *Rodier*, *Camille Beauvais*, *Pellet*, *Lacombe*, *Bonnard* et *Barbier* (1815 à 1824).

J'ai déjà fait observer ci-dessus que, dans les six premières années de la Restauration, aucun brevet n'était venu signaler les progrès mécaniques de la spécialité qui nous occupe, et cela prouve une fois de plus que les changements, les commotions politiques, quelque favorables qu'on puisse les supposer à certains points de vue, sont toujours nuisibles au développement de l'activité industrielle. La période de 1820 à 1830 a été, au contraire, très-remarquable sous le rapport des progrès de la préparation et du travail des soies, puisqu'on a vu surgir plus de 40 brevets d'invention, d'importation, de perfectionnement ou d'additions dans la simple catégorie des machines à filer et mouliner. Les années 1823, 1824, 1825 et 1828 présentent d'autant plus d'intérêt à cet égard, que les trois premières correspondent précisément aussi à celles où les mécaniciens anglais ont, de leur côté, fait le plus d'efforts pour s'approprier et perfectionner cette branche d'industrie. Mais, tandis que le nombre des brevets continuait à se multiplier chez nous jusqu'à dépasser le chiffre énorme de 90 pour l'intervalle compris entre 1830 et 1848, il a été extrêmement restreint en Angleterre, où, en consultant les tables des patentes publiées dans nos recueils périodiques, il nous a été impossible d'en découvrir plus de 18 à 21 spécialement destinés à la filature de la soie, en y comprenant même les patentes délivrées dans les années 1849, 1850 et 1851 : ce qui s'explique, d'un côté, par l'absence, pour ainsi dire absolue, du tirage des cocons dans cet industrieux pays; de l'autre, par la circonstance que beaucoup de patentes anglaises, non comprises parmi celles dont il s'agit, embrassent dans leur objet toute espèce de filatures des matières textiles. On ne saurait donc rien inférer de ce fait pour ou contre l'infériorité d'un pays relativement à l'autre, d'autant plus qu'un certain nombre de brevets d'importation ont été pris en France par des ingénieurs anglais, et que la multiplicité des tentatives de perfectionnement faites dans notre pays, si elle est due, jusqu'à un certain point, au développement et à la dissémination où s'y trouve l'industrie sétifère, tient aussi, en majeure partie, au manque pour ainsi dire absolu de contrôle, à la faiblesse relative des droits prélevés chez nous sur les brevets, ainsi qu'à une concurrence qui devient une véritable plaie et une fâcheuse entrave pour les progrès ultérieurs de l'industrie, quand leur délivrance n'est pas suffisamment motivée et appuyée de déclarations, d'indications ou de descriptions nettes et précises.

Pour se conduire dans ce labyrinthe de brevets, où chaque auteur préconise son système de filature, fort souvent au détriment de celui de ses prédécesseurs et sans rien y ajouter de bien essentiel ou de bien éprouvé, il faudrait plus que le fil d'Ariane, plus que du discernement, de la patience et de la bonne volonté. C'est pourquoi je continuerai à suivre tout simplement l'ordre historique dans l'exposé des faits principaux et des idées les plus originales ou les plus fertiles, en faisant observer par avance que, nonobstant le mérite d'un si grand nombre de recherches pour amener à bien la préparation automatique des gréges et organsins, il s'en faut qu'elle soit encore parvenue chez nous à l'état de perfection et, en quelque sorte, de fixité que l'on remarque dans d'autres branches de l'industrie manufacturière.

Les tentatives de ce genre faites en France de 1820 à 1823 sont dues à des industriels qui, sans être précisément des mécaniciens, ont néanmoins acquis un certain renom dans le filage ou tirage des cocons au tour : parmi eux, je me bornerai à citer MM. Rodier et Delaporte, Camille Beauvais et Dugas, Pellet, à Saint-Jean-du-Gard, Lacombe, à Alais, Bonnard, à Lyon, Barbier, à Montélimart, dont quelques-uns en étaient, pour ainsi dire, aux premiers essais des utiles et ingénieux perfectionnements qu'ils ont fait subir aux diverses préparations de la soie. La plupart de ces tentatives avaient principalement pour but, d'ailleurs, la suppression des tourneuses, c'est-à-dire l'application d'un moteur ou *menard* unique à une série d'asples, de tours à tirer les cocons, rangés sur une même ligne horizontale, ainsi que Rival l'avait, comme on l'a vu, déjà anciennement proposé et exécuté dans l'établissement des frères Jubié, à la Sône. A cet égard, je ne crains pas d'affirmer que bien peu de ces tentatives, sauf celles de MM. Bonnard et Barbier, offraient des perfectionnements véritables, du moins au point de vue mécanique.

Le tour à filer de M. Bonnard[1], notamment, est mû par une machine à vapeur; le fil, à deux bouts et à simple croisure, s'y rend directement de chaque couple de filière, sur des asples à huit lames mobiles, dont les axes, comme dans l'ancien dévidoir automate, sont séparément mis en mouvement par le simple frottement ou roulement de roues sans dents, montées sur un même arbre de couche horizontal en fer que fait aller une courroie sans fin, à l'une de ses extrémités, dont l'autre reçoit le mécanisme de rouages dentés, à bouton d'excentrique, qui imprime le mouvement de va-et-vient à la tringle unique, porte-barbins distributeurs des fils sur les asples que les fileuses peuvent attirer à elles, au besoin, en faisant *glisser* respectivement les *châssis* qui en soutiennent les axes, *le long de coulisses horizontales.*

Le même brevet contient aussi un essai pour filer et tordre simultanément les cocons en trame, au moyen d'un double rang de fuseaux inclinés mus par une chaîne sans fin à la Vaucanson, etc. Les asples de ce dernier système de filage sont d'ailleurs munis de *ventilateurs à ailettes*, pour sécher promptement les flottes de soie, et l'ensemble des deux machines, bien disposé, annonce le mécanicien habile qui avait déjà mérité d'être cité par les rapporteurs des jurys aux Ex-

[1] T. XXV des *Brevets expirés*, p. 251 (février 1823).

positions françaises de 1819 et de 1823 pour ses tours à dévider les cocons.

Quant à M. Barbier, de Montélimart, il s'est fait également breveter en 1823 (t. XVI des *Brevets expirés*), pour un système de tours accouplés, qui, perfectionné depuis, a joui d'une certaine célébrité et a obtenu les éloges de la *Société d'encouragement* de Paris[1] pour divers perfectionnements, dont les principaux consistaient : 1° à *éviter les mariages*, en supprimant toute croisure des fils et la remplaçant par une torsion momentanée donnée à chacun d'eux, en lui faisant traverser une filière munie extérieurement d'un tube conique garni de drap et pivotant sur lui-même, système emprunté à d'autres genres de filatures mais qui n'a point prévalu ; 2° à monter l'axe de chaque asple sur un *châssis tournant* ou basculant, de façon que la fileuse puisse amener à elle l'écheveau quand il s'agit de renouer un fil, puis le remettre à sa place, au moyen de la même béquille ou crosse à main qui a servi à rapprocher l'asple, dont l'arbre était, comme dans le tour Bonnard et les anciens dévidoirs, mû par simple roulement, etc.

§ II. — Progrès remarquables du filage mécanique des soies à partir de 1824 et 1825. — MM. *Rodier, Chambon, Blanchon, Tastevin, Heathcoat, Poidebard,* etc.

Passant à l'année 1824, sans m'arrêter, d'ailleurs, aux machines à filer les cocons, doubler et tordre simultanément les soies grèges, les trames, etc., importées en France[2] par M. Hallam (Thomas), qui sont de pures imitations des métiers anglais à filer le coton dits continus, et dans lesquelles les bobines de préparation sont remplacées par des bassines à eau chaude établies à la partie supérieure, etc., j'accorderai pour le moment un peu plus d'attention aux tours à filer de MM. Rodier, de Nîmes ; Chambon, d'Alais ; Blanchon, de Chomerac, et J.-A. Tastevin, d'Alais, qui se sont fait breveter

[1] XXIVe année du *Bulletin* (1825), p. 216 et 217.
[2] T. XXXIX, p. 400, des *Brevets expirés* (15 juillet 1834).

pendant le cours de la même année, et dans le même ordre de date, pour des perfectionnements devenus, depuis, le point de départ de beaucoup d'autres tentatives plus ou moins analogues, entreprises en vue d'améliorer cette base véritablement fondamentale de l'industrie de la soie, puisque de la régularité en quelque sorte mathématique du fil dépend essentiellement la perfection, la beauté même des tissus.

On remarquera, en effet, que jusqu'alors on avait bien su éviter les défauts du vitrage ou de la collure des fils sur les asples des tours à dévider les cocons, au moyen soit du va-et-vient distributeur emprunté aux Piémontais et à Vaucanson, soit d'un système convenable de dessiccation ou de ventilation des mêmes fils; que l'on était également parvenu, à l'aide de la filière antérieure et de la simple ou de la double croisure des fils, à donner aux faisceaux des brins élémentaires une certaine cohésion d'ensemble, sous l'apparence d'un fil unique, rond et suffisamment uni; qu'on était aussi parvenu, par divers procédés mécaniques, à régler invariablement la croisure la plus favorable à chaque nature de cocon, et à substituer même un seul moteur à plusieurs, en un mot à supprimer les tourneuses à pédales ou manivelles, pour toute une rangée de tours. Mais de tels procédés ne pouvaient avoir de chances de succès, au point de vue économique, qu'autant que l'on fût parvenu à diminuer la fréquence des *mariages* produits par la rupture de l'un des fils et son enroulement ou doublage avec l'autre, qui avait lieu très-souvent sur plusieurs dizaines ou centaines de mètres sans que la fileuse s'en aperçût. Il fallait aussi perfectionner les filières et les barbins au travers desquels les fils passent sous certains angles, non sans amener des tensions ou secousses qui tendent à les énerver. Il fallait enfin découvrir des moyens prompts et efficaces d'arrêter séparément chacun des asples accouplés en cas de rupture des fils; de faire retrouver facilement sur cet asple et renouer les bouts rompus; de couper automatiquement, sinon d'empêcher les mariages, et, surtout, de mettre obstacle à la formation des bouchons, bourillons, etc., qui réclame une attention continuelle de la part de la fileuse, et tient moins encore aux imperfections du mécanisme des tours qu'aux vices inhérents au battage préalable et à la structure même des cocons.

A l'égard de la fatigue que les procédés mécaniques font subir aux fils dans leur passage au travers des filières, croisures, guides ou barbins, on peut dire qu'elle croît avec leur nombre, et que, pour ceux-ci comme pour celles-là, elle croît aussi avec l'ouverture de l'angle d'entrée et de sortie des fils, angle d'où dépendent essentiellement la tension, la pression et le frottement contre les parties solides, tandis que pour les croisures c'est précisément l'inverse qui arrive aux angles extrêmes, dont l'ouverture plus ou moins grande fixe le pas des hélices et le resserrement mutuel d'où naît essentiellement la fatigue : la difficulté, dans chaque cas, étant de découvrir la proportion la plus convenable de cette ouverture et du nombre des croisements ou demi-hélices, qui ne saurait évidemment influer que sur l'étendue où s'exerce la pression réciproque des deux fils dans le dispositif ordinaire, sans glissement ni frottement mutuels de ces fils[1].

Toutes ces imperfections et ces difficultés du filage mécanique des soies expliquent d'ailleurs le mérite de la tentative déjà mentionnée de M. Barbier pour supprimer la croisure, activer le tirage et multiplier, sans trop de danger, les révolutions de l'asple au moyen d'un embrayage qui permet à la fileuse de suspendre, à volonté et brusquement, l'action de l'arbre moteur sur cet asple par un mouvement de bascule de celui-ci. Mais comme, depuis l'apparition des tours ingénieux du mécanicien de Montélimart, les filateurs de gréges n'ont pas cessé de s'occuper d'améliorer le système de la simple ou

[1] On doit à M. le professeur Robinet, déjà cité, des recherches expérimentales sur les circonstances diverses qui peuvent agir pour accroître ou diminuer l'élasticité, la ductilité et la ténacité des fils de soie (*Mémoire sur la filature, etc.*, Paris, 1839); mais ces recherches, qui ont vivement provoqué l'attention des industriels sériciculteurs, auraient exercé plus d'influence encore si elles avaient pu être reproduites, au gré de l'auteur, sur une plus grande échelle et dans des conditions tout à fait pratiques.

de la double croisure, nous devons admettre qu'elle porte en elle des avantages qui en compensent les inconvénients, et qu'il serait difficile de conserver au même degré en la supprimant entièrement, comme le voulait M. Barbier.

Quant aux apprêts variés, tels que tors, dévidages, moulinages, etc., que l'on fait successivement subir aux gréges, soit avant soit après la teinture, il est certain que, indépendamment de l'imperfection propre des différentes machines auxquelles on était et on se croit encore obligé d'avoir recours, ces apprêts tendent à énerver considérablement les fils par une sorte d'étirage, à en ternir l'éclat naturel sous des manipulations répétées, et à y introduire enfin une multitude de nœuds, de barbes ou solutions de continuité, presque aussi fâcheux que les doublures et mariages dont on s'est jusqu'ici tant préoccupé.

Ces considérations préliminaires étaient indispensables, d'une part, pour me faire pardonner des longueurs inévitables dans l'exposé historique d'une branche d'industrie non moins remarquable par la variété des procédés que par la multiplicité ingénieuse des tâtonnements; d'une autre, pour faire sentir, à priori, l'importance de modifications en apparence fort légères, insignifiantes presque au point de vue mécanique, mais dont le détail était nécessaire pour en faciliter l'intelligence au lecteur et en faire saisir le véritable mérite.

Revenons maintenant à 1824 et aux brevets dont les auteurs ont été déjà mentionnés ci-dessus.

M. Rodier, de Nîmes[1], place la fileuse *entre la bassine* et *l'asple,* ce qui facilite singulièrement la surveillance du travail ainsi que le rattachement des fils, qui doivent alors s'élever verticalement, à partir de cette bassine, pour passer au-dessus de la tête de l'ouvrière, désormais dispensée d'attirer à elle l'asple, comme dans le tour de M. Bonnard et autres. Mais cette heureuse combinaison, qui permet à la soie, tout en lui conservant l'humidité indispensable dans son passage au tra-

[1] T. XVII, p. 237, des *Brevets expirés* (mars 1824).

vers des filières, croisures et barbins, d'arriver pour ainsi dire entièrement sèche sur les asples, est accompagnée, quant aux moyens de transmission du moteur aux asples accouplés, d'une combinaison d'arbres verticaux et de rouages d'angles aussi compliquée qu'onéreuse. En outre, M. Rodier propose d'*abattre les mariages* en supprimant la croisure ordinaire et la remplaçant par les enroulements fortement serrés de deux fils de soie tendus par une cheville en guise d'archet, etc.; et, malgré l'imperfection des moyens d'exécution mis en œuvre par ce mécanicien, malgré la déchéance que son brevet a encourue en 1827, il devait être cité pour l'importance aujourd'hui accordée à la disposition ci-dessus de la fileuse, à laquelle d'ailleurs je ne saurais assigner une plus ancienne origine. Enfin, nous verrons M. Rodier s'associer aux principales découvertes relatives au filage des soies dans une succession de brevets délivrés en 1826, 1833, 1845 et 1846, mais dont on me permettra, quant à présent, de laisser de côté l'examen, qui obligerait d'interrompre trop longtemps la chaîne des idées, ici presque toujours confondue avec l'ordre chronologique même des faits.

M. Chambon (Louis-Uselite-Julien), d'Alais, dont les tours accouplés, à un seul *menard* ou arbre moteur [1], sont peut-être inférieurs à ceux de M. Bonnard sous le rapport de l'exécution et de la conception mécanique, se sert de poulies et de cordons sans fin pour faire mouvoir séparément les asples, dont les divers arbres en fer reposent, à l'une des extrémités, sur un grand levier horizontal à pivot ou bascule qui, par son abatage, permet à la fileuse de tendre à volonté la corde de transmission, et de *graduer ainsi*, par un effet de glissement sur les poulies, la vitesse de l'asple, muni d'ailleurs d'un *frein d'arrêt*. Enfin, et c'est ici la combinaison la plus originale et la plus importante de son système de filage, renonçant à la double croisure, il emploie, sous le nom de *purge-mariage*, un assemblage de fils de fer à barbins mobiles, disposés de

[1] T. XXVIII, p. 244, des *Brevets expirés* (juillet 1824).

manière que quand l'un des fils de soie casse, l'autre, dans sa détente, pousse une lame tranchante qui vient le couper tout aussitôt.

Plus tard, dans un brevet d'avril 1835, placé à la suite du précédent, M. Chambon, ayant reconnu l'inconvénient de son coupe-mariage, dont les fils de fer sont sujets à se rouiller assez vite, y renonce entièrement et se contente de faire passer les deux bouts de soie, après une première croisure à hélices multipliées en conséquence, par deux barbins éloignés entre eux de 33 centimètres, puis de faire opérer à ces fils un nouveau mais simple croisement (un demi-tour ou tour et demi), qui, lors de la rupture de l'un d'eux, permet à l'autre de s'écarter latéralement, de tomber en dehors des lames de l'asple et de s'enrouler autour de son arbre en fer, dont le diamètre est assez petit pour réduire à des proportions minimes le déchet de soie qui s'opère entre l'instant où l'ouvrière est avertie par la chute des cocons et celui où elle coupe le fil resté intact, rattache les bouts, etc. Quels que soient, au surplus, les inconvénients de ce procédé, il n'en a pas moins obtenu, à cause de sa simplicité même, une préférence marquée sur d'autres combinaisons plus ou moins ingénieuses et dont il sera bientôt parlé.

Nous n'avons à citer ici M. Blanchon, de Chomerac, que pour un système de tours sans tourneuses, mus séparément par des cordes et poulies de renvoi, et munis de *place-bouts*, de *freins d'arrêt* à ressorts, formés de cuirs frottant contre le noyau des asples, et que la fileuse, placée au delà de la bassine, comme dans l'ancien système, met en action au moyen de longues tringles à varlets et leviers à main basculants, quand il devient nécessaire de rattacher les fils, etc.[1]. C'est, en effet, seulement en 1832[2], après MM. Chambon, Vernay, Tastevin et autres, que ce mécanicien, qu'il ne faut pas confondre avec M. Louis Blanchon, de Saint-Julien, près Privas,

[1] T. XXVIII, p. 251, des *Brevets expirés.*
[2] T. XXXV, p. 258, *ibid.*

dont nous aurons à nous occuper plus tard, tenta d'appliquer à ses tours sans tourneuses un *coupe-mariage* à fraises dentées d'une nature assez compliquée, et qui, pour ce motif sans doute, n'a pas obtenu la préférence sur ceux de ses prédécesseurs, où l'on s'était également proposé de trancher le fil automatiquement; opération très-difficile, pour ainsi dire impossible, même en y employant des lames de rasoirs, d'après les curieuses expériences dont M. Robinet a bien voulu me communiquer les résultats.

La réputation acquise par M. J.-A. Tastevin, d'Alais, et le nombre des brevets d'invention ou d'addition qu'on lui doit permettent de le ranger parmi les mécaniciens les plus ingénieux qui, depuis l'époque de 1824, se sont occupés des progrès et du développement de la filature expéditive de la soie dans notre pays. Son premier brevet, du mois d'octobre de cette année [1], doit être considéré comme une tentative renouvelée de Villard, mais en elle-même fort remarquable, de filer et mettre immédiatement sur bobines les fils ou bouts de trois tours accouplés et rangés le long d'une même bassine à eau froide ou tiède, mais dont les cocons auraient été préalablement macérés dans une cuve à eau chaude, selon une méthode déjà fort ancienne, perfectionnée en 1778 par Suchet, de l'Argentière, et qui a joui de quelque faveur en Italie et en Espagne [2]. Chacun de ces bouts, après s'être échappé d'une filière inférieure et élevé verticalement à une certaine hauteur en se reployant sur la gorge d'une *petite tavelle* horizontale en fil de fer de 10 à 14 centimètres de diamètre, sorte de poulie de renvoi, d'où il descend pour former la croisure simple avec la branche ascendante, chacun de ces bouts, dis-je, se replie horizontalement sur une autre petite tavelle pour se rendre de là, le long d'un *tube sécheur*, sur la circonférence d'un tambour dodécagone muni de drap, d'où il revient sur lui-même,

[1] T. XXIX, p. 145, du *Recueil des brevets expirés.*

[2] *Il trattore da seta*, par le docteur Gera (Venise, 1843), p. 32; *Bulletin de la Société d'encouragement de Paris*, XXIVe année, p. 41.

parallèlement à sa première direction, pour envelopper finalement le roquet horizontal correspondant, qu'entraîne, *par simple frottement de roulement*, un disque tournant sur lequel son arbre repose, comme dans l'ancien dévidoir automate.

Pour rendre cette description à peu près complète, il suffira d'ajouter, d'une part, que chacun des groupes de trois roquets à rotation indépendante, relatif à une même bassine, est précédé d'un va-et-vient ou porte-barbin oscillant, servant à la distribution régulière du fil sur ces roquets, et disposé à peu près comme dans le tour piémontais, sauf que l'excentrique à manivelle est ici remplacé par une goupille glissant dans une rainure rentrante ou à double hélice, pratiquée sur un cylindre tournant en bois dur et nommée quelquefois, mais improprement, *hélice de Vaucanson* (p. 62 à 63); d'autre part, et ceci montre le degré de confiance que M. Tastevin avait, en 1824, dans son système expéditif de filage, le tambour dont il vient d'être parlé est précédé de *purgeoirs à deux branches de ressort*, entre lesquelles passent les fils de soie, et dont l'écartement, réglé d'une manière ingénieuse par une vis transversale, offre un perfectionnement réel par rapport à l'ancien purgeoir également à deux branches.

Mais ce qu'il y a de particulièrement remarquable dans le *filage à la tavelle* de M. Tastevin, ce ne sont ni les purgeoirs ni le va-et-vient à rainure cylindrique dont il fait usage après d'autres, mais bien son système de tube sécheur et de filage à un seul bout croisé, replié un certain nombre de fois en hélice sur lui-même. A la vérité, les Italiens avaient déjà anciennement aussi employé le filage à un bout[1], exempt par lui-même de mariage; mais ils se servaient d'un dispositif où le fil, enveloppant à plusieurs reprises de petits cylindres, des rouleaux de renvoi fixes ou mobiles, devait se détériorer d'une manière sensible, défaut qui n'a pas été corrigé entièrement dans les appareils imaginés postérieurement au premier brevet de M. Tastevin par l'Anglais Heathcoat, dont il

[1] Voyez l'ouvrage déjà cité du docteur Gera, p. 89.

sera bientôt parlé. D'ailleurs est-il bien certain que le glissement relatif, le frottement réciproque des deux branches d'un même fil, repliées un certain nombre de fois l'une autour de l'autre, soit une chose très-favorable à la ténacité et surtout à la régularité de texture des soies de diverses qualités?

D'après les idées émises par M. Tastevin dans le même brevet de 1824, pour donner le premier tors ou apprêt au fil fourni par son procédé, il ne s'agit que de monter les roquettes qui le contiennent sur les broches verticales à ailettes d'un moulin long ou ovale, à guindre supérieur, qui ne se distingue de ceux jusque-là en usage que par l'emploi de transmissions par tambours cylindriques, poulies de renvoi, cordes et courroies sans fin, semblables à celles des filatures de la laine et du coton : la proportion du tors ne variant d'ailleurs qu'en raison du changement de diamètre d'une grande poulie motrice à gorges multiples et graduées, cela n'implique nullement l'emploi des moyens ingénieux inventés par Vaucanson pour opérer automatiquement la transposition et le comptage des fils d'écheveaux sur les guindres, etc.

Quand il s'agit, au contraire, de soumettre les mêmes fils au doublage et au tors inverse, de deuxième apprêt, par une seule opération, de manière à en constituer de suite l'organsin, les roquettes dont il vient d'être parlé sont enfilées par deux, par trois, etc., sur autant de petites broches implantées verticalement sur des plateaux ou disques circulaires tournants, montés à l'extrémité supérieure d'axes verticaux en fer, qui sont également mis en mouvement par des cordons sans fin à poulies de renvoi. Ces bobines, dépourvues de coronnelles, mais surmontées d'ailettes en S, fixées à chaque broche pour diriger le déroulement du fil, ne sont d'ailleurs retardées dans leur rotation horizontale et relative autour de ces broches qu'en raison du frottement exercé par leur base ou noix inférieure sur le plateau tournant, en vertu de leur poids propre, que tend à amoindrir la tension contraire de chacun des fils allant se réunir, avec ses analogues du même plateau, dans une filière centrale supérieure liée à son arbre, et d'où ils sont attirés de bas en haut par un guindre horizontal tournant, qui reçoit les écheveaux après que leur ensemble a ainsi subi le degré de tors réglé par le rapport des vitesses de rotation de ce guindre et de ce plateau.

Il ne paraît pas que ce dernier mécanisme, qui renferme une combinaison ingénieuse et nouvelle d'anciennes idées appliquées à d'autres industries, ait jamais été employé par M. Tastevin, du moins en grand et sous des conditions économiques de succès, à la filature de la soie; mais ce qu'il y a de positif, c'est que dans ses brevets postérieurs d'*addition* et de *perfectionnement*, pris en 1825, 1828 et 1829 [1], ce mécanicien cesse de se préoccuper du système général de filage, de doublage et de moulinage qu'il avait d'abord proposé, pour se restreindre à des moyens qui tendent plus spécialement à l'amélioration des tours à filer déjà existants. Ainsi, par exemple, dans le premier de ces brevets (décembre 1825), il propose de filer la soie à *quatre bouts*, tirés d'autant de groupes égaux de deux à huit cocons, contenus dans les compartiments voisins d'une même bassine; de réunir ces fils deux à deux ou en un seul, selon les cas; de faire passer chacun des fils ainsi doublés sur un petit cylindre en bois tendre, en le faisant revenir et croiser un nombre suffisant de fois sur lui-même, afin d'éviter tout mariage, puis de l'enrouler sur un guindre ou sur une roquette, au gré du fileur.

Dans ses deux autres brevets, de 1828 et 1829, M. Tastevin s'occupe exclusivement de l'ancien mode de filage à deux bouts, dont il cherche à éviter le mariage en tranchant le fil, tantôt au moyen d'un tourniquet ou bascule verticale à articulation inférieure, dont la tête fourchue supporte les bouts séparés et entiers de la croisure, de telle sorte que l'un venant à rompre, l'autre entraîne la bascule par un quart de révolution sur elle-même, qui le rejette, en dehors de l'asple, sur des lames tranchantes; tantôt en faisant passer les deux

[1] T. XXIX du *Recueil des brevets expirés*, p. 151, 152, 153 et 155, faisant suite à celles des brevets déjà cités.

fils, immédiatement après leur croisure, par des barbins élevés au-dessus du va-et-vient au moyen d'un anneau métallique dont le diamètre horizontal surpasse la largeur de l'asple, et sur lequel ils tendraient ainsi à glisser, à descendre latéralement en se dégageant des barbins, s'ils n'y étaient retenus par le frottement, la tension déviatrice dus à leur croisure antérieure, et d'où résulte que, quand l'un des fils casse, l'autre, devenant libre, est aussitôt rejeté en dehors de l'asple, etc.

En anticipant ainsi sur les années 1825 et suivantes, afin de ne plus avoir à revenir sur les brevets de M. Tastevin, je ferai observer que ses moyens, fort ingénieux, d'abattre les mariages, s'ils sont antérieurs au dernier et plus simple de ceux de M. Chambon, déjà cités, ne viennent néanmoins, dans l'ordre de date, qu'immédiatement après les coupe-mariages de MM. Vernay, Lacombe et Barrois, dont il sera parlé plus loin, et auxquels, d'ailleurs, M. Tastevin ne paraît sciemment rien avoir emprunté. J'en dirai tout autant du filage à quatre bouts de cet industriel, pour lequel l'ingénieur anglais John Heathcoat, le célèbre inventeur du métier à tulle-bobin, a pris en France un brevet d'*importation* et de *perfectionnement* en mai 1825 [1], c'est-à-dire plusieurs mois avant celui de M. Tastevin, mais dont les procédés, bien qu'analogues quant au but, en sont néanmoins très-distincts quant aux moyens de solution et au dispositif principal.

En effet, M. Heathcoat traite d'abord les fils par couple, à la manière ordinaire, avec simple croisure, d'où ces fils se bifurquent pour passer dans une paire de barbins fixes, puis dans une œillère située sur la diagonale de la losange ainsi formée et où ils se réunissent, pour n'en plus constituer qu'un seul, double, lequel, après s'être croisé avec le fil également double du couple voisin, s'en détache de nouveau et se rend, au travers des barbins du va-et-vient, sur les écheveaux respectifs de

[1] T. XLII, p. 21 et suiv., du *Recueil des brevets expirés* : la patente anglaise est du 12 février, mais l'auteur est revenu sur ce procédé de filage le 6 juillet suivant.

l'asple; à moins qu'on ne préfère les doubler ou les réunir à leur tour en un seul avant de les faire arriver sur cet asple, ce dont l'ouvrage publié à Paris en 1836 par le docteur Ure[1] nous offre un exemple, d'autant plus remarquable que l'auteur considère ce mode de filage de la soie comme d'un usage assez général en France, sans rien nous apprendre d'ailleurs sur son origine et la bonté des produits qu'il est susceptible de fournir.

Ce procédé de filage à quatre bouts, dont en réalité, comme on le verra, il n'existe guère de traces aujourd'hui, et où l'on semble vouloir imiter, de loin il est vrai, la méthode de doublage des rubans de coton, est accompagné, dans le brevet cité de M. Heathcoat, de dévidoirs doubles à supports en bois, disposés à la manière ancienne, mais qui sont ici munis, ainsi que le tour ci-dessus, de mécanismes d'horlogerie compteurs, à vis sans fin et sonneries d'avertissement, servant à régler à l'avance le nombre des tours de guindre ou d'asple; combinaison dont l'auteur réclame la propriété, parce qu'il ignorait sans doute que l'idée en était déjà fort ancienne en France à l'époque de 1825, où il s'y faisait breveter.

Enfin, il serait à peine nécessaire de mentionner un autre projet de tour à dévider les cocons, par M. Heathcoat[2], fondé, comme celui de M. Hallam précédemment cité, sur le principe des anciennes machines à filer le coton, s'il ne tendait à démontrer combien peu les ingénieurs anglais et quelques-uns de leurs imitateurs en France se formaient alors une idée exacte des difficultés que présente en lui-même le dévidage des cocons, et ce qui le distingue plus spécialement du filage des matières discontinues, telles que la laine, le coton et même le chanvre ou le lin.

Avant de quitter les projets de filage à un et à quatre bouts,

[1] *Philosophie des manufactures*, t. Ier, p. 396, chez Mathias, libraire. Voy. aussi le *Dictionnaire anglais des arts et manufactures* de cet auteur; troisième édition, 1843, p. 1105.

[2] *London Journal of arts, septembre 1825, supplément*, p. 351, ou *Bulletin des sciences technologiques*, par le baron de Férussac, 1826, t. VI, p. 111.

il convient de mentionner le brevet délivré, à la date du 21 septembre 1825, à M. Cournier, moulinier à Saint-Romans (Isère), pour un appareil qu'il nomme improprement *lissoir*, et dans lequel le filage, à un bout, croisé sur lui-même comme dans le système proposé en 1824 par M. Tastevin, s'effectue par l'intermédiaire d'une ou de deux petites tavelles très-voisines, placées l'une au-dessus de l'autre, contre un montant vertical en bois, entre la bassine et l'asple du tour proprement dit. Ce procédé, pouvant sans beaucoup de frais s'appliquer à tous les anciens dévidages de cocons, a été accueilli avec d'autant plus de faveur en France, du moins celui de la double tavelle, qu'en supprimant le mariage et s'adaptant au filage à deux bouts par la répétition symétrique du couple de tavelles, de part et d'autre d'un même montant, il ne changeait, pour ainsi dire, rien aux habitudes acquises par les fileuses et les chefs d'ateliers. Quant au filage à une seule tavelle, on devine que celle du dessous devait se trouver remplacée par un simple bouton de renvoi, que M. Cournier construisait en verre, et au droit duquel les deux branches du fil venaient se croiser un certain nombre de fois sur elles-mêmes, pour de là s'échapper vers l'asple du tour, etc. Mais il est facile d'apercevoir que ce dernier dispositif était loin d'offrir les avantages de celui de M. Tastevin, outre que l'auteur ne s'était nullement préoccupé de la nécessité de sécher et de purger les fils.

Cette même année 1825, l'une des plus fertiles en brevets d'invention ou de perfectionnement, a vu :

1° M. Poidebard (Sébastien), de Lyon, si connu dans l'industrie des soies à cette époque, proposer divers moyens de perfectionner le moulin ovale à organsiner ou tordre les gréges, d'en activer le travail, ou, plus spécialement, d'accélérer la vitesse des fuseaux, en appliquant, à cet effet, des *brides* aux branches d'ailettes qui accompagnent les coronnelles, afin de les soustraire à l'*action de la force centrifuge ;*

2° M. Lauret, de Ganges, présenter un système de tours sans tourneuses, où l'on remarque principalement l'emploi d'un va-et-vient à hélices rentrantes et d'un embrayage à cônes de friction, déjà mis en usage par d'autres;

3° MM. Richard Badnall et Gibbon[1], proposer un système de dévidoirs à grande vitesse, indistinctement applicable à la soie ou au coton, et dans lequel la tension des fils qui se rendent des tavelles aux bobines horizontales est maintenue constante au moyen de romaines, de bascules à poids servant à régler le frottement et la pression des axes de ces bobines sur les rouleaux ou disques conducteurs; système d'ailleurs peu applicable aux fils gréges, et que ne justifie pas suffisamment peut-être l'idée de communiquer directement le mouvement uniforme aux tavelles, etc.;

4° M. Peyron, de Montélimart, en 1825, offrir pareillement des purgeoirs à cylindres tournants garnis de drap, à queue de poisson fourchue, etc.

5° Enfin, M. Denizot, de Saint-Antoine, prétendre supprimer les mariages en remplaçant la croisure ordinaire par le simple frottement des fils contre les oreilles d'une poulie garnie de drap, ce qu'il nommait *strangulie-soie*.

§ III. — Nouvelles tentatives de perfectionnements appliquées au filage et au moulinage des longues soies (1826 à 1830). — MM. *Hipert, Rodier, Rotch, Vernay, Rieu, Tardy, Lacombe* et *Barrois, Christian, Guilliny, etc.*

Les dernières années de la Restauration témoignent, non moins que les précédentes, des efforts, quelquefois heureux, tentés en vue d'automatiser de plus en plus, si l'on peut s'exprimer ainsi, les diverses branches de l'ouvraison des soies, surtout si l'on considère que plusieurs des brevets de MM. Chambon et Tastevin, déjà cités par anticipation, appartiennent proprement à cette période.

Nous mentionnerons d'abord, mais seulement pour mémoire, les tours sans tourneuses de MM. Hipert, de Montpellier (1826), et Giraud, de Bagnols (1827), ainsi que les dévidoirs et moyens d'arrêt des guindres quand un fil casse, par

[1] T. XL, p. 346, du *Recueil des brevets expirés*.

M. Rodier, mécanicien de Nîmes (1826), qui d'ailleurs se sert de rouages d'horlogerie pour doubler et tordre simultanément les fils de soie grége par un procédé analogue à celui de M. Tastevin (brevet de 1824), sauf que les bobines, ici horizontales, sont montées sur un arbre vertical qui les emporte dans sa rotation rapide. Nous citerons pareillement le dévidage à conducteur, muni d'un crochet tournant autour des guindres, pour détacher continuellement le fil de l'écheveau, par M. B. Rotch, de Londres (1827); le coupe-mariage de M. Vernay, d'Alais (août 1828), à détente soutenant deux lames dentées verticales, qui s'abattent quand l'un des fils casse; celui de M. Rieu, serrurier à Anduze (1829), à double tranchant et à bascule; le trébuchet à deux barbins que M. Crozel, de Chatte (Isère), a appliqué (1829) au doublage des soies, et qui bascule quand l'un des fils casse; enfin nous mentionnerons plus particulièrement encore les filières en pierres dures d'*onyx*, sorte d'agates polies, que M. Tardy, de Valence, a proposé, en 1830, de substituer aux anciennes filières métalliques des tours à dévider les cocons, et dont il n'a cessé depuis d'étendre ou de perfectionner le travail et l'application aux divers moyens de purger, de guider les soies, pour lesquels on employait auparavant les métaux et le verre (voir son brevet de juin 1842, t. LXIV, p. 39, du *Recueil des brevets expirés*).

J'ai avec intention passé sous silence dans cette énumération rapide, mais pour y revenir avec quelques détails, le brevet pris en septembre 1828[1] par MM. Lacombe et Barrois, filateurs de soie à Alais, dont les tours, accouplés à la Bonnard, offrent comme ceux de M. Rodier, de Nîmes, cette particularité, bien appréciée de nos jours, que, la fileuse se trouvant placée entre la bassin et l'asple, il lui devient facile d'éviter sinon de rompre les mariages, quand l'un des fils casse; auquel cas, dans le système Lacombe et Barrois, un va-et-vient ou navette oscillante rejette l'autre fil sur une

[1] T. XXVI, p. 256, du *Recueil des brevets expirés.*

œillère latérale ou sur l'arbre même de l'asple; à peu près encore comme dans le dispositif déjà cité de M. Chambon, qui, en revendiquant à de justes titres la priorité de l'idée originale des coupe-mariages, n'avait peut-être pas, ainsi qu'on l'a vu, des droits aussi nettement établis sur celle qui consiste à rejeter au dehors de l'asple, le fil non rompu. D'ailleurs, MM. Lacombe et Barrois ont, dans un brevet d'août 1830[1], substitué à leur *navette oscillante* un dispositif d'un tout autre genre, et qui consiste à faire passer respectivement les fils, après leur croisure, entre un couple de cylindres de verre assez rapprochés pour arrêter, dans leur intervalle, les nœuds, doublures ou bourillons, et rompre aussitôt ces mêmes fils, grâce *au mordant que la matière vitrifiée a sur la soie humide.* Or, cet appareil, souvent cité avec éloge dans les ouvrages de technologie, et imité même dans des brevets postérieurs à 1830, où l'on a tenté d'y appliquer divers perfectionnements, cet appareil n'en a pas moins depuis été abandonné par l'industrie, qui lui a préféré, comme on l'a vu encore, le plus simple et dernier des dispositifs imaginés par M. Louis Chambon.

Enfin, pour donner une idée à peu près complète des efforts tentés vers la même époque en vue de perfectionner, d'améliorer tout à la fois, les diverses préparations des soies gréges, il nous reste à jeter un coup d'œil non moins rapide sur les procédés mécaniques imaginés par MM. Christian, Tezier, Crozel et Guilliny.

M. Christian (Gérard-Joseph), après avoir critiqué, dans un brevet du 25 juin 1828[2], les procédés de filage jusque-là usités, ainsi que la méthode de Heathcoat, pour filer à quatre bouts eux-mêmes composés de plusieurs fils naturels de cocons; après avoir fait également remarquer la conicité, l'irrégularité de ces derniers fils et vanté la méthode anglaise par étirage et doublage successifs du coton, M. Christian expose

[1] T. XXIX, p. 370, du *Recueil des brevets expirés.*
[2] T. XLIX, p. 299, du même ouvrage; publié en 1843.

les principes d'une nouvelle filature de la soie, principes à la découverte desquels il dit être parvenu le premier, par de longues recherches, qui consistent à dévider les cocons séparément, au nombre de deux ou trois au plus, puis à doubler, réunir par deux, les fils ainsi obtenus, en en renversant les bouts, et opérant d'ailleurs le tirage avec une vitesse uniforme, quatre ou cinq fois plus lente que celle en usage, afin d'éviter les plis et bouchons; le fil serré dans les *croisades*, arrivant, d'ailleurs, *parfaitement sec et pur* sur le dévidoir. L'exposé de ces principes, qui, selon le breveté, devaient mettre la filature de la soie au niveau de celle du coton, est suivi de la description de nouvelles machines servant, d'une part, à dévider les cocons et où le fil est séché sur une surface métallique chauffée à la vapeur; de l'autre, à doubler, tordre, redoubler, retordre et mettre en écheveau, par une seule opération, ces mêmes fils; le tout mis en mouvement par l'action de la vapeur et muni de *comptages* ou *numérotages de titre*.

Quoique la disposition générale de quelques-unes de ces machines, exécutées en fer et en fonte, ne manque pas d'une certaine élégance qui rappelle les métiers anglais de cette époque à filer le coton, cela ne pouvait autoriser l'auteur à comparer ses innovations à celles de Richard Arkwright : le succès, en effet, n'a nullement répondu à l'énormité des encouragements ou des sacrifices dans l'application en grand du nouveau système de filature à Argenteuil et à Avignon; en outre, la tendance et le plan même du brevet, qui constitue un véritable mémoire sur le sujet, semblent bien plutôt rappeler un imitateur ou rival de Philippe de Girard qu'un émule du célèbre filateur de Preston.

Il servirait, d'ailleurs, bien peu à l'histoire des progrès de la filature des soies de rechercher les traces des tentatives de tous genres faites par M. Christian pour propager en France l'application d'un procédé dont l'emploi offrait, comme ceux de tant d'autres novateurs, une apparence séduisante et spécieuse; il nous suffira de rappeler ici que dans un brevet d'invention délivré postérieurement (novembre 1832) à l'un des fils de cet ancien directeur du Conservatoire des arts et métiers de Paris[1], il s'agit moins de parfaire ou perfectionner le système de filature exposé si pompeusement dans celui de 1828, que d'offrir une nouvelle combinaison de métiers, en fer et fonte, qui rappelle celle des machines à filer le lin et le coton, à tel point que le va-et-vient y est employé à faire mouvoir la planche de support des broches pour la distribution du fil sur les bobines, au lieu d'être appliqué simplement à la tringle des barbins de guides, comme dans les anciens moulins à tordre la soie; tringle beaucoup plus facile à conduire, et qui n'offre, pour cette élastique substance, aucun des inconvénients que comportent, à cause de leur faible ténacité, les fils discontinus de la laine, du coton et même du chanvre ou du lin. Cette remarque est, d'ailleurs, généralement applicable à tous les auteurs de brevets qui, pour accélérer le travail, ont prétendu s'astreindre à une imitation plus ou moins servile des métiers à filer ces dernières matières, soit en France, soit même en Angleterre.

A cet égard, le développement tout particulier que j'ai donné à l'exposé des tentatives infructueuses de MM. Christian père et fils m'autorise à glisser sur celles que M. Tezier, de Sorgues, a faites également (mars 1830) pour convertir directement les fils de cocons en trame et organsin, enroulés autour de roquelles, après leur passage sur des tuyaux chauffés à la vapeur, etc. J'en agirai de même pour celles que M. Crozel, de Chatte, dans le brevet déjà cité, a faites plus spécialement en vue de perfectionner l'ancien moulin droit, tentatives dont le point capital consiste simplement à remplacer la coronnelle par un barbin à une seule branche *fixée* au sommet de la broche, etc., afin d'élever à 3 000 par minute le nombre des tours de fuseaux, qui ne pouvait, dit-il, être atteint précédemment à cause du soulèvement de cette coronnelle, produit par l'*action de la force centrifuge*.

Quant à M. Guillini, dont le brevet d'août 1829 appartient,

[1] T. LXVI du *Recueil des brevets expirés*, p. 221.

sinon quant au but, du moins quant à la date, à la période qui nous occupe, on sait assez, par l'accueil et les encouragements accordés dès l'origine à ses inventions[1], les services que promettait de rendre à l'industrie des soies, pour la préserver de la fraude des teinturiers nommée *piquage d'once,* son dévidoir par *tours comptés,* dit *régulateur transposant,* et dans lequel les fils, au nombre de six, après s'être enroulés en losanges sur le contour du guindre, en produisant ainsi autant d'échevettes de 3 000 mètres juste de longueur, sont déplacés latéralement par un glissement du porte-barbin distributeur, dû au déplacement même de la roue à excentrique autour de l'axe du compteur, déplacement qui se reproduit deux fois, et donne ainsi lieu à deux nouveaux groupes d'écheveaux, indépendamment du premier.

Ce déplacement latéral du porte-barbins est d'ailleurs opéré au moyen d'un équipage de roues dentées, constituant un véritable compteur, placé à l'un des bouts d'un moulin ovale, et agissant, après un nombre donné de révolutions du guindre, sur une détente à échappement qui rappelle l'ancienne solution du même problème vainement proposée, comme on l'a vu, aux industriels, il y a près d'un siècle, par Vaucanson, à la vérité sur une beaucoup plus grande échelle et avec des combinaisons peut-être trop savantes pour l'époque. Mais ce qui distingue plus particulièrement le dévidoir de M. Guillini, c'est qu'il porte un mécanisme à l'aide duquel la machine s'arrête dès qu'un fil de soie vient à casser; arrêt assez brusque, qui s'opère au moyen du basculement d'un levier à charnière incliné servant de support à chacun des barbins, mais dont le poids, très-léger d'ailleurs, cessant d'être soutenu par le fil de soie rompu, détermine le pivotement horizontal d'un châssis à tringle qui, par une détente à ressort agissant, d'un côté, sur une roue à rochet, d'un autre, sur le support d'un levier horizontal à contre-poids suffisamment lourd, déter-

[1] *Bulletin de la Société d'encouragement,* t. XXXVI, 1837, p. 247, 251, 313.

mine, à son tour, le débrayage de la roue motrice, par un dernier mécanisme d'échappement en lui-même fort ingénieux, mais qui ne laisse pas que d'ajouter beaucoup à la complication, déjà si grande, du système.

§ IV. — Rapide coup d'œil sur les brevets délivrés depuis 1830 pour le perfectionnement du filage des cocons. — MM. *Puget, Michel,* de Saint-Hippolyte, *Geffray, Bourcier,* etc. — Filage à la tavelle de M. *Mitifiot.*

Quelque imparfaite que soit cette revue des principales tentatives faites avant 1830 pour améliorer le système mécanique du filage et de l'ouvraison des soies gréges, je ne pourrais la continuer pour les années suivantes sans dépasser de beaucoup la limite où il devient possible de la rendre instructive, supportable même à la lecture. Indépendamment, en effet, du grand nombre des brevets par lesquels on a, dans l'intervalle de 1830 à 1850, cherché à perfectionner les machines à filer, mouliner et dévider la soie en France, il n'est que trop certain que la plupart d'entre eux offrent, relativement aux précédents, peu d'idées neuves ou originales, chaque constructeur cherchant à se créer un système propre en apportant quelques modifications, plus ou moins essentielles, aux combinaisons adoptées par ses prédécesseurs ou concurrents; de sorte qu'il y aurait lieu de craindre que l'exubérance même des brevets délivrés jusque dans ces dernières années ne fût, comme nous l'avons déjà fait pressentir, bien plutôt une preuve d'insuccès pratiques que de véritables progrès mécaniques, si elle ne témoignait en même temps d'une émulation dans les efforts, d'une énergie dans l'intention d'arriver au but, d'autant plus louables que sans elles un art, une industrie quelconque ne sauraient jamais atteindre un véritable degré de perfection et de prospérité commerciale.

On peut compter notamment, dans l'intervalle qui nous occupe, jusqu'à 20 brevets pour le simple perfectionnement du mécanisme des tours à dévider les cocons, tours construits la plupart en bois et quelques-uns en fer et fonte, comme le sont ceux de MM. Puget, d'Arpaillargues (1833), et Michel, de Saint-Hippolyte (1838), mais ayant pour tendance principale d'affranchir le filage de l'intervention de la tourneuse et, jusqu'à un certain point, de la fileuse, tout en accélérant le travail par la vitesse de l'asple, portée au delà de 100 révolutions à la minute, grâce aux perfectionnements de détail des filières, barbins distributeurs, etc., accompagnés d'un sévère triage et d'une préparation des cocons propre à faciliter le tirage et à réduire de plus en plus les déchets.

Nous voyons ici apparaître les noms déjà cités de MM. Blanchon, de Chomerac, Rodier, de Ganges ou d'Avignon, auxquels viennent se joindre ceux de MM. Maynard, à Valréas [1], Delarbre, à Ganges, et de beaucoup d'autres mécaniciens ou filateurs distingués, dont malheureusement il nous serait impossible d'apprécier le mérite mécanique ou industriel, faute d'avoir vu fonctionner leurs machines.

Les tentatives faites particulièrement en vue d'éviter ou de supprimer les mariages sont l'objet spécial de huit ou dix autres brevets dus à MM. Ventouillac et Larnabé à Lavaur, Chambon à Alais, Soubeyran à Saint-Jean-du-Gard, Gensoul à Bagnols [2], Peyot à Lyon, etc. MM. Fabre, d'Avignon, Ferand, de Nyons, Cazet, de Ganges, ont décrit, dans d'autres brevets d'une date relativement récente (1841, 1842, 1844), des instruments formés de baguettes en verre, droites ou courbes, de verres convexes et sphériques pour opérer la purge des bourillons par leur rapprochement gradué au moyen d'une vis de rappel, etc.

[1] Nous citons cet industriel, bien qu'on n'ait point fait à son brevet d'octobre 1840 l'honneur de l'insérer au t. LXXV du *Recueil des brevets expirés* (voyez p. 489), parce que sa méthode de *filer directement sur bobines* sans recourir au *dévidage à la tavelle* a obtenu, à l'Exposition de 1844, des éloges et une récompense qui le placent avec M. Blanchon, de Saint-Julien, au premier rang des filateurs de soie.

[2] T. XLVIII du *Recueil des brevets expirés*, p. 334. Il s'agit d'une espèce de palonnier ou fléau en bascule, pivotant sur un point fixe au-dessus de la bassine à eau chaude, et recevant à ses bouts les deux fils de soie dans des crochets, etc. Ce brevet a été délivré, en février 1838, à M. Gensoul (Alexis-Bruno), qui s'est aussi préoccupé des moyens d'éviter le mélange des fils de cocon.

MM. Carrière, de Ganges, et Bérard, de Mirmande, partant d'une idée déjà ancienne, se sont également préoccupés des moyens de purger les fils mêmes de cocons, en leur faisant traverser séparément les fentes, parallèles ou convergentes, d'une sorte de peigne métallique, fixé à vis, qui arrête les bourillons à l'instant précis de leur passage et avant leur arrivée à la filière.

D'autre part, MM. Durand frères et Menet-Durand, dans un brevet de juillet 1836[1], très-lumineux et où ils préconisent le *filage à la double tavelle*, avec croisure à un bout, ont apporté aux systèmes de leurs prédécesseurs, MM. Tastevin et Cournier, quelques modifications essentielles consistant : 1° à remplacer les montants fixes de ce dernier filateur par un équipage mobile qui permet d'incliner et rapprocher plus ou moins le couple des petites tavelles de la bassine inférieure, afin d'entretenir, en temps sec, l'humidité des fils dans la croisure et d'éviter la casse ; 2° à accélérer le filage à raison de 150 tours de l'asple ou 400 mètres de coulage des fils à la minute ; 3° à appliquer trois asples et trois systèmes de tavelles, dont un, de relai, à une même bassine conduite par une fileuse travaillant simplement à deux bouts, suivant l'ancienne méthode, mais assistée d'une noueuse ou rattacheuse qui a la faculté de se mouvoir le long d'un large couloir postérieur, compris entre la bassine et l'asple, sur lequel on peut agir simultanément au moyen d'un *lève-bouts* et de freins à levier articulé, etc. ; 4° enfin, à munir le devant des bassines de *filières à coulisses horizontales*, afin de pouvoir en dégager la surface au besoin.

MM. Durand frères, de Granc (Drôme), ont aussi, dans un brevet postérieur[2], proposé de battre les cocons au moyen d'une brosse tournant mécaniquement, afin de supprimer, disent-ils, la main-d'œuvre fatigante et onéreuse du balai.

Enfin M. Geffray, à Montgeron (Seine-et-Oise), et M. Bour-

[1] T. XLV, p. 108, du *Recueil des brevets expirés*.
[2] T. LII, p. 272, du *Recueil des brevets expirés*, janvier 1839.

cier, de Lyon, ont, à peu près dans le même temps (septembre et octobre 1838), imaginé des appareils à compter ou régler invariablement le nombre des tours de la croisure des bouts ou fils de soie; but qui, malgré tant de tentatives déjà faites depuis Vaucanson et Villard, ne leur paraissait pas avoir été atteint d'une manière satisfaisante, et n'a point empêché d'autres industriels d'y revenir plus tard encore.

La période de 1830 à 1850 offre aussi de nouveaux essais de dévider, doubler et tordre les fils de cocons en une seule opération, dont la principale difficulté gît, comme on l'a vu, dans le collage ou gommage naturel de ces fils. Ces essais, sur lesquels il serait bien inutile d'insister ici, non plus que sur quelques autres projets de filature par MM. Chasam et Imer, d'Avignon (1836), Balay et Vignal, de Saint-Étienne (1837), Vergniais de Lyon (1841)[1], ces essais, dis-je, s'écartent tellement, pour la plupart, des idées jusque-là sanctionnées par l'expérience, que, malgré leur mérite comme conception théorique, ils tendent bien plus à inspirer le doute que la confiance dans l'utilité de leur application à l'industrie.

Nous devons néanmoins excepter M. F. Metifiot, à Loriol, dont les gréges ont obtenu un succès remarquable à l'une des Expositions françaises, et qui, dans un brevet de février 1839[2], s'est préoccupé du séchage des fils soumis, en temps froid, aux émanations des bassines dans les ateliers clos, où l'on file, à la double tavelle, d'après un système qui diffère de ceux de MM. Cournier et Durand principalement en ce que ces tavelles sont éloignées verticalement d'environ 0^{m},80 l'une de l'autre, et que, par une disposition qui rappelle celle de M. Tastevin, les fils qui en descendent vont s'enrouler sur des roquets horizontaux après s'être séchés dans un long trajet, accompli sous une vitesse assez lente pour permettre à une seule fileuse de soigner à la fois quatre bouts ou roquets.

[1] T. LXXVI, LXVI et LIV du *Recueil des brevets expirés*, respectivement.

[2] T. LII, p. 277, du *Recueil des brevets expirés*.

Quant aux nombreuses tentatives faites en vue d'améliorer le mécanisme des machines à doubler et à tordre ou mouliner la soie, nous leur devons accorder un peu plus d'attention, tout en regrettant que tant d'ingénieuses conceptions, mises en avant trop souvent en pure perte, aient laissé d'aussi faibles traces dans l'industrie sétifère de notre pays, du moins si l'on en juge par les ouvrages imprimés sur la matière et l'application limitée qu'elles ont reçue, même en Angleterre, où l'on est d'ordinaire empressé d'accueillir les innovations mécaniques vraiment utiles.

§ V. — Tentatives de perfectionnement du moulinage des soies, de 1830 à 1850. — MM. *Coront, Cobbett, Tranchat, Badnall, Chambon,* etc.

Parmi ces tentatives, je citerai avec quelque étendue, à cause des idées remarquables, celles que renferme le brevet très-clairement rédigé de M. Augustin Coront, qui a paru sous la date de mars 1832[1] et a spécialement pour but le perfectionnement du moulinage des soies. Les bobines, lestées de plomb, y sont libres autour des broches ou fuseaux, surmontés d'ailettes en S *fixées à leur sommet;* elles reposent sur une planche inférieure, munie de velours ou de drap, qui leur permet de céder sans trop d'effort ni relâchement à l'action du tirage du fil; combinaison déjà tentée ailleurs, il est vrai, et d'où il résulte que la vitesse des bobines se trouve naturellement ralentie par le frottement à mesure que le fil en sort uniformément tendu, pour s'enrouler sur les roquelles supérieures, à rotation constante. Quant aux broches, elles sont ici très-ingénieusement mises en action par deux petits cylindres ou renflements fixés à leur partie inférieure, et qu'entraînent, aussi par frottement, deux disques, d'un plus fort diamètre, montés sur un axe vertical parallèle, dont le noyau engrène avec une courroie ou une chaîne sans fin à la Vaucanson.

D'autre part, les roquelles horizontales supérieures, lestées également de plomb, sont entraînées, en vertu du frottement dû

[1] T. XXXV, p. 271, du *Recueil des brevets expirés.*

à leur poids, par des rouleaux moteurs d'un plus fort diamètre, à peu près comme dans les anciens dévidoirs à tavelle, sauf qu'ici, le *roulement ayant lieu sur la soie des bobines*, leurs axes horizontaux se trouvent simultanément soulevés dans des rainures verticales à mesure qu'elles s'emplissent, et de manière que *la vitesse de tirage des fils*, à leur circonférence déjà garnie, *reste constante et le tors égal aux divers instants*, sans qu'il soit nécessaire de recourir aux moyens délicats employés dans la filature du coton pour faire varier la vitesse angulaire des bobines en raison inverse du grossissement de leur diamètre, d'après le principe indiqué par Vaucanson dans son célèbre mémoire de 1751.

M. Coront propose aussi, à l'instar d'un de ses devanciers, M. Tastevin, d'armer chaque fuseau d'un disque qui, dans sa rotation rapide produite par une chaîne à la Vaucanson, entraînerait à la fois deux bobines verticales, etc.

Mais la partie la plus originale de ses conceptions consiste dans le remplacement du va-et-vient servant jusqu'alors à la distribution uniforme du fil sur les roquelles, par un système à bielle, dont le bouton ou mentonnet excentrique, au lieu d'être mené par une roue ou manivelle ordinaire, est monté latéralement sur une roue *dentée elliptique*, conduite par une seconde roue pareille, tournant autour d'un axe horizontal qui la traverse perpendiculairement en son centre, et qui reste fixe, tandis que celui de la première roue, en quelque sorte *planétaire*, a la liberté de glisser le long d'une petite coulisse, sous l'influence d'un repoussoir à ressort qui maintient, aux divers instants, le contact ou engrènement réciproque des deux roues.

L'avantage d'un pareil système d'excentrique est de donner des bobines naturellement convexes ou renflées vers le milieu, en talus sur les bouts, et qui dispensent ainsi de l'usage des rebords extrêmes. De plus, les spires du fil s'y recroisent en losanges, de manière à se soutenir réciproquement, sur un noyau plus ou moins concave, et à donner lieu à des vides qui favorisent l'accès de l'air, le dévidage et la dessiccation des fils : c'est d'ailleurs là un résultat qu'on obtient sans difficulté dans tous les systèmes de va-et-vient en donnant à la barre commune des guides ou barbins distributeurs une accélération convenable par rapport à la vitesse de rotation des roquelles, accélération qui, en vertu du rouage elliptique, étant plus considérable vers les extrémités de la course qu'au milieu, y produit les amincissements mentionnés.

Enfin, M. Coront, dans ce même brevet, qui remonte au delà de vingt-deux ans, présente un moyen, déjà mentionné ci-dessus, de doubler et tordre simultanément les fils de soie, en mettant les bobines sur un plateau tournant d'où ces fils s'échappent, en convergeant, au travers d'une filière ou œillère fixe, de laquelle, après avoir subi le tors convenable, ils se rendent sur un guindre horizontal disposé de la façon ordinaire. Cet industriel est d'ailleurs revenu, dans un brevet de mai 1835, sur quelques perfectionnements de détail des moulins ovales et des barbins à ressort, que je me dispenserai d'indiquer ici.

Ce serait également le lieu de dire un mot du système de doublage et de moulinage des soies proposé par M. T. V. J. Christian, si cela n'avait déjà été fait par anticipation, et si le système de broches en fer à cheval et à alimentation d'huile proposé par cet industriel offrait des particularités qui méritassent d'être décrites ou mentionnées à cause de leur nouveauté ou de leur utilité.

Par le même motif, je ne citerai que pour mémoire le système de broches horizontales et verticales, à ailettes en fer à cheval, qui, décrit dans un brevet d'importation de 1833 par M. Cobbett (John), de Londres[1], rappelle les moyens connus de régulariser la vitesse des bobines dans les métiers continus à filer le coton ou le lin, par le frottement d'une cordelle dont la tension est réglée à l'aide d'un levier à poids; ce système, pour lequel, au surplus, l'auteur se prétend patenté dès septembre 1820 en Angleterre, a été repro-

[1] T. LXVI, p. 38, du *Recueil des brevets expirés.*

duit avec des modifications peu essentielles, dans un autre brevet d'importation de 1838, par M. Benjamin Rotch, de Londres, déjà mentionné pour un autre objet.

On doit à M. Tranchat, mécanicien à Lyon (1833), le même que nous avons cité pour une simplification du dévidoir Belly, un moyen assez ingénieux pour *arrêter les roquets des machines à doubler,* etc., *quand un fil casse,* à l'aide d'une bascule qui pèse sur le fil tendu, et dont le point de suspension est au-dessous du centre de gravité; moyen qui offre quelque analogie avec celui précédemment employé dans le régulateur transposant de Guilliny.

M. Badnall fils (Richard), manufacturier en soie à Leek, dont nous avons également cité les efforts pour perfectionner le dévidage et le tordage des fils de soie en 1825, et qui avait pris en Angleterre, vers cette époque, un brevet dans lequel se trouvent décrits des moyens pour doubler et tordre simultanément les fils, en supprimant l'appareil à ailettes en S, y revient néanmoins dans un brevet d'importation de juin 1832[1], en proposant de faire mouvoir par autant de roues dentées à engrenage extérieur les couples de fuseaux, dont les fils doivent, deux à deux, se réunir, après croisement, sur une roquelle supérieure. D'ailleurs, ce système se trouve accompagné de casse-fils ou mécanismes de débrayage et d'arrêt en cas de rupture, ainsi que de roues de rechange, servant à modifier au besoin le tors, et dont les différentes combinaisons, si elles n'offrent rien de bien neuf quant à la conception première, se recommandent néanmoins par l'intelligence des dispositifs qui annoncent un constructeur exercé. En effet, outre que l'on avait déjà, comme on l'a vu, fait des tentatives plus ou moins analogues en France, M. Badnall avait été précédé, même en Angleterre, par M. William Needham, de Lougnor, dont la patente, délivrée en septembre 1830[2], a pour objet une machine à doubler et à tordre en même temps, munie d'un

[1] T. XXXVIII, p. 268, du *Recueil des brevets expirés.*
[2] *Repertory of patent inventions, etc.,* t. I, 1832, p. 60.

casse-fils, mais conduite par des cordons sans fin et des poulies de renvoi à l'ancienne manière.

Je citerai également pour mémoire les tentatives du même genre faites postérieurement par M. Vignal (Jacques), de Saint-Étienne (1835 et 1836), avec des bobines tantôt horizontales, tantôt verticales; celles de MM. Vigezzi, Riva et Doninelli, à Lyon (1835), Durand frères, à Grane (mars 1841), Montégu, à Lyon (décembre 1841)[1], enfin Perinetti (Charles), à Plaisance, qui toutes rappellent plus ou moins les tentatives antérieures de MM. Tastevin, Rodier, Coront, Badnall, etc. Néanmoins, il ne sera pas inutile de faire remarquer que M. Montégu, conservant l'ancien moulin ovale, perfectionné dans quelques détails relatifs à la disposition des fuseaux, a imaginé de faire passer la courroie motrice alternativement d'un côté et de l'autre du renflement de ces fuseaux, dont les uns, distribués par couples, portent les bobines de premier apprêt, et les autres, intermédiaires à chacun de ces couples, marchent en sens contraire, afin de donner le deuxième tors aux fils doubles, qui descendent d'une poulie supérieure à gorge conique fortement évasée, où se sont élevés et réunis les fils simples des fuseaux intermédiaires, etc.

Nous accorderons une mention plus particulière au brevet délivré à Paris[2] à M. Chambon (Louis-Jules), déjà cité pour ses utiles inventions relatives au filage des cocons, et qui vient, à son tour, exposer les perfectionnements qu'il a apportés aux idées de MM. Coront et Tastevin sur le doublage et le moulinage des soies, dont il supprime les guindres et les coronnelles comme susceptibles d'occasionner la rupture des fils quand on cherche à dépasser une certaine limite de vitesse. Dans ce but, il propose: soit un jeu de bobines verticales, montées sur des plateaux tournants, pour doubler et tordre simultanément en premier apprêt les fils, qui de là se rendent sur des roquelles dont les broches en fer, *légèrement inclinées*, portent,

[1] T. LXXII, p. 162, du *Recueil des brevets expirés.*

[2] T. XLV, p. 272, du *Recueil des brevets expirés* (12 novembre 1836).

à une extrémité, de petits cônes en bois roulant sur des molettes motrices d'après un système généralement adopté aujourd'hui dans les dévidages et doublages automatiques; soit un système de moulins de deuxième apprêt, dont les roquelles supérieures sont directement conduites par le frottement de leur soie contre des rouleaux à vitesse uniforme, tandis que les bobines des fuseaux obtenues à la machine de premier apprêt sont simplement coiffées de calottes à rebords, assez bien polies et arrondies pour n'apporter aucun obstacle au déroulement des fils attirés par les roquelles supérieures, qui, tenant lieu ici des guindres en usage dans l'ancien moulin de second tors, sont d'ailleurs précédées de chevilles en verre autour desquelles ces mêmes fils acquièrent le degré de tension nécessaire pour leur parfait envidage. Quoiqu'il n'y ait là, au point de vue mécanique, rien d'absolument neuf, peut-être, pour l'époque de 1836, néanmoins les succès obtenus par M. Louis Chambon aux Expositions de 1839 et de 1844 s'accordent à prouver que cet industriel a fait faire des progrès réels à l'art de mouliner les soies dans notre pays.

Enfin, je ne saurais me dispenser de citer ici encore le brevet d'importation de M. Collier-Harter, de Manchester[1], où l'on se propose d'activer le travail des machines à dévider la soie, en agrandissant le diamètre des couronnes qui conduisent, par simple roulement, les roquelles armées de volants métalliques pour régulariser la vitesse et tenir lieu de l'anneau frein, à poids, que contenaient les plus anciens dévidoirs automates; la simple résistance de l'air devant suffire, selon le breveté, pour faire éviter les dangers d'une trop grande accélération ou des ruptures de fils qui, dans le nouveau dévidoir, d'ailleurs, ne peuvent survenir sans faire mouvoir aussitôt un rochet d'arrêt ou de suspension de la pièce correspondante de la machine.

Ce brevet, ainsi que quelques-uns des précédents et de ceux qu'y ont ajoutés subséquemment divers autres ingénieurs na-

[1] T. LXXVI, p. 482, du *Recueil des brevets expirés*, novembre 1836.

tionaux ou étrangers[1], en se fondant sur des moyens de solution plus ou moins analogues, ces brevets, dis-je, sembleraient prouver qu'on en était encore, même longtemps après 1836, aux premiers expédients pour faire sortir le moulinage de la soie des routes anciennement tracées. Mais, afin de rectifier ce qu'une pareille opinion pourrait offrir de trop absolu, il nous faut laisser là l'histoire des inventions mécaniques basées sur la délivrance et l'étude des brevets, pour nous rapprocher un peu plus des données fournies par la pratique actuelle des ateliers, dont, en apparence, les règles et les procédés divers de fabrication ne sont pas toujours conformes aux prescriptions de la théorie.

CHAPITRE III.

ÉTAT PRÉSENT ET COMPARÉ DE LA FILATURE MÉCANIQUE DES SOIES GRÉGES[2].

Dans ce qui précède, j'ai indiqué ou fait pressentir, à l'occasion, l'avenir réservé aux principales tentatives de perfectionnements mécaniques consignés dans les brevets et écrits divers. On a pu se convaincre que ce qui a manqué à l'industrie sétifère, ce ne sont ni le génie ni le mérite théorique des inventions, dont la première initiative est, pour ainsi dire, exclusivement due à des mécaniciens de notre pays. Il nous reste à voir jusqu'à quel point ces ingénieuses ressources ont été mises à profit, sans trop nous en rapporter aux écrits sur la matière, dont les auteurs se sont principalement renfermés dans le point de vue statistique et commercial, technologique si l'on veut, mais fort peu mécanique, outre qu'ils nous laissent presque toujours ignorer le véritable état des choses

[1] Voyez plus particulièrement l'extrait de la patente de M. W. Needham, de Manchester, de mai 1838, p. 89 du *Repertory of patent inventions*, nouvelle série, t. XI, 1839.

[2] En lisant ce chapitre, on ne devra pas oublier qu'il a été écrit immédiatement après un voyage entrepris spécialement dans le midi de la France, en juin 1853.

et le nom des auteurs ou promoteurs de chaque découverte.

Est-il vrai, notamment, que le dévidage et le moulinage des gréges et organsins soient demeurés chez nous, malgré tant d'heureuses conceptions, dans une sorte d'infériorité relative par rapport à ceux des Italiens et des Anglais? Les résultats qui se sont produits aux diverses Expositions de l'industrie française depuis 1819 sembleraient démontrer le contraire; et alors comment expliquer la soi-disant négligence de nos filateurs du Midi pour tout progrès mécanique? Voilà des questions qui ne peuvent se résoudre sans voir de ses propres yeux, sans consulter et comparer entre eux les témoignages des hommes les plus versés dans la pratique du métier, si l'on peut s'exprimer ainsi.

Aussi ai-je jugé indispensable, en l'absence de renseignements plus précis, de parcourir quelques-uns de nos départements méridionaux les plus renommés sous le rapport de la production des soies, avant de hasarder une opinion quelconque sur cet important sujet. Je regrette, néanmoins, que le temps et la force, sinon le bon vouloir, m'aient manqué pour étendre jusqu'en Italie et en Angleterre le cercle de mes visites ou pérégrinations, limitées, même pour le midi de la France, à certaines localités des départements du Rhône, du Gard et de l'Ardèche; départements que, si l'on en juge par la simple nomenclature des brevets d'invention, on doit, à de justes titres, considérer comme le principal foyer des progrès et des perfectionnements mécaniques dans cette branche si importante d'industrie.

Pour procéder avec ordre, je m'occuperai d'abord exclusivement des machines à dévider les cocons; puis je passerai à celles qui servent proprement au *tavellage*, au *tracanage*, au doublage et au moulinage des gréges, plus particulièrement désignées par les auteurs sous la dénomination spéciale de *machines d'ouvraison.*

§ Ier. — Perfectionnements divers apportés en France et en Italie aux tours à filer les cocons : trembleurs et croiseurs mécaniques; filières, casse-fils, distributeurs, etc. — MM. *Michel, Roeck* et *Blanchon, Durand frères, Bourcier, Robinet, Régnier, Catlinetti, Coront,* etc.

On a généralement abandonné, dans le midi de la France, les anciens tours à manivelle ou à pédale, avec bâtis en bois, sauf dans la campagne, où malheureusement le tirage des cocons continue à se faire, avec force déchets, d'après l'ancienne méthode et malgré la concurrence des grands établissements de filage mécanique, établis pour la plupart à la proximité des villes, qui par elles-mêmes offrent des ressources variées sous le rapport de la construction des machines. Néanmoins, même dans ceux de ces établissements où s'opère le triage préalable des bons et des mauvais cocons, le filage à la main ou avec tourneuse, à un seul bout, est encore employé avec les soins et la lenteur que réclament ces mauvais cocons, mais plus particulièrement ceux qu'on nomme *doupions*, parce qu'ils renferment deux chrysalides à la fois.

MM. Michel à Saint-Hippolyte-du-Gard, Geoffray à Vienne (Isère), Louis Roeck à Lyon, Rey à Nîmes, Taylor à Marseille et plusieurs autres mécaniciens habiles ont, depuis un assez grand nombre d'années, établi des tours à tirer la soie montés sur des bâtis en fer ou fonte, très-légers, néanmoins très-stables, et d'un prix assez peu élevé pour les mettre à la portée des petites industries. Le premier d'entre eux, breveté, ainsi qu'on l'a vu, depuis 1838, mentionné, récompensé honorablement lors des Expositions de 1844 et de 1849, mais dont les débuts, comme simple ouvrier mécanicien, datent en réalité de l'année 1830, M. Michel, dis-je, en a construit par milliers pour la France, l'Espagne, la Grèce et l'Italie; sa production n'est pas moindre de 300 à 400 tours par année, grâce à leur admirable exécution et aux perfectionnements divers qu'il y a introduits, notamment à l'égard des moyens de régulariser, modérer à volonté le mouvement de l'asple, de maintenir les bassines à une température constante, etc. Ce dernier fait suffirait seul pour prouver, quant au filage mécanique des cocons, notre supériorité sur les autres pays, si elle n'était d'ailleurs attestée par la vogue que, dans ces derniers temps, nos gréges et organsins ont acquise, indépendamment de la qualité originelle des cocons, que les efforts réunis de nos savants sériciculteurs ont aussi cherché à améliorer, sans peut-être obtenir des succès comparables à ceux qu'on doit aux progrès mécaniques [1].

Dans les tours de M. Michel, comme dans ceux de ses concurrents, les lames de l'asple à six branches sont, pour ainsi dire, seules en bois, ainsi que les couronnes de la grande et de la petite roue, qui communiquent le mouvement à cet asple par simple roulement ou frottement; chez quelques constructeurs, M. Roeck notamment, les couronnes, très-amincies, sont elles-mêmes construites en fonte et recouvertes alors de cuir pour augmenter l'adhérence. D'ailleurs, ces divers tours, d'une forme simple et élégante, sont accouplés, rangés sur une seule file et conduits par un seul arbre moteur, comme dans l'ancien système Bonnard, dont quelques personnes revendiquent, mais sans preuves suffisantes, la première application en faveur de MM. Laporte, Pellet, de Saint-Jean-du-Gard, Louis Buffoni, de Fossombrone (Italie), etc.[2]. Chaque

[1] Il est à craindre, en effet, que les moyens artificiels mêmes employés depuis un certain temps pour l'assainissement des magnaneries, trop délicats peut-être pour des ouvriers ou surveillants mal éclairés, peu soucieux ou trop confiants dans l'efficacité absolue des nouveaux procédés, n'aient été, en majeure partie, la cause de l'invasion de certaines maladies et de la dégénérescence ou abâtardissement des races originelles de vers à soie, jusque-là si vivaces et si productives.

[2] Voyez notamment l'intéressant mémoire intitulé : *Du commerce des soies et soieries en France*, par M. Léon de Teste; Avignon, 1830, p. 64. De semblables assertions n'étant pas appuyées de dates précises ou de preuves contemporaines à l'époque où M. Bonnard soumettait, en 1819 et en 1823, ses méthodes de filer à l'appréciation du public industriel, me semblent devoir être considérées à peu près comme non avenues; et c'est aussi pour ce motif que je n'ai pas cru devoir mentionner les réclames ou témoignages que le docteur Gera (v. page 52) apporte, dans son *Tireur de soie*, en faveur de plusieurs de ses compatriotes italiens : Santorini, Milius, Galvani, etc.

fileuse, placée entre la bassine et l'asple suffisamment élevé d'après le système Rodier, peut suspendre, à volonté, le mouvement de son tour, à deux écheveaux, au moyen d'un levier à bascule qui, en soulevant le rouleau de friction ou de commande de cet asple, le fait frotter contre la partie concave d'un frein supérieur garni de cuir. Du moins, cette disposition, à laquelle M. Michel vient de substituer un débrayage à détente, agissant comme modérateur pour régler à volonté la vitesse de l'asple, est-elle généralement employée avec de légères variantes, qui consistent à manœuvrer le levier, tantôt directement ou à la main, tantôt par le genou ou le pied, mettant alors en jeu un système de renvoi, à tringles et bascules, à peine apparent et aussi peu encombrant.

La transmission par courroie et poulies fixes ou folles, le rouage denté à excentrique qui donne le mouvement de va-et-vient à la tringle horizontale des barbins distributeurs munis de verre, ces mécanismes que M. Michel a aussi cherché à perfectionner en évitant les *points morts*, se trouvent, à l'ordinaire, établis à l'une des extrémités de chacune des rangées de tours, dont le nombre des révolutions peut atteindre jusqu'à 120 par minute. Les filières en agate polie et à grande ouverture, au lieu d'être établies sur coulisses horizontales, comme l'ont proposé MM. Durand frères dans leur brevet de 1836, sont généralement accouplées aux extrémités antérieures des deux branches d'une fourche horizontale en cuivre, qu'on relève verticalement en la faisant pivoter autour d'une charnière fixée au rebord antérieur de chaque bassine, lorsqu'il devient nécessaire de dégager entièrement la surface du liquide où nagent les cocons. Cette même bassine, généralement établie sur des pieds en fer, est formée de feuilles de cuivre ou de tôle émaillée, et la vapeur à chauffer y arrive par des jets distribués circulairement, etc.

Toutes ces dispositions, et quelques autres d'un moindre intérêt peut-être, sont d'ailleurs exécutées avec la précision désirable par les mécaniciens déjà cités, et je les ai vues, pour la plupart, réalisées dans le bel établissement de M. Blanchon, à Saint-Julien-en-Saint-Alban, filateur à qui, si je ne me trompe, on doit la première idée des filières à bascule, aussi bien que celle de l'ingénieux appareil en fil de cuivre, roulé en volute ou spirale, muni d'un barbin porte-bout en verre, pour soutenir les fils à la partie supérieure de la croisure; appareil nommé *trembleur*, parce que, tout en cédant aux à-coups du tirage, il sert, en effet, à imprimer aux cocons suspendus à chaque brin, dans la bassine, un sautillement continuel très-favorable au dégagement de ce même brin d'avec ceux qui adhèrent encore à la coque.

Il est presque inutile de faire remarquer que la croisure à hélices multiples dont il s'agit, dirigée verticalement entre chaque couple de porte-bouts et de filières, est suivie, dans la partie horizontale comprise entre les trembleurs et les porte-bouts voisins de l'asple, d'un croisement simple à tour et demi des deux fils, d'après le *système à la Chambon*, où, comme on l'a vu, l'un de ces fils venant à casser, l'autre s'abat et s'enroule sur l'arbre en fer de l'asple, dont la fileuse suspend aussitôt le mouvement, pour rompre le mariage, jeter ou rattacher les bouts en le faisant tourner en sens contraire.

Quant au mécanisme du trembleur, il convient de dire que la construction en a été primitivement réalisée, perfectionnée par le même M. Roeck, de Lyon, déjà mentionné, qui en a, un peu trop peut-être, accru la sensibilité, et auquel on doit également un *croiseur mécanique* permettant de donner une rapidité surprenante, 200, 300 et jusqu'à 400 tours à la croisure des deux fils; petit appareil enfermé dans une boîte de cuivre, facilement applicable à tous les tours, et que cet habile artiste s'est en quelque sorte approprié, en raison non-seulement de ses efforts pour le perfectionner, mais aussi de l'outillage et des divers procédés mécaniques qu'il a dû créer pour en réduire de plus en plus le prix, en faciliter l'usage et en accroître la durée.

La première idée d'un tel mécanisme date, comme on l'a vu, de la fin du dernier siècle, mais il était alors inséparable du tour; elle a souvent été reproduite depuis avec des perfectionnements plus ou moins appréciés par les filateurs de gréges, qui lui reprochaient précisément ce qu'on avait considéré d'abord comme une qualité essentielle, à savoir : de régler fixément le nombre des croisures, qui, en réalité, doit varier, sinon arbitrairement et au gré des fileuses inexpérimentées, du moins avec la qualité des cocons et la nécessité qu'il peut y avoir, dans certaines circonstances atmosphériques, d'expulser plus ou moins, par la compression réciproque des hélices, l'eau que les fils de soie tendent à retenir fortement en vertu de leur hygrométricité. C'est dans ce but aussi que MM. Pétives et Bourcier, de Lyon, Geffray, de Montgeron et Robinet, de Paris, ont, vers 1839 ou 1840, imaginé et construit des croiseurs mécaniques ingénieux, à boîtes indépendantes, permettant de graduer entre certaines limites le nombre des hélices, mais, si je ne me trompe, tous conduits à la main. Quant aux croiseurs de M. Roeck, que l'ouvrière met simplement en action par un abatage de levier adapté à un mécanisme intérieur d'horlogerie, dont la détente à ressort produit l'évolution spontanée et rapide des fils, ils étaient primitivement sujets à une assez prompte usure et à des *ratées* qui les avaient fait accueillir avec non moins d'indifférence que ceux de ses devanciers; et cela à tel point que, aujourd'hui même, presque tous les croiseurs, en très-grand nombre, que j'ai eu occasion d'apercevoir dans les ateliers de filage se trouvaient, pour ainsi dire, délaissés, soit par ces diverses causes, soit peut-être aussi parce que leur usage contrariait les habitudes invétérées des fileuses, qui préfèrent s'en fier au coup d'œil et à la surprenante agilité de doigts qu'elles y apportent. Peut-être, enfin, l'usage général où l'on est maintenant d'élever jusqu'à près de 400 le nombre des croisures d'hélices rend-il moins indispensable de l'arrêter à une limite parfaitement fixe, dans des ateliers où le chef peut exercer un facile contrôle en mesurant à l'œil l'étendue même occupée par la croisure de chaque tour.

Quoi qu'il en soit, on ne peut qu'applaudir aux efforts tentés en dernier lieu, soit en France, soit en Italie, mais plus particulièrement par M. Roeck, de Lyon, pour livrer à l'industrie sétifère un croiseur mécanique exempt de tous reproches, et qui puisse mettre les chefs d'atelier de nos grands établissements à l'abri des caprices et de la négligence des fileuses inexpérimentées.

Nous adresserons les mêmes éloges aux compteurs de ce mécanicien, servant à déterminer le tors par mètre des fils organsins, ainsi qu'à ses balances, dynamomètres ou sérimètres, également applicables à l'ouvraison des soies, et qui, joints aux autres appareils ou procédés de tirage perfectionnés par M. Talabot, aux belles *théories de* M. Chevreul *sur les effets optiques présentés par les étoffes de soie*, tendent de plus en plus à imprimer à cette grande et nationale industrie le caractère propre aux arts de précision. Mais je ne prétends ici fixer l'attention que sur le *sérimètre*, au moyen duquel on peut apprécier l'élasticité et la ténacité relatives des fils de soie, parce que cet ingénieux et élégant instrument, présenté, de même que les précédents, par M. Roeck, à l'Exposition universelle de Londres, y est en quelque sorte demeuré inaperçu, quoiqu'il eût mérité, à cause de sa belle exécution et de son extrême importance, sinon une récompense de premier ordre, du moins une mention particulière et très-honorable.

On sait que c'est à l'habile mécanicien de Paris Régnier que l'on doit, déjà anciennement, les premiers appareils dynamométriques de ce genre; mais c'est M. Robinet qui, en les perfectionnant sous divers rapports, a plus particulièrement appelé l'attention sur les avantages du sérimètre, dans ses leçons pratiques et ses ouvrages sur la filature de la soie, publiés à partir de 1839; ouvrages qui renferment aussi pour la première fois une sérieuse et savante appréciation de l'influence des divers procédés de filage sur les qualités physiques de cette précieuse matière. Si le docteur Gera, à la page 98 de son ouvrage souvent cité, a pu reprocher au sérimètre de cet auteur son extrême délicatesse, qui ne permet pas de l'appliquer au faisceau de plusieurs fils, et de donner ainsi des indications qui, pour être certaines, avaient besoin d'être répétées, afin de conduire à des moyennes exactes; si, d'autre part, le but a été depuis mieux atteint par le mécanicien milanais Catlinetti, dont l'instrument, monté sur colonnes, est pourtant moins facile à transporter et à manœuvrer que celui établi en dernier lieu par M. Roeck, d'après des idées qui se rapprochent beaucoup de celles de M. Robinet, on ne saurait toutefois refuser à ce dernier le mérite d'une initiative généreuse, qui s'est étendue à d'autres objets, et à laquelle il est permis d'attribuer une utile influence sur les progrès de l'industrie sétifère dans notre pays, non pas tant peut-être à cause des leçons et des écrits de ce professeur, qu'en raison des exemples et des indications pratiques qu'il a offerts à cette même industrie.

Quant aux divers moyens ou procédés mécaniques proposés par M. Robinet, et réalisés dès 1838 dans le tour d'essai que décrit son premier mémoire, tels que : mécanisme d'arrêt quand un fil casse; va-et-vient distributeur conduit par un bouton qui, en glissant dans une rainure ovale ou elliptique, produit des fils croisés en losanges sur l'asple, mais que M. Geffray de Montgeron avait, de son côté, réalisé une ou deux années auparavant, il me serait impossible de porter un jugement précis sur leur valeur pratique, ne les ayant vu appliquer et fonctionner nulle part. Toutefois, cet appareil doit, à cause des frottements et temps d'arrêt, être placé beaucoup au-dessous du distributeur à engrenage elliptique et à excentrique pour lequel M. Coront s'était fait breveter en 1832, et qui, d'après le docteur Gera[1], aurait, probablement à une époque postérieure, été appliqué à un modèle de tour à dévider les cocons dont il servait à régler le va-et-vient; modèle qu'un autre mécanicien français, nommé Armand, aurait fait voir à diverses personnes lors de son passage par Turin.

Le problème qui se rattache à cette question, envisagée à son point de vue général, et qui avait, comme on l'a vu, préoccupé Vaucanson dès le milieu du siècle précédent, n'a

[1] *Il trattore da seta*, p. 74 et 92.

que tardivement, à ce qu'il paraît, d'après le même auteur (1826 et 1828), attiré l'attention des ingénieurs italiens, dont les solutions, trop exclusivement géométriques peut-être, sont plus particulièrement relatives au tracé de la rainure à double hélice ou en cœur sur la surface d'un cylindre en bois dur; problème déjà résolu d'une manière satisfaisante en 1767 par le Payen, de Metz. Nous verrons d'ailleurs bientôt cette même question du va-et-vient se reproduire pour les machines d'ouvraison, et nos industriels multiplier les essais en vue d'atteindre la meilleure solution relative à chaque cas; mais, auparavant, il convient de revenir à la spécialité des machines à dévider les cocons, et de voir ce que sont devenus, dans l'industrie sétifère, les divers autres projets mécaniques de filage dont je me suis précédemment contenté, pour ainsi dire, d'analyser les brevets.

§ II. — De quelques grands établissements en France où l'on file, où l'on a filé les cocons par des procédés divers. — MM. *Téraube, Ricard, Olivier* et *Bonnet, Francezon, Édouard Chambon, Teissier-Ducros, Deydier* et *Galimard, L. Blanchon*, etc. — Le tour *Locatelli* et le nouveau procédé de filage de MM. *Alcan* et *Limet*, à Paris.

Parmi les grands établissements de ce genre que j'ai eu occasion de visiter, et où le tirage des cocons s'opère à peu de chose près automatiquement, sur les tours en fer dits *à la Chambon*, je citerai celui du docteur Téraube et le nouveau procédé de filage de Pont-de-Charette, près d'Uzès, dont les 120 tours sont mus par une roue hydraulique à augets bien entendue; l'établissement de M. Ricard, à Peyre-Grosse, près du Vigan, à 85 bassines ou tours conduits par une roue pareille, de 7 mètres de diamètre, construite à Vienne dans les ateliers de M. Geoffray, à qui l'on doit presque toutes celles, en très-grand nombre, établies dans le pays, soit en bois, soit en fer; celui de M. Olivier fils, à Alais, dont l'atelier de 110 tours, allant par machine à vapeur, est dirigé par M. Bonnet, qui, après avoir servi honorablement, sous Napoléon Ier, comme brigadier de lanciers, est venu appliquer son esprit d'ordre et de discipline aux fonctions de contre-maître, qu'il remplit depuis fort longtemps avec un succès qui prouve l'excellent parti que nos industriels pourraient tirer de l'emploi des anciens militaires. Enfin, je mentionnerai encore, pour l'esprit d'ordre et de progrès qui y règne, les vastes établissements à moteurs hydrauliques et à 140 bassines de MM. Deydier frères, à Ucel, près Aubenas, associés de MM. Galimard, de Vals, ainsi que ceux de M. Louis Blanchon, de Saint-Julien, près de Privas, non moins remarquables par le grandiose et le luxe des constructions que par le système général des commandes et transmissions de mouvement, établies en fer ou fonte par l'habile M. Geoffray, de Vienne.

Ces divers établissements sont d'ailleurs accompagnés d'ateliers de moulinage également remarquables par leur étendue, et dont j'aurai bientôt à faire connaître le système de machines, au point de vue des progrès et des caractères généraux qu'ils peuvent offrir. Dans tous, on file vite et bien, à raison de 80 à 120 révolutions de l'asple à la minute, mais sans renouer les bouts; ce qui offre de grands avantages, non pas seulement au point de vue économique du chauffage des bassines à la vapeur et de la main-d'œuvre, puisqu'une seule rattacheuse suffit à soigner le dévidage des flottes sur 20 tavelles, mais aussi pour la qualité propre des fils, qui en deviennent plus brillants, moins *décheteux*, en se détachant vivement des cocons, dont l'inertie joue ici, comme résistance, un rôle facile à apprécier.

Au surplus, les persévérants et remarquables efforts exercés depuis 1820 ou 1824 par la plupart des industriels dont nous avons analysé précédemment les brevets ont obtenu, quant à la supériorité des produits, assez de succès et de retentissement aux époques contemporaines de nos Expositions nationales, pour me faire vivement regretter de n'avoir pu étendre le cercle de mes visites à un plus grand nombre des belles et vastes filatures de soie dont le midi de la France est si richement pourvu. Il suffit, en m'appuyant de l'autorité d'hommes aussi compétents et aussi éclairés que MM. Robinet, de Paris, Jourdan, de Lyon, etc., aux lumières desquels l'industrie sétifère est tant redevable, de pouvoir affirmer que la majeure partie de ces établissements, contenant de 100 à 140 et jusqu'à 160 bassines, filent avec une égale perfection, d'après le système dit *à la Chambon*, tandis qu'un nombre probablement bien moindre file ou filait naguère encore (1842) à la tavelle, d'après des systèmes plus ou moins analogues à ceux pour lesquels MM. Tastevin, Durand, Menet et Mitifiot ont été brevetés en 1834, 1836 et 1839. Tels sont, indépendamment des établissements de ces derniers industriels à Saint-Vallier, Annonay et Loriol, ceux de MM. Delarbre, Carrière, Coste et Gariot, à Ganges; Chartron, aussi à Saint-Vallier; Duval, à Bourgental; Ernest Faure, à Saillans; Demichaux, à Privas, etc., etc., qui, tous, occupent un rang très-distingué parmi les filateurs de gréges et d'organsins. Enfin, un nombre beaucoup plus restreint de fabricants : MM. Casimir Chambon, à Alais; Meynard, à Valréas; Teissier-Ducros, à Valleraugues, cités par le rapporteur du Jury de l'Exposition française de 1844, filent ou ont filé avec une remarquable perfection, soit directement à un bout et sur bobine, soit à quatre bouts, avec 20, 32 ou 48 cocons, selon des méthodes qui doivent également offrir quelque analogie avec celle de feu Tastevin et de John Heathcoat.

En visitant à Valleraugues, département du Gard, le grand établissement fondé dès avant 1815 par M. Teissier-Ducros père, sur le système à la vapeur de Gensoul, mais dont les ateliers sont aujourd'hui dirigés avec non moins de succès par ses fils, mon attention n'a malheureusement pas été appelée sur le filage à quatre bouts de ces industriels, à qui la Société d'encouragement de Paris[1] avait elle-même accordé, en mars 1841, la médaille d'or « pour la perfec-

[1] 40ᵉ année du *Bulletin*, p. 95. Rapport de M. Calla sur les résultats du concours, pour lequel la Société avait fondé un prix de 3 000 francs, prorogé d'année en année, et qui a été porté à 6 000 francs en décembre 1847, sans avoir été depuis renouvelé ou remporté.

« tion remarquable de leurs produits, déjà quatre fois récom-« pensés, dit le rapporteur, aux Expositions de 1823, 1827, « 1834, 1839, » et qui depuis l'ont été également à celles de 1844 et de 1849, couronnées finalement par l'Exposition universelle de Londres, où MM. Teissier-Ducros ont obtenu la *médaille de prix*. Toutefois, mes regrets de n'avoir pu observer de près la méthode de filage à quatre bouts se trouvent bien diminués, en réfléchissant qu'elle s'applique plus particulièrement aux gréges d'un titre très-élevé, et, par conséquent, peu en usage dans la fabrication des étoffes de soie.

J'ai été plus heureux à l'égard du filage direct à la bobine; dans une excursion rapide faite à l'établissement hydraulique de Mme veuve Louis Chambon, au Martinet, près d'Alais, actuellement dirigé par M. Édouard Chambon, fils aîné du filateur ingénieux Louis Chambon, que j'ai tant de fois cité pour ses utiles perfectionnements et inventions, j'ai pu voir 40 ouvrières filer à deux bouts, sans risques de mariages, et selon la méthode qui porte son nom, si ce n'est que l'asple est remplacé par une large bobine en bois, de 7 centimètres de diamètre, montée sur une broche horizontale en fer terminée, à l'une des extrémités, par un galet arrondi et poli, qu'un grand anneau inférieur mène par simple frottement ou roulement, et contre lequel elle est serrée au moyen d'un écrou placé, à l'extrémité opposée de la bobine, sur une partie filetée de la broche, elle-même susceptible d'être enlevée avec la plus grande facilité, comme dans les anciens dévidoirs automatiques. Mais ce qui distingue plus particulièrement ce mode de filage de ceux proposés naguère par MM. Tastevin et autres, c'est que les fils, bien loin d'être séchés dans leur trajet, arrivent tout humides sur les bobines, où leurs spires se colleraient inévitablement si on ne les soumettait sans discontinuité au moulinage, ou si on ne les laissait flotter dans des baquets remplis d'eau froide, lorsqu'il devient impossible d'en opérer de suite le dévidage à grande vitesse sur les roquelles ordinaires, pour de là les soumettre au moulin de premier apprêt, sans les faire passer à la tavelle, ni même au doublage, qui a lieu immédiatement sur le tour, en cas de besoin. Les gréges ainsi obtenues, et principalement destinées aux fabricants de grenadine, ne pouvant être purgées à la manière ordinaire, sont filées, avec le plus grand soin et une certaine lenteur relative, au sortir de la bassine, quoique les bobines accomplissent de 1 000 à 1 200 révolutions à la minute; les ouvrières d'ailleurs emploient toujours la croisure à 250 ou 300 hélices, pour lier et donner du nerf aux brins dont se compose chaque fil, et l'on ne s'est nullement aperçu que le flottage des bobines dans l'eau ait nui en rien à la ténacité des fils, qui est toujours de 8 à 9 grammes par cocon. D'ailleurs, il y avait plus de vingt ans, en 1853, que, dans les ateliers de M. Louis Chambon, les guindres des moulins de premier et de deuxième apprêt avaient été remplacés par des bobines *conduites avec la vitesse variable qui convient à leur grossissement*, par le frottement d'un disque moteur sur lequel elles reposent dans toute leur longueur, en vertu de leur poids. Enfin, il n'est pas inutile d'ajouter que, dans ce même établissement, les bobines provenant du moulin de deuxième apprêt sont mises en flottes à grande vitesse sur des métiers munis de compteurs et formant des écheveaux d'une longueur exactement déterminée.

C'est une question importante, et que les études théoriques ou expérimentales de M. Robinet ne semblent pas avoir complétement résolue, de savoir si, au point de vue de l'élasticité et de la ténacité, il est plus avantageux de filer vite que lentement les cocons. On peut même dire que l'indécision et les débats qui s'étaient produits dès l'époque de Villard subsistent encore de nos jours, du moins pour quelques esprits, malgré les incontestables succès obtenus par la méthode accélérée et sans rattachement de bouts, qui s'est propagée jusque dans la campagne, où le filage à la manivelle, généralement remplacé par celui à la pédale, donne, par un travail très-énervant pour la tourneuse, jusqu'à 60 révolutions d'asple à la minute; ce qui suppose au dévidage même des cocons une vitesse d'au moins $2^{m},50$ par seconde, qui s'élève à près du double dans les tours à la mécanique, sous le bénéfice des améliorations que nous avons fait connaître.

Parmi les établissements où l'on continue à dévider les cocons avec une certaine lenteur, accompagnée de tous les soins que réclament la purge et le nouage des fils, je citerai celui de MM. Francezon frères, à Alais, dont les tours, bien disposés et mis en action par une petite machine à vapeur, ne font pourtant guère plus de 40 à 50 révolutions à la minute. Cet établissement est dirigé par ces industriels avec une intelligence et un zèle dignes d'éloges, en même temps qu'un autre établissement appartenant à M. Tastevin fils, banquier de la même ville, qui, tout en héritant du génie inventif de son père, a renoncé à exercer par lui-même la profession si honorable de filateur de soie, à laquelle, néanmoins, il n'a pas cessé de porter un intérêt très-actif; ce dont j'ai eu la preuve dans une conférence qu'il a bien voulu m'accorder pendant mon séjour à Lyon, conférence beaucoup trop courte pour que j'aie pu mettre convenablement à profit ses lumières et son expérience. Il me suffira de dire que M. Tastevin est, aujourd'hui même, un partisan zélé et convaincu de la méthode du filage à vitesse modérée, mais dans laquelle, en compensation, on multiplierait le nombre des fils ou bouts pour une même ouvrière : chacun de ces bouts, après son passage au travers d'une filière étroite et après s'être croisé un nombre suffisant de fois sur lui-même, se rendrait sur des bobines ou de petites tavelles horizontales, précédées de purgeoirs, à peu près comme dans le premier système de filage de M. Tastevin père. Un modèle, sur une assez grande échelle, que j'ai eu occasion de voir lors de mon passage à Alais, et dans lequel de petites bassines à eau chaude, mises en communication directe, sont disposées circulairement sur un grand plateau horizontal, mobile autour d'un arbre central, à la volonté de la fileuse, etc.; ce modèle prouve qu'il ne s'agissait pas là de conceptions, d'idées purement théoriques ou systématiques.

Il serait bien difficile, au surplus, de prévoir le sort qui peut être réservé aux méthodes dans lesquelles on file les cocons avec une certaine lenteur, à un, deux ou un plus grand nombre de bouts; mais, puisqu'elles ont eu tant de mal à se généraliser chez nous et ailleurs, il faut bien croire qu'elles sont assez peu avantageuses au point de vue économique, et qu'elles ne sauraient par elles-mêmes dispenser entièrement de la purge aux *tavellage* et *tracanage* ultérieurs.

Le filage à quatre bouts, de l'ingénieur Heathcoat notamment, que les Anglais Sawill Dawy et Henry Wansey ont tenté d'introduire en Italie vers 1826, et pour lequel ils ont obtenu un privilége dans les États autrichiens quelques années après, cette méthode, déjà anciennement essayée par Vasco, à Milan[1], ne paraît pas y avoir joui d'un remarquable succès. On en peut dire tout autant du filage à un seul bout, pour lequel M. Locatelli a imaginé un tour fort ingénieusement disposé dans toutes ses parties et accueilli avec une grande faveur à Milan et à Paris lors de son apparition, en 1842. Ce tour, à pédale, de petite dimension, et où l'on se propose de mettre sous la main des fileuses de la campagne un instrument d'une construction très-soignée, trop délicate peut-être, mais qui les dispense, en quelque sorte, de toute habileté, a obtenu, en 1845, de notre Société d'encouragement[2] une médaille d'or, qui lui a été décernée à de justes titres, si, tout en considérant le mérite des dispositions mécaniques et de l'exécution matérielle, on remarque qu'il avait principalement pour but de propager dans l'intérieur même des familles une industrie qui, de nos jours, tend de plus en plus à se concentrer dans les grands ateliers, en dehors desquels, il faut bien le répéter d'après Vaucanson et abstraction faite de tout sentiment philanthropique, les progrès véritablement économiques du filage des soies ne sauraient se réaliser, de manière à soutenir une lutte sérieuse contre la concurrence étrangère.

[1] *Il trattore da seta*, p. 90.

[2] Voyez la description du tour Locatelli dans le *Bulletin* de cette Société, 52e année, p. 553.

Ce qui distingue plus particulièrement le tour Locatelli, c'est le procédé ingénieux à l'aide duquel une ouvrière inexpérimentée peut y *jeter les bouts* au moyen d'une filière, à coquille, servant à recevoir les cocons ajoutés nouvellement à la bassine; car pour le coupe-fil, qu'on ne s'attendrait pas à rencontrer ici, pour le va-et-vient excentrique produisant les croisements losangés du fil sur l'asple, ils n'offrent rien d'absolument neuf, et l'on en peut dire à fortiori autant du système de croisure, à un bout enroulé plusieurs fois sur lui-même, déjà anciennement tenté par feu Tastevin, mais que, dans ses idées de pratique économique, il se gardait bien de limiter au filage à ce seul bout.

Je n'ai pas cru pouvoir me dispenser de parler ici du tour Locatelli, dont l'opinion s'est si vivement préoccupée en dernier lieu, et que j'ai eu d'ailleurs l'occasion de voir, inactif il est vrai[1], dans l'atelier de MM. Alcan et Limet, à Paris, où des tours accouplés du système généralement adopté de nos jours, et conduits par d'habiles ouvrières du Midi, à la façon expéditive que nous avons fait connaître, sont employés à dévider, à l'eau tiède, des cocons qui en sont préalablement imbibés *jusqu'au centre,* par la production d'une sorte de vide, et immédiatement cuits à la vapeur dans un sac de crin qu'on enlève, au fur et à mesure du besoin, pour en distribuer les cocons aux fileuses : procédé qui fait espérer un véritable perfectionnement des anciennes méthodes italiennes, espagnoles ou françaises, et dont il faudrait grandement féliciter leurs auteurs, s'ils parvenaient, en effet, à faciliter le tirage des plus mauvais cocons, de ceux surtout que l'Asie nous envoie en masse, comprimés, écrasés dans de grandes caisses, mais dont, avec beaucoup de dextérité et de soin, nos habiles filateurs du Midi sont, depuis un certain temps, parvenus à tirer un excellent parti, comme aussi, en marchant sur les traces de Poidebard père, ils ont réussi à dévider et mouli-

[1] Le principal inconvénient pratique du tour Locatelli consiste dans le vitrage ou la collure des fils sur l'asple, trop voisin de la bassine d'eau chaude, collure qui rend le dévidage ultérieur des soies très-difficile.

ner avec un incontestable succès, mais en les lavant à la manière anglaise avec un savon approprié, les immenses et sales flottes de gréges qui nous viennent de l'Orient tout enfumées, et dont la dimension même (4 à 5 mètres) semble attester qu'elles ont été obtenues, soit à la double tavelle, soit, plus expéditivement encore, sur de grands asples conduits à la manivelle au-dessus de réchauds allumés.

§ III. — Ce qu'il est advenu, en France, des anciens moulins ronds et de Vaucanson; leur remplacement par des moulins longs en arcs accouplés. — Les filateurs *Deydier* père et fils, à Aubenas, *Bonnet*, à Jujurieux, *Galimard*, à Vals; *L. Chambon*, *Blanchon*, etc.; les constructeurs mécaniciens *Rœck*, *Geoffray*, *Fourniol*, *Veillon*, *Murron*, etc.

Après tout ce qui vient d'être dit de l'opération normale du filage mécanique des cocons, il doit rester bien peu de doutes sur notre supériorité à cet égard; supériorité qui date de plus de vingt ans, et que l'on doit, comme on l'a vu, reporter en majeure partie aux persévérants, aux louables efforts de MM. Teissier-Ducros, Louis Chambon et de leur émule M. Blanchon, de Saint-Julien, si souvent cité, qui, tous, se sont empressés de répandre, par de libérales communications et d'utiles enseignements, le fruit de leur expérience acquise, réalisé d'ailleurs par des artistes aussi habiles que MM. Michel, Rœck et Geoffray. Mais en est-il ainsi des procédés si variés qui ont pour objet l'ouvraison des soies, procédés auxquels nos modernes technologues reprochent d'être restés dans un état fort voisin de la routine léguée par nos anciens mouliniers? Voilà ce qu'il s'agit d'examiner, d'approfondir même, avec un esprit entièrement dégagé, s'il se peut, de toute prévention favorable, de tout préjugé national.

J'ai déjà fait remarquer qu'aujourd'hui, du moins dans le midi de la France, il est bien peu de grands établissements de filage de cocons qui ne soient accompagnés d'ateliers de moulinage, où l'on double, tord les trames et organsins sur une échelle souvent très-considérable. Or, il est vrai de dire aussi que les machines de ces ateliers, en quelque sorte jetées dans le même moule, sont généralement exécutées en bois par des menuisiers ou charpentiers mécaniciens répandus çà et là dans le pays, et dont quelques-uns, bien que constructeurs habiles de machines à vapeur, tels que M. Fourniol, de Privas, et autres dans l'Ardèche, le Rhône, etc., continuent à suivre le système ancien, plus ou moins amélioré dans les détails ou combinaisons accessoires, mais d'où le fer et la fonte sont pour ainsi dire bannis, sinon presque exclusivement, du moins réservés aux principales transmissions de mouvements ou commandes. C'est ce dont j'ai pu m'assurer par moi-même en visitant plusieurs établissements dont les moulins étaient, ou en construction comme ceux de MM. Nier et Laffont, à Coux, près Privas, ou récemment remis à neuf, comme ceux de MM. Louis Blanchon, à Saint-Julien, et Deydier frères, à Aubenas; établissements auxquels il faudrait sans doute en joindre beaucoup d'autres, par exemple, celui que M. Bonnet vient d'édifier à Jujurieux (Ain), non loin de Lyon, et que j'ai d'autant plus le regret de n'avoir pu visiter, qu'il réunit à la fois, dit-on, le filage, le moulinage des gréges, au tissage mécanique des étoffes unies.

D'autre part, la grande dimension des machines en bois, presque toujours accouplées sur un même arbre moteur, la difficulté de leur transport et de leur montage, rendus délicats et onéreux par la nature même des matériaux qui y entrent, enfin l'encombrement qui résulterait de leur installation dans les locaux réservés aux Expositions publiques; ces motifs, indépendamment du dédain injuste qu'affectent pour elles les admirateurs exclusifs du système de construction anglais, peuvent servir à expliquer pourquoi, jusqu'ici, il n'en a été aperçu aucune trace dans les concours généraux ou particuliers relatifs à cette branche d'industrie, tandis que l'on a vu avec une juste raison l'élégant et très-économique tour en fer de M. Michel, de Saint-Hippolyte-du-Gard, par exemple, obtenir une récompense à l'Exposition française de 1844, et celui de M. Rœck, de Lyon, recevoir la faveur d'une exhibition perpétuelle dans le bel établissement de la *condition*

....

des soies de cette ville, où, à mon retour de l'Ardèche, j'ai pu voir aussi un spécimen de filage d'après les nouveaux procédés, sur quatre tours en fer de différents modèles, mais dont, je dois le dire, les croiseurs mécaniques et les trembleurs n'étaient point alors utilisés.

Il faut donc bien se garder de juger à priori, et d'après de tels critériums, notre système d'ouvraison des soies, auquel il ne manque peut-être qu'un peu plus de hardiesse et de concentration dans les ressources mécaniques, joint à un concours mieux assuré, plus confiant, de la part des capitalistes dont, en réalité, le Gard et l'Ardèche ne sont pas moins pourvus que Saint-Étienne et Lyon. Ces conditions sont, en effet, indispensables pour faire cesser une sorte d'état de fermage et de travail à façon qui y subsiste encore, et pour donner à une branche d'industrie où la matière première est d'un prix si élevé le développement et la puissance d'initiative que nous avons vu prendre depuis nombre d'années à nos filatures de coton, de laine et de chanvre, grâce aux Odier et Romans, de Wesserling, aux Nicolas Kœchlin, etc., qui, à l'exemple des chefs de factoreries anglaises, ont avec tant de succès annexé à leurs ateliers de filage proprement dits des ateliers de réparation, devenus bientôt d'excellents modèles de construction mécanique, qui nous ont enfin permis de soutenir la redoutable concurrence de l'Angleterre.

C'est notamment, par là et en ce seul point, si je puis en juger par mes faibles connaissances en matières économiques, que les mécaniciens et filateurs du midi de la France montrent leur infériorité relative : car, j'en ai acquis des preuves irrécusables, à l'égard du génie de l'invention et de la beauté des produits, ils ne le cèdent à aucun autre, et l'époque n'est peut-être pas éloignée où, par une heureuse accumulation de ressources mécaniques, la ville d'Alais notamment, placée au centre d'un pays si richement doté en soie, en fer et en houille, prendra le rang qui lui convient parmi les grandes cités industrielles; du moins, si l'on en juge d'après les récentes tentatives de MM. Veillon et Murron, artistes mécaniciens auxquels il ne manque que d'heureuses circonstances pour munir complétement leurs ateliers des ingénieux outils mécaniques qui économisent la main-d'œuvre en perfectionnant le travail, outils sans lesquels ils tarderaient peu à ressentir l'influence de la concurrence extérieure.

Avant d'examiner l'état actuel des machines d'ouvraison, il m'importait beaucoup de rechercher s'il existait dans le pays quelques traces de celles de Vaucanson, et je me suis, à cet effet, transporté à l'ancienne manufacture royale d'Ucel, près d'Aubenas, possédée, dirigée autrefois par M. Benoît-Deydier père, vieillard de quatre-vingt-neuf ans, contemporain, par conséquent, du grand homme, et qui se rappelle fort bien avoir vu fonctionner, avec toutes les qualités que leur attribue le mémoire de 1751, les moulins droits à chaîne, à peu près tels qu'ils se trouvent décrits dans la première partie de cette notice historique. Le changement de tors ou de vitesse des roquelles supérieures s'y opérait, en effet, au moyen d'une fusée à six roues de rechange, mues automatiquement; l'appareil à guindre y était muni d'un compteur et d'une sonnerie d'avertissement pour la capture des écheveaux, etc.; mais, conformément à ce qui a été avancé par Roland de la Platière, on a dû renoncer à l'emploi de ces ingénieuses combinaisons et de plusieurs autres, à cause de la fréquence et de la difficulté des réparations. Enfin j'ai appris, avec un vif sentiment de regret et de dépit, que les derniers vestiges de ces machines avaient disparu dans les premières années de l'Empire, malgré les réclamations de l'administration préfectorale, qui avait attribué à l'État des droits à leur possession, en raison même de la participation que, sous Louis XV, il avait pris à leur construction ou installation.

Je n'ai pas été plus heureux dans mes investigations relatives aux anciens moulins ronds à la piémontaise; mais il est notoire cependant qu'il en existe encore un assez grand nombre à Saint-Paul-en-Jarret, près Rive-de-Gier, et aux environs, malgré l'état industriel relativement avancé du pays. Quant aux moulins construits à la Sône (Isère) par les frères Jubié, à une époque postérieure, sans doute, à celle où Vaucanson établissait ses machines à Aubenas, il y a tout liéu de croire que, modifiés, améliorés sous l'inspiration et les conseils de cet inspecteur des manufactures, ils devaient assez peu différer des moulins ovales, à double équipage, ou bâtis en forme de ∞, que nous possédons aujourd'hui, et qui conservent encore le nom de Vaucanson, quoiqu'ils ne soient véritablement que de simples imitations ou dérivations de ses premières machines. Sans avoir visité les lieux, j'ai d'ailleurs acquis la certitude que, dans l'état actuel des choses, les moulins de la Sône ne diffèrent pas essentiellement de ceux qu'il m'était loisible de visiter ailleurs, et dont il importe d'autant plus de donner une idée que, portant le nom de *moulins français*, on n'en rencontre aucune description dans les traités de technologie, qui semblent, à plaisir, les avoir confondus avec l'ancien moulin rond à trois ou quatre étages de vargues, décrit dans la grande encyclopédie; de sorte que, à la lecture de ces ouvrages, plus ou moins calqués sur ceux des Anglais, on pourrait se persuader que l'industrie du moulinage est demeurée chez nous tout à fait stationnaire, ou que même elle a rétrogradé.

Le moulin double dont il s'agit, et qui doit être considéré comme le dernier mot, si je puis m'exprimer ainsi, des progrès accomplis en France, se compose à peu près, comme on l'a vu, de deux moulins ovales accouplés, placés bout à bout et constitués, en projection horizontale, de quatre arcs de cercle d'un assez grand rayon, se raccordant deux à deux à leur point de croisement du milieu. Généralement parlant, la cage en charpente de chêne, bien jointe et dressée, renferme quatre vargues de 384 fuseaux sur deux étages de hauteur, occupant, avec les rangs correspondants de roquelles ou de guindres, un espace rectangulaire de 4 à 5 mètres de longueur, $0^{m},8$ à 1 mètre de largeur horizontale à la base et 3 à 4 mètres en hauteur : les broches ou fuseaux munis de coronnelles, etc., tirés de Maubeuge, à pivot d'acier fin, tournant sur crapaudine en bronze, en verre ou agate, et maintenus, près du collet, par des brides ou *coquettes* en buis bien ajustées, sont ici mis en action par le frottement de larges courroies sans fin, en cuir fort, qui passent, aux deux extrémités du moulin, sur de grandes poulies horizontales en fonte, à profil convexe et sans rebords, les unes motrices, les autres de simple renvoi, mais avec mécanisme de tension, comme dans le moulin à chaîne de Vaucanson, sauf qu'ici les courroies à branches croisées vers le milieu intérieur de la cage passent sur d'autres poulies de renvoi en fonte, dont l'arbre vertical, armé des lames en filets de vis continus empruntées aux anciens moulins ronds, communique un mouvement lent à la roue d'excentrique, au balancier et au châssis horizontal oscillant des barbins distributeurs du fil sur les roquelles ou les guindres qui surmontent séparément chacune des vargues de fuseaux.

Quant à l'arbre vertical des poulies motrices situées à l'une des extrémités du moulin, il reçoit et transmet, par des équipages de roues d'angle en fer, le mouvement de l'arbre de couche principal, régnant sur toute la longueur de l'atelier, aux arbres horizontaux parallèles des roquelles, etc. Sauf dans quelques anciens moulins qui ne tarderont pas à disparaître, ce système de transmission est, comme nous en avons déjà fait la remarque, construit avec beaucoup de précision, en fer et fonte, dans les ateliers de M. Geoffray, de Vienne, d'après le système le plus moderne; c'est-à-dire que chaque prise de mouvement sur l'arbre de couche est munie d'un mécanisme d'embrayage à griffes; que l'arbre de couche lui-même reçoit de la principale roue motrice le maximum de vitesse inhérent à la nature des machines, selon le principe aujourd'hui généralement adopté, et, comme on l'a vu, primitivement introduit par M. W. Fairbairn dans les factoreries anglaises; qu'en un mot, le diamètre des arbres, poulies ou rouages intermédiaires, entre le moteur et la résistance ou l'outil, est réduit au minimum, en même temps que les efforts et la fatigue. Mais il y a plus encore, dans l'établissement modèle de M. Louis Blanchon, près Privas, et d'autres récemment construits par le même M. Geoffray, le grand arbre de couche, au lieu de passer, comme autrefois, au-dessus des métiers, d'où les coussinets laissaient souvent égoutter l'huile sur les soies, cet arbre est solidement établi contre l'un des longs côtés ou murs de l'atelier, duquel l'action motrice se communique souterrainement aux différentes machines distribuées parallèlement entre elles et transversalement à l'axe de l'atelier, je veux dire non-seulement aux moulins de tors, mais aussi aux *banques* de dévidage, de doublage, etc., auxquelles je reviendrai ci-après.

Afin d'abréger, j'ai à dessein confondu, dans la description précédente, les moulins à roquelles, servant au premier apprêt, avec les moulins à guindres, spécialement consacrés au deuxième; mais il est positif qu'ils constituent aujourd'hui des machines entièrement distinctes, ces derniers étant exclusivement destinés à former les flottes livrées aux fabricants de soieries, et étant dès lors généralement armés de mécanismes compteurs à vis sans fin, à sonnerie ou simple cadran, dont, il est vrai, on ne se sert ni généralement ni constamment, si ce n'est dans les filatures de premier ordre. Il serait d'ailleurs inutile de se préoccuper ici des mécanismes par lesquels on aurait pu, d'après Vaucanson, effectuer automatiquement la transposition des écheveaux sur les guindres, suspendre le mouvement quand un fil casse ou quand ces guindres se trouvent remplis, car on sait assez quel a été le sort de l'ingénieuse et déjà ancienne solution de Guilliny, même dans les villes manufacturières où l'on a le plus intérêt à se servir, pour le tirage des soies, d'échevettes à tours rigoureusement comptés, et qu'on préfère obtenir au moyen de dévidoirs à main très-précis, mais fort peu expéditifs, en vue de se mettre complétement à l'abri des fraudes, si graves en raison du haut prix de la matière.

En général, on n'exécute dans l'industrie que les opérations qui se payent deniers comptants, et l'oubli que je viens de signaler tient bien plus à l'indifférence des négociants ou fabricants d'étoffes qu'à la négligence des filateurs. Ceci explique d'ailleurs, sans trop l'excuser pourtant, l'abandon dans les ateliers de certaines prescriptions théoriques, de certains instruments ou procédés ingénieux, recommandés vivement par les auteurs, encouragés, récompensés même par les Sociétés industrielles; et cela indépendamment de toute tendance à la routine des ouvriers, de toute cause d'ignorance ou de mauvais vouloir de la part des chefs ou surveillants, trop souvent, il est vrai, retranchés derrière le prétexte banal du bas prix des mains-d'œuvre, mais dont, en réalité, l'énergie n'est pas stimulée par l'appât d'un bénéfice assez certain ou par l'aiguillon d'une concurrence assez vive.

Dans le cas présent des moulins à flottes comptées, il ne peut plus être question de marcher la nuit en dehors de la surveillance des chefs, comme cela se pratiquait du temps de Vaucanson et se pratique encore dans quelques établissements arriérés, où on laisse, outre mesure, les fils s'accumuler sur des guindres à un seul écheveau. Toujours présentes pour le rattachement des fils rompus, les ouvrières arrêtent par elles-mêmes la machine, et font la capture des écheveaux dès qu'ils sont remplis au degré marqué par le compteur ou apprécié au simple coup d'œil; et, lorsque les fils ont été convenablement noués et purgés dans les opérations antérieures, ces interruptions sont assez peu répétées pour qu'une même ouvrière, à l'aide de son échelle mobile, suspendue entre deux moulins parallèles, puisse surveiller et soigner plusieurs centaines de broches à la fois. Néanmoins les moyens automatiques d'arrêter la machine dans cette double circonstance n'ont point été omis par tous les filateurs, et nous nous plaisons à citer encore, comme d'honorables exceptions, MM. Teissier-Ducros, Chambon fils et Louis Blanchon, à qui l'on est redevable de plusieurs autres progrès réalisés dans leurs établissements de moulinage.

§ IV. — Récentes améliorations apportées aux moulins français et autres machines à ouvrer la soie par quelques-uns des filateurs-mouliniers précédemment cités, mais plus particulièrement par MM. *Galimard*, de Vals; *Louis Blanchon*, de Saint-Julien-en-Saint-Alban; *Louis Chambon*, d'Alais; *Geoffray*, de Vienne; *Teissier-Ducros*, *Merle frères*, etc.

Rappelons d'abord que, dans les ateliers récemment construits, les moulins à roquelles sont divisés en deux catégories, dont l'une sert à donner le premier apprêt aux poils ou fils de trame simples, et l'autre, le deuxième apprêt ou tors aux organsins déjà doublés et destinés à former la chaîne des étoffes, etc. Dans ce genre de machines, il serait tout à fait inutile d'employer des *casse-fils*, ou moyens automatiques d'arrêter la machine quand un fil se rompt; car non-seulement les ruptures sont peu fréquentes, mais encore elles n'ont que de bien faibles inconvénients, puisque l'envidage sur la roquelle s'arrête spontanément. Au contraire, l'agrandissement du diamètre des bobines, par rapport à l'épaisseur de fil qui s'y enroule, ne paraît pas à nos plus habiles filateurs un moyen en lui-même suffisant d'assurer la constance du tors par mètre courant, dont, comme on l'a vu, Vaucanson avait également cherché à combattre la diminution graduelle dans ses moulins à roquelles, mais sans en préciser les moyens. MM. Galimard, de Vals, entre autres, Louis Blanchon, de Saint-Julien, et avant eux, comme on l'a vu aussi, M. Louis Chambon, d'Alais (brevet de 1836), se servent, pour atteindre le but, du procédé très-simple qui consiste à faire tourner les roquelles par le roulement ou contact immédiat de la soie sur un cylindre moteur convenablement dressé et garni.

Mais ce procédé, dont les résultats avantageux ont été appréciés par le commerce sans amener de notables bénéfices, ne saurait, à cause des soubresauts et glissements relatifs des roquelles sur le cylindre conducteur, être facilement appliqué au cas où il s'agit de marcher à de grandes vitesses. Aussi M. Louis Blanchon, réservant cette ingénieuse solution pour le moulin à roquelles de second apprêt, comme l'avaient fait

MM. Chambon père et fils, s'est-il servi, pour ceux du premier, d'un autre moyen plus sûr, mais aussi plus dispendieux, emprunté aux bancs à broches des filatures de coton, moyen dont on a vu déjà d'ingénieuses applications dans ce qui précède, et qui consiste plus spécialement ici à placer sous la chaise de support du moulin un couple de cônes alternes ou de sens contraire, qui, enveloppés d'une courroie sans fin, communiquent le mouvement du moteur aux roquelles, dans une proportion variable avec la position de la courroie poussée, parallèlement à elle-même, par une griffe que met continuellement en action une vis différentielle, etc. Ce système a d'ailleurs été réalisé dès 1851 avec beaucoup de succès, par M. Geoffray, dans l'établissement de M. Blanchon, lequel en a également dirigé l'application à d'autres établissements des environs de Privas.

Lorsqu'il s'agit d'atteindre cette grande égalité de tors dans l'une comme dans l'autre méthode, il faut non-seulement que les moyens de transmission soient parfaits d'exécution mécanique, mais il faut aussi que les roquelles et les bobines des fuseaux aient une forme plate ou cylindrique, sans bombement ni croisement de fils qui amèneraient des irrégularités dans le tirage, des à-coups inévitables dans l'envidement rigoureusement uniforme de ces fils; problème, je le répète, physiquement insoluble, puisqu'il exigerait la suppression absolue de tout ralentissement, temps d'arrêt ou points morts, aux extrémités de chaque course; ce à quoi s'oppose tout au moins l'inertie de la matière, mais dont on approche en allégissant le plus possible l'équipage du porte-barbins, et faisant usage de la réaction, suffisamment énergique, de ressorts repoussoirs, comme l'a tenté en dernier lieu M. Blanchon.

Ces divers artifices peuvent suffire sans doute pour assurer la régularité de marche des moulins à fuseaux coiffés de coronnelles, tant que la vitesse ne dépasse pas une certaine limite, qui, de 600 à 900 tours, au plus, à la minute qu'elle était autrefois, s'élève assez généralement aujourd'hui de 1 600 à 2 000, sans que la résistance de l'air ou la force centrifuge entraînent de trop fréquentes ruptures des fils ou de trop graves irrégularités dans la marche des bobines, etc. Ce résultat, principalement dû au perfectionnement des *commandes* ou transmissions de mouvement, ainsi qu'à une distribution plus régulière de la tension des courroies motrices autour des grandes poulies intérieures ou extérieures, elles-mêmes animées directement d'une notable vitesse dans les moulins en arcs de cercle, accouplés; ce résultat, dis-je, ne suppose aucun des artifices plus ou moins ingénieux par lesquels, d'après leurs brevets, M. Rodier et d'autres mécaniciens habiles ont cherché à augmenter la vitesse des fuseaux par des moyens qui consistent principalement à préserver la coronnelle et son ailette en S de toute vibration ou sautillement occasionnés par la résistance de l'air et la force centrifuge; mais il est douteux que l'accélération du mouvement puisse être poussée beaucoup au delà de 2 500 tours à la minute tant que l'on continuera à se servir de cet ancien appareil, dont on a d'ailleurs vainement cherché à augmenter la stabilité par le poids seul, mais plus particulièrement encore tant qu'on prétendra imprimer simultanément le mouvement rotatoire à un aussi grand nombre de broches par de longues courroies, elles-mêmes soumises à l'action inégale et appréciable de la force centrifuge, dont l'énergie, croissant comme le carré de la vitesse, exige, pour être contre-balancée, un surcroît correspondant de tension, de pression, et par conséquent de frottement sur les axes ou points d'appui.

Néanmoins, avant de renoncer aux anciens procédés, il y aura à examiner si le bénéfice de l'accélération et de l'augmentation des produits ne sera pas accompagné d'une diminution trop sensible dans la qualité; car, pour ce qui est des frais d'installation et d'achat de nouvelles machines, on sait assez que, répartis sur un grand nombre d'années et de produits, ils sont largement compensés par la réduction des dépenses d'entretien et les économies en force motrice ou en main-d'œuvre.

Nous n'avons rien à dire de bien essentiel sur les perfectionnements mécaniques apportés aux bancs de tavelles, de purgeoirs, de tracanoirs et doubloirs, aujourd'hui disposés, comme on l'a dit, les uns derrière les autres, à la suite des moulins, en rangées parallèles, séparées par des intervalles d'environ un mètre pour la circulation des rattacheuses, et qui, établis solidement sur des supports en charpente, ont, dans les plus modernes ateliers, leur partie antérieure recouverte par des tables de marbre entretenues avec beaucoup de propreté, pour recevoir temporairement les roquels garnis de soie, tandis que leur partie postérieure, surmontée de tablettes en forme de dressoirs, contient les mécanismes qui servent à imprimer une rotation directe et rapide à la file supérieure des roquelles horizontales où la soie s'envide par un tirage exercé, au travers de purgeoirs, sur la rangée correspondante des tavelles ou des bobines antérieures, dont, à l'inverse, le dévidement doit être exempt de tout obstacle. Peut-être est-il inutile d'ajouter que les roquelles supérieures de tirage, dont il vient d'être parlé, montées sur autant de brochettes en bois et très-légères (sterlins), sont conduites, comme autrefois, par leur simple roulement, sur des disques verticaux solidaires autour d'un même arbre tournant horizontal, et que précède la tringle parallèle du va-et-vient distributeur des fils; le tout mis en action par des excentriques et équipages de roues dentées, placés au milieu ou à l'une des extrémités de chaque banc où se trouve la prise de mouvement sur l'arbre moteur de commande, à peu près comme dans les tours automates mêmes à dévider les cocons.

Les tavelles, rendues plus légères, parfaitement centrées ou équilibrées, et qu'on a tenté de construire au moyen de tubes métalliques, vernis, évidés, etc., n'ont de particulier, dans le système actuel d'ouvraison, que la suppression de l'anneau à poids qui, en leur servant anciennement de frein contre toute cause d'accélération, maintenait le fil constamment tendu et l'empêchait de vriller; but qui n'est peut-être pas aussi bien rempli aujourd'hui, malgré la grande uniformité du mouvement imprimé aux roquelles et l'interposition d'un purgeoir à deux branches garnies de drap, de liége, de cuir, etc., qui, suffisamment rapproché de l'écheveau, sert aussi à régulariser la tension du fil.

Le système de traçanage ou de dévidage d'une bobine horizontale sur une autre, dans lequel on fait passer le fil de soie au travers de deux et même de trois purgeoirs, varie assez d'un atelier à l'autre; mais ce système, à purgeoirs multiples, semble une véritable superfétation à quelques personnes, qui craignent de voir énerver la soie par un accroissement de travail et de fatigue très-onéreux, tandis qu'il serait, au contraire, d'une nécessité absolue aux yeux de beaucoup d'autres, notamment des habiles filateurs de soie souvent cités, et qui redoutent bien plus les malfaçons que l'augmentation des mains-d'œuvre. La ténacité du fil de soie étant comparable à celle du fil de fer, sa grande élasticité et sa ductilité, dans une atmosphère suffisamment fraîche ou humide, permettent, en effet, de lui faire subir, sans trop d'inconvénient, ces manipulations répétées, pourvu que la force de tirage ne dépasse jamais une certaine limite, que l'expérience directe peut seule faire connaître, et qui varie avec le nombre des fibres rudimentaires de chaque fil ou des solutions de continuité qui s'y trouvent forcément répandues aux points où une nouvelle fibre vient en remplacer une ancienne dans le tirage des cocons : cette limite correspond évidemment aux efforts ou allongements en deçà desquels on ne risque de rompre les fils que dans les parties les plus défectueuses ou les plus faibles; parties qu'il conviendrait peu de conserver si elles devaient entraîner, dans les opérations subséquentes, le tissage notamment, des ruptures et, par conséquent, des interruptions de travail et des manques, bien autrement fâcheuses que celles qui peuvent se produire dans le moulinage opéré sur des fils isolés.

L'ensemble des connaissances expérimentales acquises sur les lois de la résistance des solides semble démontrer que si une charge, un effort de tirage compris entre le 1/3 et le 1/5 de la ténacité ou résistance absolue (moyennement ici de

9 kilogrammes par brin rudimentaire), peut produire des allongements permanents, et par conséquent un certain étirage de la substance, il n'en résulte du moins aucune altération de la force élastique, quand cette substance est à peu près homogène ou sans défauts notables; et c'est, en effet, dans de telles limites qu'on renferme ordinairement les épreuves auxquelles on soumet les matériaux solides, pour en vérifier la qualité et le bon emploi dans les arts. L'expérience prouve aussi que l'action la plus énervante, la plus dangereuse, que l'on puisse faire subir à un corps cylindrique, à un fil quelconque, c'est de le fléchir, de le replier sur lui-même sous des angles très-aigus; et voilà pourquoi, enfin, on ne saurait approuver l'emploi exagéré de purgeoirs, dans lesquels le fil de soie serait contourné un grand nombre de fois, circulairement ou en hélices, autour de tiges métalliques d'un très-petit diamètre, fussent-elles garnies de drap, de velours ou de cuir très-doux.

D'autre part, si la véritable soie, la partie cornée et transparente des fils gréges, est enveloppée d'une gomme ou gluten écailleux, appelé *grès*, qui doit entièrement disparaître au décreusage dans une solution savonneuse, quel risque peut-on lui faire courir en la soumettant à des frottements plus ou moins répétés, de manière à en débarrasser le fil, tout en interceptant les bouchons, frisons, bourrillons, et abattant les poils ou duvets quelconques, si nuisibles à la beauté des étoffes unies[1]? Évidemment aucun, tant qu'on ne dépasse pas de sages limites, au delà desquelles l'altération des ressorts moléculaires risque de devenir permanente; ce qui oblige aussi à

[1] Il faut prendre garde, néanmoins, que les poils ou barbes provenant d'un filage défectueux, dans lequel les extrémités des fibres élémentaires, mal liées par la manière dont la fileuse jette les bouts, tendent à être rebroussées, arrachées sur d'assez grandes longueurs dans l'opération du lissage ou frottage à sec des fils; ce qui est un danger qu'on évite en partie, en entretenant, au moyen de baquets d'eau placés sous les bancs de la tavelle, une légère humidité, qui rend aussi les fils moins cassants et rappelle l'opération du recuit des métaux dans leur passage à la filière.

ne pas trop perdre de vue, dans les opérations subséquentes du moulinage et du dévidage, le retrait que, en vertu de son élasticité et de son hygrométricité, la soie tend à éprouver par les effets de la tension, de la torsion et même de la chaleur ou de l'humidité : d'où la nécessité de laisser aux principaux organes de mouvement une certaine liberté de jeu et d'établir entre eux une harmonie d'action qui, sauf pour les surtors, ne sont point, au même degré, indispensables dans les machines à filer la laine, le coton, etc., matières dont les fibres courtes sont susceptibles de glisser les unes sur les autres sans rupture ou énervation dangereuse pour l'ensemble.

Au surplus, quand on voit MM. Teissier-Ducros, Chambon, Blanchon et tant d'autres filateurs distingués en France redoubler de soins et de sacrifices pour opérer la purge des gréges, lorsque leurs organsins sont cotés à de si hauts prix à Lyon et à Saint-Étienne, il serait peu prudent de détourner notre industrie nationale d'une voie qui a produit, dans ces derniers temps, de si heureux fruits; et c'est pourquoi, sans rien affirmer dans une aussi épineuse question, à l'égard de laquelle je sens toute mon incompétence, je me suis seulement permis de rappeler quelques notions physiques ou mécaniques, vulgaires sans doute, mais dont trop souvent on est tenté de méconnaître l'importance dans les jugements portés sur l'état présent d'une industrie qui s'écarte en plus d'un point de celles qui ont pour but la préparation et le filage des autres substances à fibres plus ou moins courtes, ne serait-ce qu'en raison de la richesse des produits et du prix élevé de la matière première; prix vis-à-vis duquel, je ne crains pas de le redire, celui de l'ouvraison s'efface presque entièrement et doit le céder en importance, à la considération de l'épargne même, que, par d'intelligentes manipulations, il est possible de faire sous le rapport de la qualité et de la quantité des produits ouvrés.

Remarquons enfin que la purge et le lissage s'étendent rarement à l'opération du doublage des fils qui ont déjà reçu le premier tors ou apprêt au moulin, si ce n'est pour obliger ces fils à conserver une parfaite égalité de tension dans ce doublage, égalité sans laquelle le fil composé éprouverait, au moulin du deuxième apprêt, de fréquentes ruptures ou des accidents nommés *travellages*. Je rappellerai d'ailleurs qu'aujourd'hui comme autrefois, dans le doublage des fils de premier apprêt, les roquets à dévider, d'environ 8 centimètres de diamètre sur 11 centimètres de longueur, sont placés debout et immobiles, l'un près de l'autre, sur la saillie antérieure du banc et coiffés d'un rebord bien arrondi en bois dur ou en métal de bronze poli, d'après le système de l'Anglais Badnall, pour favoriser le glissement des fils simples qui, attirés par les roquelles supérieures, se réunissent au travers d'un barbin approprié et garni pour égaliser la tension, et de là s'envider en arrière, à l'aide du va-et-vient ordinaire. Il ne faut pas oublier, non plus, que le dévidage oblique des roquets debout s'opère ici avec d'autant plus de facilité que le fil y a été croisé et distribué avec une régularité parfaite, et sous une forme convexe, dans l'opération antérieure du tracanage.

Qu'il me soit, à ce sujet, permis de témoigner ici le regret de n'avoir vu employer dans aucun des établissements du Midi l'ingénieux distributeur à rouages elliptiques pour lequel M. Coront s'est fait breveter en 1832, et qui a reçu ailleurs, sous le nom de *bobinage anglais*, d'utiles applications, mais dont, tout récemment, on a cherché chez nous à reproduire les effets à l'aide d'un appareil économique composé de bielles articulées en bois et de roues dentées en fer munies d'un bouton d'excentrique. Ce système, dont il me serait difficile de donner une plus exacte idée, à cause de sa complication, fonctionne notamment avec succès dans les grands ateliers de moulinage et de tissage de MM. Merle frères, près Vienne, ainsi que dans plusieurs établissements du Gard et de l'Ardèche, où il est exécuté par les mêmes menuisiers mécaniciens qui construisent les moulins français en charpente. Je n'ai pas moins été surpris de voir que l'on ait généralement négligé, dans nos établissements, les moyens par lesquels MM. Tastevin, Guilliny et Tranchat avaient, depuis si longtemps, proposé d'éviter, dans les doubloirs, les accidents résultant de l'inégalité de tension des fils, de leur rupture même; accidents presque aussi fâcheux que les mariages dans le tour à dévider les cocons, mais que M. Barois, d'Alais, a su toutefois éviter par un procédé aussi simple qu'ingénieux, consistant à croiser deux fois les fils sur eux-mêmes, en leur faisant traverser la fourche d'un purgeoir et un couple de barbins dont l'écartement est tel que, quand l'un des fils casse, l'autre tombe, etc.

Avant de terminer ce qui concerne notre système de filature des gréges, il me reste à faire remarquer que, dans tous les ateliers nouvellement construits, aucun, à ma connaissance du moins, n'est établi à l'étage supérieur des édifices, spécialement réservé à l'étalage des cocons : d'une part, les tours à filer sont installés sur deux rangs dans de vastes salles généralement élevées au-dessus du terrain environnant et isolées dans le pourtour extérieur, de manière à être parfaitement éclairées, aérées et ventilées; d'une autre, les machines à dévider, à tracaner, doubler et tordre sont établies dans des salles de 6 à 7 mètres de hauteur, à température sensiblement constante, suffisamment humides ou fraîches, et, à cette fin, enfoncées de 3 à 4 mètres au-dessous du sol naturel, mais sur entrevous en maçonnerie dont on conçoit parfaitement le but : la hauteur de ces salles, non moins vastes que les précédentes, a pour principal objet, sans doute, d'y établir une ventilation facile et très-suffisante par la partie supérieure convenablement pourvue de fenêtres, de galeries servant à exercer, comme du haut d'une tribune, une surveillance de tous les instants, d'autant plus efficace qu'elle a lieu, de la part du chef, pour ainsi dire à l'improviste.

Enfin, grâce à une très-longue expérience acquise dans l'art du moulinage, on a aujourd'hui entièrement renoncé à grouper les bancs de tavelles, de part et d'autre d'un arbre central, à l'étage supérieur des moulins, selon l'antique usage du Piémont, non plus qu'à les ranger, comme il en est encore des exemples dans des établissements à la vérité déjà anciens, le long d'une espèce de balcon ou de galerie de bibliothèque régnant sur le pourtour supérieur de la salle des moulins, où la soie, plongée dans un air sec, chaud et souvent vicié par des émanations du bas, est exposée à de fréquentes ruptures et à une détérioration fâcheuse, indépendamment d'ailleurs des difficultés qu'entraînait avec elle une pareille disposition de tavelles sous le rapport de la circulation et de la surveillance des rattacheuses, qui d'ailleurs suffisent généralement à vingt tavelles bien établies.

§ V. — État comparé des machines d'ouvraison de la soie en France, en Italie et en Angleterre. — MM. *Michel*, *L. Chambon*, *L. Blanchon*, *Guilliny*, *Coront*, *Le Payen*, etc., en France; MM. *Badnall*, *Lillie* et *Fairbairn*, *Needham*, *Neville*, etc., en Angleterre. — Les machines en fer ou en bois : le mécanicien *Durand*, de Paris; *Vaucanson* et *D'Alembert*, *Vandermonde* et *Bossut*, *Rennie* père et *Watt*. — MM. *Davenport*, *Frost*, *Diepers* et *Graff* à l'Exposition universelle de Londres.

De cet examen rapide et, je le sens, beaucoup trop superficiel, il semble résulter que si notre industrie sétifère n'a point encore atteint, dans ses procédés mécaniques, toute la perfection et l'uniformité désirables; que si notamment, à côté d'établissements très-avancés, il s'en rencontre d'autres, fort considérables d'ailleurs, demeurés en arrière des progrès accomplis, et qui, grâce à des circonstances locales ou commerciales favorables, prospèrent malgré des négligences impardonnables et des tâtonnements ruineux ou peu rationnels, néanmoins cette industrie n'est pas trop éloignée de l'époque où elle acquerra, dans chaque spécialité, ce caractère de fixité et d'universalité que l'on remarque notamment dans les principales branches de la filature du coton; caractère qui, pour les arts mécaniques, est, en effet, le signe le plus certain des progrès accomplis.

Laissant toutefois en dehors les tentatives faites en vue de tirer le meilleur parti possible des soies flottées et des cocons qui nous arrivent du Levant salis ou meurtris, et pour lesquels le dévidage à la double tavelle, le savonnage, etc., auraient peut-être besoin de perfectionnements, devenus la préoccupation essentielle de notre époque, grâce à l'insuffisance de nos magnaneries nationales; laissant pareillement de côté les procédés abréviatifs pour filer directement à l'eau tiède, à la vapeur, au vide, sur de petites tavelles ou de larges bobines, en regagnant le temps perdu par une accélération dans le doublage et les moulinages subséquents, système auquel les plus habiles, notamment M. Chambon fils, paraissent successivement renoncer, au moins dans cette partie de la France, l'Ardèche, dont on ne saurait contester la supériorité; laissant, dis-je, de côté ces questions d'avenir, on ne saurait disconvenir que les tours à la Chambon, tels que les exécute, par exemple, M. Michel, de Saint-Hippolyte, et les moulins longs, attribués à Vaucanson, en arcs de cercle accouplés et à deux vargues hautes, comme l'entendent M. Louis Blanchon et quelques autres mouliniers avancés, ne s'écartent pas trop du point de perfection où leur usage pourra devenir à peu près universel, non-seulement en France, mais aussi dans l'Italie, l'Espagne et l'Asie mineure, où, en effet, ce genre de machines tend de plus en plus à se répandre et à se substituer aux anciennes et lourdes machines piémontaises, que l'on ne construit plus guère même dans le Piémont et la Lombardie, où on les laisse partout mourir de leur honorable vétusté, pour les remplacer par de moins encombrantes, moins coûteuses, plus légères et plus parfaites à tous égards.

En effet, on peut compter que dans le Piémont, pays si connu pour la grandeur des établissements[1] et la perfection

[1] Il n'est pas rare, aujourd'hui, de rencontrer dans ce riche pays, comme dans le Milanais, des manufactures de 180 à 200 bassines et de 20 à 30 mille broches ou fuseaux, marchant au moyen de moteurs hydrauliques depuis plusieurs siècles, ou à vapeur depuis un assez grand nombre d'années, et qui, par conséquent, ne méritent pas les reproches *humanitaires* et passablement ridicules, mais déjà anciens il est vrai, faits par le très-peu philosophe auteur de la *Philosophie des manufactures*, à l'occasion de quelques vieilles machines isolées en bois, perdues dans les campagnes, où de pauvres paysans se servaient encore, en 1836, de roues à marches ou à cages d'écureuils, qui auront sans doute disparu depuis lors, mais n'empêchent nul-

du filage ou de l'ouvraison des soies, presque tous les tours et les moulins sont établis d'après le système français, tandis qu'en Toscane, dans le Milanais, à Naples, en Sicile, pays un peu moins avancés peut-être, il existait naguère 8 moulins ronds sur 10 pour le premier apprêt et 1 sur 10 seulement pour le deuxième; proportions qui ne tarderont pas à se rapprocher de plus en plus de celles qu'on observe en France ou dans le Piémont.

Quant aux machines anglaises, en fer et en fonte, à ouvrer les soies, malgré quelques tentatives isolées, il ne paraît pas qu'on ait jusqu'ici réussi, pas plus en Italie et à Naples même que chez nous, à les substituer avec quelque succès à celles dont il vient d'être parlé, et aux plus arriérées desquelles on ne peut guère reprocher que de marcher encore avec une certaine lenteur, de ne point être établies sur un plus vaste ensemble ou échelle de fabrication, de ne point faire assez usage, dans la machine à doubler notamment, de casse-fils et tendeurs, de moyens de régulariser l'envidage sur bobines et d'égaliser la tension des fils conjugués, en évitant ainsi les travellages au deuxième tors ou apprêt, dont les machines devraient être constamment suivies ou accompagnées de compteurs de tours ou de livraisons; compteurs qui ne manquent pas certes en France, mais qui y seraient plus généralement employés encore si le commerce l'exigeait et le payait, ou s'il cessait d'exister des intermédiaires, actuellement obligés, entre le fabricant d'étoffes et le filateur. Comme on a dû s'en apercevoir d'ailleurs, il ne serait pas nécessaire de recourir aux machines anglaises, qui, au contraire, ont beaucoup emprunté aux nôtres, ne serait-ce que l'ingénieux mécanisme imaginé en 1832 par M. Coront pour enrouler, à l'aide d'en-

q

lement que les grandes manufactures de l'Italie n'aient servi autrefois de modèles aux factoreries anglaises, notamment aux *water-frame*, etc. Il n'est pas vrai non plus, ainsi que le démontre l'analyse précédente des brevets, que les manufactures de soie en France soient redevables de la plupart de leurs perfectionnements aux autres pays, l'Angleterre sans aucun doute, etc., etc. (T. I, p. 381, 399, de l'édition française.)

grenages elliptiques et excentriques, le fil en zigzags croisés sur des bobines creuses d'abord, puis bientôt renflées.

Que de 1830 à 1838, époque où l'Angleterre s'empressa plus particulièrement, selon le docteur Ure[1], d'améliorer, de réformer ses anciennes machines en bois, copiées du Piémont, et jusque-là si peu perfectionnées ou profitables à l'industrie de la Grande-Bretagne malgré des prohibitions absolues, que, dis-je, MM. Lillie et Peter Fairbairn, de Leeds, célèbres constructeurs de machines à filer le coton, aient jugé convenable de substituer le fer et la fonte au bois dans les machines à filer la soie, en se rapprochant le plus possible du système de construction dès lors suivi pour les métiers à filer continus; il n'y a rien là qui doive surprendre, surtout si, en en faisant application aux gréges, ces mécaniciens ont su mettre à profit ce qu'il y avait de plus parfait à l'époque et de mieux approprié aux qualités spéciales de la substance. Mais jusqu'à quel point le but se trouve-t-il rempli dans les machines si fort préconisées par le docteur Ure, d'abord en 1836, dans sa *Philosophie des manufactures*, puis en 1843, dans son *Dictionnaire anglais*, plus tard traduit et imité chez nous? Jusqu'à quel point surtout MM. Lillie et P. Fairbairn ont-ils réussi à surpasser nos propres machines à ouvrer la soie, je ne dis pas sous le rapport de l'exécution matérielle, ce qui ne peut être mis en question par personne; je ne dis pas non plus au point de vue de la nouveauté des combinaisons mécaniques, qu'on y chercherait vainement; mais bien sous celui des avantages pratiques et du perfectionnement de ces combinaisons, c'est-à-dire de leur spéciale appropriation au but à remplir?

Voilà ce qu'il paraît difficile de décider ou de concéder à priori, tout en accordant volontiers que, sauf un accroissement de gêne et de fatigue pour les rattacheuses, le double rang de tavelles sur un même banc avec planche de garde puisse amener une économie en espace et en rouages de transmission; qu'il en est ainsi également des continues droites à

[1] *Dictionnaire anglais des arts et manufactures*, p. 1165.

faces verticales doubles, parallèles et à double étage de vargues; disposition imitée de celle qu'avait autrefois adoptée Vaucanson, sauf que les fuseaux, munis d'ailettes à deux branches renversées, y sont conduits par de longs tambours horizontaux en zinc, ayant pour moteur un système d'engrenages à roues de rechange pour le changement du tors, et faisant marcher isolément des cordons sans fin passés dans les noix évidées des broches, sujettes à des pressions, à des frottements, à des glissements variables, par conséquent aussi à des inégalités de vitesse; tout en accordant, si l'on veut encore, que l'accélération dans le mouvement rotatoire des bobines ou fuseaux, portée ici de 3 à 4 mille tours par minute, soit un avantage réel sous le rapport de l'accroissement même des produits pour une dépense donnée de force motrice, de temps et de frais généraux de fabrication. Il est évident, en effet, que ce sont là des avantages très-précieux, trop rares peut-être dans certaines de nos machines; mais, au fond et malgré toute leur importance, ils ne suffisent pas pour trancher la question relative à la qualité, à la supériorité, ni même, jusqu'à un certain point, au bon marché absolu ou comparé des produits, c'est-à-dire, eu égard au prix, à la valeur effective de la marchandise ouvrée.

Tout le monde sait, au surplus, que nos habiles rivaux, si supérieurs au point de vue de leur immense commerce maritime, se contentent ici, comme ailleurs, de produits obtenus en grande masse, il est vrai, mais généralement médiocres et d'un facile débit, en s'adressant, à cet effet, plus particulièrement aux soies de la Perse et de l'Inde, qu'ils soumettent, comme cela a déjà été dit, à des opérations et savonnages gélatineux appropriés, tandis qu'ils s'adressent à l'Italie et à la France pour les trames et organsins qui doivent entrer dans la fabrication des tissus les plus beaux et les plus riches.

Je n'attribuerai pas, avec quelques personnes, les motifs pour lesquels nos industrieux filateurs de soie et ceux de l'Italie ont constamment repoussé l'introduction des machines anglaises dans leurs magnifiques ateliers, où rien certes n'est épargné, soit à la prétendue cherté de ces machines, soit à la crainte de voir les belles soies du Midi entachées par les émanations et oxydations qui s'exhalent du fer ou de la fonte; je les attribuerai encore moins à l'esprit de routine, à l'exiguïté des locaux actuels, sinon en hauteur, du moins en dimensions horizontales, ni aux habitudes acquises par les ouvrières montant sur les échelles, ni même à la nécessité d'aérer, ventiler, rafraîchir d'une manière toute particulière, ces mêmes établissements ou ateliers; je me contenterai de faire remarquer qu'en vue de réduire autant que possible le coût des machines anglaises, notamment celles qui ont trait aux apprêts du premier et du deuxième degré, on les a privées des plus délicats organes qu'on aperçoit plus particulièrement dans les bancs à broches modernes, pour assurer l'uniformité de l'enroulement et le tors des fils, tant recommandés aux mouliniers de France par leur illustre maître Vaucanson. Enfin, il ne faut pas oublier que les inégalités du tirage des fils entre les roquelles supérieures, les ailettes et les fuseaux ou bobines inférieures, que ne corrige peut-être pas assez dans les machines de Fairbairn et Lillie une certaine liberté de jeu ou d'action des ressorts élastiques; il ne faut pas oublier, dis-je, que ces inégalités, si fâcheuses pour la beauté et l'uniformité des apprêts, jointes à l'expéditif emploi, dans les opérations précédentes, de purgeoirs en lames d'acier et en verre parallèles, de frottoirs métalliques polis, etc., bien qu'ils ne se reproduisent qu'une fois, à l'encontre de ce qui arrive dans nos propres machines, n'en doivent pas moins tendre à produire dans les fils des énervations, des ruptures, sources de déchets que des mécanismes à bascule d'embrayage ou à coupage sauraient d'autant moins prévenir que les nœuds répétés sont très-nuisibles à la beauté des tissus, et obligent de ralentir considérablement le jeu des tavelles et des bobines d'enroulement.

En un mot, il est à supposer que les mécaniciens anglais, si habiles dans l'emploi du fer et de la fonte, se sont trop hâtés, dans l'origine, d'arrêter, d'immobiliser, en quelque sorte, leur système de construction des machines à mouliner la soie, et il sera prudent de procéder à la transformation de nos propres machines d'ouvraison avec la lenteur et la maturité nécessaires, comme on l'a fait pour le tour même à tirer les cocons. Que si, d'ailleurs, ces diverses observations, celles surtout qui sont relatives aux moulins à organsiner, n'étaient fondées en principe, comment, je le répète, s'expliquer que les machines ovales françaises, pour ainsi dire entièrement construites en bois, se soient propagées, non pas seulement en France et en Italie, mais bien, si je n'ai point été induit en erreur, dans plusieurs des localités du midi de l'Angleterre?

A l'égard de la différence qui, indépendamment du bon marché, peut exister entre une machine en bois et une entièrement construite en fer et en fonte, je ne dis pas quant à la charpente ou au bâti, dont l'établissement en matières rigides est, sans aucun doute, avantageuse à la durée et à la stabilité, mais bien quant aux rouages dentés et aux principaux organes du mouvement, il ne sera peut-être pas inutile, au point de vue historique, de rappeler ici la discussion très-vive qui, en 1776, s'est élevée dans le sein de l'Académie des sciences[1] entre Vaucanson, ayant pour interprète l'illustre D'Alembert, et Vandermonde, qui, dans un rapport sur les moulins à manége et à eau du mécanicien Durand, de Paris, avait fortement approuvé la tentative d'introduire la fonte moulée dans la construction des diverses roues d'engrenage, dont, à cette époque même, ainsi qu'on l'a vu, l'usage commençait à se propager dans les moulins et les filatures de l'Angleterre. Or, tout en reconnaissant le mérite inhérent à la découverte du mécanisme à déclic et à liberté de recul appliqué par l'ingénieur Durand aux moulins à manége, pour permettre à l'animal de se reposer sans être entraîné par l'équipage de la meule volante, Vaucanson, en donnant sans restrictions des éloges à cette simple et ingénieuse combinaison, la même sans doute qui a été mentionnée, sans nom d'auteur, à la p. 576,

[1] Séances des 3, 5 et 17 juin 1776.

de la première Partie, Vaucanson, dis-je, fait de spécieuses et graves réserves à l'égard du système de rouages en fer mis en œuvre par l'auteur, qu'il ne croit pas propre à atteindre convenablement le but, faute de fonte appropriée et d'outils mécaniques capables de tailler les dents de semblables pièces avec la précision indispensable. A ce sujet, Vaucanson n'hésite pas à invoquer la vieille expérience qu'il avait acquise dans l'établissement des machines à mouliner la soie [1], où le défaut absolu de flexibilité des organes du mouvement, aggravé par les difficultés matérielles de l'exécution, l'avait toujours contraint de revenir aux anciens engrenages en bois.

Il est évident qu'aujourd'hui, avec nos machines-outils, nos procédés de division ou de taille si rapides et si précis, mais surtout grâce à l'emploi des dents en bois opposées à d'autres en fonte douce, suivant le système de Rennie et de Watt, on ne court pas à beaucoup près les mêmes risques, quoiqu'ils existent cependant encore à un degré assez prononcé pour avoir motivé en beaucoup de cas, comme on en a eu des exemples dans la première Partie (Sections I et IV), le remplacement des engrenages par des courroies, même dans de très-puissantes machines où tous les mouvements doivent s'accomplir avec une uniformité, pour ainsi dire, parfaite. Car on sait assez que les courroies, grâce à leur roideur, à leur extrême tension, aux frottements et au jeu qu'elles font naître sur les articulations ou appuis, sont loin d'offrir une supériorité d'avantages, au point de vue mécanique, sur des engrenages bien exécutés et à dentures suffisamment multipliées; ce qui, joint à la propriété même que les engrenages possèdent,

[1] Il cite également l'exemple d'une grande machine à filer le coton établie dans le faubourg Saint-Antoine à Paris, et dont les rouages en fer furent avantageusement remplacés par d'autres entièrement en bois. Vaucanson ajoute que les grandes roues sont préférables aux petites, et que, dans les machines où les résistances sont divisibles, on doit, autant qu'il est possible, diviser pareillement la puissance; ce qui n'est que relativement exact en pratique ou en théorie, et s'éloigne d'ailleurs beaucoup du système de construction généralement adopté de nos jours.

de céder difficilement aux chocs et aux secousses accidentelles, fait, suivant une précédente remarque sur laquelle j'aurai à revenir d'une manière encore plus spéciale dans la Section suivante, qu'on les a préférés, pour la conduite des broches des machines à filer le coton, aux chaînes de Vaucanson et aux cordonnets sans fin que Le Payen, de Metz, y avait substitués dès 1765 ou 1766. Quant à appliquer directement les engrenages aux broches des moulins à organsiner, on ne saurait jusqu'à présent y songer.

La facilité et l'empressement avec lesquels nous avons généralement admis ou imité, depuis 1784, les machines anglaises en fer ou en fonte, mais plus particulièrement celles à filer le coton, fussent-elles médiocrement bonnes, cette facilité qui s'est fait remarquer tout aussi bien dans le midi que dans le nord de la France, prouve assez que si, malgré les encouragements et les excitations des admirateurs exclusifs de l'industrie britannique, nous n'avons pas suivi la même impulsion à l'égard des machines à ouvrer les gréges, c'est qu'il existait, pour s'abstenir, des motifs sérieux tenant aux qualités physiques et toutes spéciales de la matière, tout à la fois continue, tenace, extensible et contractile; motifs sur lesquels j'ai assez insisté pour n'y point revenir. Je me bornerai donc à faire observer ici que l'introduction définitive du fer et de la fonte dans les machines à mouliner la soie réclamerait une exécution parfaite et l'adjonction de tous les artifices ou procédés mécaniques qui peuvent servir à corriger les inconvénients résultant du manque de ressorts, de la rigidité même des différents organes de mouvements et de transmission de la force motrice aux broches.

Quant aux tentatives faites, soit en France, soit en Angleterre, pour activer davantage encore le moulinage des gréges en accomplissant simultanément les opérations du premier tors, du doublage et du deuxième tors dans une même machine, tentatives dont j'ai rendu un compte détaillé dans les derniers paragraphes du chapitre II de cette Section, il ne semble pas qu'elles aient obtenu aucun succès durable, malgré les simplifications et perfectionnements apportés à sa première machine par M. William Needham, de Manchester, dans une autre nouvelle patente du 31 mai 1838[1], malgré même les ingénieuses, sinon nouvelles, combinaisons adoptées par l'ingénieur anglais Neville-Nash dans un brevet d'importation en France du 28 mai de la même année, et qui a obtenu un certain retentissement par les éloges et la récompense que la Société d'encouragement de Paris lui a décernés en 1840, sur le rapport de M. Calla fils[2]. En effet, il ne paraît pas que depuis cette époque, où la machine de M. Neville était en construction sur une fort grande échelle dans l'un des établissements de Turin, ce système de continues, à couple de broches douées de mouvements excentriques avec ou sans engrenages, et qui est proprement le reflet des idées émises par MM. Tastevin, Guilliny, Coront, Badnall, etc., ait parfaitement réussi; car il a, comme celui de M. Needham, le défaut grave d'être, par la complication, la délicatesse des organes essentiels, d'un maniement difficile et d'un prix relativement élevé, outre qu'il repose sur des conditions théoriques peu applicables à la nature particulière de la soie longue.

Enfin, il est à remarquer que, à l'Exposition de Londres de 1851, la riche et complète collection de M. Davenport, de Derby, en machines fonctionnant et destinées à montrer le système d'ouvraison des soies alors en usage en Angleterre; que cette collection, où figure à profusion le bois poli d'acajou, etc., ne contenait aucun des moyens mécaniques expéditifs mentionnés en dernier lieu, mais bien une succession de bancs de tavelles, de purgeoirs, de doubloirs et de moulins automates qui, sauf l'excellence de leur construction, différaient assez peu du système de construction primitivement adopté par MM. Lillie et Fairbairn, tel qu'il se trouve décrit dans les ouvrages du docteur Ure, etc.

[1] Elle a été publiée avec figures dans le *Repertory of patent inventions*, t. XL, p. 89, sous le nom assez impropre de *silk-worm*, puisque, si je ne me trompe, il ne s'agissait là nullement du filage ou tirage des cocons.

[2] T. XXXIV du *Bulletin*, p. 161, 303 et 418.

Les quelques machines ou modèles qui ont valu à M. Frost, de Macclesfield, la médaille de prix, également accordée à M. Davenport, de Derby, présentaient seuls des modifications essentielles, dont les unes concernent la réduction de l'espace occupé par les tavelles, les purgeoirs, les broches et bobines; les autres, une ingénieuse et simple disposition de machines à doubler et à tordre en même temps les gréges. Dans cette disposition, en effet, les fils simples sont respectivement enroulés sur des bobines verticales accouplées et dont les broches, surmontées à l'ordinaire d'une ailette à barbin, sont mises simultanément en action par une bande sans fin agissant sur la convexité de leurs noix; ces mêmes fils, toujours isolés, communiquent, par un renvoi de poulies supérieures, avec la circonférence d'une grosse roquelle d'enroulement, précédée d'un barbin réunisseur à va-et-vient, et reposant librement, en vertu de son poids, sur un rouleau moteur garni de drap et à rotation uniforme, d'après le principe d'égalisation du tors dont il a souvent été parlé dans les chap. I et II de la présente Section.

Toutefois, il est essentiel de remarquer ici, non-seulement que l'égalité même de tension et de tirage est assurée dans les deux fils soutenant, à cet effet, de petits poids librement suspendus à leurs branches horizontales respectives, mais encore que l'appareil est muni d'une bascule à contre-poids d'équilibre ou d'arrêt qui, par son basculement, suspend instantanément la rotation du rouleau moteur, quand l'un des brins horizontaux et supérieurs des fils, déjà tordus au sortir des broches, venant à rompre, son petit poids de suspension tombe brusquement sur l'une des branches de la bascule, où il pèse aussi en cas de relâchement trop considérable de ce fil, dû à un vrillage, à un embarras quelconque sur la broche ou bobine de déroulement correspondante. Cette disposition, qui rappelle également quelques-unes de celles dont nous nous sommes déjà précédemment occupés, a cela d'avantageux d'ailleurs, qu'elle n'entraîne aucunement la suspension entière de la machine, attendu que le rouleau moteur porte un rochet denté, à frein ou frottement réglé par un ressort, muni de vis de pression; rochet contre les dents duquel s'opère le butement, en dessous, de la branche opposée de la bascule.

J'ai déjà fait observer, dans le cours de cette Section, qu'aucune machine française à mouliner la soie n'avait été offerte à l'Exposition universelle de Londres; j'ajouterai que l'Italie elle-même, si riche en machines de cette espèce, a été absente, et que l'Allemagne, seule, s'est trouvée représentée, pour une machine à tracaner ou dévider les fils, par M. T.-H. Diepers, de Crefeld, tandis que la Russie l'a été par M. H. Graff, pour un appareil à filer directement, c'est-à-dire automatiquement, les cocons à l'eau chaude; genre de machines qui a été aussi nouvellement tenté en Angleterre, mais probablement sans chance sérieuse de succès pour les belles qualités de gréges, dont avant tout, comme on l'a vu, il convient d'éviter le vitrage, la collure sur les asples, bobines ou cannettes ordinairement mis en usage dans cette espèce particulière de filage ou dévidage des cocons.

IIᵉ SECTION.

MACHINES SERVANT A FILER,

PEIGNER, TEILLER LE LIN, LE CHANVRE ET LES SUBSTANCES DE CONTEXTURE ANALOGUE [1].

L'ordre logique et naturel semblerait exiger que nous commençassions cette Section par l'exposé des principales découvertes relatives au teillage et au peignage mécaniques du lin et du chanvre, puisque ces opérations constituent le point de départ nécessaire du filage proprement dit de ces substances; mais, ainsi que j'en ai déjà fait la remarque générale, les machines de préparation sont précisément aussi celles qui ont été les dernières à atteindre le degré de perfection réclamé par les progrès incessants du filage et du tissage, et c'est pourquoi on ne devra pas être surpris que j'aie renvoyé à un dernier paragraphe ce qui concerne en particulier l'opération du teillage, qui jusque dans ces derniers temps, en effet, était presque entièrement exécutée à la main, avec des instruments privés en quelque sorte de tout caractère automatique, tandis que, pour ne pas trop interrompre l'enchaînement des idées historiques, j'expose dans leur ordre de découverte les données relatives aux machines à peigner, dont le perfectionnement a suivi de beaucoup plus près celui des machines à étirer et tordre la filasse du lin et du chanvre, amenée à divers degrés de finesse, mais qui de longtemps, néanmoins, ne

[1] Cette portion du Rapport a été lue, au printemps de 1852, à la Commission française de l'Exposition universelle de Londres; le manuscrit en a été communiqué postérieurement à MM. les rapporteurs du Conseil d'État et du Sénat, à l'occasion du projet de loi relatif à la récompense nationale décernée à la famille de Philippe de Girard : l'étendue, la variété et l'ordre des matières à traiter dans la première et la deuxième partie de ce Rapport ayant retardé de plus de quatre ans la publication de l'ensemble, je crois devoir déclarer que la Section relative aux machines à travailler le lin et le chanvre, telle qu'elle se trouve imprimée ici jusqu'au chapitre IV, est en tous points conforme au texte manuscrit lu et adopté en 1852.

saurait par les machines atteindre la perfection que savent lui donner à la main les habiles peigneurs de nos départements du nord pour la préparation des fils destinés à la confection des plus beaux tissus de batiste.

CHAPITRE Ier.

ÉTAT DE LA FILATURE MÉCANIQUE DU LIN ET DU CHANVRE AVANT ET JUSQU'À L'ÉPOQUE DE 1815.

§ Ier. — Tentatives diverses et antérieures au concours ouvert par Napoléon Ier en 1810 : conversion de la filasse en matières cotonneuses, par MM. *Berthollet, Clays, Molard* et *Bauwens*, d'une part, et par MM. *Billion, Bomieu* frères, *Lebrun*, etc., d'une autre. — Machines à filer le lin et les étoupes, par MM. *Demaurey, Delafontaine, W. Robinson, Busby, Alphonse Leroy, G. Munier, J. Madden* et *Patrick Onéal*, etc., à Paris; opinion de M. *Bardel* sur les produits de ces machines.

La France, séparée de ses colonies dès avant le commencement de ce siècle, soumise depuis la rupture de la paix d'Amiens à un blocus continental rigoureux, qui ne lui permettait de recevoir du dehors qu'une bien faible portion du coton nécessaire à l'alimentation de ses manufactures et aux besoins de ses populations; la France, qui possédait alors un système de filature du coton relativement étendu et perfectionné[1], a

[1] Voyez le Rapport fait en l'an XI (1803), au ministre de l'intérieur, par le Jury du concours établi pour la construction des meilleures machines à carder et à filer le coton, composé de MM. Bardel, Conté, Molard, Lancelvé, Corné et Bellangé; Rapport dans lequel sont mentionnés les efforts qui à dater de 1784, où MM. Martin et Milne introduisirent chez nous, comme on l'a vu, les premières mule-jennys, ont été faits successivement, d'abord, avant le concours, par MM. Décretot, Boyer-Fonfrède (sans doute C. Albert), Morgham et Massey, Pickfort, François et Lieven-Bauwens, afin de doter le pays de la série entière des machines inventées ou perfectionnées en Angleterre pour la filature du coton; puis, et plus spécialement en vue de concourir au prix, par les mécaniciens Bramwells, Pobecheim, Milne, Calla, enfin Lieven-Bauwens et James Farrar, dont les machines ont obtenu la préférence sur celles de leurs concurrents. Dans le texte du Rapport, inséré au t. III, p. 137, du *Bulletin de la Société d'encouragement*, on lit *mule-jenny* et non pas *mull-jenny*, comme on l'a mal à propos écrit posté-

dû naturellement être l'une des premières à se jeter dans la voie des tentatives pour approprier le système automatique de cette filature à la transformation des longues fibres du lin, du chanvre et de leurs étoupes en fils plus ou moins parfaits. De là les essais de l'illustre Berthollet, de Clays, de Molard et de Bauwens entrepris à Paris, dès l'an VIII (1800), pour transformer ces matières textiles en produits analogues à ceux que présente le coton[1]; essais qui avaient été précédés et furent suivis de beaucoup d'autres, où ces précieuses matières, lacérées par petits bouts, maillées et réduites à l'état cotonneux, étaient soumises à un véritable cardage, et présentées ensuite aux machines à filer ordinaires, qui les transformaient en fils grossiers du nᵒ 10 ou 12 au plus, et dont les courts éléments juxtaposés composaient un tout sans liaison nécessaire, si ce n'est celle que lui donnaient le tors et le frottement mutuel des parties.

Tel était notamment l'objet des brevets accordés en 1799, 1807 et 1808, à MM. Billion, Romieu frères et Lebrun, à Paris, pour des procédés propres à donner au lin et au chanvre l'apparence de la soie et du coton; procédés qui n'ont point été ignorés dans la Grande-Bretagne, notamment en Écosse, où d'ailleurs on filait dans les plus bas numéros le lin et le chanvre, à sec et dans toute la longueur, dès les dernières années du XVIIIᵉ siècle; procédés enfin que les échantillons exposés en dernier lieu par M. Claussen, à Londres, sembleraient devoir faire revivre avec tous les perfectionnements que comporte l'état actuel de l'industrie et de la science. Si, d'autre part, on en croit une lettre de Cadix, datée du 12 janvier 1828 et insérée dans le *Diario mercantil* de Barcelone, on aurait fait également en Espagne des tentatives pour filer mécaniquement le lin, les étoupes, et même les fibres du genêt, préalablement réduites à un état de douceur, de flexibilité, comparable à celui du coton, et permettant de les soumettre

rieurement, avec une orthographe qui, je crois devoir en faire ici la remarque plus explicite encore, n'est ni anglaise ni allemande.

[1] *Journal de l'École polytechnique*, IIᵉ cahier, an X, p. 319.

au même mode de cardage, etc.; tentatives dont on avait vu les résultats à l'Exposition espagnole de 1827, et qui, d'après l'auteur, remonteraient, du moins pour les étoupes du lin, aux années 1788 et 1794, où l'on aurait filé à Santiago du lin si fin que chaque gros donnait 400 *varas*, propres, ajoute-t-il, à faire de la batiste.

M. Demaurcy, d'Incarville près Louviers, si connu pour les progrès qu'il a fait faire à la filature de la laine, est regardé comme le premier qui, dès l'époque de 1797, ait entrepris d'une manière sérieuse, en France, de composer un système de machines propres à filer le lin; système que M. Delafontaine a mis en usage, en 1799, dans un établissement formé à la Flèche, et dont les produits furent plus tard soumis à la Société d'encouragement de Paris. Des brevets ont également été pris en France dans les années 1798, 1801, 1804, 1807 et 1808 par M. William Robinson et Mme Clarke, domiciliés à Paris; par MM. Busby à Rouen, Alphonse Leroy à Paris, Georges Munier à Versailles, John Madden et Patrick Onéal à Paris, ayant tous le même but, la filature du lin; et d'après le Rapport adressé au Gouvernement français, en novembre 1810, par MM. Monge, Joly de Bammeville, Bardel et Molard, ce sont ces premières tentatives qui auraient donné à Napoléon Ier l'idée d'ouvrir le célèbre concours relatif à la filature de cette matière par des procédés purement mécaniques, qui devaient faire atteindre au fil de lin jusqu'au n° 400 (400 kilomètres par kilogramme)[1] et le rendre propre, en un mot, à

[1] Je rappellerai ici que le numérotage nommé *métrique* est généralement adopté en France depuis la publication du programme du Concours pour le grand prix de 1810 : le n° 10, dans ce système, correspondant très-approximativement au n° 6 anglais, il devient facile d'opérer la conversion pour chaque cas. Voici, au surplus, le texte de ce Rapport, tel qu'il se trouve imprimé aux pages 280 à 283 du t. IX du *Bulletin de la Société d'encouragement :*

Programme relatif au prix d'un million de francs offert par le décret impérial du 7 mai dernier à l'auteur des meilleures machines à filer le lin.

« Art. Ier. Le prix d'un million de francs offert par le décret du 7 mai

fabriquer un tissu égal en finesse à celui de la mousseline de coton; problème dont la solution, même en la restreignant au plus bas numéro (170) admis par le programme, reste au-

« 1810 à l'auteur du meilleur système de machines propres à filer le lin « sera accordé à celui qui sera parvenu à filer :

« 1° Des fils de lin pour chaîne et pour trame propres à faire un tissu « égal en finesse à la mousseline fabriquée avec du fil de coton n° 400 000 « mètres au kilogramme, correspondant au n° 164 000 aunes à la livre, poids « de marc : les procédés employés pour obtenir ces fils devront procurer « une économie de huit dixièmes sur le prix de la filature à la main;

« 2° Des fils de lin pour chaîne et pour trame propres à faire un tissu « égal en finesse à une toile nommée percale, fabriquée avec du fil de coton « n° 225 000 mètres au kilogramme, correspondant au n° 92 000 aunes à « la livre : les procédés employés pour obtenir ces fils devront procurer une « économie des sept dixièmes sur le prix de la filature à la main;

« 3° Des fils de lin pour chaîne et pour trame propres à faire un tissu « égal en finesse à une toile fabriquée avec du fil de coton n° 170 000 mètres « au kilogramme, correspondant au n° 70 000 aunes à la livre : les procédés « employés pour obtenir ces fils devront procurer une économie des six « dixièmes sur le prix de la filature à la main. Dans les économies de main- « d'œuvre exigées par les conditions précédentes, sont comprises celles qu'on « pourra obtenir sur toutes les opérations préparatoires de la filature du lin.

« II. Si les conditions exigées par l'article précédent n'étaient pas toutes « remplies, il serait accordé 500 000 francs à celui qui aura satisfait à la « deuxième et à la troisième de ces conditions; et dans le cas où il n'y aurait « que la troisième condition de remplie, le prix sera réduit à 250 000 francs.

« III. Un jury composé de sept membres, dont quatre manufacturiers et « trois versés dans les connaissances mécaniques, nommés par le ministre « de l'intérieur, est chargé de l'examen de toutes les machines présentées « au Concours, ainsi que de toutes les opérations nécessaires pour s'assurer « de leurs effets, de la quantité et de la perfection de leurs produits. Le jury « fera un rapport détaillé des résultats de son examen au ministre de l'in- « térieur.

« IV. Le Concours restera ouvert pendant trois ans, à partir du 7 mai « dernier, et ne sera fermé que le 7 mai 1813.

« V. Les concurrents devront faire parvenir, franc de port, leurs ma- « chines au ministre de l'intérieur avant la fin du Concours; mais, avant « l'envoi des machines, ils pourront lui adresser les dessins avec mémoires « explicatifs, ainsi que des échantillons de leurs produits, afin que le jury « puisse faire connaître si elles sont susceptibles d'être présentées au Con- « cours, et qu'en cas de négative les auteurs s'épargnent les frais de trans- « port. Néanmoins, on admettra au Concours les machines que les auteurs

jourd'hui encore à désirer, malgré l'état, relativement très-avancé, de cette branche importante de l'industrie, soit en Angleterre, soit en France.

Les procédés mis en usage aux époques précitées étaient d'ailleurs extrêmement imparfaits, surtout quant aux premiers étirages et à la formation des premiers rubans ou mèches, tous produits à sec, en toute longueur des fibres, et qu'on obtenait, dès lors comme aujourd'hui, par des laminages, étirages et doublages successifs, fort analogues à ceux que l'on faisait subir au coton.

Parmi ces procédés, on doit plus particulièrement distinguer : 1° celui qui a été décrit dans le brevet d'importation

« jugeraient convenable de présenter, malgré l'avis contraire qu'ils en au-« raient reçu.

« VI. Les machines, pour être admises au Concours, devront être cons-« truites en grand et en état de fonctionner de la même manière que si elles « devaient être employées à former un établissement de filature. A mesure « de leur arrivée, le ministre de l'intérieur les fera placer au Conservatoire « des arts et métiers, où elles seront examinées immédiatement après le « délai fixé par le Concours.

« VII. Les concurrents feront connaître au jury tous les procédés qu'ils « mettront en usage, en prenant le lin en branches ou sortant du routoir « jusqu'aux dernières opérations de la filature.

« VIII. Le système de machines qui aura satisfait complétement aux con-« ditions exigées deviendra la propriété des manufactures françaises, du « moment que le prix aura été décerné à son auteur, et les mécaniques qui « composeront ce système appartiendront au Gouvernement.

« Arrêté à Paris, le 9 novembre 1810.

« *Le Ministre de l'intérieur, comte de l'Empire,*

« *Signé* MONTALIVET. »

Suit le Rapport au ministre sur l'état de la filature mécanique du lin à l'époque de 1810 par le jury dont Monge était le président; Rapport où l'on voit figurer les noms de MM. *Demaurey, Delafontaine* fils, *William Robinson, Fulton* et *Cutting*, Mme *Clarke*, MM. *Busby, Alphonse Leroy* fils, *Georges Munier, John Madden* et *Patrick Onéal*, tous établis en France, et dont les systèmes de filature, indiqués comme premières tentatives mécaniques dans la voie du Concours, sont examinés plus explicitement dans le texte ci-dessus.

accordé à William Robinson en avril 1798, parce qu'il peut donner une idée de l'état de la filature du lin et du chanvre en Angleterre et en Écosse à la fin du dernier siècle; 2° celui d'Alphonse Leroy, également décrit dans un brevet du 20 mars 1807, parce qu'il a obtenu les éloges de la Société d'encouragement de Paris (7e année du *Bulletin*, p. 47).

La méthode de ce dernier filateur se distingue de celle du précédent par des idées plus nettes, une théorie plus avancée des préparations, que comporte la longue filasse du lin ou du chanvre, non moins que par des perfectionnements très-importants relatifs au mode d'étirages successifs des nappes, bandes ou rubans de cette filasse.

Dans l'une et l'autre machine, la première bande, composée de poignées de lin rangées à la main, bout à bout et en *échelons*, c'est-à-dire ventres contre pointes, dans une auge ou sur une toile sans fin, horizontales, passe entre les cylindres cannelés alimentaires, d'où elle est attirée sur un grand tambour en bois, mobile autour d'un axe horizontal qui reçoit la nappe de filasse à sa partie supérieure, où elle est maintenue par des rouleaux de pression, et livrée ensuite, vers l'extrémité opposée du diamètre, aux cylindres étireurs, etc. Mais, au lieu que dans le système Robinson le tambour, parfaitement uni, ne retient cette nappe que par les rouleaux de pression compris entre les extrémités de son diamètre horizontal, ce même tambour, dans le système de Leroy, est muni de petites lames ou *barrettes* parallèles à l'axe et formant autant de peignes ou *sérans* distribués, tant pleins que vides, autour de sa circonférence extérieure, qui servent à séparer, à aligner parallèlement les fibres et à les entraîner par simple frottement, tout en leur permettant de glisser entre elles d'un mouvement relatif, et de céder ainsi graduellement à l'étirage postérieur sans se rompre ou se désunir; les rouleaux de pression, fixés aux circonférences de lanternes mobiles, et qui agissent vers les extrémités de la nappe dans les intervalles vides des barrettes, n'ayant ici d'autre objet que de maintenir la filasse contre le tambour, sans trop l'y presser ou retenir.

Cette dernière modification dans le système d'étirage semble d'autant plus remarquable qu'elle est, comme nous le verrons bientôt, l'origine, fort imparfaite sans doute, des procédés aujourd'hui en usage et dont on doit la principale découverte à Philippe de Girard. Jusque-là, en effet, on n'était point parvenu à empêcher les fibres courtes de se replier dans l'étirage au travers des tambours, et de former ainsi des vrilles, nœuds ou boutons très-nuisibles à la régularité des étirages postérieurs et du filage en fin. Ajoutons que dans le brevet d'importation de William Robinson on fait pressentir la nécessité, mais pour le lin seulement, d'armer le gros tambour de *pointes d'acier sur toute sa surface,* et de substituer aux rouleaux de pression fixes des *lanternes mobiles à fuseaux d'acier;* remarque qui a pu mettre Leroy sur la voie de perfectionnements en eux-mêmes fort essentiels, et dont peut-être l'importateur Robinson n'avait pas senti toute l'importance et l'utilité.

Nous n'insisterons pas, au surplus, sur les différences que présentent les deux systèmes de filature, et qui sont relatives soit à la manière de disposer les poignées de filasse sur la table à étaler, sur l'auge ou la toile sans fin, qui servent à alimenter les premiers cylindres, soit à la formation des rubans au moyen de tuyères, etc., soit enfin à leur doublage et redoublage sur des *tambours rubaneurs* pareils aux premiers, et dans lesquels les sérans à barrettes, mis en usage par Leroy, offrent, d'une machine à l'autre, des aiguilles de plus en plus courtes, fines et resserrées. Ces différences, en effet, ne présentent rien de bien essentiel, et qui ne soit analogue à ce que l'on pratique pour la formation des premières mèches ou nappes de coton, si ce n'est que, dans le système Robinson, le dernier doublage ou étirage a lieu au moyen de broches à ailettes donnant une mèche avec léger tors, tandis que, dans celui de Leroy, la dernière préparation se rend, comme les précédentes, dans une *lanterne verticale,* ou boîte cylindrique tournante, en fer-blanc, qui lui donne le degré de tors, très-faible, dont elle a besoin pour pouvoir être ensuite facilement soumise au filage en fin continu.

Quant aux métiers qui servent à ce dernier objet dans l'un ou l'autre système, ils diffèrent en ce sens, que, dans celui de Robinson, la mèche, déjà enroulée sur des bobines, reçoit directement un dernier étirage et un dernier tors en fin, après avoir passé sur trois systèmes de rouleaux étireurs ou lamineurs disposés dans le sens d'un plan légèrement incliné sur la verticale, ce qui favorise l'étirage par l'action de la pesanteur; tandis que, dans celui de Leroy, les mèches, plates et beaucoup plus grosses, passent préalablement au travers de six couples de cylindres lamineurs ou étireurs, gradués quant à la pression et à la vitesse, mais entre lesquels se trouvent interposées des auges curvilignes ou sortes de tuyères, pour ramasser et guider la filasse; système dont la disposition horizontale rappelle, par son ensemble, celle des anciens bancs d'étirage du coton, sauf que le défaut naturel d'adhérence des fibres lisses du lin et du chanvre est ici corrigé par l'interposition des rouleaux presseurs, plus ou moins multipliés entre les deux extrêmes.

La complète similitude de ces deux procédés avec ceux qui étaient dès lors en usage dans les continues nous dispense d'insister sur l'emploi des leviers-bascules coudés et à contrepoids servant à donner un mouvement vertical de va-et-vient à la pièce horizontale qui supporte les bobines, par le moyen de la came, en *forme de cœur,* due à Vaucanson, et agissant sur une roulette fixée à l'extrémité de ces leviers; mais nous devons faire remarquer que ce mécanisme n'est ici accompagné d'aucun des moyens inventés plus tard pour proportionner la vitesse de l'étirage et le tors à la vitesse relative d'enroulement du fil sur les bobines.

En m'étendant, comme je viens de le faire, sur les tentatives de Robinson et de Leroy pour filer le lin et le chanvre, je n'ai point eu seulement pour but de donner, au point de vue mécanique, une idée sommaire de l'état de la question dans les premières années de ce siècle, où le fil atteignait difficilement le n° 20, même dans des essais pareils à ceux que les Commissaires de la Société d'encouragement de Paris firent subir, en février 1808, aux continues de Leroy, munies de 24 bobines. J'ai aussi tâché de mettre le lecteur en mesure de juger par lui-même de l'importance des modifications que les successeurs de cet industriel apportèrent à la filature du lin, où, sauf le dévidage des bobines, qui était ici accompagné de l'injection continue d'un filet d'eau, toutes les opérations paraissent s'être effectuées complétement à sec et suivant la longueur naturelle des fibres; ce qui offrait des difficultés que l'on ne parvenait à vaincre que d'une manière fort peu satisfaisante, et au détriment des produits, soit en France, soit en Angleterre.

Constatons en outre que si, à l'époque dont il s'agit, la question mécanique se trouvait peut-être un peu plus avancée dans notre pays, en revanche, elle avait reçu dans la Grande-Bretagne, principalement en Écosse, une application manufacturière beaucoup plus étendue[1], et qui, grâce à l'économie de fabrication, aux progrès de l'outillage mécanique et de la production de la force motrice par la vapeur, pouvait dès lors faire pressentir l'essor que prendrait un jour cette branche intéressante d'industrie, lorsque le perfectionnement de ses procédés automatiques aurait permis d'atteindre des numéros assez élevés pour satisfaire aux besoins de la consommation des toiles fines, jusque-là entièrement fabriquées à la main.

Ne craignons pas d'ailleurs de le redire après tant d'autres, le peu de succès des tentatives de ce genre faites en France avant et même depuis 1810 ne doit pas uniquement être attribué à de telles causes, et, sans mentionner la perturbation occasionnée par notre grande révolution et ses suites, le manque presque absolu de capitaux et de crédit et les faibles encouragements dont ces mêmes tentatives ont été d'abord l'objet de la part du Gouvernement et des hommes appelés

[1] Nous voyons cependant, par un avis du Comité consultatif des arts et manufactures en date de février 1811, qu'il aurait existé dès lors en France plus de 80 établissements où l'on filait, tant bien que mal sans doute, le lin à sec et dans toute sa longueur, depuis le n° 12 jusqu'au n° 20 métriques, au plus.

à juger de l'avenir de l'industrie y ont aussi contribué pour une forte part, soit que l'on ait désespéré de résultats encore imparfaits, soit que l'on ait craint les effets d'une aussi redoutable perturbation dans les habitudes industrielles des campagnes; et c'est précisément à ce point de vue que le décret impérial de mai 1810 était un acte de pouvoir extrêmement remarquable et grave, même aux yeux des économistes les plus avancés de cette époque.

Pour se convaincre, en particulier, de la faible confiance qu'avaient jusque-là inspirée chez nous les procédés mécaniques en usage, il suffit de lire, dans le *Bulletin de la Société d'encouragement*[1], ce que M. Bardel pensait de la filature alors existante des étoupes de lin et de chanvre, qui paraissaient à l'estimable rapporteur tout au plus propres à produire des *mèches à chandelles,* incapables de jamais remplacer avec avantage celles du coton, malgré l'infériorité relative du prix. Et cependant on a vu, plus tard, nos voisins donner à ces mêmes étoupes des apprêts qui les faisaient, à notre grand détriment, rivaliser avec ceux des gros fils de lin et de chanvre fabriqués à la main dans nos campagnes.

§ II. — Premiers essais de filature mécanique du lin par *Philippe de Girard*, au moyen de peignes mobiles à sérans et de préparations à l'eau chaude ou alcaline. — Analyse rapide des brevets qui lui ont été délivrés dans l'intervalle de 1810 à 1815; avis du Comité consultatif des arts et manufactures concernant ces brevets.

Tel était, si je ne me trompe, l'état des choses à l'époque de juillet 1810, où Philippe de Girard, ancien professeur de physique et de chimie à l'école centrale de Marseille, inventeur et mécanicien par nature, déjà connu d'ailleurs par la lampe hydrostatique qui porte son nom et par d'autres découvertes utiles, prit, collectivement avec ses frères, un premier brevet d'invention pour filer le lin et le chanvre par des procédés mécaniques; brevet qui fut suivi, dans les années

[1] 7e année (1808), p. 168.

subséquentes, d'une série de certificats d'additions et de perfectionnements qui constituent un véritable traité sur la matière, et qui se trouvent mal à propos publiés sous la même date, ou sans date précise, dans le *Recueil des brevets expirés*, où ils ont subi des retranchements et déplacements que tous les amis de la vérité et du progrès doivent déplorer, aujourd'hui que l'on sait à quoi s'en tenir sur la haute importance des procédés de filature mécanique inventés par Philippe de Girard. Quoi qu'il en soit, je résumerai ainsi scrupuleusement, rapidement et sans commentaire, les principes qui, dans les plus anciens de ces brevets ou certificats publiés avant 1815[1], se rattachent directement aux progrès ultérieurs du filage automatique du lin et du chanvre par machines.

Les fibres du lin et du chanvre sont composées d'éléments agglutinés, ayant de quatre à dix centimètres de longueur au plus. En les trempant, par petites poignées ou faisceaux, dans une eau de lessive chaude, à laquelle on peut substituer l'eau ordinaire pour les lins tendres, les lavant ensuite à l'eau froide, leurs fibres élémentaires deviennent susceptibles de glisser les unes sur les autres sans se rompre à l'étirage, comme elles le faisaient auparavant; et, par conséquent, rien ne s'oppose à ce qu'on les soumette dans cet état, *isolément ou sous la forme d'un ruban continu*, à l'action d'une machine à filer ordinaire qui les amènera, dit l'auteur, dans une seule opération, à *un état de finesse quelconque*. Les brevetés proposent, à ce sujet, un nouveau porte-bobine, où l'ailette est remplacée par un châssis vertical en fil de laiton, fermé, et qui permet de faire varier, à volonté, la force de tirage du fil par la bobine, armée pour cela d'une ou de deux plumes qui, en frappant l'air, en retardent plus ou moins le mouvement, par rapport à celui du châssis extérieur mobile[2], et empêchent ainsi la rup-

[1] *Collection des brevets expirés*, t. XII, p. 114 à 126.

[2] Ce moyen, comme on sait, a été remplacé depuis par le frottage d'une ficelle tendue à l'aide d'un petit poids ou plomb, et dont on fait varier, à volonté, l'étendue de l'arc de glissement contre la gorge d'une poulie montée sur le moyeu de la bobine. Quoique, dans des appareils plus parfaits en-

ture beaucoup trop fréquente des fils qui avait lieu sur les métiers ordinaires.

On peut d'abord filer le lin à sec et en gros, le passer ensuite dans la lessive et l'étirer, pourvu qu'il n'ait reçu préalablement qu'un tors très-léger. Ce dernier procédé est celui auquel les brevetés paraissent ici accorder la préférence. Ils proposent, comme premier moyen, de transformer progressivement, et en procédant par doublage, etc., la filasse en rubans de plus en plus unis, en se servant de tambours à hérisson interposés entre les cylindres alimentaires et étireurs, à peu près comme le faisaient Robinson et Leroy, sauf à donner à ces tambours des diamètres *en rapport exact* avec la longueur naturelle des fibres; à convertir ensuite les rubans ou boudins, ainsi obtenus à sec, en mèches ou gros fils des n°s 10 à 40; à lessiver ensuite ces fils, puis à les soumettre à un dernier étirage en fin, qui, affirment encore les brevetés, les amènera sans grandes difficultés aux n[os] de 200 à 400 kilomètres au kilogramme [1], si on leur a préalablement enlevé la torsion nécessitée par le lessivage.

Cette assertion n'est d'ailleurs appuyée que d'une expérience en petit, faite sur un gros fil soumis au rouet à la main ordinaire, et auquel on a fait subir, après le lessivage, un allongement égal à vingt-cinq fois sa longueur primitive. Le même but, ajoutent les auteurs, peut aussi être atteint directement à l'aide d'un métier décrit au brevet, et dont la partie supérieure de droite sert à détordre la mèche déjà enroulée sur une *bobine horizontale* emportée, avec son châssis, autour d'un axe vertical et central, de manière à livrer cette mèche, ainsi

core, l'on ait su éviter en majeure partie le surcroît de résistance ou de perte de travail moteur qui résulte de ces moyens régularisateurs, il n'en est pas moins utile de faire observer que, d'après des renseignements qu'il y a tout lieu de croire authentiques, les régulateurs à plomb auraient été mis en usage dès l'année 1813 dans les filatures établies par MM. Girard frères à Paris.

[1] C'étaient là, comme on l'a vu, les conditions exorbitantes du programme du fameux prix d'un million; mais il faut se garder de prendre de telles assertions à la lettre.

détordue, aux cylindres fournisseurs qui la surmontent, *mouillés à la manière ordinaire*, et sur le plus gros desquels elle s'enroule à la partie supérieure, pour de là descendre verticalement entre les cylindres étireurs de la partie de gauche, qui constitue le métier ordinaire à filer en fin, sur bobines verticales à ailettes en *S*, etc. : Philippe de Girard indique, en outre, un moyen fort ingénieux à l'aide duquel on pourrait étirer, à sec et sans torsion permanente, les rubans ou mèches qui n'auraient pas été soumis au lessivage; mais ce moyen offrant des inconvénients que ne présente pas celui dont il sera parlé un peu plus loin, et qui, plus simple, est fondé sur le même principe, nous ne nous y arrêterons pas ici. Il me suffira de faire remarquer que, aux époques de 1811 et de 1812, où Philippe de Girard prenait son premier certificat d'additions, il en était encore, en fait de machines, à de simples essais, et cela explique suffisamment comment, dès lors, il insistait sur la possibilité de filer en fin les gros fils lessivés, au moyen des continues et des mule-jennys ordinaires.

Dans le *deuxième certificat d'additions*, relatif à la filature du lin en gros et dont la demande est antérieure à février 1812, Philippe de Girard, dans un préambule de quelques pages très-remarquable[1], met en complète lumière les vices des anciens procédés d'étirage appliqués aux fibres longues, droites et

[1] Ce préambule a été entièrement supprimé dans le certificat d'additions de la p. 126 du t. XII des *Brevets expirés*, publié en 1826, et il en est ainsi du passage qui le termine, dans lequel l'auteur fait sentir vivement la haute importance du redressement et de l'étirage des fibres du lin au travers des peignes continus, qui suffiraient à eux seuls pour obtenir du fil très-fin, si l'on n'y arrivait plus directement et plus sûrement encore par la méthode du décollement des fibres élémentaires. Philippe de Girard, lors de son retour en France en 1844, a attribué, avec de justes raisons, à la suppression de ces passages et de quelques autres l'inconcevable et fâcheux oubli dans lequel son système de filature était tombé parmi nous; car ce sont les théories et les doctrines scientifiques qui peuvent convenablement éclairer l'application des procédés physiques ou mécaniques aux arts industriels. On reconnaît d'ailleurs dans les idées et les travaux du savant professeur de Marseille l'origine des méthodes de Dobo et de ses successeurs pour étirer la laine ou le coton sans leur faire subir aucune torsion sensible, méthodes

inégales du lin et du chanvre; il expose ses idées théoriques et expérimentales sur la formation des nœuds ou boutons dont la présence, dans les premiers rubans, se maintient jusqu'aux dernières opérations, où elle altère gravement la qualité des fils les plus fins; il insiste, pour la première fois, sur la nécessité d'accompagner chacun des étirages que l'on fait subir aux nappes, rubans et mèches de filasse, d'un peignage ou redressement des fibres au travers de sérans mobiles, montés sur de petites barres métalliques distinctes, en plomb ou étain, que l'on fixe, soit sur les tambours déjà mentionnés ci-dessus, soit sur *des cuirs ou des chaînes sans fin*, interposés entre les cylindres fournisseurs et étireurs de chaque machine. Enfin il observe que si la filasse s'engage facilement à son entrée dans ces peignes, il n'en est pas ainsi à la sortie, et que l'usage des rouleaux de pression ou des lanternes à fuseaux mobiles placés aux extrémités ne prévient pas entièrement cet inconvénient. C'est pourquoi il propose diverses combinaisons ayant pour but de faciliter l'expulsion de la filasse à la sortie des peignes, dont les aiguilles sans coudes sont ici légèrement inclinées sur les tambours pour faciliter la prise et le dégagement de la filasse. Ces dispositifs, imités dans des brevets postérieurs et longtemps mis en usage, consistent à placer dans les intervalles libres des sérans et sous la filasse de petites *tringles* ou *traverses mobiles* qui la soulèvent et la détachent d'entre les peignes, dans le voisinage des rouleaux étireurs, où elles éprouvent, avec les branches extrêmes et coudées du fer à cheval qu'elles forment et qui les unit au tambour ou à la nappe sans fin des sérans, un mouvement de bascule, forcé, dans ce dernier cas, par leur direction tangentielle, et déterminé, dans l'autre, par leur propre poids et par des guides extérieurs fixes contre lesquels les *tringles élévatoires* viennent glisser progressivement, et les unes après les autres.

fondées, il est vrai, sur d'autres ingénieux moyens de solution. (Introduction générale, p. 18 et 19 de cette 2e Partie.)

Il est d'ailleurs digne de remarque que ce brevet, où Philippe de Girard tentait, pour la première fois, de sortir des routes battues par ses prédécesseurs, fut précisément celui que le Comité consultatif des arts et manufactures repoussa à cause de la similitude apparente du but avec les résultats qu'avaient cherché à atteindre, pour le lin et la laine, Demaurey, Robinson, Alphonse Leroy et Ternaux; or cela prouve que les contemporains, quelque habiles qu'on les suppose, ne sont pas toujours juges compétents de l'avenir réservé aux idées originales en fait d'industrie. Aussi, dans une lettre datée du 12 avril 1812, Philippe de Girard repousse-t-il avec force et succès l'inculpation de plagiat quant aux additions de ses brevets relatives à la *substitution des peignes aux tambours étireurs ou cardes sans fin, aux cylindres de pression dans les métiers à filer,* etc. Il fait observer, en outre, que l'absence de toute échelle dans ses dessins est motivée par la nécessité de ne rien statuer à l'avance sur les dimensions des aiguilles de sérans et les rapports de vitesses des peignes et des cylindres étireurs, qu'il n'avait pas entièrement fixés encore dans ses essais de filage mécanique, et qui doivent varier essentiellement avec la finesse des produits et la nature de l'opération ou de la substance filamenteuse.

Cette lettre annonce néanmoins l'envoi incessant de dessins complets de machines à l'échelle, accompagnés d'une nouvelle demande de certificats de perfectionnements, que je n'ai pu découvrir parmi les brevets imprimés, à moins qu'elle ne se rapporte à la date du 20 avril 1815, où le frère aîné de Philippe de Girard, François-Henri-Joseph, obtint, en août suivant, un troisième certificat d'addition et de perfectionnement, inséré, par mégarde sans doute, à la page 315 du tome XIX de la *Collection des brevets expirés,* publié seulement en 1830; ce qui offre malheureusement une lacune de deux années entières, employées peut-être à fonder les établissements et associations dont il sera bientôt parlé : cette lacune doit évidemment être considérée comme une des circonstances les plus fâcheuses de la vie industrielle de notre illustre ingénieur, puisqu'elle aurait, ainsi qu'on le verra également ci-après, donné à d'autres le temps de lui enlever le fruit immédiat, commercial, de ses utiles et originales découvertes.

§ III. — Analyse des brevets délivrés, en août 1815, aux frères Girard pour des machines à réunir, rubaner et filer en gros les mèches de filasse. — Premier établissement de filature du lin et du chanvre dans la rue de Vendôme, à Paris : MM. *Laurent*, mécanicien, et *Henriot*, horloger; les associés *Vibert*, *Lanthois* et *Cachard*. — Établissement de la rue de Charenton, dirigé par M. *Constant Prévost*.

Dans le certificat de 1815 dont il s'agit, on voit, en premier lieu, une série de dispositifs plus ou moins ingénieux pour réunir, en les superposant ou juxtaposant par échelons, des mèches de filasse rangées à la main dans de petites auges isolées, garnies de sérans et dont les becs antérieurs aboutissent à une coulisse commune qui fait incessamment arriver les rubans, ainsi mélangés, aux cylindres lamineurs ou étireurs d'une machine à filer, qui ne diffère des anciennes continues qu'en ce que les ailettes offrent, pour la première fois peut-être, des branches creuses, équilibrées, et qui, en dirigeant la mèche sur les bobines, la *soustraient à l'action de l'air et de la force centrifuge.*

Ce système de peignes mobiles et isolés, qui constitue une véritable et ingénieuse *machine à rubaner*, dans ses moyens automatiques, dispenserait, comme on voit, des fréquents doublages et redoublages des rubans, ainsi que des bancs d'étirage et des pots ou bidons tournants, encore employés de nos jours. Ce système doit être considéré comme une première tentative faite dans la voie qui a été suivie depuis par M. Bodmer, de Zurich, pour la filature du coton, et au sujet de laquelle notre Société d'encouragement a fondé un prix de *mille francs*, à décerner en 1849, pour l'*introduction des couloirs et des machines à réunir* dans la filature du lin; prix qui jusqu'ici n'a point été décerné, malgré tout l'intérêt que sa solution comporte au point de vue pratique.

Les peignes d'étirage continus ou sans fin ont également

reçu, dans le brevet de 1815, des perfectionnements très-essentiels : au lieu de monter les barrettes à sérans et à tringles élévatoires sur des cuirs ou des chaînes flexibles, elles sont ici adaptées à des plaques métalliques articulées et formant une chaîne sans fin, horizontale, dont la partie supérieure repose sur des rouleaux de soutien intermédiaires entre les extrêmes et de même diamètre; par conséquent, le système Girard ne mérite pas, sous ce rapport, les reproches qui lui ont été depuis adressés par des ingénieurs, dont on ne saurait d'ailleurs suspecter les lumières et les bonnes intentions[1].

Je ferai observer, en outre, que ce système se trouve composé de deux peignes continus, parallèles, montés sur les mêmes rouleaux, et dont les nappes, après avoir traversé deux couples de cylindres étireurs, se réunissent en une seule, au moyen d'une tuyère en cuivre poli et d'un rouleau presseur ou lamineur, à peu près comme cela se pratique encore aujourd'hui, sauf que les commandes s'y faisaient principalement par des chaînes à la Vaucanson. J'ajouterai enfin que les rouleaux presseurs, garnis de drap ou de parchemin, et qui servent à aplatir les mèches en les étirant, sont ici munis de contre-poids à bascule et de brosses cylindriques douées, en sens contraire, d'un mouvement très-rapide, par lequel elles rejettent continuellement au dehors les brins qui embarrasseraient la marche des rubans.

Dans le métier à filer en gros dont la disposition offre, sur un même plan incliné, douze peignes continus ou sans fin analogues au précédent et rangés parallèlement les uns à côté des

[1] Il n'est peut-être pas sans intérêt de faire observer que Philippe de Girard, en répondant à ces injustes reproches du fond de son exil, n'avait pas sous les yeux le tome XIX des *Brevets expirés*, où se trouvait le certificat d'additions mis au nom de son frère aîné, et dont il a continué jusqu'à la fin de ses jours à ignorer l'existence, si l'on en juge par ses derniers écrits. Cela, je puis le dire, a été, dans sa laborieuse carrière, une source d'amers regrets et de pénibles soucis; car il en était venu à ne pouvoir citer que de vagues souvenirs, lorsque par le fait, ainsi que nous le prouverons plus tard, on lui empruntait jusqu'aux démonstrations, aux lettres de renvoi et aux dessins de ses propres machines.

autres, les mèches se rendent, sans torsion permanente, des rouleaux étireurs à de grosses bobines montées sur un même arbre horizontal recevant, d'une rainure à hélice tracée d'après le système de Le Payen, de Metz, un mouvement de va-et-vient extrêmement lent, après avoir traversé de petits tubes à mouvement de rotation très-rapide, et où la mèche se trouve tordue en entrant et détordue à la sortie, de manière à faire naître momentanément entre les fibres le frottement, la liaison indispensables à l'arrangement et au croisement régulier du fil sur les grosses bobines de préparation.

Comme je l'ai déjà fait remarquer dans l'Introduction générale, cette idée ingénieuse, qu'on trouve reproduite dans les machines américaines à filer le coton ou la laine[1], consiste à faire en sorte que la mèche, introduite vers l'axe du tube, s'en écarte à une certaine distance pour y revenir ensuite, d'après le même principe que Philippe de Girard avait déjà

[1] Indépendamment de la patente anglaise citée dans la note des p. 16 et 17 de l'Introduction à cette IIe partie, M. Dyer (Joseph Chesseborough), résidant alors à Manchester, s'en est fait délivrer deux autres, datées des 27 février 1830 et 17 juillet 1835, qui sans doute contenaient des perfectionnements divers de la machine américaine à tubes tournants, pour lesquels M. T.-S. Abel se fit également breveter en France en 1834, quelques années, par conséquent, après M. Lagorseix. Les rota-frotteurs, qui reposent sur des idées analogues, ont aussi fait l'objet, en France, de divers brevets postérieurs à celui de M. Winslow, du Havre, et parmi lesquels il me suffira de citer ceux de MM. Hellot, de Rouen (novembre 1832), et Sentis, de Reims (février 1838).

Enfin, il ne me paraît pas moins utile de faire observer que la première idée du détordage momentané pendant l'étirage des mèches de laine ou de coton doit être attribuée au savant et célèbre ingénieur cosmopolite James White, qui dans un brevet français pris le 2 novembre 1804, en commun avec M. Pobeckeim, à Paris (t. XVI, p. 56 et 69, des *Brevets expirés*), propose, à cet effet, divers procédés mécaniques ingénieux, mais compliqués par l'emploi de roues dentées multiples. C'est aussi dans les additions à ce brevet, si plein de conceptions originales, que l'on trouvera, je crois, la première application des dentures obliques à la conduite des roues dans les machines à filer (*ibid.* p. 90); système aujourd'hui généralement adopté en France et en Angleterre, comme on sait.

mis en usage dans un premier certificat d'additions, au moyen de petits cadres ou châssis tournants.

Ici, comme dans le métier à filer en fin, les mèches de filasse sont étirées à l'état humide; mais, au lieu de recevoir l'eau en quelque sorte goutte à goutte d'un conduit supérieur, elles l'enlèvent aux cylindres étireurs ou fournisseurs, qui plongent constamment dans de petites cuvettes disposées, à cet effet, au-dessous de la machine. Enfin, dans ce même dispositif, les bobines, armées d'ailettes en *S*, reposent, par du drap, sur des noix arrondies, bombées en dessous ou dans la partie frottante, et qui, recevant à leur gorge extérieure les enroulements d'une corde sans fin motrice, sont composées de plusieurs secteurs susceptibles, au moyen de vis, d'être plus ou moins écartés de l'axe de la broche, et d'en régler la vitesse de rotation au besoin; système qui offre de l'analogie avec celui des *poulies à expansion*, très-employé de nos jours et auquel il a peut-être servi de point de départ.

J'ai quelque peu insisté sur ces dernières machines, parce que, selon toute probabilité, elles peuvent, à défaut d'autres documents, donner une idée suffisamment précise de l'état où Philippe de Girard avait amené la filature du lin dans l'établissement qu'il fonda à Paris en 1813, rue de Vendôme, au Marais, et pour lequel il obtint, en février de la même année, une licence impériale, motivée sur *les services qu'il avait déjà rendus aux arts mécaniques*. Dès 1810, en effet, MM. Laurent, mécanicien, et Henriot, habile horloger, à Paris, avaient construit pour cet ingénieur deux petites machines de douze broches chacune, auxquelles on soumettait de gros fils de lin préparés au rouet ordinaire, lessivés ensuite, et qui étaient convertis finalement en fils des n°s 150 à 200, comme l'indiquent les premiers brevets ou certificats d'additions.

Ces essais de fabrication, perfectionnés et développés dans les années 1811 et 1812, constituent la base de l'établissement de la rue de Vendôme, également dirigé par le mécanicien Laurent, et pour lequel Philippe de Girard s'associa, en mai 1813, au nom de ses frères, avec diverses personnes ou capitalistes, parmi lesquels je me contente de citer MM. Vibert, Lanthois et Cachard, parce que j'aurai à y revenir plus tard, et dont les deux derniers représentaient les intérêts de bailleurs de fonds qu'il serait inutile de nommer ici. Cette filature, érigée sur le pied de deux à trois mille broches, fut, l'année suivante, visitée par l'ancien ministre de l'intérieur Chaptal, qui en présenta les produits à l'Empereur, et rendit plus tard une honorable et complète justice aux efforts de Philippe de Girard dans son *Histoire de l'industrie française*, publiée en 1824. C'est à peu près en septembre 1813 que les frères de Girard, déjà inquiétés par des rivalités et des tracasseries qui ne tendaient à rien moins qu'à éloigner l'inventeur de l'association, où, il faut bien le dire, il se montrait plus préoccupé du perfectionnement des machines que d'imprimer à l'ensemble une marche régulière et productive; c'est, dis-je, à cette époque que les frères Girard fondèrent rue de Charenton, à Paris, conjointement avec M. Constant Prévost, aujourd'hui membre de l'Académie des sciences, un second établissement, qui commença à fonctionner avec dix métiers continus, *doubles* ou *adossés*, de 108 broches chacun, et formant, avec les machines préparatoires, deux assortiments complets qui devaient, consécutivement, être portés au nombre de vingt-cinq, soit en tout 50 métiers de 5,400 broches, et recevoir pour moteurs des *bœufs* ou des *chevaux* attelés à des manéges. Les deux établissements dont il vient d'être parlé étaient parvenus à filer, dans les numéros de 20 à 40 ou 50, des fils que recherchait le tissage des toiles fines de Lille, et qui, retors, servaient aussi à la couture; mais ils ne purent résister aux terribles secousses de 1814 et de 1815.

§ IV. — Causes diverses auxquelles on peut attribuer l'insuccès de l'établissement de la filature mécanique du lin en France. — Avortement du Concours pour le prix impérial de 1 million fondé en 1810, et où figurèrent uniquement les Américains *Baldwin* et *Town*, en 1813.

Faut-il admettre, avec quelques personnes, que le manque de capitaux ou de crédit, le défaut d'écoulement des produits et les malheurs mêmes de famille qui accablèrent MM. Girard frères, conséquences nécessaires des événements politiques [1], fussent les seules causes de la ruine des filatures de la rue de Vendôme et de la rue de Charenton; qu'en un mot, les procédés de fabrication y eussent atteint, au point de vue commercial et industriel, le degré de perfection qui pouvait en assurer dès lors la complète réussite, abstraction faite de ces mêmes causes? Je suis loin de le croire.

En effet, s'il est vrai, et nous n'avons aucun motif d'en douter, que le premier de ces établissements, celui de la rue de Vendôme, employait, à lui seul, au delà de 200 ouvriers, occupés, pour la plupart, à desservir les machines et à les mouvoir à force de bras, c'est-à-dire irrégulièrement, de manière à amener de fréquentes malfaçons et ruptures des fils, ruptures que des manéges à bœufs ou à chevaux ne pouvaient guère faire éviter dans l'établissement de la rue de Charenton; s'il est vrai encore qu'on ne savait ou ne songeait point alors à utiliser les étoupes; qu'on filait dans une très-grande variété de numéros, en vue de satisfaire aux exigences du commerce, exigences qui, en réalité, amenaient des changements continuels dans l'installation des métiers, dans les rapports des vitesses de transmissions et d'étirages des mèches ou rubans; s'il est bien avéré enfin que ces métiers et les gros fils de préparation, lessivés à l'avance, ne pouvaient être

[1] Ces industriels avaient engagé de vastes capitaux dans la saline de Rasuenc, près de Martigues, et dans une fabrique de soude factice établie au Point-du-Jour, près de Paris; l'une et l'autre furent ruinées par les décrets impériaux relatifs à la mise en régie de ces matières. Les filatures des rues de Vendôme et de Charenton, sur le succès desquelles la famille avait fondé de belles espérances, ne firent qu'ajouter une nouvelle cause de ruine aux précédentes, ou, du moins, elles ne purent retarder une catastrophe dans laquelle les biens de la famille, et jusqu'au magasin de lampes fondé à Paris par Philippe de Girard, dûrent s'engloutir, malgré les plus lourds sacrifices de la part de ses alliés et amis, malgré même les 90,000 francs de marchandises entassées dans la filature de la rue de Vendôme. Comment remédier, en effet, à une situation où l'on était contraint de travailler, de produire, sans écoulement ni profits, tout en desservant des intérêts de 50,000 francs, dont les dettes allaient s'accumulant d'année en année?

débités par les métiers continus au fur et à mesure de leur production, on concevra sans peine que les procédés de Philippe de Girard, si remarquables d'ailleurs au point de vue physique et mécanique, n'aient pu continuer à vivre au milieu des autres éléments désastreux dont il a été parlé. Mais on n'en sera pas pour cela autorisé à prétendre qu'ils n'eussent par eux-mêmes aucune chance d'avenir, et que des circonstances commerciales moins défavorables, une application plus régulière et plus économique de la force motrice et des mains-d'œuvre, une utilisation convenable enfin des matières premières, n'aient pu changer immédiatement en incalculables bénéfices, des pertes que plus tard on a eu le grand tort d'attribuer à l'imperfection même des machines, qui ne pouvaient en effet, et selon les nécessités du moment, être disposées à la fois pour satisfaire, dans les numéros moyens, aux exigences du commerce, et dans les numéros élevés, à celles du programme de prix déjà plusieurs fois mentionné, mais sûr les conditions duquel il nous faudra ici de nouveau insister.

On a beaucoup reproché à Philippe de Girard de n'avoir pas présenté ses machines à filer le lin au concours de mai 1813 pour le grand prix fondé en faveur de la filature par mécanique de cette nationale substance. Les brevets de l'inventeur et la visite de Chaptal à l'établissement de la rue de Vendôme, certifiée par des témoins oculaires, d'autres attestations non moins irrécusables, me dispensent de discuter une objection aussi peu sérieuse, et il me suffira de rappeler que, dans les conditions rigoureuses du programme [1], personne

[1] Le décret impérial, promulgué le 12 mai 1810, accordait sans restriction le prix à l'*inventeur de la meilleure machine à filer le lin.* Deux mois après, Philippe de Girard avait réclamé un brevet pour le procédé par décollement des fibres, qui devait permettre d'arriver à un degré de finesse quelconque; et ce fut seulement en novembre suivant que la commission ministérielle, frappée peut-être de cette promptitude, rédigea son programme dans des conditions à peu près impossibles à remplir, puisque le n° 400 est aujourd'hui même sans emploi en Angleterre comme en France.

n'avait acquis des droits suffisants, même au dernier des accessits; de sorte que Philippe de Girard, arrêté par des entraves de plus d'une espèce, n'avait qu'une chose à souhaiter, c'est qu'un ajournement, facile à prévoir, lui permît de régulariser et d'étendre, en les perfectionnant, ses premiers procédés. Cet ajournement eut lieu en effet, sur la demande de quelques concurrents peu sérieux d'ailleurs, et le jury, naturellement dissous par les événements de 1814, ne songea à se réunir qu'en juin 1815, au retour de l'Empereur de l'île d'Elbe, où la situation ne s'était guère améliorée, et où il ne put être donné suite à un examen sérieux d'un concours pour lequel une seule machine fut effectivement présentée, et que bientôt le Gouvernement de la Restauration, peu soucieux de continuer les traditions de l'Empire, se hâta de mettre en complet oubli.

Avouons-le au surplus sans détour, la préoccupation trop exclusive qu'avait fait naître le décret de mai 1810, ou plutôt le programme dont il fut peu après accompagné, en faveur des numéros les plus élevés des fils de lin, avait, malheureusement peut-être et en raison des circonstances, imprimé aux efforts des concurrents une direction qui, en leur faisant négliger la fabrication des fils communs et ceux des étoupes, ne contribua pas peu à la ruine des établissements fondés dans des vues analogues à celles des frères Girard, de Paris. C'est, en effet, à cette même préoccupation qu'il faut attribuer la tentative assez peu heureuse faite aux États-Unis d'Amérique pour filer directement le lin et le chanvre, c'est-à-dire sans recourir aux continues alors en usage, au moyen d'un tube à quenouille d'où la filasse était extraite, pour ainsi dire, brin à brin, par des pinces à coulisses et un doigté qui la livrait à des rouleaux presseurs ou lamineurs, d'où elle passait aux bobines à ailettes, etc.

Dans ce système, pour lequel les sieurs Baldwin et Town ont pris, le 10 décembre 1813, un brevet d'importation en France, et qui fut seul présenté au concours si souvent mentionné, on ne se proposait, comme on le voit, rien moins que d'imiter le travail des fileuses à la main. Or, ce système, qui fit d'abord sensation et dont un mécanicien allemand avait eu également l'idée à Vienne en Autriche, ne tint aucunement ses promesses et fut bientôt, mais pour toujours sans doute, mis en complet oubli.

Les causes d'insuccès, les malheurs dont il a été parlé au sujet des inventions de Philippe de Girard, suffiraient, à eux seuls, pour expliquer comment, tenté d'ailleurs par les offres généreuses de l'Autriche, ce célèbre ingénieur consentit à s'expatrier, en décembre 1815, pour aller établir à Hirtenberg, près de Vienne, sur une chute d'eau et dans des bâtiments appropriés à cet effet par le Gouvernement impérial, un assortiment entier de machines empruntées à la filature de la rue de Charenton, et composé de 5 métiers avec tous leurs accessoires. Mais les accusations odieuses adressées indirectement à sa mémoire me font un devoir d'ajouter que sa situation, déjà si pénible, s'était aggravée encore de deux circonstances fâcheuses, et sur lesquelles j'aurais tort de me taire.

D'une part, Philippe de Girard s'était, par un zèle patriotique, occupé d'inventer et de construire, de 1813 à 1814, un appareil à vapeur qui, imité plus tard par l'ingénieur anglais Perkins, et soumis à des essais en présence d'une commission d'artillerie dont faisaient partie le duc de Rovigo et le général de Gourgaud, devait servir à lancer 160 balles de fusil par minute, lors de la défense prochaine de Paris; faible moyen, sans doute, de se recommander auprès des Bourbons de la branche aînée et d'améliorer une situation pécuniaire déjà si compromise. D'une autre part, les dettes que ses tentatives incessantes d'inventions et de perfectionnements l'avaient fait personnellement contracter le conduisirent temporairement Sainte-Pélagie, d'où le retirèrent ses plus fidèles associés et propres créanciers, pour une somme qui s'élevait à peine à 5,000 francs; captivité dont le véritable motif n'était peut-être pas étranger aux mêmes causes de rivalité qui portèrent, en novembre 1814, d'autres de ses associés, Lanthois et Cachard, à vendre au négociant Horace Hall, de Londres, pour une somme de 20,000 livres sterling, soit 500,000 francs, les dessins et procédés de Philippe de Girard, qu'ils avaient extorqués à M. Duserreau, ami de l'inventeur[1].

Comment pourrait-on faire de l'expatriation douloureuse à laquelle Philippe de Girard s'est condamné un motif sérieux de reproche, quand on songe qu'il courait en France le risque non-seulement de se voir enlever le fruit et jusqu'au mérite de ses découvertes, mais aussi la liberté et la puissance d'action dont tout homme d'invention et de génie a besoin pour remplir ses engagements et parfaire ses œuvres. La fuite et l'exil volontaires seraient-ils donc plus compromettants pour la gloire d'un nom et l'honneur d'un pays que le trafic honteux des idées, dont de malheureux inventeurs nous offrent beaucoup trop d'exemples encore de nos jours? Était-il préférable, en un mot, que Philippe de Girard, devançant des associés infidèles, allât vendre furtivement en Angleterre les droits de ses créanciers et jusqu'au nom de sa propre famille? Notre illustre compatriote ne porta, en effet, ses découvertes en Autriche que pour conserver la faculté de les compléter et d'en faire partager ensuite les fruits à son pays, qui malheureusement n'en apprécia que bien tard le véritable mérite, et à ses fidèles associés qui, tels que l'honorable et savant géologue M. Constant Prévost, demeurèrent jusqu'à la fin ses amis et admirateurs zélés, malgré la ruine complète de leurs premières et légitimes espérances.

[1] Ceci est attesté par le témoignage désintéressé de M. Constant Prévost et par le passage d'une lettre datée d'octobre 1826 où Philippe de Girard, alors à Manchester, lui peint la douleur qu'il a éprouvée en retrouvant dans la patente anglaise du 17 novembre 1814, délivrée au sieur Hall (Horace), simple négociant (*merchant*), ses propres dessins et descriptions, que le patenté déclare tenir d'un étranger non résidant en Angleterre (*a certain foreigner residing abroad*), et que l'auteur reconnait pour être les mêmes qu'il avait confiés à M. Duserreau peu avant cette époque.

CHAPITRE II.

ÉTAT DE LA FILATURE MÉCANIQUE DU LIN ET DU CHANVRE APRÈS 1815.

§ Iᵉʳ. — Établissement de cette filature en Allemagne et en Pologne par Philippe de Girard. — Les filatures de Hirtenberg et de Girardow : les comtes *de Montfort* et *de Lubiensky*. — MM. *de Bévières*, *Constant Prévost*, et l'établissement de la rue de Vaugirard, à Paris : expériences et rapport de MM. *Pajot*, *Descharmes*, *Régnier* et *Christian*, successeur de *Molard* au Conservatoire des arts et métiers.

Les causes essentielles, radicales même, de la ruine des établissements formés par Philippe de Girard, à Paris, pour le filage mécanique du chanvre et du lin, continuèrent à subsister en Autriche comme en France; mais il s'en joignit d'autres non moins fâcheuses, telles que l'incendie de l'établissement de Hirtenberg, des inondations fréquentes, l'enchérissement des matières premières, enfin l'avilissement du prix des fils et tissus vers 1826, époque où l'Angleterre commençait une redoutable lutte avec les producteurs des fils de lin sur le continent. Ce n'étaient pas les faibles subventions annuelles accordées par l'empereur d'Autriche à la *filature modèle* de Hirtenberg, ni même les 300,000 francs engagés généreusement en 1817 par le comte de Montfort (prince Jérôme Bonaparte) dans cet établissement, qui pouvaient l'empêcher de dépérir, bien qu'il fût dans des conditions relativement favorables sous le rapport de la main-d'œuvre et de la force motrice; bien que Philippe de Girard se soit préoccupé dès 1816, comme nous le verrons bientôt, des machines à carder et à filer les étoupes; bien qu'enfin il ait fait, dès 1817, des tentatives non moins remarquables, et sur lesquelles nous aurons également à revenir, pour créer des machines propres à battre et à peigner la filasse du lin. L'allure languissante de la filature de Hirtenberg, malgré d'excellents produits employés dans les tissages de M. Heitzmann, de Brana, en Moravie, le peu d'espoir, sans doute, de relever ses affaires dans une entreprise qui comptait au plus 20 machines à filer, de 1,080 broches; ces circonstances doivent être mises au nombre des motifs qui engagèrent notre célèbre compatriote à laisser la gestion de cette affaire aux mains de son frère aîné, pour accepter en 1825, sous le titre d'ingénieur en chef des mines de Pologne et avec toute réserve de ses droits de citoyen français, la mission de fonder près de Varsovie, dans les terres du ministre des finances, comte de Lubiensky, un établissement où la filature du lin par mécanique prit une grande extension, pour de là se répandre en Silésie et en Saxe. La réussite de ce même établissement, dans un lieu qui devint bientôt une petite ville et prit le nom de *Girardow*, doit être attribuée non moins à la puissance du capital engagé qu'à des circonstances commerciales plus favorables et à des perfectionnements essentiels dans les machines ou procédés de fabrication.

Je n'anticiperai pas davantage sur l'histoire des progrès de la filature du lin et du chanvre à l'étranger, et sur la part importante qu'y a prise Philippe de Girard; j'examinerai et rechercherai auparavant ce qu'elle est devenue en France après 1815, afin de reconnaître, s'il se peut, jusqu'à quel point notre compatriote est passible du reproche, qui lui a été adressé dans ces derniers temps, de n'avoir pas suffisamment fait participer son pays au fruit de ses importantes découvertes.

Philippe de Girard, comme nous l'avons vu, avait laissé, en 1815, un assortiment complet de machines à filer dans l'établissement de la rue de Charenton, dirigé par M. Constant Prévost, qui, après avoir traité avec M. Gombert fils, filateur de retors à coudre à Paris, transporta l'établissement à Vaugirard avant son départ de France pour Hirtenberg, où il alla, en 1816, rejoindre l'inventeur. M. de Bévières, beau-père et représentant des intérêts de M. Constant Prévost, d'ailleurs peu au fait de la fabrication, fit, vers la fin de 1817, au ministre de l'intérieur la proposition d'acquérir ces machines, au prix de 16,000 francs, pour le compte du Gouvernement, qui, en les faisant déposer au Conservatoire des arts et métiers, aurait fourni par là aux industriels français les moyens de mettre à profit les inventions de Philippe de Girard.

L'examen de ces machines fut renvoyé à une commission qui les soumit, dans l'établissement de la rue de Vaugirard, à des essais pendant la journée entière du dimanche 25 janvier 1818. Cette commission était composée de MM. Pajot, Descharmes et Régnier, membres du Comité consultatif des arts et manufactures, ainsi que de M. Christian, administrateur du Conservatoire des arts et métiers, où il avait, comme on sait, succédé à Molard père, destitué au retour des Bourbons, et qui alors s'occupait aussi de moyens mécaniques pour filer le lin, par des procédés qu'il est peut-être permis de confondre avec ceux d'un certain Pelletier, de Paris, mentionné à la fin du Rapport comme ayant produit la *seule machine qui jusque-là ait donné des résultats assez satisfaisants dans la filature des longues fibres du lin et du chanvre.*

En lisant, de plus, dans ce Rapport que la machine du sieur Pelletier avait été brevetée l'année précédente (26 décembre 1817), et ayant recherché dans le tome XXV du *Recueil des brevets expirés*, publié dix-sept ans plus tard (1834) par le même M. Christian, la description de cette machine, j'ai été fort surpris de n'y trouver qu'une imitation grossière, inintelligente, du peigne sans fin, à barrettes et tringles expulsives, de Philippe de Girard, appliqué spécialement à l'étirage de la laine longue; et, je l'avoue encore, j'ai été bien péniblement affecté pour mon pays de l'idée, injuste peut-être, que l'on avait voulu surprendre la religion du ministre, ou, tout au moins, le prédisposer en faveur d'un projet qui ne le méritait à aucun titre, et qui a pu devenir ainsi la principale cause du retard apporté à la propagation d'une aussi importante branche d'industrie[1].

[1] Je considère encore comme une erreur bien préjudiciable aux intérêts de notre industrie nationale la publication tardive, faite par M. Christian, du brevet d'additions de Philippe de Girard, qui porte la date du 24 août 1815, à la p. 315 du t. XIX de la Collection officielle, publié seulement dans le courant de l'année 1830, et qui, d'après la loi, aurait dû l'être, comme on

Toutefois, la remarque qui termine ce Rapport n'a pas moins que les observations critiques du texte contribué à en faire adopter cette conclusion peu favorable : *qu'il n'y avait pas lieu d'accueillir les propositions de M. de Bévières.* Malheureusement encore, ce même texte ne nous donne aucune idée des machines et des procédés de filature mis en usage dans les ateliers de la rue de Vaugirard, et nous devons nous borner à en extraire ces courts et significatifs passages : « Les Commis- « saires ont suivi tous les travaux depuis l'étirage de la filasse « jusqu'à la conversion en fil du n° 40.... Comme simple re- « cherche mécanique, le moyen de convertir la filasse en ru- « ban est très-ingénieux et met sur la voie de bons résultats, « annoncés par M. de Bévières comme ayant été obtenus à « l'aide de machines singulièrement améliorées par les frères « Girard, à Vienne, en Autriche... Sous le rapport des produits, « le système laisse beaucoup à désirer : ils n'ont ni l'égalité ni « la solidité des fils à la main, n'importe le numéro.... » Les « machines à étirer rompent les fibres, ce dont on s'aperçoit « au passage des rubans à la deuxième machine préparatoire; « s'ils restaient dans toute leur force ou longueur, on ne pourrait « plus les étirer dans les machines en fin.... C'est ce qui est ar- « rivé pour le fil de chanvre.... La grande quantité d'eau em- « ployée dans la troisième machine préparatoire sera toujours « un obstacle à ce qu'elle soit mise en usage dans les manu- « factures régulières, et pour la malpropreté, les soins, l'en- « tretien, etc. » — Bref, il paraît aux commissaires surabondamment démontré que les intentions du Gouvernement ne seraient nullement remplies s'il venait à offrir ces machines comme modèles aux artistes.

Il serait aujourd'hui parfaitement inutile de discuter sérieusement les critiques d'un rapport émanant d'hommes qui, dès lors, ne pouvaient être considérés comme des juges bien compétents et suffisamment désintéressés de l'avenir réservé

l'a vu, quatre années auparavant, dans le t. XII du même ouvrage, où se trouvent d'ailleurs les autres brevets non moins importants de cet ingénieur sur la filature du lin et du chanvre.

aux nouvelles machines; je me contenterai de faire observer que le dispositif nécessaire pour filer le lin ne pouvait nullement convenir au chanvre, comme semblent le croire les commissaires, qui, en outre, n'ont pas suffisamment tenu compte et de l'absence de l'inventeur, de celle de ses anciens associés, contre-maîtres ou commanditaires, et du fâcheux état dans lequel pouvait se trouver une fabrication et des métiers, principalement en charpente, qui depuis plusieurs années déjà avaient cessé de fonctionner utilement.

§ II. — Perfectionnements apportés en 1817 par Philippe de Girard à ses premiers procédés mécaniques de cardage et de filage des étoupes : MM. *de Bévières* et le chevalier *de Girard, de Chabrol* et *Christian.* — Ce que sont devenus depuis ces mêmes procédés et machines : MM. *Laborde* et *Saulnier,* à Paris; *Jacques,* à Versailles; *Hunel-Wadel,* en Suisse; *Moret,* à Mouy (Oise), et M. *Vibert,* breveté, tous continuateurs de *Philippe de Girard,* en France.

La malheureuse issue des tentatives de M. de Bévières, et la mention faite, dans le Rapport du Comité consultatif des arts et manufactures, des perfectionnements récemment apportés par Philippe de Girard à ses premiers procédés de filature, conduisirent l'un de ses frères, ancien député au Corps législatif, à réclamer, en mars 1818, au ministre de l'intérieur une somme de 12,000 francs pour le mettre en mesure de faire fonctionner, comme spécimen [1], quelques-unes des machines de la rue de Vaugirard, lorsqu'on y aurait apporté les perfectionnements annoncés, et dont le principal consistait dans l'établissement des machines propres *à carder et à filer les*

[1] Il s'agissait, en réalité, de créer, sous les auspices du Gouvernement, une filature modèle composée de deux métiers à filer en fin, de trois machines préparatoires et d'une machine à carder et à filer les étoupes. La machine à carder consistait en un bâti de $2^{m},60$ de longueur, $1^{m},50$ de haut et $0^{m},45$ de largeur, fermé de toutes parts et contenant deux tambours, l'un de $1^{m},30$, l'autre de $0^{m},41$ de diamètre, garnis de 80,000 aiguilles. Cet établissement devait fonctionner pendant deux mois consécutifs au moyen du faible crédit réclamé.

étoupes, déjà mentionnées. Sur un nouveau Rapport de M. Christian, à qui les dessins furent communiqués, et malgré tout l'intérêt qu'avait manifesté M. de Chabrol dans une visite personnelle faite à la rue de Vaugirard; malgré même la déclaration, assez peu explicite d'ailleurs, que *l'exécution de ces perfectionnements ne peut qu'améliorer le système de filature de M. de Girard,* la somme fut réduite à 7,000 francs, avec la condition, que je craindrais de qualifier ici, d'un prêt hypothécaire sur des *biens fonds,* qui devait s'effectuer en juillet 1818, mais dont le chevalier de Girard ne voulut pas profiter par des motifs qu'il n'est que trop aisé d'apprécier d'après tout ce qui précède.

Ainsi furent repoussés de la France les machines et l'inventeur des nouveaux et ingénieux procédés de filature du chanvre et du lin.

Quant aux perfectionnements dont il vient d'être parlé, il y a tout lieu de les supposer identiques[1] à ceux que l'on trouve décrits dans le troisième certificat d'addition *relatif au démêlage et au filage des étoupes*[2], et dont la demande par le frère aîné de Philippe de Girard remonte au 9 juin 1818, quoiqu'il n'ait été accordé que le 11 septembre suivant. Nous avons, de plus, acquis la certitude que le texte en est conforme à celui que ce dernier ingénieur avait adressé dès 1817 de Vienne, en Autriche, et pour lequel il s'était également fait breveter dans ce pays. Ces procédés, dit l'auteur, peuvent être considérés comme une *combinaison des procédés précédemment décrits* avec ceux qu'on emploie pour la filature de la laine et du coton, mais disposés de manière à amener toujours le nettoiement et le parallélisme graduel des fibres *sans en occasionner la rupture.*

Pour atteindre ce but, ajoute Philippe de Girard, on soumet les étoupes à un premier tambour muni de sérans à barrettes,

[1] N'ayant point la patente anglaise sous les yeux, je ne saurais être plus affirmatif; mais l'identité résulte des rapprochements et des témoignages qu'on trouvera mentionnés ci-après.

[2] Page 130 du t. XII de la Collection imprimée des brevets.

avec traverses expulsives ou élévatoires, qui les reçoit, en nappes planes et minces, d'une toile alimentaire sans fin, pour les livrer ensuite à un hérisson ou peigne continu armé d'aiguilles sans coudes, et animé d'un mouvement contraire, beaucoup plus rapide que celui du tambour à traverses mobiles. On obtient ainsi, dit-il, une nouvelle nappe ou ruban de filasse qu'on *enlève ensuite au tambour,* pour la repasser en plusieurs fois, soit à la même machine, soit à d'autres semblables dont les peignes sont de plus en plus fins et resserrés.

Ce procédé, comme on voit, diffère principalement de celui du cardage ordinaire par l'emploi des sérans à tringles expulsives, guidées ici, soit à l'aide d'anneaux oblongs, de brides saillantes en fil de laiton, montés sur le tambour à sérans, soit par des évidements de forme analogue pratiqués dans de minces feuilles de tôle annulaires, fixées également au tambour, et formant autant de coulisses extérieures qui ne leur laissent que la liberté de s'élever normalement à la surface de ce tambour.

Dans l'étirage des rubans ainsi obtenus, comme dans la filature à sec et en gros des étoupes, Philippe de Girard substitue également les tambours à tringles élévatoires aux peignes sans fin mentionnés dans les précédents certificats de perfectionnements, et qu'il réserve pour l'étirage des longues filasses du lin et du chanvre. Au lieu du seul tube à la fois tordeur et détordeur mentionné dans le brevet de 1815, et qui donnait lieu à de fréquentes ruptures, Philippe de Girard en emploie deux, placés à la suite l'un de l'autre, et dont le premier, immobile, sert à réunir les fibres après l'étirage, tandis que le second, animé d'un mouvement de rotation alternatif très-rapide sur lui-même, sert à tordre les mèches, tantôt dans un sens, tantôt en sens contraire; ce qui suffit pour empêcher qu'elles ne se mêlent sur les bobines horizontales, et éviter toute torsion permanente dans l'étirage ultérieur des gros fils, aux métiers en fin; torsion dont l'entière suppression préoccupe aujourd'hui même, comme on l'a vu (Introduction générale), tous les filateurs habiles de la laine et du coton.

. . . .

L'emploi de ces couples de tubes et la suppression des lanternes à fuseaux servant à enfoncer la filasse sur les tambours de ces premières machines sont d'ailleurs indiqués par Philippe de Girard pour la filature du lin comme pour celle des étoupes, et il termine en décrivant le nouveau dispositif des supports de charpente en talus qu'il a adopté pour le métier en fin, couronné ici par une cuvette à eau régnant dans toute sa longueur, et qu'alimente une pompe commune d'où le liquide s'écoule par autant de becs ou de mèches qu'il existe de couples de cylindres fournisseurs et étireurs; ces cylindres eux-mêmes étant rapprochés les uns des autres, comme on l'a déjà expliqué à l'occasion du Certificat d'additions et de perfectionnements de janvier 1812.

Les dessins qui accompagnent cette description montrent d'ailleurs que, à l'époque de 1817 ou 1818, Philippe de Girard n'en était plus à de simples essais, et que ses machines avaient acquis un degré de perfection qui les rendait aptes à donner des résultats réguliers, utiles, et l'on en doit d'autant plus vivement regretter que le ministère d'alors n'ait pas accueilli plus favorablement la demande du chevalier de Girard et ne lui ait pas fourni les facilités et encouragements que l'on a vu depuis, et même auparavant, accorder à d'autres tentatives qui, à la vérité, n'avaient besoin d'aucun nouvel effort de génie de la part des importateurs pour prospérer ou en faire jouir le pays.

Quoi qu'il en soit, les machines que notre Gouvernement repoussa si malencontreusement furent achetées par le mécanicien Laborde, de Paris, qui déjà les avait fait fonctionner en 1817 et 1818. Dès 1820 aussi, M. Jacques, de Versailles, introduisit dans sa filature, non sans quelque succès, les procédés et les machines de Philippe de Girard. C'est encore vers la même époque, ou peu après, que M. Saulnier, de Paris, construisit pour la filature de Gamaches six assortiments de ces mêmes machines, sans doute plus ou moins modifiées. Enfin, ce dernier ingénieur aurait également fourni, vers 1822, dix-huit machines de cette espèce à M. Hunel-Wadel, à Arau, en

Suisse, et, postérieurement, deux assortiments à M. Moret, de Mouy (Oise). Mais les documents que j'ai sous les yeux ne me permettent pas de suivre plus longtemps la destinée industrielle et commerciale du système Girard en France, ni de découvrir la nature des transformations qu'il aura pu y subir successivement.

On voit seulement par le brevet que le sieur Vibert (François-Christophe), l'un des anciens associés de l'établissement de la rue de Vendôme, prit en novembre 1824, sous le titre spécieux d'*invention et perfectionnement des procédés de Philippe de Girard*, on voit, dis-je, que ces procédés étaient assez peu répandus et appréciés jusque-là, du moins dans notre pays, puisque, après les avoir décrits à peu près tels qu'ils existaient sans doute à l'époque de 1814 et 1815, l'auteur y renonce ensuite, pour ainsi dire, complétement. En effet, il nie tout d'abord qu'on puisse autant rapprocher entre eux les cylindres étireurs et fournisseurs que l'a supposé Philippe de Girard, et qu'il suffise de faire tremper les mèches ou rubans dans une cuvette à *eau chaude* pour opérer le décollement des fibres lors du filage en fin; ce résultat ne pouvant, suivant le breveté, être atteint qu'à l'aide d'un véritable *décreusage* des préparations obtenues sur les métiers en gros. Or, en écartant entre eux les cylindres dont il vient d'être parlé de quantités variables d'après la longueur naturelle des fibres du lin et du chanvre, l'auteur du nouveau brevet, M. Vibert, est par là même contraint de renoncer à la disposition horizontale de ces cylindres, etc. En définitive, cet industriel propose un nouveau système de filature, où conservant aux fils toute leur longueur et abandonnant les peignes d'étirage, à chaîne sans fin, de Philippe de Girard, il leur substitue de grands tambours à cardes, suivant l'ancien procédé plus spécialement applicable à la préparation, au filage des étoupes du chanvre et du lin, tambours munis, il est vrai, de sérans à barrettes et tringles élévatoires, mais dépourvus des ingénieux dispositifs qui en rendaient l'usage facile ou possible dans les premiers essais de notre illustre compatriote.

§ III. — Oubli et abandon des idées de Philippe de Girard en France; importation, à partir de 1835, des premières machines anglaises perfectionnées d'après les procédés de ce savant ingénieur. — Brevets délivrés, en France, à MM. *Vautroyen* et *Rieff*, *John Suttil*, *Ch. Schlumberger* et *Breidt*. — MM. *Horace Hall*, *Cachard* et *Lanthois*, *James Kay*, *Marshall*, *Hives* et *Atkinson*, en Angleterre.

Évidemment l'art avait rétrogradé en France, et le brevet de M. Vibert, qui résumait, en les critiquant et dénaturant, les idées primitives de Philippe de Girard, ce brevet et l'indifférence du Gouvernement n'ont pas peu contribué à discréditer les nouveaux procédés parmi les filateurs français, et à les faire tomber même bientôt en complet oubli, comme on peut le voir notamment par les brevets accordés en 1825 à MM. Vautroyen et Rieff, de Colmar, et en juin 1826 à M. Suttil (John), de Londres, brevets où l'on paraît ignorer entièrement les procédés dont il s'agit. Le changement n'est pas moins apparent dans le *brevet d'importation* pris en mars 1828 par MM. Charles Schlumberger père et fils, devenus depuis 1827, avec M. Breidt, propriétaires et directeurs de la filature de Nogent-les-Vierges, près Clermont (Oise); filature où l'on produisait, dit-on, dans les n^os^ de 10 à 30, des fils tissés ensuite sur 150 métiers automates du système Debergue, fournissant journellement jusqu'à 400 mètres de toile de cretonne. On y voit, en effet, une continue de 16 broches, *sur un seul rang*, avec bâti et engrenage en fonte, porter une large tête d'étirage dont les deux couples de cylindres sont écartés de toute la longueur des fibres, et dans lesquels la longue filasse ne reçoit d'humidité que par l'intermédiaire de l'un des rouleaux alimentaires, frottant contre une éponge baignée dans l'eau d'une cuvette inférieure.

Ces exemples, les derniers surtout, démontrent que nos filateurs tendaient de plus en plus à se rapprocher du système anglais, qui alors était bien loin encore de la perfection qu'on lui a vu atteindre depuis l'introduction des procédés de notre compatriote dans les grands établissements de Leeds.

C'est ce dont on peut se convaincre par l'ouvrage, à la vérité informe, du praticien Andrew Gray, publié à Édimbourg en 1819, et où l'on voit le lin et le chanvre soumis à des procédés de filage et d'étirage qui rappellent ceux de William Robinson, Busby et Leroy, si ce n'est qu'ils appartiennent à un système de construction en fer ou fonte plus avancé, et qu'on voit ici le mouvement des bobines ou l'enroulement du fil sur leur gorge régularisé au moyen des petits poids à friction dont j'ai précédemment parlé, et qui paraîtraient être ainsi une idée anglaise déjà ancienne.

En m'arrêtant davantage au contenu du livre d'A. Gray, je craindrais de donner une idée fausse et par trop défavorable de l'état de cette branche d'industrie en Angleterre. Car, d'une part, nous savons par les déclarations publiques de Philippe de Girard, qui n'ont jamais été réfutées dans ce dernier pays ni dans le nôtre, que la patente prise par Horace Hall en septembre 1814 ou mai 1815 était la copie exacte des mémoires descriptifs et dessins du système de filature de ce célèbre ingénieur; d'une autre, on ne saurait admettre que l'habile négociant anglais qui avait consenti, comme on l'a vu, à payer à un si haut prix le rapt de Cachard et Lanthois n'en ait su tirer aucun parti dans une contrée où les moindres découvertes, les moindres perfectionnements, sont, je le répète, immédiatement appréciés et mis à profit, et cela avec d'autant plus de motifs, qu'il y a lieu de supposer qu'une portion, si ce n'est la totalité des machines ou modèles qui constituaient l'établissement de la rue de Vendôme, ont dû accompagner ou suivre de très-près l'envoi à Londres des dessins servant d'appui à la patente de 1815.

Philippe de Girard ne nous aurait rien appris, d'ailleurs, de sa visite à Leeds en 1826, où il avait vu ses étireuses continues employées à la préparation du lin, qu'il nous en serait resté une preuve d'autant plus convaincante peut-être, qu'il paraît l'avoir complétement ignorée, et qu'elle ressort du témoignage désintéressé d'un homme fort compétent, M. Molard jeune, qui avait lui-même visité en 1819, c'est-à-dire sept ans auparavant, l'établissement déjà très-vaste fondé par M. Marshall père dans cette industrieuse cité, et demeuré, de nos jours encore, l'un des plus importants, des plus célèbres de la Grande-Bretagne.

Nous lisons, en effet, dans la 22e année du *Bulletin de la Société d'encouragement* (1823, p. 16)[1], que cet établissement, où l'on employait déjà une machine à vapeur de 100 chevaux, s'était élevé sous la direction du Français *Cachard*, et qu'on y filait les étoupes à peu près de la même manière que M. Zibelin l'avait fait en 1821 à Ingersheim, près Colmar, c'est-à-dire en les cardant, en les soumettant à un étirage et à un boudinage, pour de là les faire passer au métier qui file en fin, par un mouvement continu. Or, bien que la note trop courte de M. Molard nous laisse dans une ignorance à peu près complète sur la véritable nature des procédés dont il s'agit, on ne saurait néanmoins admettre que l'ancien associé de Philippe de Girard ait négligé complétement les perfectionnements si remarquables dont il s'était fait, quelques années auparavant, l'importateur en Angleterre. On voit aussi qu'il ne serait nullement nécessaire d'invoquer, avec quelques auteurs, le voyage, vrai ou supposé, de M. Marshall père en France et en Allemagne, vers 1824 ou 1825, pour être en droit de revendiquer ces mêmes perfectionnements en faveur de notre savant compatriote.

D'un autre côté, il résulte des mémoires, notes ou correspondances de Philippe de Girard que lors de son voyage à Leeds, au commencement de 1826, on filait, avec des bénéfices immenses, dans l'établissement du même M. Marshall, où plus de 30,000 broches étaient alors en activité, et dans ceux de MM. Hives et Atkinson, qui n'en contenaient environ que moitié, jusqu'à 45,000 quintaux de lin par an, sans compter ce qu'en produisaient un assez grand nombre d'autres filatures moins considérables de la même ville; que M. Marshall, simple ouvrier en 1815, devenu dès 1826 l'un des plus

[1] *Rapport sur des fils d'étoupes obtenus à la mécanique*, par M. Zibelin.

riches particuliers de l'Angleterre, avait depuis longtemps adopté ses propres machines préparatoires (celles de Philippe de Girard, s'entend) à peignes continus, mais que, faute d'y joindre le procédé de décollement des fibres à l'eau chaude ou alcaline, et de renoncer ainsi à les filer dans toute leur longueur, cet industriel n'avait pas jusque-là dépassé les nᵒˢ 15 à 18 métriques, tandis qu'à Hirtenberg et dans la filature de M. Kraüz, à Schemnitz, dont les produits mis sous les yeux de M. Marshall l'ont fort surpris, dit Philippe de Girard, on atteignait facilement le nᵒ 40; qu'enfin, dans les établissements de Leeds on filait avec un grand profit les étoupes fines aussi bien que le lin, et les étoupes grossières dans les nᵒˢ de 4 à 12, susceptibles de produire encore de bonnes toiles de ménage.

Philippe de Girard reconnaît avec franchise, dans ses écrits, que si ses procédés sont supérieurs à ceux des Anglais quant à la finesse et à l'élévation du numéro, il est demeuré fort en arrière sous le rapport du travail et de l'utilisation des étoupes, ainsi que de la vitesse et du débit des machines à filer de Hirtenberg, dont le cylindre moteur des broches ne recevait guère plus de 30 révolutions à la minute, tandis que les bobines elles-mêmes étaient tout au plus susceptibles de produire 2,000 mètres de fil par jour dans le nᵒ 15 métrique et 1,500 mètres seulement dans le nᵒ 30, où l'on est forcé de ralentir le mouvement des broches, bien qu'on doive en multiplier le nombre des révolutions pour une longueur donnée des fils.

Le hasard voulut que Philippe de Girard, qui était allé en Angleterre dans le but patent d'y acheter des machines en fer pour divers établissements de l'Allemagne et de la Pologne, s'y trouvât justement à l'époque où le procédé de la filature en fin par dissolution alcaline du gluten du lin et du chanvre venait récemment de faire irruption dans le pays et y produisait la plus grande sensation, notamment à Leeds, où il avait été publiquement soumis à l'expérience par M. James Kay, filateur de coton à Preston, dans le Lancashire, qui croyait s'en être assuré la possession par une patente prise à la date de juillet 1825.

Cette dernière circonstance conduisit notre compatriote à adresser au journal *the Manchester Guardian* une lettre insérée le 2 décembre 1826, et répétée ensuite dans d'autres journaux anglais, par laquelle il réclamait ses droits de priorité à cet égard, non moins qu'à l'invention des peignes d'étirage. Or ces droits, fondés sur la patente même délivrée en 1815 à H. Hall, n'ont été contestés par personne en Angleterre, pas même par M. Kay ni M. Hall, qui furent ainsi considérés comme entièrement déchus : guidés d'ailleurs par l'inventeur, MM. Hives et Atkinson n'auraient pas tardé également à filer le lin jusqu'au n° 38 et au delà; enfin, dans cette même lettre, Philippe de Girard annonce la découverte, *déjà ancienne, de ses machines à peigner le lin*, très-supérieures, selon lui, à celles qui étaient alors employées à Leeds, et une autre machine à former les premiers rubans, qui s'y faisaient encore à la main; machines pour lesquelles il offrait de donner tous les éclaircissements désirables, etc.[1].

Avant d'en venir à ses machines à peigner, desquelles seules il n'a pas jusqu'ici été question, on me permettra de faire observer que dans l'intervalle de 1814 à 1826, où MM. H. Hall et James Kay prirent leurs patentes, il n'en a, à ma connaissance[2], été accordé aucune autre en Angleterre pour la préparation ou le *filage spécial* du lin et du chanvre, et que c'est seulement à dater de 1833, où les filateurs de ce pays

[1] La véracité de ces différents faits est non-seulement attestée par les publications de la famille de Philippe de Girard, mais elle l'est aussi par sa correspondance inédite avec M. Constant Prévost pendant son séjour prolongé en Angleterre en 1826, correspondance que cet honorable académicien a bien voulu me confier; elle l'est enfin par le témoignage de M. Feray, d'Essonne, célèbre filateur et constructeur dont j'ai eu déjà, dont j'aurai encore l'occasion de parler, et qui a assisté Philippe de Girard dans ses discussions et contestations avec les filateurs ou mécaniciens anglais.

[2] Je trouve seulement dans les tables des patentes anglaises que M. Lang (J.), filateur de lin à Greenock (Écosse), en a pris une, en septembre 1831, pour des machines propres à teiller, étirer et filer le lin ou

commencèrent à répandre avec une certaine profusion leurs produits sur le continent, que les ingénieurs anglais se firent successivement breveter pour diverses améliorations apportées aux machines de Philippe de Girard, qui leur vint lui-même en aide dans ces tentatives de perfectionnements, comme nous l'avons déjà vu et le verrons encore mieux ci-après. Toujours est-il que les documents officiels nous manquent entièrement pour fixer le nom et la date précise du premier établissement anglais où l'on commença à filer à l'eau chaude d'après le procédé actuel, et qu'il nous faut descendre à l'année 1830, et revenir même en France, pour y rencontrer des indications, d'ailleurs très-insuffisantes, de ce procédé [1].

Nous voyons en effet, dans le tome XXX des *Brevets expirés* [2], qu'il fut accordé à MM. Vrau, Houdoy et John Leuty, de Lille, un privilége de cinq ans pour l'importation d'un procédé et d'une machine *propres à filer le lin aussi fin qu'on le désire, lesquels consistent dans la parfaite immersion des mèches dans un liquide à un degré de chaleur quelconque, et dans le court étirage que l'on peut donner au lin par ce moyen.* Mais, afin d'éviter le reproche de plagiat, les importateurs, qui ou-

le chanvre; mais, n'ayant pas cette patente sous les yeux, il m'est impossible de décider si les procédés de l'auteur ont ou non quelque analogie avec ceux de Philippe de Girard. D'ailleurs, je n'ai vu nulle part le nom de cet industriel cité parmi ceux des inventeurs des nouveaux procédés de filature du lin et du chanvre.

[1] Le brevet, déjà cité, pris en France par M. Suttil (John), de Londres, en date du 30 juin 1826, vient à l'appui de ce que nous avons dit, pour prouver que non-seulement on ignorait généralement, dans les deux pays, le procédé chimique du décollement des fibres à l'époque précitée, mais qu'aussi on y connaissait fort peu encore la méthode d'étirage au moyen des peignes à chaîne sans fin ou continus, procédé et méthode dont l'invention n'est plus aujourd'hui contestée à Philippe de Girard.

[2] P. 115, brevet déchu plus tard et portant la date du 27 octobre 1830. On voit par cet écrit que les auteurs ne connaissaient point alors le brevet délivré à Philippe de Girard en 1815, brevet dont la publication n'eut lieu en effet, comme on l'a vu précédemment, qu'en 1830, dans le t. XIX de la Collection imprimée, et qui constitue véritablement le fond de la patente illicitement vendue par Cachard à H. Hall.

blient de nous faire connaître le nom du constructeur anglais, ne manquent pas de reprocher aux frères Girard d'avoir prescrit, dans leurs brevets, de mouiller *les préparations à l'avance, puisque l'eau tiède suffit pour obtenir, sans rupture, la division des fibres tant cherchée;* reproche absurde et en contradiction formelle d'ailleurs avec celui de Vibert, qui prétend, comme on l'a vu, que l'eau chaude employée par Philippe de Girard ne suffit pas pour décoller les fibres du lin, et que le *décreusage* est absolument nécessaire. Reste à savoir si le procédé de l'eau chaude n'occasionne ou n'exige, en effet, aucune rupture des brins, s'il ne donne lieu qu'à un simple glissement relatif des fibres élémentaires, et si, en un mot, il s'applique aussi bien à la longue et rude filasse du chanvre qu'à la filasse plus courte du lin et des étoupes.

Quant au rapprochement des cylindres étireurs et fournisseurs sur deux plans en talus adossés, déjà mis en usage, comme on l'a vu, dans les filatures de la rue de Charenton, à Paris, et de Hirtenberg en Autriche, il permet de rétrécir les têtes d'étirage, de les construire entièrement en fonte de fer, de doubler le nombre des broches, et de rapprocher ainsi de plus en plus leur construction de celle des continues qui servaient alors à filer le coton.

Quoi qu'il en soit, les causes qui avaient contraint Philippe de Girard à quitter la France en 1815 l'empêchèrent également d'y rentrer à son retour d'Angleterre en 1826, et après avoir traversé rapidement la Belgique, où il reçut la visite d'une famille qui lui était tendrement affectionnée, il dut rentrer en Pologne, où sa correspondance avec d'anciens associés le montre occupé du perfectionnement de ses premières machines à peigner, et formant des vœux stériles, de vains projets, pour étendre jusqu'à sa patrie les heureux résultats qu'il avait déjà obtenus, et qu'elle avait, si cruellement pour son amour-propre d'inventeur, méconnus, repoussés ou tout au moins dédaignés.

§ IV. — Examen spécial des derniers perfectionnements apportés par Philippe de Girard aux machines à peigner, d'après ses brevets de 1819 et 1832; concours pour le prix institué par la Société d'encouragement de Paris. — Infériorité des machines anglaises : brevets de MM. *Delcourt* et *Van de Weigh*, de Paris, *Alexandre Kay*, de Londres. — Faibles récompenses accordées aux peigneuses de MM. *de Girard*, *Ch. Schlumberger* et *David*, de Lille (Nord).

Dès juin 1819, par conséquent longtemps avant son voyage en Angleterre, notre infortuné compatriote avait, par l'entremise de son frère aîné (François-Henri-Joseph), adressé au Gouvernement français la demande d'un cinquième Certificat d'additions à son brevet de 1810, ayant spécialement pour objet *le démêlage et le peignage des substances fibreuses en général : coton, lin, étoupes, laines, etc.* Dans ce Certificat, délivré en novembre 1819[1], Philippe de Girard donne, en premier lieu, la description des machines à séries parallèles et détachées de *peignes mobiles, dilatables et accompagnés de tringles expulsives* pour les substances analogues aux étoupes. Ces machines, douées de mouvements alternatifs fort compliqués, et qui ont servi depuis de point de départ à de plus simples, comme on le verra ci-après, offrent déjà ce caractère essentiel que les sérans à barrettes horizontales, montés sur des châssis ou étriers oscillant de part et d'autre de la filasse suspendue verticalement à des rouleaux fournisseurs, à des pinces ou mordaches à mâchoires dentées, sont animés d'un double mouvement : l'un horizontal, qui permet à ces sérans de s'approcher, de s'écarter alternativement de la nappe de filasse; l'autre à peu près vertical, qui leur permet d'en diviser les fibres longitudinalement ou en descendant, et d'en détacher, repousser de proche en proche, vers la partie inférieure, les étoupes saisies et entraînées bientôt par des rouleaux lamineurs ou étireurs, etc.

Viennent ensuite des machines à peigner et à carder *rotatives* ou *continues*, avec tringles expulsives, qui ont également servi

[1] T. XII, p. 137, du *Recueil des brevets expirés*.

de types, à la vérité imparfaits, à d'autres plus modernes, et dans lesquelles, ainsi que pour les précédentes, les poignées ou nappes de filasse, étalées entre des pinces qui se meuvent horizontalement à la partie supérieure, les unes à la suite des autres, le long d'une vis à écrous mobiles, ou de supports à coulisses en fer, où les conduit une chaîne à engrenage sans fin, ces poignées, ces nappes de filasse verticalement suspendues, sont soumises progressivement à l'action d'un tambour horizontal à sérans, parallèle à cette coulisse, et dont les aiguilles, *légèrement recourbées* pour retenir momentanément les étoupes, sont de plus en plus *fines et resserrées* à mesure que l'opération s'avance. La machine n'agissant d'ailleurs ici que d'un seul côté de la filasse, il devient nécessaire de retourner les pinces une à une à la main, etc.

Je n'insisterai pas non plus sur la machine à volant armé de quatre barres horizontales à mouvement très-rapide et servant à battre, assouplir les poignées de filasse, suspendues verticalement à des pinces mobiles, comme on l'a indiqué ci-dessus, parce que ces machines ont été perfectionnées depuis 1819 par Philippe de Girard lui-même, et que leur principal mérite consiste bien plus dans la simplicité ou la nouveauté du principe que dans le mode même d'exécution.

Toutefois, il est utile de rappeler, au point de vue historique, que Porthouse, breveté dès 1805 en Angleterre pour une colossale machine à peigner le lin et le chanvre par un mouvement rotatoire continu, avait déjà eu l'idée de suspendre verticalement des poignées de filasse à des pinces placées à la circonférence extérieure d'un plateau annulaire, susceptible de prendre diverses positions autour d'un axe vertical, afin de présenter successivement cette filasse à l'action de trois hérissons ou tambours cylindriques munis de barrettes à sérans, tournant rapidement sur autant d'axes horizontaux, emportés eux-mêmes dans un mouvement général de rotation, autour d'un second arbre vertical placé au centre de la machine[1]. Les hérissons

[1] Voyez la description de cette machine au tome IV, p. 138, du *Bulletin de la Société d'encouragement*.

dont il s'agit offrent d'ailleurs, avec ceux mis en usage par Philippe de Girard, cette analogie qu'ils portent des traverses métalliques, mobiles dans des coulisses ou rainures pratiquées sur de minces disques en tôle, servant de limite à chaque tambour, et qui, sollicitées par leur poids et la force centrifuge, se rapprochent spontanément de l'axe vers la partie supérieure, où se fait le peignage, et s'en éloignent dans la partie inférieure, où elles détachent l'étoupe superposée, pour la livrer à des cardes coniques, etc.

La machine de Porthouse ayant eu, dès l'origine, un grand retentissement en France et en Angleterre, il n'est pas impossible que Philippe de Girard lui ait emprunté l'idée première des pinces à mordaches et des traverses élévatoires ou expulsives, dont il a fait d'ailleurs des applications si différentes et si ingénieuses dans les machines qui nous ont précédemment occupés et celles dont il sera question ci-après.

En résumé, Philippe de Girard, dans les procédés de filature mis au jour et pratiqués par lui avant 1819, a emprunté à ses prédécesseurs l'idée, jusque-là grossière, des peignes à barrettes montés sur un tambour pour l'étirage et le redressage à sec des longues fibres du lin et du chanvre; celle des tringles expulsives de l'étoupe et de la formation d'un premier boudin par poignées échelonnées sur une auge, table à étaler ou toile sans fin, aussi bien que l'idée première de la pince ou mordache (*holder*) généralement en usage aujourd'hui pour serrer les nappes minces de filasse que l'on veut soumettre directement au peignage mécanique.

En revanche, on doit à ce même ingénieur une machine à réunir ou à *rubaner*, à la vérité ignorée ou abandonnée de nos jours, malgré tout son mérite, mais dont les programmes de notre Société d'encouragement tendaient à faire revivre l'idée; les peigneuses, avec ou sans étirage, continues et à chaîne sans fin, montées sur des rouleaux parallèles mobiles; la suppression des anciens rouleaux ou lanternes de pression pour maintenir la filasse pendant l'étirage; divers procédés pour détacher cette filasse des peignes à son entrée dans les cylindres étireurs, et dont le plus remarquable consiste dans l'emploi de brides en fil de laiton mobiles et de guides ou glissières extérieures fixes, formant ressorts et servant à soulever les tringles expulsives de cette filasse. Enfin on doit à Philippe de Girard de premières tentatives pour démêler, peigner le lin, le chanvre et les étoupes au moyen d'étriers et de bielles à sérans parallèles, doués de mouvements alternatifs ascendants et descendants, ou de tambours horizontaux à mouvements continus plus ou moins rapides, munis de tringles expulsives ou dégorgeoirs des étoupes; machines où l'on remarque surtout l'ingénieux chemin à coulisse par lequel les poignées de filasse, suspendues verticalement aux pinces, sont continuellement et successivement soumises à l'action de sérans *de plus en plus fins et resserrés* [1].

Mais ce serait être oublieux envers la mémoire de notre illustre ingénieur que de ne pas rappeler une fois de plus ici qu'il est l'inventeur de procédés servant à faire éviter les inconvénients attachés à la torsion préalable des mèches ou gros fils lors de leur étirage en fils fins, et dont le plus simple, nommé *bobinage à tubes*, est aujourd'hui encore en usage dans la filature de la laine et du coton, sous le nom trop exclusif de *méthode américaine;* qu'on lui est aussi redevable de dispositifs ingénieux pour ralentir à volonté la vitesse relative des bobines ou l'étirage des fils à leur sortie des ailettes; qu'enfin on lui doit l'idée capitale de mouiller constamment les mèches soumises à cet étirage, en leur faisant envelopper la partie supérieure de l'un des cylindres fournisseurs, ce qui facilite le *rapprochement des cylindres étireurs pour ainsi dire à volonté,* en permettant ainsi de doubler, dans un espace limité, le nombre des broches et des bobines d'un même métier; idée à laquelle il faut joindre celle, plus capitale encore, de soumettre les mèches, la filasse elle-même, à l'action de l'eau chaude ou alcaline, lorsqu'on veut arriver promptement aux

[1] Voyez le quatrième certificat d'additions et de perfectionnement au brevet déjà cité, t. XII, p. 137 à 154, pl. 16.

numéros les plus élevés et sans recourir à une série d'étirages et de doublages par trop répétés.

Sans doute, ces idées, ces inventions, n'avaient pas acquis, sous le rapport de l'exécution matérielle, le degré de perfection et de maturité qui en assure le succès manufacturier et que prise, avant tout, le monde industriel ou commercial; mais on n'en doit pas moins reconnaître que Philippe de Girard avait posé, dans les importants mémoires ou brevets dont il a doté la France de 1810 à 1819, les véritables bases de la filature du lin et du chanvre par mécaniques.

Nous avons vu, en 1826, Philippe de Girard communiquant à MM. Marshall, Hives et Atkinson, de Leeds, ses procédés de filature en fin et de peignage des longues fibres du lin par machines. On ne connaissait guère alors, même en Angleterre, que des peigneuses mécaniques[1], plus ou moins analogues à celles qui avaient été employées jusque-là pour la longue laine, et où des volants à quatre bras, armés de sérans à aiguilles plus ou moins multipliées, attaquaient l'un après l'autre les mèches suspendues à des pinces qui s'élevaient ou s'abaissaient alternativement au passage de ces peignes, agissant d'un seul côté des mèches, mais bientôt engorgés par les blousses ou étoupes qu'il fallait enlever à la main, etc. Ces peigneuses, comme nous l'apprend également M. de Girard, exigeaient une succession de passages et de retournements du lin dans des machines qui ne différaient les unes des autres que par l'écartement et la grosseur décroissante des aiguilles : d'où des déchets et une main-d'œuvre énormes, qui faisaient préférer le peignage à la main dans toutes les filatures de lin, mais dont étaient exemptes, en majeure partie du moins, les peigneuses que cet ingénieur avait de plus en plus perfectionnées dans les établissements de Hirtenberg et de Girardow. Aussi, les célèbres filateurs de Leeds que j'ai souvent cités s'empressèrent-ils, et j'en ai sous les yeux une preuve irrécu-

[1] Sans doute les mêmes qui ont été perfectionnées depuis par MM. Robertson, Peter, en Angleterre, et André Kœchlin, en France.

sable, datant de 1826, d'adopter la peigneuse double, verticale, à chaîne sans fin et dégorgeoirs, de notre compatriote; peigneuse qui aujourd'hui même, comme on le verra, perfectionnée en quelques points, est encore employée soit en France, soit en Angleterre.

L'accueil fait dans ce dernier pays aux inventions de Philippe de Girard et l'annonce du prix fondé en 1828 par la Société d'encouragement de Paris pour le peignage mécanique du lin, prix dont la valeur, fixée à 6,000 francs, fut doublée par le Gouvernement en raison des difficultés et du peu d'avancement de la question, ces circonstances, dis-je, engagèrent plus que jamais notre compatriote à s'occuper du perfectionnement de ses anciennes machines à peigner, et il en fit l'objet d'un nouveau brevet d'importation en France, pris en novembre 1832 au nom de son neveu (Henri-Frédéric de Girard), officier d'état-major français, à qui il en avait transmis la jouissance exclusive quelque temps auparavant.

En recourant d'ailleurs aux brevets accordés en 1829, en France, à MM. Delcourt et Wan de Weigh, de Paris, ainsi qu'à M. Kay (Alexandre), de Manchester, pour des machines à peigner le lin et le chanvre[1], on pourra juger de l'état d'imperfection et de complication dans lequel se trouvait cette partie de la filature peu avant l'époque où Philippe de Girard songea à faire connaître ses dernières idées de perfectionnement en France. Ces idées ont trop d'importance pour l'histoire de la filature en général, elles ont exercé en particulier une trop grande influence sur les progrès du peignage mécanique du lin et du chanvre, pour que je puisse me dispenser d'en donner une analyse sommaire, comme je l'ai fait pour les autres inventions de Philippe de Girard, d'autant plus que quelques-unes de ces idées pourraient aujourd'hui encore être mises à profit par nos industriels.

Le brevet dont il s'agit donne, en premier lieu, la description d'une machine à *daguer*, c'est-à-dire à battre ou fouetter

[1] T. XXVII et XXX du *Recueil officiel des brevets expirés.*

la filasse, suspendue à des pinces mobiles sur une coulisse horizontale supérieure, et dont le but est d'assouplir, de dégager cette filasse des pailles et corps étrangers qu'elle renferme en sortant de l'opération du teillage. Close de toutes parts afin d'éviter les émanations de poussières si nuisibles à la santé des ouvriers, elle est composée de deux larges châssis trapézoïdes, armés de lames de fer ou battes tournant excentriquement et en sens contraire autour d'axes horizontaux parallèles, et qui, dans leur croisement ou emboîtement réciproque, atteignent de part et d'autre les nappes de filasse suspendues, comme on l'a dit, à des pinces placées à la suite les unes des autres par un premier ouvrier sur une coulisse supérieure horizontale, tandis qu'un deuxième ouvrier reporte sur la coulisse analogue de la machine à peigner ces mêmes pinces au fur et à mesure qu'elles arrivent à l'extrémité opposée de la machine à daguer. Les deux branches dont se composent ces pinces, au lieu d'être simplement serrées, comme d'habitude, par des vis qui précédemment occasionnaient des pertes de temps énormes, pour placer ou enlever la filasse à chaque opération et retournement, ces branches sont ici assemblées à charnières avec des coins ou clefs, mus par un levier très-puissant qui les serre ou desserre à la fois et, pour ainsi dire, instantanément.

Les anciennes peigneuses de Philippe de Girard, à mouvements continus ou alternes, ont reçu également, dans le nouveau brevet, des modifications et perfectionnements très-essentiels, fondés sur les principes suivants :

1° Elles doivent être doubles, de manière que les nappes minces de filasse suspendues verticalement aux pinces supérieures soient attaquées des deux côtés à la fois; 2° les sérans, montés sur des barrettes horizontales parallèles et équidistantes, doivent alterner de façon que les aiguilles de l'une correspondent respectivement aux intervalles vides de l'autre; 3° ces aiguilles doivent aller continuellement en se resserrant et augmentant de finesse, à partir du point d'entrée de la filasse jusqu'à la sortie des peignes par l'extrémité opposée;

4° le peignage doit, autant que faire se peut, commencer vers la pointe ou le bas des mèches pour s'avancer graduellement, en s'approfondissant vers leur partie la plus épaisse, ce qui réclame, suivant la nature de la peigneuse, des procédés différents et dont il sera dit un mot ci-après, le but étant de dégager progressivement et par parties les étoupes et d'éviter la formation des nœuds ou boutons.

D'après ces vues rationnelles et expérimentales, appliquées et énoncées nettement pour la première fois, si je ne me trompe, par Philippe de Girard, le tambour à sérans du brevet de 1818 devait être accompagné d'un second tambour à axe horizontal parallèle au premier, et dans l'intervalle desquels la filasse se mouvait comme on l'a déjà expliqué. Néanmoins, l'auteur indique ici, au lieu de ces tambours horizontaux, trois couples de peigneuses verticales à chaînes sans fin, placées à la suite les unes des autres et semblables à celles de ses étireuses horizontales, mais opposées deux à deux parallèlement, de manière à attaquer de chaque côté à la fois les nappes de filasse suspendues à des pinces dirigées d'abord par une glissière supérieure inclinée, et traînées ensuite, au moyen d'une petite chaîne sans fin ordinaire, sur une coulisse horizontale, d'où les reçoit un aide qui les place aussitôt sur la coulisse supérieure de la machine à daguer, et ainsi alternativement. Les étoupes, arrivées au bas des chaînes à sérans, en sont d'ailleurs dégagées au moyen de tringles mobiles expulsives ou dégorgeoirs glissant sur des guides extérieurs fixes, etc., pour s'enrouler finalement sur un tambour horizontal, où elles forment *trois nappes de degrés différents de finesse,* nappes que de petits enfants enlèvent au fur et à mesure, à la main.

Cette peigneuse double, la même dont Philippe de Girard avait, en 1832, communiqué la description et le dessin à MM. Marshall, Hives et Atkinson, n'est pourtant pas celle qu'il recommande le plus spécialement dans son dernier brevet, où il accorde, ainsi que dans ses écrits postérieurs, une préférence marquée à la peigneuse à mouvement alternatif, où des rangées de sérans parallèles, montés sur des barrettes horizontales perpendiculaires à des tiges ou bielles verticales, forment des sortes de râteaux mus, parallèlement et circulairement, au moyen d'axes coudés ou excentriques placés aux extrémités supérieures et inférieures de ces bielles. On conçoit, en effet, comment peut fonctionner un système composé de deux peignes à râteaux semblables, placés, en face l'un de l'autre, dans un même plan ou dans des plans verticaux parallèles, comprenant entre eux les nappes de filasse suspendues à des pinces supérieures, et dont les dents ou barrettes de l'un correspondent, selon le principe ci-dessus, aux intervalles vides de l'autre, sans que les bielles ou traverses verticales placées aux extrémités opposées puissent se rencontrer dans leurs mouvements.

On conçoit également comment une peigneuse formée de deux ou même de trois équipages pareils, rangés dans un plan vertical à la suite les uns des autres, et mus par des arbres à deux ou plusieurs coudes de manivelles, peut remplir parfaitement les conditions que l'inventeur s'est imposées dans le brevet qui nous occupe, à savoir : « Que deux séries de « peignes agissent alternativement sur la nappe de filasse, de « manière que, dans leur mouvement circulaire commun, les « peignes de chaque série s'avancent et se retirent successive- « ment, en passant toujours entre les intervalles de ceux de « l'autre série; les peignes qui pénètrent dans cette nappe, re- « poussant les fibres en avant, empêchent ainsi, *infailliblement,* « qu'il puisse en rester un seul brin dans ceux-là mêmes qui « se retirent. »

Philippe de Girard indique ici un moyen ingénieux pour arrêter spontanément la marche progressive des pinces sur la coulisse horizontale supérieure par un débrayage à déclic et à poulie folle, s'il arrivait que l'ouvrier oubliât d'enlever à temps la dernière d'entre elles, au moment où elle échappe à l'action des peignes. Il remarque, en outre, que, au lieu de les faire mouvoir horizontalement, on pourrait leur imprimer un mouvement d'abaissement et d'élévation vertical entre les séries opposées des peignes, dont la grosseur irait en diminuant du sommet à la base. Il critique les peigneuses anglaises, qui, pénétrant dans cette nappe vers le milieu, la parcourent ensuite dans toute sa longueur, au lieu de l'attaquer, comme les précédentes, par de petits coups, courts et répétés. Enfin, il recommande de supprimer, vers le haut, un certain nombre d'aiguilles dans les parties où le lin arrive sur la machine, d'en diminuer même la saillie progressivement à partir du bas; les sérans inférieurs agissant ainsi sur l'extrémité des brins avant que la partie supérieure puisse en être atteinte, on évite tout engorgement de la partie moyenne : des motifs analogues lui font prescrire de graduer la saillie des aiguilles, vers la sortie des mèches, dans un ordre à peu près inverse de celui qui a lieu à l'entrée.

La dernière partie du brevet de Philippe de Girard est consacrée à la description de divers perfectionnements : 1° de la machine à rubaner verticale, composée, comme on l'a vu, d'auges à sérans, emboîtées par échelons, et dont les nappes de filasse extérieurement pendantes, en se superposant graduellement et régulièrement sous l'action des cylindres fournisseurs, permettent d'abréger considérablement la succession des doublages et étirages du système ordinaire, que néanmoins on lui préfère encore, mais dont, comme on l'a vu, on commence à se préoccuper sérieusement; 2° de ressorts régulateurs très-ingénieux, en cuivre mince, pour les bobines de métiers à filer en fin, destinés à remplacer les ficelles frottantes à balles de plomb, qui s'usent promptement lorsqu'on travaille à l'eau froide ou chaude, et qui, prenant leur point d'appui sur la plate-bande du va-et-vient servant à régler l'ascension des bobines, en ralentissent le mouvement relatif par leur frottement contre une gorge inférieure, sans pouvoir être jamais atteintes par le fil qui s'enroule sur ces bobines; 3° enfin, de nouvelles broches à ailettes renversées, dont le type est dans l'ancien rouet à filer, et qui, traversant un tube en cuivre, vertical, mobile sur lui-même, permettent de régler le tirage avec facilité, et d'enlever, sans déplacement des ailettes, les bobines qui reposent à frottement dur sur le sommet conique des broches, dont le va-et-vient vertical est réglé d'ailleurs par une plate-bande inférieure supportant ici les crapaudines et pivots de ces broches.

En terminant cette analyse rapide du brevet de 1832, je crois devoir faire remarquer que les figures dont il est accompagné sont dessinées avec une netteté et une précision de détails qui montrent que les idées de l'auteur étaient dès lors parfaitement arrêtées, et, je n'hésite pas à le dire, déjà même pratiquement réalisées.

Philippe de Girard envoya, au commencement de 1833, du fond de la Pologne, pour le concours de la Société d'encouragement relatif au peignage du lin, un modèle, aux trois quarts, de sa dernière machine à mouvement oscillatoire ou excentrique, à laquelle il crut devoir joindre sa machine à daguer, qu'il considérait, non sans quelque raison, comme un complément indispensable de la précédente, mais qui ne fut point mise en expérience par la Commission du prix. Ce modèle, fonctionnant, avait reçu, par suite de ruptures éprouvées dans une longue route, des réparations préalables, assez importantes, sous la direction de M. Decoster, jeune ouvrier fort intelligent, employé dans les ateliers de M. Saulnier, ingénieur mécanicien de la Monnaie, et qui fut aussi chargé de suivre les expériences faites, en présence des Commissaires de la Société, concurremment sur ce modèle et deux autres machines à peigner qui partagèrent avec lui les faibles récompenses accordées dans la séance du 24 décembre 1833[1], à savoir : d'une part, la peigneuse de M. Schlumberger (Charles), de Paris, consistant en un seul tambour horizontal à aiguilles obliques, animé d'un mouvement rotatoire très-rapide, et précédé de cylindres cannelés parallèles, auxquels une ou deux ouvrières présentaient, directement et à plusieurs reprises, les poignées de lin; d'autre part, la peigneuse continue à nappes verticales

[1] T. XXXII, p. 431 à 441, du *Bulletin*, rapport de M. Th. Olivier; le nombre des concurrents étant de neuf, 600 francs de récompense furent accordés à MM. Schlumberger et de Girard, 300 francs à M. David.

sans fin de M. David, de Lille, qui rappelait, dans ses dispositions essentielles, l'ancienne peigneuse double et analogue de Philippe de Girard.

Ces différentes machines ne purent, en effet, satisfaire aux conditions rigoureuses du programme; ce qui prouve seulement qu'alors, comme aujourd'hui encore, le peignage mécanique, effectué dans toute la longueur des fibres, ne pouvait remplacer d'une manière économique, et sous le rapport de la bonté des produits, le sérançage à la main du chanvre et du lin, du moins pour les finesses et qualités supérieures.

CHAPITRE III.

PROGRÈS REMARQUABLES ACCOMPLIS EN FRANCE DANS L'INTERVALLE DES ANNÉES DE 1832 À 1845.

§ Ier. — Erreurs singulières commises en France, d'après le docteur anglais *Ure*, au sujet de l'invention des machines à daguer, peigner, filer le lin et le chanvre; comparaison des machines de *Girard* avec celles de MM. *Evans*, *Wordsworth*, *Westley* et *Lawson*, *Marshall*, *Hives*, *Atkinson*, *Peter Fairbairn*, etc.

Pendant le temps même où Philippe de Girard adressait un modèle de sa dernière peigneuse à la Société d'encouragement de Paris, il prenait, sous le nom de M. Evans (Th.-N.), négociant à Birmingham, mais dont le frère était constructeur de machines à Varsovie, une patente anglaise délivrée à l'*Enrolment office* le 10 janvier 1833, et qui comprenait la peigneuse oscillante, le batteur et la pince à charnière perfectionnée, dont il a été parlé à propos du brevet français de 1832. On peut prendre une idée exacte de ces machines dans le *Dictionnaire anglais des arts et manufactures* d'Andrew Ure[1], ou dans la reproduction plus ou moins complète qui en a été faite à l'article *Lin*, p. 2290, du *Dictionnaire français* de

[1] T. II, p. 293, 3e édition, 1843.

M. Laboulaye (1847), où ces machines, faussement attribuées à Evans, sont décrites avec les lettres mêmes de renvoi et les démonstrations du brevet de Philippe de Girard [1].

Si, de plus, on confronte les fig. 439, 440, 441 et 442 (t. II, p. 498) du premier de ces ouvrages, ou de 1436 à 1439 du second, relatives à l'étirage simultané de deux mèches de lin parallèles, doublées ensuite ou réunies en un seul ruban sous des cylindres lamineurs, comme cela se pratique encore de nos jours, etc., en confrontant, dis-je, ces figures avec leurs analogues du certificat d'additions délivré, en 1815, au frère aîné de notre illustre ingénieur, on en reconnaîtra de même la parfaite identité, à cela près encore du renversement des dessins provenant du décalque qui en avait été fait sur les originaux; et certes on ne pourra, une fois encore, se refuser à admettre avec l'inventeur que la patente anglaise accordée peu auparavant au négociant H. Hall, de Preston, ne fût de tous points la reproduction illicite des dessins que lui avaient frauduleusement vendus ses anciens associés Lanthois et Cachard, de Paris.

Quant à la fig. 438 de l'ouvrage du docteur Ure, elle représente la très-ancienne peigneuse de M. Ternaux, dans laquelle un tambour horizontal, muni d'aiguilles inclinées, vient, par un mouvement de rotation très-rapide, agir sur une nappe de filasse pendante, qui prend appui sur une plaque cylindrique à coulisse mobile concentriquement au tambour; machine qui a été postérieurement doublée, selon les principes de Philippe de Girard, en suspendant verticalement la nappe de filasse à une pince qu'un ouvrier fait osciller lentement entre

[1] L'auteur de l'article *Lin*, du *Dictionnaire français sur la technologie*, a eu le tort grave de reproduire le texte d'Ure sans avertissement préalable : des affirmations vagues et générales, des éloges même, imparfaitement motivés, donnés à un homme tel que Philippe de Girard, mort à la peine, peu connu quoique déjà glorifié, ne suffisent pas pour réhabiliter sa mémoire aux yeux des esprits sévères ou prévenus, et bien moins encore pour le venger des plagiats dont on s'est malheureusement rendu le complice, sans doute fort involontaire.

les deux tambours, de manière que le peignage se fasse alternativement des deux côtés ou par retournement.

Une telle confusion de noms et de dates, de tels emprunts et d'autres encore relatifs aux machines à peigner et à filer, n'autorisaient guère, sans doute, ce simple et laconique préambule aux articles cités de l'ouvrage d'Andrew Ure : « Les premiers résultats tolérables avec les machines à filer le lin « *paraissent* avoir été obtenus par les frères Girard, à Paris, « vers 1810 ; mais les Français n'ont jamais porté l'appareil à « une grande perfection pratique. Les villes de Leeds, en « Yorkshire, de Dundee, en Écosse, et de Belfast, en Irlande, « ont le mérite d'avoir amené le filage du lin par machines « à un degré comparable à celui du coton. » Évidemment M. Ure, d'un jugement en général hâtif, beaucoup trop exclusif, et dont les erreurs, sans doute involontaires, ont été ensuite si malheureusement traduites et commentées sur le continent, ignorait complétement les brevets originaux de Philippe de Girard, les rapts dont il avait été la victime et les réclamations dont ses brevets avaient été l'objet même en Angleterre, etc. Sans cela, on ne le verrait pas, en 1843 et 1847, hésiter autant à rendre justice à notre compatriote, copier sans aucun scrupule ses propres dessins, ses propres démonstrations, le dépouiller notamment, au profit de Kay, des procédés de filature du lin par le décollement des fibres élémentaires, enfin nier la perfection même des produits que Girard avait mis dès 1826 sous les yeux de MM. Marshall, Hives et Atkinson, à Leeds.

Toutefois, je suis loin, comme on l'a vu et comme on le verra encore mieux ci-après, de méconnaître la supériorité acquise depuis par l'Angleterre dans la production économique et industrielle des fils de lin; mais je me crois autorisé à répéter, à cette occasion, que le succès des Anglais, en ce genre comme en quelques autres, tient moins encore à leur génie inventif qu'à l'esprit de suite et d'ordre qu'ils apportent dans les entreprises manufacturières, au caractère de persévérance généreuse, de prodigalité même, de leurs associations financières envers les ingénieurs ou constructeurs, et principalement à la multiplicité de leurs ressources matérielles, commerciales ou productives de tous genres. Pour s'en convaincre une dernière fois, il suffit de se demander ce que serait devenu Watt, l'immortel Watt, sans le financier et mécanicien constructeur Boulton, et, par contre, quel est le sort qui eût été réservé aux inventions de Philippe de Girard s'il avait pu en réaliser l'exécution au milieu des ateliers et des cités de la riche Angleterre? Il ne faut pas oublier d'ailleurs que, pendant près de vingt ans, l'établissement colossal de Soho lui-même a failli maintes fois succomber sous le coup d'une infinité de procès et d'odieuses tracasseries.

Mais l'examen que nous avons entrepris de l'utile ouvrage du docteur Ure est trop important au point de vue historique et critique, pour l'abandonner dès à présent, d'autant plus qu'il portera désormais sur des données fort essentielles, et sans lesquelles il me serait à peu près impossible de présenter une idée précise des perfectionnements appliqués par les artistes anglais aux conceptions premières et tout à fait originales de notre ingénieur.

En jetant, en effet, un coup d'œil sur les fig. 444 et suiv., p. 500, du Dictionnaire de cet auteur, on se convaincra sans difficulté que les changements apportés en 1832 à l'étireuse à chaîne sans fin de Philippe de Girard par M. Wordsworth, de Leeds, n'ont pas, soit quant aux détails de construction, soit quant aux idées d'ensemble, des avantages bien marqués sur l'étireuse qui se trouve décrite dans les fig. 14, 15, etc., de la pl. 31 du t. XIX des *Brevets français expirés*. Dans cette dernière machine, comme on l'a vu, les tringles mobiles destinées à soutenir et à détacher la filasse à son entrée et à sa sortie des peignes, où sans cela elle serait entraînée circulairement par les aiguilles, sont dirigées par des coulisses latérales qui, étant fixes, offrent un grand frottement et ne corrigent pas entièrement les effets résultant de la divergence des aiguilles en ces points extrêmes.

Dans l'étireuse de M. Wordsworth, on se sert d'un tout autre moyen : on agrandit en diamètre, les rouleaux d'entrée du côté des fournisseurs, ce qui diminue en partie le défaut de parallélisme des aiguilles, et, au contraire, on diminue notablement le diamètre du rouleau voisin des étireurs, ce qui augmente leur divergence, tout en raccourcissant l'intervalle où la mèche a besoin d'être guidée et soutenue; enfin, les sérans (*gills*), au lieu d'être fixés à la chaîne sans fin, reçoivent, au moyen de leviers articulés à talons glissant également sur des guides extérieurs, un mouvement de retraite ou d'avance au travers de barrettes évidées formant autant de châssis métalliques fixés eux-mêmes à cette chaîne, et qui leur livrent passage quand elles doivent s'élever, saillir en soutenant la filasse, ou s'abaisser et disparaître complétement lorsqu'elles sont arrivées à une certaine distance des cylindres étireurs, près desquels elles descendent verticalement sans érailler et entraîner, au même degré, la nappe de filasse. Mais on voit que ce dernier avantage se trouve racheté et plus que compensé par le manque de direction et de soutien de la portion de cette nappe qui doit être saisie par les cylindres étireurs. D'ailleurs, un tel système devait entraîner plus de sujétion, de perte de temps et d'entretien, à cause de l'usure des articulations multiples qui y entrent.

Philippe de Girard nous apprend, d'autre part, dans l'un de ses écrits, qu'il existait déjà en Silésie de ses étireuses à chaîne sans fin, portant des barrettes à sérans articulés à bascule, d'une manière plus ou moins analogue, et l'on se rappelle qu'il en avait lui-même proposé plusieurs de ce genre dans les certificats d'additions à ses premiers brevets, où il prescrivait d'incliner légèrement les aiguilles sur la direction de la chaîne sans fin, pour diminuer d'autant les effets de leur divergence à l'entrée et à la sortie de la filasse. Il ne serait donc pas juste de dire que le système de Wordsworth fût, en réalité, supérieur à celui de Girard et constituât une idée absolument neuve ou essentielle.

A fortiori, peut-on en dire autant d'une autre modification que l'on a fait subir, antérieurement ou postérieurement, à l'étireuse à nappe sans fin horizontale de ce dernier ingénieur, en contraignant les tringles élévatoires ou répulsives de la filasse à suivre dans toute l'étendue de leur course, où elles soutiennent et dirigent les barrettes à sérans, des coulisses fixes extérieures, tracées de la manière la plus convenable vers les bouts, et le long desquelles elles glissent avec un frottement qui doit augmenter de beaucoup la dépense en force motrice, et cela nonobstant les avantages offerts par ce dispositif sous le rapport de la suppression des rouleaux guides ou des supports intermédiaires, de la diminution du diamètre des rouleaux extrêmes, etc.

Malgré des dénégations contraires provenant de personnes intéressées, mais étrangères à Philippe de Girard, la prééminence des étireuses à chaînes de cet ingénieur ne saurait de même être soutenue à l'égard du système remarquable pour lequel MM. Westley et Lawson ont été patentés en Angleterre en août 1833. Dans ce système, en effet, les barrettes à sérans, au lieu d'être directement conduites par une chaîne sans fin, forment autant de pièces métalliques détachées, munies à leurs parties inférieures de tenons ou appendices verticaux légèrement obliques, qui, en s'engageant dans les rainures hélicoïdes d'un premier couple de vis à filets carrés, parallèles et horizontales, les font cheminer dans tout l'intervalle compris entre les cylindres fournisseurs ou étireurs; tandis qu'un autre couple de vis semblables, mais inverses, placées au-dessous du précédent, sert à ramener les barrettes, toujours parallèlement entre elles, vers les premiers de ces cylindres, à la hauteur desquels elles sont élevées verticalement au moyen de cames ou excentriques, de même aussi que des cames les guident dans leur descente verticale, au voisinage des cylindres étireurs, où les aiguilles des sérans, sans cesser de demeurer équidistantes et verticales, abandonnent la filasse dans un intervalle qui dès lors peut être de beaucoup réduit, mais que les successeurs de Westley ont tâché de réduire davantage encore.

La constance, l'opiniâtreté même qu'ils y ont mises, prouvent que c'est bien là un des points les plus importants de la préparation du lin ou de sa formation en longs rubans. Sans doute, le système des peignes à vis (*screw-gills*) occasionne aussi de grands frottements; il est sujet à des inconvénients de plus d'une espèce; mais on n'en doit pas moins supposer que, en raison même de sa précision mathématique, de sa simplicité et de sa solidité, il restera dans la filature du lin et du chanvre au même titre et aussi longtemps que l'idée mère de Philippe de Girard, relative au redressement parallèle des fibres à l'aide d'une succession de sérans équidistants, qui se meuvent eux-mêmes d'un mouvement continu et parallèle; idée qui prend, comme on l'a vu encore, son origine dans l'ancien tambour à hérisson, dont ce grand ingénieur a développé l'application avec une merveilleuse sagacité dans la série entière de ses inventions, et sans laquelle on ne fût jamais parvenu peut-être à soumettre avec la même perfection une matière aussi rebelle que la filasse droite et inégale du lin et du chanvre aux opérations délicates que nécessite la filature en fin.

Au surplus, en parcourant les pages du Dictionnaire du docteur Ure qui viennent à la suite de celles que j'ai déjà citées, on se convaincra facilement que, même vers l'époque de sa publication (1843), le filage du lin sur les métiers en gros et en fin ne contenait rien de véritablement neuf ou qui ne fût indiqué déjà en principe dans les divers brevets de Philippe de Girard : car on y voit figurer encore le va-et-vient à excentrique de Vaucanson, pour régulariser l'enroulement du fil sur les bobines; les transmissions par cordes et courroies du tambour moteur aux broches, etc. Nous savons, au contraire, de l'aveu même de notre savant ingénieur, que les procédés anglais pour le cardage et le filage des étoupes étaient de beaucoup supérieurs aux siens propres, et depuis son séjour à Leeds, en 1826, jusqu'à l'époque où écrivait Andrew Ure, ils n'avaient pu que s'améliorer encore. Quant au procédé même de peignage du lin et du chanvre, la seule addition qui nous est indiquée par l'ouvrage de cet auteur concerne une machine de grande dimension, assez compliquée, et par conséquent fort coûteuse, due au même Wordsworth dont il a déjà été parlé, et qu'on peut considérer comme une sorte d'émanation des idées de Girard combinées avec celles de Porthouse, quoiqu'elle diffère, à certains égards, des peigneuses réalisées par l'un et par l'autre de ces derniers et éminents ingénieurs.

On y voit, en effet, deux tambours à sérans sur barrettes isolées, horizontaux et parallèles, terminés, aux bouts où la filasse arrive, par des cônes munis de fortes aiguilles qui décroissent et se resserrent *graduellement* en allant vers l'extrémité opposée des tambours, dont les parties en regard sont seules parcourues longitudinalement par la filasse, suspendue à des pinces que soutient une chaîne horizontale sans fin supérieure, guidée par des poulies à gorge extrêmes et des coulisses latérales placées vers le haut du bâti, au-dessus de ces mêmes tambours, etc.

Mais ce qui distingue plus particulièrement cette combinaison de celles qui ont été adoptées par Philippe de Girard, c'est que, d'une part, les mèches de filasse, n'étant atteintes que d'un seul côté à la fois, doivent subir un retournement, une rotation spontanée autour de l'axe vertical de suspension des pinces parvenues à certains points des cylindres; c'est que, d'une autre, les étoupes, au lieu de tomber, en se détachant de la partie inférieure des peignes, sur un plan incliné garni de drap ou un tambour horizontal armé d'aiguilles qui les entraîne pêle-mêle avec les ordures, sont réellement enlevées aux tambours peigneurs par des brosses cylindriques extérieures, d'où les détachent ensuite des cardes parallèles, munies d'un va-et-vient ou peigne oscillant qui les forme en nappes plates, comme cela a lieu dans les cardes à coton et à laine. Ces dernières dispositions se trouvent reproduites, d'ailleurs, dans une autre peigneuse à nappes verticales sans fin, avec coulisses inclinées, pour guider les pinces, les *teneurs* de filasse : cette peigneuse, seulement patentée en mai 1838, porte également le nom de M. Wordsworth en Angleterre et en

France, mais elle n'est, en réalité, qu'un simple perfectionnement de celle dont Philippe de Girard se servait à Hirtenberg dès 1817, et qu'il avait transmise, comme on l'a vu, à MM. Marshall, Hives et Atkinson par un acte daté du 31 décembre 1826.

Ces différentes machines à peigner, à rubaner ou à filer furent ensuite et successivement perfectionnées, quant aux détails d'exécution, par divers ingénieurs ou constructeurs anglais, notamment par M. Peter Fairbairn, dont l'établissement à Leeds est incontestablement l'un des plus anciens, des plus considérables et des plus renommés de toute l'Angleterre pour la construction des machines à travailler le lin : c'est à lui, en effet, que l'industrie est principalement redevable de ces belles machines dont les perfectionnements divers et l'exécution matérielle ont contribué, non moins que l'idée mère ou d'ensemble, à faire jouir la Grande-Bretagne d'un succès commercial et industriel devenu, à dater de 1833, si rapide, qu'il a entraîné la ruine de la plupart des filatures linières des autres pays.

§ II. — Importation en France des machines anglaises à filer le lin et les étoupes, à partir de 1833, par MM. *Feray*, d'Essonne, *Scrive*, de Lille, *Vaison*, d'Abbeville, *Malo* et *Dixon*, de Dunkerque, *Decoster*, de Paris, etc. — Les constructeurs français *Decoster*, *Nicolas Schlumberger*, *André Kœchlin*, *Debergue* et *Spréafico*, *David*, de Lille, etc.

D'après ce qui précède, on ne saurait être surpris de voir nos ingénieurs et industriels chercher à s'approprier, dès cette même année 1833, les procédés et les machines que nous avions trop longtemps dédaignés ou négligés en France, et qu'il leur fallut acquérir soit par un séjour plus ou moins prolongé dans la Grande-Bretagne, soit au prix des plus grands sacrifices pécuniaires, soit quelquefois, dit-on, au péril même de leur liberté. C'est ce qui est arrivé notamment pour M. Feray d'Essonne, l'élève et ami du célèbre ingénieur mécanicien William Fairbairn, de Manchester, correspondant de l'Institut de France, dont les beaux, les anciens ateliers de tissage mécanique pour le linge damassé étaient menacés, en effet, d'une ruine prochaine.

C'est ce qui a eu lieu également pour les frères Scrive, de Lille, si anciennement connus et appréciés, comme on l'a vu, pour la fabrication mécanique des cardes, qui devint bientôt l'origine d'utiles relations avec les ateliers de filature et de construction de machines de la Grande-Bretagne.

C'est enfin ce qui est arrivé pour M. Decoster, le jeune ouvrier mécanicien de Paris, que nous avons vu, en 1833, diriger les expériences sur la peigneuse oscillante de Philippe de Girard, et qui, d'après ce qu'on a lu dans la première Partie de ce travail, s'est élevé depuis son retour d'Angleterre, en 1835, au rang de nos meilleurs constructeurs de machines; pour M. Vaison, fabricant de tapis de pied à Abbeville; pour MM. Malo et Dixon, de Dunkerque, etc., etc.

Au grand préjudice du développement et du progrès de notre industrie nationale, les nouveaux établissements de filature demeurèrent à très-peu près fermés au public dans le cours des premières années qui suivirent 1835, sans que pour cela on doive en faire un motif de reproches à leurs habiles possesseurs, car, après avoir couru de semblables risques, il leur était bien permis de suivre l'exemple de M. Marshall, de Leeds, que l'on considère à juste titre comme le chef heureux de la filature anglaise du lin et du chanvre; d'autant que cet exemple est également suivi par la plupart des grands industriels d'outre-Manche. Combien ne devons-nous pas regretter, nous autres Français, que l'homme de génie, notre illustre compatriote, dont l'intérêt de la justice et de la vérité nous a tant de fois fait citer le nom, ait été forcé de s'exiler loin d'une patrie qui lui était demeurée si chère, et qu'il n'ait pu guider nos industriels dans une voie où l'Angleterre s'est si démesurément enrichie au détriment des nations rivales, grâce sans doute à son activité commerciale et industrielle, à laquelle nous avons bien souvent accordé des éloges, mais grâce surtout à son magnifique outillage mécanique, parvenu dès 1835, comme on l'a vu, à un état de perfection très-comparable à celui que nous lui connaissons aujourd'hui, et dont tendent néanmoins à nous rapprocher de plus en plus les efforts persévérants de nos intelligents constructeurs ou mécaniciens artistes.

M. Decoster avait été adressé, au commencement de 1834, par la famille Girard à M. Evans, de Birmingham, pour l'aider dans le montage d'une grande peigneuse verticale oscillante que Philippe de Girard lui avait envoyée de Varsovie, et qui devint le type de celles qui furent ensuite construites dans les ateliers de MM. Roberts et Sharp, de Manchester, déjà célèbres alors pour les ingénieux perfectionnements qu'ils avaient apportés aux machines à filer le coton. Cette circonstance donna à M. Decoster la facilité d'étudier sur place les procédés et l'outillage des plus habiles industriels de l'Angleterre, et à son retour en France, au commencement de 1835, il éleva sous le patronage de MM. Liénard et Giberton, gérants des filatures de Pont-Remy et du Blanc, ces beaux ateliers de la rue Stanislas, à Paris, dont la variété, la légèreté et la rigoureuse précision des machines-outils sont devenues rapidement le caractère distinctif.

Les peigneuses oscillantes, les étireuses à chaîne sans fin exécutées par M. Decoster, avec quelques modifications dans les détails, dès 1835 ou 1836, mais principalement d'après le système et les idées de Philippe de Girard, eurent chez nous un succès non moindre que celui obtenu en Angleterre par MM. Evans, Sharp et Roberts, dont les peigneuses, directement introduites en France, firent concurrence à celles de notre compatriote, grâce surtout à leur moindre prix de revient. Les attestations de nos plus habiles filateurs de lin prouvent de plus qu'à l'époque précitée, et jusqu'en 1842, les peigneuses mécaniques de Girard étaient considérées comme supérieures à toutes celles que l'on possédait alors dans l'un ou dans l'autre pays, et qu'elles pouvaient suppléer avec avantage, si ce n'est remplacer complétement, le peignage à la main, notamment pour le chanvre et les lins forts de Russie, de Bergues, etc., où elles rendaient jusqu'à 65 et 70 pour 100:

ces avantages étant beaucoup moins prononcés d'ailleurs pour les lins tendres et courts, ceci explique en partie les causes pour lesquelles on n'obtint pas de meilleurs résultats dans les expériences faites en 1833, devant les Commissaires de la Société d'encouragement de Paris, au moyen du modèle adressé de Varsovie par Philippe de Girard, et dont on peut aujourd'hui encore étudier le mécanisme au Conservatoire des arts et métiers.

MM. Schlumberger (Nicolas) à Guebwiller, André Kœchlin à Mulhouse, Debergue et Spréafico, à Paris, David, à Lille, tous anciens constructeurs de machines à filer le coton, favorisés d'ailleurs par la loi anglaise qui interdisait la libre exportation des machines, ne tardèrent pas à se lancer dans la carrière où M. Decoster s'était, le premier, aventuré sans, pour ainsi dire, aucunes ressources en capital et en matières premières. M. Schlumberger surtout, qui, à l'instar des plus grands constructeurs de l'Angleterre, avait pu de bonne heure réunir à la fabrication des machines la filature complète du lin, imprima à cette branche d'industrie, si malheureusement oblitérée en France, une impulsion assez rapide et assez puissante pour être en mesure d'en présenter les excellents produits à l'Exposition de 1839, où ses machines à filer le lin furent admirées comme une véritable nouveauté, comme une heureuse importation de ce que le rapporteur lui-même supposait être des inventions, des perfectionnements, dus aux habiles constructeurs de la Grande-Bretagne. Ces machines, dont le Rapport du jury ne nous donne malheureusement aucune idée, paraissent avoir été construites sur le système perfectionné, et alors tout récent, des étireuses à vis jumelles, dû à MM. Westley et Peter Fairbairn, système également adopté par MM. Debergue et Spréafico dans leur exhibition de 1839, tandis que M. André Kœchlin, de Mulhouse, avait accordé la préférence au système à chaîne sans fin de Philippe de Girard, plus ou moins modifié, comme on l'a vu, en Angleterre.

Il était temps en effet, si ce n'est même un peu tard, pour notre pays de sortir d'un engourdissement fatal à sa renommée et à ses intérêts industriels, car déjà les procédés de filature anglaise commençaient à se répandre en Russie, en Belgique et en Allemagne, dont l'Angleterre n'avait alors à redouter aucune rivalité sérieuse; mais il n'en fallut pas moins quinze années entières d'efforts soutenus et un droit protecteur venu bien tardivement en 1842, trop tardivement sans doute, pour réparer l'atteinte dont avait été frappée notre industrie linière au point de vue commercial ou mécanique, et encore c'est à peine si nous possédons aujourd'hui même (1852) 300,000 broches, lorsque le royaume-uni de la Grande-Bretagne en avait déjà plus d'un million en 1840 [1].

§ III. — Revendication de ses droits par *Philippe de Girard* et conclusions; nouveau mais infructueux concours pour le peignage du lin, devant la Société d'encouragement de Paris, en 1842. — Les peigneuses *Decoster* et *Wordsworth;* les rapports de feu *Théodore Olivier;* récompenses tardives; mort de *Philippe de Girard.*

C'est au milieu de ces circonstances et de ces tentatives de tous genres que Philippe de Girard adressa de Varsovie, où le retenaient ses engagements, ses fonctions comme ingénieur en chef des mines de Pologne, une pétition au Gouvernement français, datée du 15 mai 1840, et dans laquelle il revendiquait pour son pays l'invention des procédés soi-disant nouveaux de la filature du lin et du chanvre. Il s'appuyait, pour cela, des faits exposés dans son mémoire au Roi de l'année précédente, et qu'il accompagnait cette fois d'un projet d'établissement national d'une grande filature modèle, destinée à former, sous sa direction et celle d'autres professeurs, des ouvriers et contre-maîtres habiles dans l'art de filer le chanvre et le lin, et d'en perfectionner même les machines

[1] On consultera avec intérêt à cet égard, comme en général pour toute la partie commerciale et statistique, le remarquable et fort instructif Rapport du XIVe Jury, par notre très-regrettable collègue feu M. Legentil, dont le travail n'avait point encore été lu dans le sein de la Commission française à l'époque où j'écrivais ceci, puisé d'ailleurs à d'autres sources peut-être moins authentiques au point de vue des chiffres.

ou procédés automatiques. Mais notre célèbre et savant compatriote ignorait l'état réel des choses en France; son patriotique projet arrivait trop tard pour le pays, bien qu'il fût alors accablé sous l'énorme tribut de 30 à 40 millions qu'il payait annuellement et qu'il continua à payer jusqu'en 1843 à la riche et puissante Angleterre, au très-grand préjudice de nos manufactures et de nos pauvres fileuses des campagnes. Une loi protectrice pouvait seule, comme on l'a vu, arrêter instantanément d'aussi douloureuses pertes; mais ce n'était pas évidemment un motif suffisant pour refuser alors même les offres pressantes de Philippe de Girard.

L'insuccès de cette tentative ne le découragea pas néanmoins; il fit présenter en 1836 sa dernière peigneuse, telle que la construisait alors M. Decoster, pour le prix fondé par notre Société d'encouragement, qui depuis 1828 s'était vue entraînée à proroger le Concours d'année en année; mais il fut encore moins heureux cette fois qu'en 1833, bien que la machine dont il s'agit eût été la seule qui osât affronter les rigueurs du programme, devant lesquelles, suivant le rapporteur lui-même, auraient également échoué les meilleurs systèmes connus. En effet, il ne s'agissait de rien moins que d'obtenir, à la machine, un peignage des lins fins tout aussi parfait, plus économique encore que celui exécuté à la main, et qui, en outre, n'exigeât ni dégrossissement ou redressement préalable des fibres, ni achèvement ou perfectionnement ultérieur pour leur transformation mécanique en rubans. Aussi ne saurait-on être surpris de voir que, dans les expériences de 1842, l'essai comparatif fait dans les ateliers de M. Feray, d'Essonne, sur la peigneuse de Wordsworth, importée en France par cet habile industriel, n'ait pu également obtenir grâce aux yeux des commissaires, qui ne firent pas, d'ailleurs, assez attention que cette machine, à double nappe de peignes sans fin, était, comme on l'a prouvé ci-dessus, un simple perfectionnement de l'ancien et primitif système de Philippe de Girard.

J'insiste sur ce point, parce que ce tardif et fâcheux échec fut pour l'inventeur du principe de la filature et du peignage mécaniques du lin la source de chagrins d'autant plus amers que le perfectionnement des machines à peigner l'avait occupé pendant près de trente années de sa laborieuse carrière, qu'il était arrivé depuis fort longtemps à des résultats tout à fait pratiques dans les établissements de Hirtenberg et de Girardow, et que le jugement rigoureux de la Société d'encouragement ne tendait à rien moins qu'à consommer la ruine de ses espérances les plus chères, celles que lui avait fait concevoir l'accueil précédemment accordé à ses inventions dans la libérale et active Angleterre.

L'absence de Philippe de Girard, représenté par sa nièce, Mme de Vernède de Corneillan, qui avait succédé aux droits de Henri de Girard, mort en 1833, et par M. Decoster, qui avait acquis de cette dame le privilége exclusif de construire en France la nouvelle peigneuse, cette absence et de pénibles discussions survenues entre l'inventeur et le constructeur doivent être considérées comme d'autres causes non moins puissantes d'insuccès dans le jugement qui termina, en 1842, le Concours. Philippe de Girard n'a pas, en effet, cessé, dès même avant 1840, de réclamer contre les innovations et ce qu'il appelait les *prétendus perfectionnements* introduits, soit en France, soit en Angleterre, dans l'économie et le principe constitutif de sa dernière peigneuse, dont, comme on l'a vu, la machine à daguer était le complément indispensable, tout en rendant une entière et impartiale justice au mérite de l'exécution matérielle de celle qu'on devait au talent mécanique de M. Decoster[1], et c'est à ce sujet qu'il adressa, en avril 1841, à la Société d'encouragement une lettre imprimée qui contient diverses remarques critiques ou historiques pleines d'intérêt sous le rapport des progrès du peignage mécanique, mais sur lesquelles il serait, je crois, inutile d'insister après l'analyse

[1] Une autre peigneuse du même système, construite en Angleterre dans les ateliers de MM. Sharp et Roberts, ne put arriver à temps pour l'ouverture du concours en 1836.

scrupuleuse, bien que très-rapide, que j'ai déjà faite des diverses inventions de notre ingénieur.

On ne peut toutefois qu'être attristé de le voir, sur la fin de ses jours, soutenir une pénible lutte, et être contraint de revendiquer un à un les principes constitutifs de ses dernières inventions, et jusqu'aux ingénieux systèmes de construction dont il s'était servi pour les réaliser, jusqu'aux résultats avantageux et irrécusables qu'il en avait obtenus dans sa propre fabrication.

Personne aujourd'hui, par exemple, ne serait tenté, soit en Angleterre, soit en France, de lui contester le principe du double peignage, ou peignage simultané sur les faces opposées des mèches de filasse; celui qui concerne le décroissement régulier, en grosseur et espacement, des aiguilles ou des peignes, à partir du point d'entrée de cette filasse sur la machine. Encore moins lui refuserait-on l'idée capitale de faire commencer l'action de ces aiguilles à la pointe ou au bas des mèches pour l'approfondir de plus en plus en remontant vers le milieu, de manière à terminer le peignage en une seule opération, et sans retournement autre que celui qui consiste à renverser la mèche, bout pour bout, dans les pinces; soit que, d'ailleurs, on diminue graduellement la saillie des aiguilles à partir de l'extrémité inférieure de chacun des porte-peignes; soit qu'on écarte légèrement ceux-ci vers le haut, comme l'a fait M. Decoster; soit qu'enfin on fasse osciller verticalement les pinces ou teneurs de la filasse, de manière à engager celle-ci progressivement entre les peignes. Le partage des étoupes en plusieurs nappes de qualités ou finesses distinctes, le moyen de fermeture rapide des pinces, l'ingénieuse coulisse horizontale ou à plan incliné qui les promène au-dessus de la machine, sans temps d'arrêt et pour ainsi dire automatiquement, et jusqu'au système des roues d'angle et de la vis sans fin qui font mouvoir la chaîne de tirage de ces pinces[1],

[1] Philippe de Girard, qui avait, comme on en a déjà fait l'observation dans une précédente note, perdu de vue le brevet pris par son frère aîné en 1815, critique, dans ses notes imprimées, la substitution de la vis sans fin

jusqu'au coulage en une seule pièce, composée d'un alliage de plomb, d'étain et d'antimoine, des barrettes ou supports d'aiguilles, autrefois chassées, rivées au marteau dans de minces plaques de cuivre; toutes ces idées ou inventions relatées dans les brevets de Philippe de Girard, comme on l'a vu, et qui ont réduit la main-d'œuvre accessoire du peignage mécanique dans le rapport de 5 à 1 au moins; beaucoup d'autres perfectionnements de détail encore mis à profit en Angleterre, mais qu'il serait trop long de citer, sont autant d'utiles, de précieuses découvertes dues au génie persévérant et à la science éclairée des constructions de notre célèbre ingénieur, à qui l'on ne sera guère tenté désormais de reprocher l'imperfection de ses œuvres ou son inintelligence en fait de mécanique pratique.

Quant au principe d'après lequel le peignage doit s'effectuer par parties, à petits coups, dans l'étendue entière de la mèche de filasse, au moyen de mouvements circulaires et croisés de part et d'autre de cette mèche, bien qu'il soit aujourd'hui à peu près généralement abandonné à cause de sa

aux roues d'angle, faite par MM. Evans et Decoster, sans prendre garde qu'il s'était lui-même servi de cette vis dans ses premières machines à peigner, telles qu'elles sont décrites dans un certificat d'additions publié sous la date de juillet 1810; dispositif auquel il reproche, avec raison, d'entraîner une plus grande perte de travail en frottement. Au surplus, nous n'avons point ici la prétention de répondre aux nombreuses et injustes critiques adressées à Philippe de Girard dans des ouvrages (1840 et 1846) bien connus, et qui ont, pour leur part, exercé dans le temps une assez fâcheuse influence sur l'opinion publique; encore moins s'agit-il d'entreprendre une biographie étrangère à la filature mécanique du lin, et qui fasse connaître l'étendue et la portée de son esprit; il me suffira de rappeler qu'on lui doit la première idée de la machine à fabriquer les bois de fusils, une turbine dite *à tourbillon*, très-curieuse, sans directrices, et pour laquelle il a été breveté en France en 1843, etc., ce à quoi on me permettra d'ajouter que, dans ses notes ou mémoires manuscrits, il montre une entente remarquable des principes qui servent à régler les proportions et les rapports de vitesse des différentes pièces des machines à filer, et qu'il a notamment expliqué géométriquement la règle pratique, si bien mise depuis en lumière par M. Joseph Kœchlin, concernant le rapport à établir entre les degrés de tors des fils et leurs numéros.

complication, on ne doit pas moins lui accorder une grande valeur, parce qu'il a mis et peut mettre encore sur la voie d'importantes améliorations dans l'art du peignage.

J'ai déjà signalé les causes générales qui ont fait échouer la peigneuse oscillante dans les Concours ouverts par la Société d'encouragement; qu'il me soit permis, avant de terminer, d'ajouter quelques réflexions ressortant des réclamations mêmes publiées dans le temps par Philippe de Girard, et qui puissent détruire à jamais le fâcheux effet des critiques et des pénibles débats dont elles ont été l'origine ou le prétexte: c'est que la peigneuse soumise au jugement de cette Société n'était pas précisément celle qu'il avait conçue et exécutée en Pologne; c'est qu'elle violait en quelques points les principes qu'il s'était imposés à lui-même; c'est que, d'un autre côté, il n'a jamais pu obtenir la rectification des changements qu'on lui avait fait subir, et d'où il était résulté, très-involontairement sans doute, la formation de nœuds, de boutons, qu'on enlevait ensuite par un peignage à la main; c'est que, enfin, la suppression de la machine à battre ou à daguer devait entraîner, comme conséquence nécessaire, la production d'étoupes pleines de pailles, d'ordures de tous genres, et la nécessité d'un redressement préalable de leurs fibres, dont, fort mal à propos, on accusait les machines soumises à l'expérience.

Le reproche adressé dans des écrits publics à Philippe de Girard, de n'avoir pas convenablement proportionné la marche ou la vitesse des cylindres cannelés délivreurs des étoupes à la vitesse des peignes, de manière à éviter le tiraillement ou l'accumulation de ces étoupes au bas de la machine, ne mérite guère d'être relevé : c'était là un de ces obstacles qu'un monteur intelligent fait aisément disparaître. Le véritable et principal inconvénient de la peigneuse oscillante de notre ingénieur, comme de toutes celles qu'il avait précédemment inventées, était sans contredit ce concours indispensable de la machine à daguer, et dont il n'a été possible de se passer que lorsque Wordsworth, adoptant l'ancienne peigneuse à nappes sans fin de Philippe de Girard, eut imaginé, comme on l'a vu, de rejeter en dehors ou latéralement les étoupes au moyen de rouleaux à brosses délivreurs, etc.

Au surplus, si les critiques dirigées contre les machines de Philippe de Girard ont été parfois mal fondées en principe, en ce sens qu'on n'y faisait pas suffisamment la part au génie de l'invention, en revanche, et par une sorte de compensation providentielle, on leur doit incontestablement d'avoir enfin appelé l'attention si longtemps distraite, pour ne pas dire hostile, de l'administration gouvernementale de notre pays sur l'éminent mérite de notre savant compatriote, à qui l'on cessa, en effet, de dénier désormais ostensiblement la découverte des deux *principes constitutifs* de toute filature du lin : *l'étirage ou redressement parallèle des fibres et leur décollement à l'eau chaude;* découvertes pour lesquelles notre laborieuse et utile Société d'encouragement a, dans une mémorable séance du mois d'août 1842 [1], accordé à l'auteur sa grande médaille d'or, d'après une décision juste et loyale sans doute, mais étrangère au but du Concours pour lequel elle avait antérieurement fondé un prix très-important. Cette décision tardive, trop vaguement, trop incomplétement motivée peut-être dans l'exposé du Rapport, était, par cela même, impropre à détruire de précédentes et fâcheuses impressions, quoiqu'elle fût une protestation équitable en faveur des droits de la France à une découverte que, du haut de la tribune des députés, on avait, en termes vagues aussi, osé revendiquer exclusivement pour les ingénieurs de la Grande-Bretagne.

D'après cela, on conçoit comment la généreuse initiative dont il vient d'être parlé ne put, malgré tout le crédit dont jouit la célèbre Société auprès de notre Gouvernement, faire taire des préventions déjà bien anciennes, antérieures même à 1818, où les machines de Philippe de Girard furent repoussées

[1] Voy. t. XLI, p. 388, du *Bulletin*, le Rapport de feu Olivier, qui fut aussi chargé, à l'Exposition de 1844, des fonctions de rapporteur pour le même objet, fonctions attribuées par erreur à M. Gambey dans un écrit postérieur.

par l'administration française. Un examen approfondi de la question, des preuves formelles, irrécusables, de la participation directe et efficace des associés de l'inventeur, de Girard lui-même, aux prodigieux succès de la filature anglaise du chanvre et du lin, eussent été indispensables pour détruire enfin toute prévention et mettre dans leur véritable jour la nature et l'étendue des services que notre savant ingénieur avait rendus à cette belle et vaste branche d'industrie. Mais, au grand regret des amis sincères de notre gloire et de notre prospérité nationales, on a vu, lors du retour de Girard en France en 1844, cet état de choses persister, malgré la déclaration confirmative de l'honorable rapporteur du Jury de l'Exposition de cette époque; malgré la nouvelle médaille d'or que lui décerna ce jury; malgré, enfin, les nombreux et éclatants témoignages d'intérêt, les attestations et pétitionnements des hommes les plus éminents et les plus haut placés dans la science, l'industrie et même dans l'administration gouvernementale de notre pays.

Philippe de Girard est mort en 1845, dans sa 71e année, c'est-à-dire un an après l'Exposition de 1844, à un âge où depuis longtemps l'homme de génie aurait dû cesser de souffrir de l'injustice, de la jalousie et de la prévention de ses contemporains, sans avoir pu obtenir du Gouvernement l'équitable rémunération, la simple récompense honorifique des services qu'il avait rendus, et qui eussent couronné dignement pour la patrie une carrière éteinte bientôt après dans un état de découragement et d'amertume, dont les tristes effets ne pouvaient être effacés par le généreux dévouement des hommes placés à la tête de l'industrie linière de la France [1]. Mais il n'est jamais trop tard pour la postérité et notre noble pays de réparer un aussi cruel et inconcevable oubli, et c'est dans cet espoir et par tous ces motifs que nous avons jugé indispensable d'instruire, aussi à fond que le comportent

[1] Ils se cotisèrent, comme on sait, en 1845 pour assurer une pension de 6,000 francs à l'inventeur de la filature mécanique du lin.

notre zèle et nos faibles lumières, un procès qui aurait peut-être été longtemps encore à se vider, au point de vue technique et scientifique où nous nous sommes placés [1].

CHAPITRE IV.

PROGRÈS ACCOMPLIS, JUSQU'À L'EXPOSITION UNIVERSELLE DE 1851, DANS LES MACHINES À TRAVAILLER LE LIN, LE CHANVRE, ETC.

§ Ier.—Résumé concernant les découvertes et revendications de Philippe de Girard; appréciation rapide des derniers perfectionnements apportés aux machines à filer, d'après les écrits, les patentes ou brevets anglais et français, etc. — MM. *Houldsworth, Westley, Peter Fairbairn, Wordsworth, Lawson, Plummer, Higgins*, en Angleterre; *André Kœchlin, Nicolas Schlumberger, Scrive, Decoster, Giberton*, etc., en France.

L'étendue donnée à l'examen des progrès de la filature du lin et du chanvre, au point de vue technique, avant l'année 1845, est suffisamment justifiée par la haute importance même du sujet et l'influence, toute spéciale, que cette branche d'industrie a exercée et exercera de plus en plus sur le développement de notre prospérité nationale. Cet examen me paraît démontrer d'une manière irrécusable que, si les tentatives de soumettre à sec ces matières textiles aux machines en usage dans la filature du coton ont eu lieu en Écosse ou à Dundee quelques années peut-être avant qu'elles ne le fussent en France, en revanche elles ont reçu des perfectionnements bien plus rapides dans ce dernier pays, où, stimulé par d'impérieux besoins, on commença dès 1800 à traiter ces mêmes matières par des procédés physico-chimiques, qui, d'abord imparfaits, devinrent bientôt entre les mains de Philippe de Girard, grâce à une étude approfondie de la texture de leurs fibres rudimentaires et des moyens mécaniques de les soumettre à l'étirage, l'origine de la filature en fin, aujour-

[1] Ceci, on doit le rappeler, était écrit plusieurs mois avant l'époque où le Gouvernement de Napoléon III accordait aux héritiers de Philippe de Girard une pension viagère de 12,000 francs de rentes, à titre de récompense nationale.

d'hui encore en usage quand il s'agit de dépasser les nos de 30 à 40 métriques.

Il paraît bien démontré, en outre, que ces mêmes procédés par décollement et étirage des longues fibres du lin ou du chanvre, qui suivirent l'inventeur dans son expatriation en Allemagne, d'abord incompris et repoussés en France, furent, à partir de 1815, importés par des associés infidèles dans la Grande-Bretagne, et bientôt accueillis avec faveur dans les ateliers de la ville de Leeds, dont, sous la direction immédiate de l'un de ces mêmes sociétaires et la propre impulsion de Girard en 1826, ils ne tardèrent pas à développer et assurer l'immense fortune à nos dépens.

Enfin cet examen semble confirmer de point en point la véracité des déclarations de l'inventeur, qui, au déclin d'une vie agitée et laborieuse, ont pu paraître, aux yeux de quelques personnes prévenues, de véritables vanteries, à savoir : qu'avant 1840 et même 1844, les Anglais, sauf ce qui concerne le cardage et la filature des étoupes, n'avaient apporté aucuns changements essentiels aux principes et aux procédés de filature que lui, Philippe de Girard, avait inventés ou perfectionnés successivement depuis 1810; en ce sens, toutefois, que les procédés et les machines dont ils s'étaient servis jusque-là, bien qu'améliorés quant au système de construction, au dispositif général et à quelques-uns des moyens de solution, ne fonctionnaient en réalité, d'une manière utile et avantageuse, qu'en vertu de ces mêmes principes, vis-à-vis desquels, en effet, de simples perfectionnements et détails de construction, tout précieux qu'ils puissent être au point de vue industriel ou commercial, ne sont que d'une importance relative ou secondaire sous le rapport scientifique et historique du progrès des idées mécaniques.

Dans cette revendication publique de ses droits, comme l'ont montré les discussions précédentes, notre regrettable et célèbre compatriote n'a pas compris divers moyens ingénieux de disposer le système des bobines et des broches pour éviter, dans la filature en gros, les fâcheux effets de la torsion des mèches; procédés d'où, j'en ai déjà fait à dessein plusieurs fois la remarque, serait née la filature dite *américaine*, aujourd'hui encore en usage pour le filage de la laine et du coton. Il n'a pas non plus revendiqué l'idée, à mon sens très-ingénieuse, de la machine à rubaner et à réunir les mèches de filasse au moyen d'auges à sérans mobiles, idée peut-être jusqu'ici trop peu appréciée. Enfin, s'il n'a guère été plus affirmatif à l'égard de ses ingénieux procédés de peignage du lin et du chanvre, c'est qu'en effet il ignorait, même en 1844, c'est-à-dire jusqu'à la veille de sa mort, le sort qui leur était réservé en France et en Angleterre : les tristes vicissitudes que sa dernière machine à peigner avait éprouvées devant la Société d'encouragement de Paris n'étaient pas faites d'ailleurs pour le rassurer à cet égard, quoique les discussions précédentes nous autorisent à croire que les arts textiles ne lui soient guère moins redevables pour l'heureuse initiative qu'il a prise dans l'établissement des principes essentiels du peignage mécanique et de ses plus importants organes.

Maintenant il nous reste à examiner quels sont les perfectionnements et les changements que l'industrie linière a reçus depuis l'année 1845 jusqu'à l'époque de l'Exposition universelle de Londres, en mai 1851.

Constatons tout d'abord que, à partir de l'année 1833 ou 1834, le nombre des brevets pris en Angleterre et en France pour la filature du lin et du chanvre se multiplia de plus en plus, et devint, dans les années suivantes, tellement considérable, qu'il serait à peu près impossible d'en suivre avec quelque exactitude la marche et les développements, quand bien même on en aurait le tableau exact et complet sous les yeux; ce qui est bien loin d'être, puisque la plupart de ces brevets ne sont point encore expirés, et n'ont pas dans les catalogues officiels une énonciation qui mette au moins à même d'en saisir le but, le sens et la portée véritables. Cependant le regret sera de beaucoup amoindri si l'on considère que, à dater de cette même époque, ils n'avaient guère pour objet que des modifications d'ajustements et de détails souvent trèsinsignifiantes au point de vue des progrès mécaniques; ces brevets servant dès lors de simples annonces ou affiches commerciales, multipliées à l'infini, par cela même qu'elles reproduisent des idées déjà connues et n'exigent, pour ainsi dire, aucun nouvel effort d'esprit ou d'invention.

Qu'on me permette, à ce sujet, de faire observer une dernière fois que si, sous le rapport des énoncés et titres de brevets, les catalogues français offrent quelque avantage sur ceux qui se publient en Angleterre et dont la généralité, le vague est vraiment inimaginable, par contre ils ne sont pas, comme les patentes anglaises, suivis de publications, d'extraits analytiques qui font connaître, au moins abréviativement, l'objet sur lequel porte essentiellement l'invention ou le perfectionnement, dont la *déclaration explicite*, sous le nom de *réclame finale*, est également transcrite dans le texte de la patente et en forme la partie essentielle, celle que l'*Enrolment-office* considère avec juste raison comme constituant le véritable droit à cette patente. L'absence de cette déclaration se fait malheureusement sentir dans tous nos brevets; elle y serait d'autant plus nécessaire qu'elle deviendrait une indication précise, une sorte de *caveat* pour les preneurs de nouveaux certificats, et qu'elle servirait plus tard à la magistrature elle-même et aux experts jurés de guide précieux dans la recherche, si obscure, des droits et des titres de chaque inventeur.

A la vérité, notre administration, guidée par un esprit de libéralisme et d'intérêt public à certains égards bien entendu, laisse ou a laissé pendant longtemps prendre des copies et des calques in extenso des mémoires et dessins qui doivent accompagner chaque demande de brevet; mais alors il en résulte le danger de voir les contrefacteurs s'emparer de l'idée principale de l'invention, la modifier en quelques points, la *perfectionner* comme on dit, et par là-même, fort souvent, la tuer en germe et décourager à tout jamais l'auteur, devenu tributaire du contrefacteur, quand il n'a pas le déplaisir de se voir devancer dans les onéreuses démarches nécessaires pour acquérir le droit d'exploitation à l'étranger, ou qu'il se trouve dépourvu des moyens de soutenir de fâcheux procès dans son propre pays. Ne serait-il donc pas temps enfin de faire cesser ce désordre, cette législation barbare qui étouffent, étreignent trop souvent le vrai mérite, et répandent, comme à plaisir, dans l'histoire de la science et dans les procédures une obscurité dont l'ineptie et l'esprit de chicane ou de rapine font leur indigne profit au détriment des progrès de l'industrie et de la prospérité nationale.

D'après ces considérations, pour lesquelles je demande humblement excuse [1], on doit s'attendre, dans ce qui suit, à des aperçus assez vagues sur les progrès mécaniques de la filature du lin et du chanvre dans ces derniers temps; et si l'on considère qu'il s'agit tout au plus de simples modifications, de simples perfectionnements apportés aux machines à filer, on ne sera pas surpris que je me borne ici à ne citer, parmi les nombreux brevetés ou patentés qui se sont fait enregistrer après 1839 ou 1840, que ceux que l'on voit briller au premier rang sous les noms, devenus célèbres, de MM. Houldsworth, Westley, Peter Fairbairn, Wordsworth, Lawson, Plummer, Claussen et Marsden, en Angleterre; André Kœchlin, Nicolas Schlumberger, Scrive-Labbé, Decoster, David Lacroix, Giberton et Heilmann, en France : noms auxquels il faudrait ajouter la plupart de ceux que j'ai d'abord indiqués pour l'Angleterre, puisqu'on les retrouve également brevetés d'invention, d'importation ou de perfectionnements chez nous.

Quant aux modifications diverses introduites dans la constitution des machines à filer le lin et le chanvre, nous devons, par les mêmes motifs, nous restreindre aux plus importantes, à celles que tous les constructeurs de machines et les chefs d'établissements industriels se sont généralement empressés d'adopter à l'époque actuelle.

Au premier rang, on doit compter les ingénieux perfectionnements qu'on a fait subir depuis 1824 aux bancs à

[1] Je prie le lecteur, encore une fois, de ne point oublier que tout ceci était écrit au printemps de 1852, avant les changements survenus depuis dans la législation des brevets.

broches ou continues à mouvements différentiels; perfectionnements par lesquels on est parvenu à régulariser, d'une manière pour ainsi dire mathématique, l'étirage, le tors ou l'envidement des mèches et gros fils de préparation sur les bobines; perfectionnements, d'ailleurs, qu'accompagnent aujourd'hui, de toute nécessité, les tables à étaler et les peignes mobiles sans fin, dans le système de filature du lin et du chanvre. Ces mêmes perfectionnements, d'abord appliqués à la filature du coton et dont on trouvera un rapide historique dans les *Additions* à ce chapitre, ne pouvaient se rencontrer dans les brevets et procédés de filature de Philippe de Girard, antérieurs de bien des années à la découverte des premiers bancs à broches et continues à mouvements différentiels, quoique déjà il ait revendiqué, dans son mémoire de 1815 (t. XIX, p. 328, § IX), l'emploi d'un va-et-vient pour l'enroulement des mèches sur les bobines, et celui de broches à ailettes à deux branches renversées, creuses et équilibrées, par lesquelles ces mèches devaient passer, afin, dit-il, de les soustraire à l'action de l'*air extérieur* et de la *force centrifuge;* disposition aujourd'hui généralement admise, mais que l'auteur présentait alors comme une véritable innovation.

Après les combinaisons mécaniques qui assurent avec une rigoureuse précision les excursions et mouvements relatifs des bobines et des broches des métiers à filer, au moyen de crémaillères régulatrices à échappements alternatifs, de tambours coniques à courroie sans fin glissante, de plateaux, de cônes tournants à roulettes ou disques de friction, cheminant du grand cercle vers le centre ou sommet, et remplacés bientôt par des rouages à mouvements différentiels, etc.; après, dis-je, ces remarquables combinaisons, viennent les modifications heureuses que MM. Peter Fairbairn et Nicolas Schlumberger ont fait subir au banc d'étirage à vis directrices des peignes, pour en solidifier, simplifier les diverses parties, et notamment pour diminuer les intervalles par lesquels le ruban de filasse arrive des cylindres fournisseurs à ces peignes ou de ceux-ci aux cylindres étireurs; objet, comme je l'ai dit, de la plus haute importance pour éviter la déviation et le rebroussement des fibres, source subséquente des barbes et boutons, dans le filage en gros ou en fin.

Je citerai encore la substitution des commandes de broches par engrenages à celle des chaînes, des cordes ou courroies, employées jusqu'en 1833, même dans les filatures de coton, malgré les tentatives déjà anciennes de James White, substitution dont il me serait actuellement impossible d'indiquer le premier auteur, mais dont, à coup sûr, les principaux et essentiels perfectionnements sont dus moins encore aux ingénieurs ou constructeurs de la Grande-Bretagne, en général peu soucieux de l'épargne sur la force motrice, qu'à ceux de notre propre pays, en tête desquels paraissent s'être placés, dans le Haut-Rhin, MM. Dollfus-Mieg, André Kœchlin, Jérémie Risler, Saladin, Léopold Muller, etc., devancés peut-être, mais sans succès bien constatés, par les constructeurs de la Belgique, qui, les premiers aussi, auraient fait usage, en 1832[1], de cônes ou poulies à expansion, dont l'idée mère, comme on l'a vu, doit être attribuée à Philippe de Girard. M. Muller notamment, l'habile constructeur de machines de filatures à Thann, mentionné par anticipation au sujet des articles de quincaillerie exposés à Londres en 1851[2], M. Muller est arrivé l'un des derniers[3] dans cette voie si importante du progrès mécanique; mais, en s'occupant principalement du perfectionnement des broches et fuseaux à engrenages d'angle obliques pour les mule-jennys et les continues à tordre, il a su vaincre, je le répète, avec une remarquable simplicité de moyens, les principales difficultés, qui consistent dans les vibrations et la suspension, en cas de rupture des fils, du mouvement rota-

[1] Consultez, à ces divers sujets, la page 252 de l'ouvrage de M. Alcan, et plus particulièrement, à la page 472 du tome XXXIX du *Bulletin de la Société d'encouragement*, une notice historique sur le banc à broches par M. Thierry, notice extraite du 59e *Bulletin de la Société industrielle de Mulhouse*, et sur le contenu de laquelle nous aurons à revenir plus tard.

[2] Voyez les pages 86 et 87 de la première Partie.

[3] Brevet du 8 février 1848.

toire des broches ou fuseaux pendant la marche même de leur roue d'angle motrice.

On sait combien la substitution des engrenages aux cordes et courroies, déjà étendue dans ses applications aux machines à filer la laine et le coton, est favorable au point de vue de la réduction des pertes de travail moteur et de l'extrême régularité de la rotation des broches, que réclame aujourd'hui la perfection du système différentiel de M. Houldsworth, où aucun mouvement n'est livré au hasard. Les expériences faites à Mulhouse par M. Klippe, et ailleurs, ont effectivement prouvé que la réduction du frottement pouvait s'élever du tiers à la moitié de la valeur qu'il avait dans l'ancien système; et j'ai eu par moi-même l'occasion de constater expérimentalement que ces avantages se reproduisent également dans les mule-jennys, à engrenages obliques, fort bien construites par M. Brunot, de Rethel, d'après le très-simple et très-ingénieux système de M. Léopold Muller. Enfin, et quoiqu'il s'agisse ici plus particulièrement de machines à filer la laine et le coton, on peut dire, d'une manière générale, que les améliorations introduites dans de telles spécialités ne tarderont guère à l'être dans toutes les autres; or c'est précisément là, comme je crois en avoir déjà fait la remarque, ce qui rend aujourd'hui si difficile, pour ne pas dire impossible, la discussion des titres de chaque constructeur aux inventions et aux perfectionnements divers relatifs à l'établissement de machines où l'esprit d'imitation, l'entraînement, le goût, la mode même du jour, ne sont pas aussi étrangers qu'on pourrait être tenté de le croire à la rapide propagation des idées et des progrès mécaniques.

De nouveaux essais ont eu lieu dans lesquels les engrenages coniques, tantôt droits selon le système de Rœmer ou de Lahire, tantôt obliques selon le système ingénieux de Hooke et de White [1], ont été remplacés dans des continues en fin exposées

[1] En citant, à diverses occasions, l'ingénieux système des engrenages obliques, généralement attribué en France à James White, de Manchester,

en 1851, à Londres, au moyen de cônes à surface lisse agissant par simple contact et garniture de caoutchouc. Mais, en raison de l'inégale usure des surfaces et de l'énorme pression sur les axes nécessaire à l'engrènement relatif, on ignore encore ce que produiront ces tentatives diverses de perfectionnement. La disposition des broches et des bobines elle-même a subi un grand nombre de changements ou perfectionnements de détails, variables avec le système adopté par chaque constructeur, mais dont aucun, jusqu'à présent, n'a obtenu une préférence exclusive, et qu'il soit par conséquent à propos de mentionner ici. Il suffira de constater, en général, que la longueur de ces broches a été réduite et leur vitesse de plus en plus augmentée; ce qui, d'après une remarque déjà faite à l'occasion des moulins à organsiner la soie, etc., est indispensable pour donner le tors que réclament les fils de lin ou de coton dans les numéros très-élevés, où, grâce aux divers perfectionnements ci-dessus, l'on a poussé jusqu'à 5,000 et même 6,000 le nombre des révolutions des bobines par minute, sans trop donner lieu aux ruptures, vrillements et enroule-

je n'avais pas sous les yeux la revendication très-explicite que, à la p. 53, n° 68, de ses *Principles of mechanism* (1841), M. Robert Willis en a faite en faveur du Dr Hooke, qui l'aurait produite devant la Société royale de Londres en 1666, comme ayant pour but spécial de remplacer le glissement dans les engrenages par le roulement mutuel des surfaces obliques de dents en contact. La solution de James White est, comme on sait, contemporaine de l'Exposition française de 1801; il l'aurait décrite ensuite dans ses *Century of inventions* (1822). Quant aux recherches de feu Olivier à ce sujet, elles datent seulement de 1826, et l'ont conduit à la machine à tailler les dents qui se voit au Conservatoire des arts et métiers de Paris, machine mentionnée à la page 51 de la première Partie de ce travail comme ayant précédé celle de MM. Bréguet et Boquillon, en 1841. Mais il ne faut pas confondre ces diverses solutions avec celle qui se rapporte au système des engrenages à dentures obliques et croisées dont on se sert depuis quelque temps dans les machines de filatures, pour le cas particulier où les axes des deux roues, sans être convergents, passent néanmoins à une très-courte distance l'un de l'autre; ce qui revient à substituer la considération des hyperboloïdes de révolution à celle des cônes droits ordinaires, comme l'indique M. Willis à l'art. 67, p. 52, de son ouvrage, sous le nom de *Skew bevils*, ou comme il l'a fait plus généralement encore à la page 35, art. 45.

ments des fils sur les broches, qui sont la conséquence des vibrations et des variations de la vitesse relative imprimée à ces broches et aux bobines. Enfin il n'est pas sans intérêt d'ajouter, au point de vue historique, que le nombre des bobines elles-mêmes et des broches a été augmenté sans embarras ni inconvénients quelconques du simple au double pour une étendue donnée des métiers en gros ou de préparation, dont, à cet effet, on a doublé les rangs pour une même face, comme on en a vu un exemple à l'Exposition de Londres, dans la collection des machines à filer le coton de M. John Mason : de telles dispositions, réalisées par d'habiles constructeurs, offrent un avantage évident sous le rapport de l'économie de la construction, des frais de surveillance, etc.

On se rappelle les reproches adressés en 1818 par les commissaires du Gouvernement français aux procédés de filature du lin de Girard, en raison de la masse d'eau qu'on y employait et qui aujourd'hui est restée la même à peu près. Afin de remédier autant qu'il est possible aux inconvénients de la projection de l'eau par les bobines, on a d'abord habillé les rattacheuses de vêtements, de tabliers imperméables, auxquels on a depuis substitué, en avant de chaque rangée de bobines, une planche en talus, de zinc ou de fer-blanc, qui rejette la plus grande partie des eaux vers l'intérieur du métier, d'où elles s'écoulent par une gouttière ou rigole inférieure. D'un autre côté, on a aussi perfectionné la table à étaler servant à échelonner les poignées de lin soumises aux rouleaux alimentaires des peignes étireurs; table qu'on a munie d'un cuir sans fin dont le dispositif actuel est attribué en Angleterre à M. Westley, lequel, selon Andrew Ure, en aurait le premier fait usage en 1819 à la filature de Hunslet, près de Leeds, où il remplaça avantageusement, dit-il, l'ancien système du pays, très-pénible pour les ouvriers, et dont les services mêmes attestent la supériorité des procédés de filature du lin créés par Philippe de Girard longtemps avant cette époque. Enfin, pour accroître la production, on a augmenté l'épaisseur et la largeur des nappes de filasse présentées aux peignes étireurs, en même temps, comme on l'a vu, qu'on augmentait, dans les machines à filer, le nombre, la vitesse rotatoire des broches et des bobines, ainsi que la pression des cylindres lamineurs ou étireurs, primitivement trop faibles dans les machines de notre illustre ingénieur.

Quant aux modifications que l'on a fait subir aux procédés de la filature du lin, afin d'éviter les inconvénients inhérents à la torsion permanente des mèches dont cet ingénieur s'est tant préoccupé, comme on l'a vu, je citerai tout d'abord les tentatives par lesquelles M. Decoster se proposait, en 1846, d'étendre l'application du système des peignes à vis jumelles au dernier étirage à sec des mèches ou gros fils; tentatives alors accueillies avec faveur dans quelques écrits sur la matière, mais qu'on ne rencontre guère aujourd'hui dans les établissements consacrés à la filature du lin et du chanvre[1].

D'autre part, on se le rappelle, pour atteindre ce même but, qui ne tend à rien moins qu'à supprimer l'intermédiaire du banc à broches, Philippe de Girard avait eu l'idée de faire passer la mèche de lin sortant des cylindres étireurs et du peigne sans fin au travers de deux tubes dont le dernier servait à la tordre et détordre alternativement, pour la livrer ensuite à des bobines horizontales douées d'un mouvement de va-et-vient par lequel elle s'enroulait en zigzags; système, je le remarque pour la dernière fois, imité bientôt dans les filatures de laine et de coton. Or l'inventeur de l'étirage à vis, M. Westley, a eu dès avant 1845, si l'on en croit le *Supplément* au dictionnaire du docteur Ure, l'heureuse idée de substituer au système à tube dont il s'agit une cuvette à eau froide, dans laquelle la matière gommeuse qui unit les fibres élémentaires du lin se ramollit légèrement; de faire passer ensuite la mèche sur un cylindre creux en fonte polie, chauffé par un jet de vapeur, qui, en séchant les fibres, leur donne assez de cohésion pour qu'elles puissent être enroulées en zigzags sur

[1] Comme on le verra dans le chapitre relatif à la fabrication mécanique des cordages, M. Decoster a tiré un excellent parti de cette idée pour la filature du fil de caret.

la bobine horizontale également mentionnée, et de là passer au banc à broches à filer en fin. Mais comme la mèche risquerait de se déformer dans l'intervalle qui sépare la cuvette du rouleau sécheur, et pourrait finir par adhérer à celui-ci si elle s'y enroulait à la même place, la cuvette est suivie d'un couple de cylindres lamineurs doués eux-mêmes d'un mouvement de va-et-vient dans le sens de leurs axes parallèles.

Ce procédé, qui rappelle, à certains égards, ceux déjà employés au filage des laines longues, ou mieux encore au filage à froid des cocons de soie sur les asples ou tavelles, ce procédé, s'il dispensait réellement de recourir au banc à broches en gros, s'il donnait des bobines de préparation où les mèches, sans torsion, ne pussent, dans leur croisement réciproque, adhérer entre elles et mettre obstacle à leur étirage ou filage en fin ultérieur; s'il pouvait effectivement, et sans ralentir par trop la vitesse des bobines ou rouleaux d'envidement de ces mèches, dispenser, pour les numéros élevés, de l'emploi de l'eau à des températures aussi nuisibles à la santé des ouvriers; ce procédé, enfin, que l'on a vu fonctionner à l'Exposition de Londres, et qui faisait partie de la belle collection de machines offerte aux regards du public par MM. Lawson, Samuel et fils, ce procédé, dis-je, serait, à coup sûr, suivant l'expression du Dʳ Ure, l'une des plus précieuses conquêtes des factoreries anglaises dans le filage du lin et du chanvre.

Malheureusement son introduction dans ces mêmes factoreries, déjà tentée sur une vaste échelle, et, à ce qu'il paraît, sans grandes chances de réussite, par MM. A. Russel, à Kirkaldy, est trop récente encore pour que l'opinion sur sa valeur industrielle puisse, quant à présent, être complétement fixée; et il se passera bien des années, sans doute, avant qu'elle se soit assez répandue et fortifiée dans la Grande-Bretagne pour, après l'avoir enrichie, nous revenir sur le continent, mûrie et perfectionnée de manière à inspirer une entière confiance à nos capitalistes. Remarquons toutefois qu'un brevet de perfectionnement pris en novembre 1848 par M. Giberton de l'Indre, s'il n'est pas la simple reproduction des idées de M. Decoster, semblerait indiquer, par son titre même, qu'on s'occupait également chez nous, vers cette époque, d'une question qui tend à débarrasser la filature du lin, dans les numéros supérieurs à 30 ou 40 kilomètres au kilogramme, de l'un de ses plus graves inconvénients pratiques.

Quant au banc d'étirage à l'eau froide de MM. Lawson père et fils, de Leeds, banc fonctionnant avec une excessive lenteur sur des lins d'une très-belle qualité, il ne constituait qu'un bien faible échantillon des machines, au nombre de 16, que ces habiles constructeurs exposaient à Londres, et qui formaient pour le lin et le chanvre le pendant de celles de MM. Hibbert et Platt pour le coton. Parmi ces machines, on distinguait, entre autres, une table à étaler, un étirage à double reprise, des bancs à broches en fin, des continues opérant à sec le filage des étoupes, etc. L'assortiment, également complet, exposé par MM. Higgins et fils, de Manchester, composé de machines à filer le long lin, toutes parfaitement construites, n'offraient aucun perfectionnement qu'il soit ici nécessaire de citer exceptionnellement.

Enfin, parmi les machines, en très-grand nombre, appartenant à la catégorie qui nous occupe, et où ne figuraient celles d'aucun constructeur étranger à l'Angleterre, on remarquait encore, à l'Exposition universelle, les modèles, également fonctionnant, de machines à teiller, peigner, couper le lin et le chanvre, machines qu'il ne serait pas opportun de mentionner dans ce paragraphe, mais sur lesquelles je ne manquerai pas de revenir dans l'un des suivants.

§ II. — Machines spécialement employées dans le peignage du chanvre, du lin et de leurs étoupes, vers l'époque de l'Exposition universelle de Londres.— MM. *Taylor* et *Wordsworth*, *Marsden*, *Lawson*, etc.; MM. *Plummer* et *Roberts*, à Newcastle; *Lacroix*, à Rouen; *Decoster*, à Paris; *Marshall*, *Peter Fairbairn*, à Leeds; *Robinson*, *Newton*, etc. — MM. *Lawson*, *Samuel* et fils à l'Exposition de Londres; MM. *Schlumberger* et *Bourcart* précédemment à celle de Paris, en 1849, etc.

La préparation du lin et du chanvre par machines a surtout préoccupé, dans ces derniers temps, les ingénieurs et constructeurs mécaniciens de la Grande-Bretagne. Parmi les peigneuses encore en usage aujourd'hui (1852) dans ce pays et en France, on distingue plus particulièrement celle de MM. Taylor et Wordsworth, à nappe verticale sans fin ou à double cylindre, dite *circulaire*, avec plan incliné et coulisse servant à guider les pinces ou preneurs de la filasse : ces machines sont principalement employées pour les lins courts ou coupés, et nous en avons déjà donné une idée comme offrant autant de perfectionnements de celles autrefois imaginées par Philippe de Girard. Mais ce sont surtout les peigneuses construites dans l'un et l'autre système par M. Marsden, de Salford, près Manchester, et pour lesquelles il s'est fait breveter en Angleterre et en France dans les années 1848 et 1849, qui jouissent en ce moment de la plus grande faveur, à cause de la manière expéditive dont elles fonctionnent sans trop énerver, endommager la filasse, ni par trop multiplier ou diviser les étoupes, etc.

On a pu prendre un aperçu de ces diverses peigneuses dans les belles collections de machines à travailler le lin exposées à Londres, en 1851, par M. Lawson, d'une part, et, de l'autre, par MM. Plummer et Roberts, de Newcastle, qui ont introduit de légères modifications dans un système attribué également à M. Marsden, et contre lequel luttent d'ailleurs, non sans quelque succès, en France, les peigneuses, un peu lourdes ou lentes, de M. Lacroix, de Rouen.

Ajoutons à cette courte notice que les principaux changements ou améliorations apportés aux premières idées de Philippe de Girard consistent dans l'emploi d'un système de coulisses ou de porte-pinces à mouvement de va-et-vient vertical et horizontal, par crémaillère ou par châssis à bascule oscillant, et servant à engager plus ou moins la filasse entre les nappes de peignes, de manière à la faire passer progressivement des aiguilles les plus grosses aux plus fines, etc., en imitant, en quelque sorte, tous les mouvements que les séranceurs habiles exécutent à la main, tout en disposant le système, comme cela a lieu particulièrement dans la machine à nappe sans fin horizontale de sérans attribuée au même M. Marsden, de façon que le retournement des pinces s'opère à la fin de chaque course, ou de distance à autre, d'une manière purement automatique, etc.

On doit également à M. Plummer, l'un des exposants de la VIe classe à Londres, l'idée de garnir en *gutta-percha* les pinces (*holders*) que Philippe de Girard composait de lames de bois dentelées, et qui avaient, à ce qu'il paraît, le grave inconvénient d'énerver les fibres du lin, malgré leur remarquable élasticité. Ici, d'ailleurs, les pinces sont formées de deux brides droites en fonte de fer, emboîtées l'une dans l'autre, pressées contre les fibres transversales et étalées du lin, au moyen d'une vis centrale dont la manœuvre n'est pas moins rapide que celle des coins à levier, dus à notre compatriote, mais qui exige, de la part des hommes de manœuvre, une dépense de force que M. Decoster a su habilement leur épargner par un va-et-vient presseur dont le mouvement se trouve lié à celui de la machine même.

D'un autre côté, c'est encore à M. Plummer, comme le montrera l'article *teillage*, que l'on doit de remplacer en partie les aiguilles peu flexibles des peignes ou sérans par les brins élastiques des poils de sanglier, des fanons de baleine, etc., lesquels fatiguent beaucoup moins les fibres du lin et leur donnent un lustre, un brillant qui a été admiré dans les échantillons exposés par cet industriel.

Il y a déjà bien longtemps, au surplus, qu'en désespoir de cause, mais pour rendre le peignage à fond possible sans trop de déchet, et pour faciliter même par le rapprochement des têtes d'étirage le filage en fin ou à l'eau chaude du lin ou du chanvre, tout comme pour effectuer le triage des qualités diverses contenues dans les tiges ou fibres naturelles, on en est venu à couper les mèches entières de ces fibres, telles qu'elles sortent de l'opération du teillage, en deux ou trois parties pour le lin, et jusqu'en cinq pour le chanvre, au moyen d'un disque ou volant en fonte vertical armé d'épaisses dents arrondies et obliques qui viennent agir non pas, comme dans les anciennes machines à faux, pour trancher les fibres sans déchirures, perpendiculairement à leur longueur, ce qui leur ôtait toute aptitude à se marier avec d'autres par les bouts tranchés, mais bien pour les rompre inégalement au moyen du choc, en les engageant entre deux couples de disques lamineurs horizontaux placés parallèlement à chacun des côtés verticaux du volant coupeur à mentonnets obliques.

Cette innovation, peu favorable, certes, à la ténacité des fils, et qui rappelle les anciennes et malheureuses tentatives de Berthollet, Molard et Bawens, s'est introduite dans les ateliers anglais à une époque qui paraît remonter au delà de 1830, où déjà elle était devenue, pour ainsi dire, générale; elle a dû amener de nouvelles modifications ou appropriations dans le système des machines à peigner, et c'est encore à MM. Marsden et Lawson, auxquels sont venus se joindre bientôt les constructeurs anglais Lord et Brook, que ces modifications sont principalement dues [1].

Dans les machines dites *excentriques*, du premier de ces constructeurs notamment, machines qui rappellent un peu l'ancien système anglais de Robertson ou Peters, les peignes sont fixés à l'extrémité des bras articulés d'un volant mobile autour d'un axe horizontal muni, à une extrémité, d'un excentrique circulaire à anneau tournant librement dans une gorge fixe, pareille, et communiquant à ces petits bras porte-pinces, d'après un système qui rappelle celui des roues à rames articulées du bateau établi vers 1826 par M. Cochot, sur la Seine, à Paris [2], c'est-à-dire par des tiges ou bielles articulées avec l'anneau, un mouvement de rotation sur eux-mêmes, indépendamment de celui de leur transport circulaire et général, d'avance ou de recul, de manière à imiter la main du séranceur sur la nappe de filasse suspendue verticalement

[1] D'après ce qu'a bien voulu me communiquer M. Feray, d'Essonne, M. Marshall, de Leeds, en aurait, de son côté, fait usage pour le lin dès 1825 ou 1826.

[2] *Bulletin de la Société d'encouragement*, t. XXXIII, p. 3, pl. 715.

entre les deux volants opposés de la machine; système qui, d'un autre côté, rappelle aussi celui de la dernière peigneuse de Philippe de Girard, mais est beaucoup plus compliqué encore, et où les peignes sont, comme dans la plupart des machines précédentes, débarrassés de leurs étoupes au moyen de brosses montées sur un cylindre qui, dans sa rotation constante, les transmet directement à un dernier tambour garni de cardes, etc., selon encore le système de Philippe de Girard et de Wordsworth.

Ces dernières machines, dit-on, peignent le lin plus à fond, mais sont plus coûteuses et marchent moins vite, et c'est pourquoi on les réserve pour les numéros très-fins ou qui exigent une grande perfection de peignage. Il existe un bon nombre d'autres machines à peigner, connues sous les noms de P. Fairbairn, Robinson, Newton, etc.; mais elles ne se distinguent de celles que nous avons déjà citées par aucune idée vraiment originale, chaque constructeur ayant, pour ainsi dire, la sienne propre, ainsi qu'on l'a déjà fait observer, et la dernière venue étant presque toujours, sans motif bien plausible, celle que l'on préfère. Or cette variété même suffirait pour prouver, si d'ailleurs le témoignage des plus habiles filateurs ne venait l'attester, que l'on est loin encore d'avoir atteint le but de tout peignage mécanique du lin et du chanvre, soit pour la longue filasse, soit même pour la filasse courte ou coupée en plusieurs parties.

Cela est si vrai que dans le premier cas, celui du filage en toute longueur, on a presque toujours recours au sérançage à la main, sans même en excepter les grands ateliers de filature, et que, dans le second cas, on s'en sert fort souvent aussi pour terminer le peignage, dont les procédés mécaniques auraient eu, à ce qu'on prétend, pour objet principal, du moins en Angleterre et à l'origine, de soustraire ces mêmes ateliers aux effets des mutineries ou du mauvais vouloir des ouvriers. Mais il n'en est pas moins évident que la filature en fin du lin ou du chanvre, quelque éloge qu'on prétende lui donner au point de vue mécanique, est aujourd'hui encore

(1852) demeurée dans un état d'infériorité relative incontestable par rapport à celle de la laine ou du coton, et réclame par-là même le concours et les efforts des plus habiles mécaniciens.

Des machines à peigner la longue filasse du lin et du chanvre, nous sommes naturellement conduits aux machines à carder et à filer les étoupes, dont jusqu'ici je n'ai, pour ainsi dire, parlé qu'accidentellement, et qui offrent, comme on le sait, avec les machines précédentes cette analogie, qu'elles ont aussi pour objet le redressement parallèle et, jusqu'à un certain point, la subdivision des fibres échappées à la précédente action des aiguilles de sérans.

Dans les premiers essais de filature à sec du lin et du chanvre faits en France et en Écosse, on se servait, en effet, sans modifications essentielles, des procédés de cardage relatifs aux fibres courtes et sensiblement égales du coton, je veux dire de tambours à aiguilles de cardes ployées et embouties à la manière ordinaire, alors d'un assez faible diamètre, mais tournant, en revanche, avec une très-grande rapidité pour activer la production; ce qui donnait à la force centrifuge une énorme prépondérance pour détacher, lancer au dehors les fibres lisses et à peu près droites, que disputaient à ces tambours d'autres cylindres alternativement fournisseurs et débourreurs, travailleurs et délivreurs. On parvenait ainsi à briser, lacérer en tous sens, les longs filaments du lin et du chanvre, à les redresser peu à peu, puis à en former une nappe plus ou moins floconneuse, dont les fibres, enchevêtrées, repliées entre les dents crochues des cardes, contenaient une infinité de boutons ou nœuds que les cylindres cardeurs venaient enfin rompre et lacérer à leur tour. C'est là ce qui explique et justifie, pour ainsi dire, le pronostic fâcheux de M. Bardel sur la filature des étoupes, dans son rapport à la Société d'encouragement précédemment cité.

De là aussi les tentatives de Philippe de Girard pour peigner, redresser les étoupes au moyen de tambours à aiguilles droites ou obliques, mais également inclinées sur ces tambours, munis ou non de tringles expulsives, etc. Toutefois, la lenteur de mouvement du tambour chargé de la filasse cardée; la difficulté d'enlever à la main la nappe ainsi obtenue; la nécessité de lui faire subir une série d'opérations semblables sur des tambours à aiguilles de plus en plus fines et resserrées; ces circonstances, dis-je, suffisent évidemment pour expliquer la faiblesse des résultats obtenus par cet ingénieur et le vice radical inhérent à ses premières tentatives de fabrication : car les fibres des étoupes une fois convenablement redressées et alignées par nappes bien égales de largeur et d'épaisseur, le reste des opérations du rubanage et de l'étirage, dont il a découvert le principe, n'offrait plus de difficultés bien sérieuses pour la filature grossière à laquelle on réservait, en quelque sorte exclusivement, les étoupes et le chanvre jusque dans ces derniers temps, même dans les ateliers modèles de M. Marshall, à Leeds.

Comment donc s'est opérée cette remarquable et utile transformation qui a permis de filer, de nos jours, les étoupes dans des numéros relativement fort élevés? La chose est bien simple : tout en conservant aux aiguilles du tambour cardeur la forme rectiligne et légèrement oblique qui en constitue de véritables peignes auxquels les aiguilles analogues des cylindres travailleurs enlèvent les étoupes en les étirant suivant une proportion dépendant de la différence des vitesses, on a, de proche en proche, été conduit à agrandir de plus en plus le diamètre de ce tambour, surtout pour les cardes dites *briseuses*. Or, non-seulement cela a permis de distribuer sur le pourtour entier de sa circonférence un plus grand nombre de cylindres étireurs et délivreurs, partagés en deux ou trois groupes produisant autant de qualités d'étoupes longues, courtes ou moyennes, mais cela a encore permis de soustraire, dans une notable proportion, la filasse distribuée le long de ce pourtour à l'éparpillement dû à l'inertie de la matière ou à la force centrifuge, tout en conservant la même vitesse tangentielle au travail des peignes cardeurs.

De là aussi la possibilité de redresser de plus en plus, dans le sens radial ou normal, les aiguilles du tambour cardeur; tendance manifeste dans les récentes constructions, mais sur l'opportunité de laquelle on discute encore. En d'autres termes, l'agrandissement indéfini du diamètre permet de réduire en même proportion la vitesse angulaire ou le nombre des révolutions en un temps donné, et il rapproche d'autant les tambours cardeurs des peigneuses à nappes sans fin et planes, tandis que les cylindres étireurs ou travailleurs, animés d'un mouvement rotatoire plus rapide, tendent, en vertu même de l'inertie, à rejeter avec une certaine énergie les fibres des étoupes sur le grand tambour; ce qui n'offre aucun inconvénient physique, tout au contraire.

Si l'on ajoute à toutes ces données que les tambours ont reçu assez de largeur pour que plusieurs rubans d'étoupes, correspondant à autant de bandes de cardes, viennent se déposer respectivement dans des pots ou bidons, d'où ensuite ils doivent être soumis à la carde en fin ou finisseuse de moindre diamètre, après avoir été réunis ou juxtaposés par groupes, dans une machine nommée *doubleuse*, qui les transforme en larges nappes autour d'un même rouleau; si, je le répète, on considère avec soin tout cet ensemble d'ingénieuses combinaisons, on concevra sans difficulté les avantages des colossales cardes à étoupes que MM. Lawson, Samuel et fils, patentés en 1841, sont venus offrir à l'admiration du public dans l'Exposition universelle de Londres; machines auxquelles ne le cèdent en rien, si je suis bien informé, celles que MM. Schlumberger et Bourcart avaient eux-mêmes présentées au jury de l'Exposition française de 1844, d'après le système anglais généralement attribué au célèbre Peter Fairbairn, de Leeds, déjà tant de fois cité, système dont il serait sans doute bien difficile de désigner, comme pour divers autres procédés mécaniques, le véritable et primitif inventeur, s'il en existe un bien caractérisé, et s'il n'est pas arrivé ici encore que des idées plus ou moins heureuses, mais congénères, et provenant de sources distinctes, soient venues, pour ainsi dire, se modifier réciproquement, se superposer en se corroborant les unes les autres. Ce qui paraît à peu près certain, c'est que les perfectionnements successifs du cardage et du filage des étoupes ont pris naissance principalement dans les ateliers de MM. Marshall père et fils, à Leeds, dont, comme on l'a vu, ils ont contribué pour une forte part à assurer le renom industriel et l'immense fortune.

Est-ce là le dernier mot du cardage ou plutôt du peignage des étoupes, et, en général, de toutes les matières textiles plus ou moins courtes et mêlées? Je ne le pense pas : les peigneuses diverses à cardes, à barrettes et sérans mobiles sans fin, à tambours, etc., opérant à sec sur le lin et le chanvre, donnent lieu, comme les machines mêmes à teiller ces matières encore brutes, à des émanations et poussières très-nuisibles à la santé des ouvriers; ce qui oblige, malgré la grande variété de leur forme et fonctionnement, à les reléguer, pour ainsi dire pêle-mêle, dans des locaux séparés, entièrement fermés vers le bas, très-élevés il est vrai, mais non suffisamment aérés et éclairés par le haut; véritables cavernes voûtées où il est comme impossible de respirer longtemps sans danger, et où l'on n'a jusqu'ici rien tenté d'efficace, même en Angleterre, si je ne me trompe, pour établir dans les ateliers, et encore moins dans chaque machine considérée isolément, des moyens de ventilation un peu puissants, et tels qu'on en rencontre dans les machines à ouvrir, battre et carder le coton; moyens dont le manque, ici absolu, est bien autrement dangereux peut-être que la nécessité où se trouvent d'autres ouvriers de vivre dans l'atmosphère humide et chaude des ateliers de filage mécanique en fin du chanvre et du lin.

Il est évident qu'un pareil état de choses ne saurait longtemps subsister sans les plus graves préjudices, et sans provoquer des réclamations universelles à cette époque de philosophie philanthropique, progressive, sociale et humanitaire où nous vivons.

Les machines à peigner le lin dur et le chanvre elles-mêmes, d'un travail si grossier et si rude qu'elles entraînent un déchet presque équivalent au poids de la matière utilisée, attendent une réformation tout aussi radicale, et qui déjà se fait sentir dans le démêlage et l'affinage des matières textiles à fibres beaucoup plus courtes, telles que certaines bourres de soie, les étoupes, la laine et le coton même, à longs et courts brins mélangés. Je n'en veux pour preuves que les récentes tentatives de MM. Schlumberger et Bourcart pour approprier à ce même peignage l'admirable découverte d'un autre de nos compatriotes, presque aussi malheureux et non moins digne de regret que Philippe de Girard; je veux dire de Josué Heilmann, l'ex-secrétaire et vice-président de la Société industrielle de Mulhouse, dont j'ai déjà rapidement mentionné quelques travaux, mais sur les plus importants desquels j'ai cru devoir revenir d'une manière explicite dans une note spéciale placée à la fin de ce chapitre, parce que, bien qu'ils concernent de nouvelles machines à peigner, ils ne s'y rattachent jusqu'ici néanmoins qu'indirectement et appartiennent encore plus aux fibres courtes de la laine et du coton qu'à celles du chanvre et du lin proprement dits.

§ III. — Machines à teiller le chanvre et le lin. — Tentatives anciennes de *Bralle*, *Molard* et *Caraudan*, en France; de *James Lee*, *Samuel Hill*, *William Bundy*, etc., en Angleterre. — Tentatives plus récentes de MM. *Christian* père, *André Delcourt*, *Lorillard*, *Laforest*, *Robinson*, *Schenks*, *Bernard* et *Koch*, etc., etc. — MM. *Robert Plummer* et *Marshall* à l'Exposition universelle de Londres.

Malgré l'énorme étendue déjà acquise par cette seconde Section relative à la filature du lin et du chanvre, je n'ai jusqu'ici cependant encore rien dit, ou à peu près, qui ait trait aux importantes machines dont on se sert pour donner à ces matières textiles la première préparation, celle qui les met en état d'être soumises directement aux procédés réguliers du peignage mécanique dans les manufactures. Ce n'est en effet, comme j'en ai déjà fait la remarque, que depuis les derniers perfectionnements apportés à la filature en fin et la grande extension qu'a reçue cette vaste branche de fabrication que l'on s'est occupé avec suite et persévérance des procédés propres à suppléer la main de l'homme dans l'opération du battage, du broyage ou teillage du lin et du chanvre; et l'on sait assez que l'Angleterre fait en ce moment même, sous la direction active et éclairée du prince Albert, les plus grands efforts pour propager en Irlande non-seulement les méthodes de bonne culture, mais encore l'usage des machines les plus parfaites et les plus propres à atteindre prochainement le but qui vient d'être indiqué.

Toutefois il a existé une époque, déjà loin de nous, où la même ardeur, les mêmes préoccupations incessantes, ont fait rechercher les moyens d'assouplir, de teiller, daguer le lin et le chanvre à l'aide de machines dont la variété et la multiplicité pourraient surprendre, si l'on ne songeait à la haute importance du but. Cette époque correspond précisément à celle où les premiers essais de filer mécaniquement ces substances rebelles devaient donner l'espoir d'arriver promptement à une solution satisfaisante des autres parties du problème. C'est aussi dans la même espérance que notre Société d'encouragement proposa, en 1817, un prix pour la découverte de procédés mécaniques de teillage, mais en y ajoutant la condition épineuse, et non jusqu'ici remplie, si je ne me trompe, relative à la complète suppression de l'insalubre et lente opération du rouissage.

D'un autre côté, on se souvient encore que, dès 1789, M. Bralle avait fait des tentatives de ce genre, dans lesquelles le lin en tiges était soumis debout, dans une cuve nommée *routoire*, à l'action d'une eau bouillante alcaline qui en dissolvait rapidement l'espèce de colle résineuse servant à unir l'écorce textile au noyau ou chènevotte[1]. On sait aussi que M. Curaudau[2] tenta, un peu plus tard, d'exécuter la même opération en recourant simplement à l'emploi de l'eau chauffée par la vapeur; procédé que les Anglais semblent vouloir

[1] *Bulletin de la Société d'encouragement*, t. III, p. 46, et t. V, p. 35 et 282.
[2] *Ibid.* t. V, p. 281.

aujourd'hui reprendre, en y ajoutant des perfectionnements qui manquaient sans doute à ceux de Bralle et de Curaudau, puisqu'ils furent trouvés peu économiques et nuisibles, à certains égards, à la qualité des produits : par exemple, sous le rapport de la grande résistance exigée des toiles à voiles par la marine, ainsi que de la souplesse réclamée des fils employés à la fabrication des toiles les plus fines et de batiste. Mais ce qu'il nous importe surtout ici de constater, c'est que déjà, à cette époque, MM. Bralle et Molard s'étaient occupés de remplacer le maillage et le braquage à la main du lin et du chanvre par le broyage de la chènevotte, au moyen de cylindres lamineurs cannelés, à axes horizontaux parallèles et accouplés, l'un au-dessus de l'autre, de manière à comprimer, briser les fibres reployées entre les saillies et les rentrants des cannelures. Ces broies mécaniques auraient d'ailleurs été mises en usage dans le Jura peu après l'année 1790. On sait aussi que longtemps auparavant on se servait en Italie, en Bretagne, etc., de meules verticales tournantes pour rompre, écraser les parties ligneuses du chanvre et en assouplir l'enveloppe textile.

Les tentatives de Bralle et de Molard relatives au teillage mécanique du lin et du chanvre ont été suivies, en 1813, de celles de l'Anglais James Lee[1], auxquelles ont bientôt succédé, vers 1815, celles de Samuel Hill et de William Bundy[2], toutes fondées sur le principe des cylindres ou des cônes à cannelures profondes, armés ou non de lames de fer, et qui ont la liberté d'osciller, de se soulever, sous l'action de leur propre poids, de ressorts ou de poids étrangers. Dans le système du dernier de ces mécaniciens, les cannelures, alternativement courtes et longues, offrent un assez grand jeu et les cylindres supérieurs correspondent aux intervalles de ceux du dessous; enfin cette com-

[1] *Bulletin de la Société d'encouragement*, t. XIV, p. 286; description, t. XV, p. 161, 174 et 176.

[2] *Ibid.* t. XVI, p. 161; description avec figures, t. XVII, p. 97. On trouve aussi à la suite de cet article, p. 104, la description d'un autre instrument d'une simplicité rustique, par M. Bond, du Canada.

binaison, nommée *brisoire*, est accompagnée d'une autre dite *finissoire* ou *affinoire*, dans laquelle des planchettes verticales, polies et arrondies, se meuvent, avec un certain jeu, dans les intervalles vides des autres et servent, par le va-et-vient qu'elles reçoivent d'une bielle à manivelle inférieure, à imiter les effets mécaniques de l'ancienne broie rurale à lames croisées et articulées. Mais ces machines étaient trop compliquées et trop coûteuses pour que l'usage pût s'en répandre dans les campagnes.

Le retentissement qu'elles ont eu en Angleterre et en France n'empêcha pas M. Christian de se livrer, en 1817, à de nouveaux essais au Conservatoire des arts et métiers, essais qui paraissent avoir eu pour point de départ un mémoire sur le teillage du lin et du chanvre publié dans les actes de la Société de Florence de 1770 à 1771. Soutenu et encouragé par le Gouvernement français, M. Christian parvint à mettre au jour une broie mécanique, composée d'un premier couple de cylindres cannelés *alimentaires*, rangés l'un au-dessus de l'autre verticalement, et suivis bientôt d'un second couple de cylindres pareils, qu'on pourrait nommer *étireurs* à cause de l'excédant de leur vitesse sur celle des précédents, et *peigneurs*, attendu que leurs cannelures, offrant d'ailleurs un grand jeu, étaient armées de lames de fer découpées en forme de dents de scie et avaient pour but de déchirer, diviser les fibres textiles après le brisement de la chènevotte; fonction dont, sans doute, elles s'acquittaient un peu au détriment de la bonté et de la quantité des produits[1]. Néanmoins, comme cette broie était d'une contexture fort simple et économique, elle se répandit promptement en France, en Allemagne et en Danemark; elle acquit une certaine célébrité en Allemagne surtout, où, dans quelques grands établissements, plusieurs machines de cette espèce, placées à la suite les uns des autres, recevaient le mouvement d'une même roue hydraulique.

Je mentionne pour mémoire seulement les broies méca-

[1] *Bulletin de la Société d'encouragement*, t. XV, p. 224, et t. XVIII, p. 264.

niques de MM. Roggero, Perrin et Molard jeune, présentées en 1819 au concours de la Société d'encouragement. Plus tard encore, de 1825 à 1835, on a vu apparaître les broies mécaniques de MM. André Delcourt, Lorillard et Barbou, qui obtinrent en 1828 des récompenses de cette même Société; celles de M. Tissot et de M. Heyner, de Penig en Saxe, dont la dernière est remarquable par le grand nombre des rouleaux cannelés, lamineurs et à vis de pression supérieures, présentés comme des perfectionnements de la broie de M. Christian, à laquelle, en effet, on avait dans le temps assigné une origine italienne, sans qu'elle en fût meilleure pour cela, et propre à remplacer l'antique broie à levier. Enfin, je citerai encore MM. Kay, Robinson, Westley et tant d'autres qui, en Angleterre comme en France, se sont fait breveter depuis 1830 pour l'invention et le perfectionnement de machines à teiller le lin et le chanvre sans rouissage, avec des succès divers et toujours contestés.

Que sont devenues toutes ces machines, celle de M. Christian notamment, qui a fait tant de bruit vers 1818, et celle de M. Laforest, dont je n'ai pas jusqu'ici parlé, parce que je ne l'ai trouvée reproduite nulle part, et cela pour cause, mais qui n'en a pas moins eu aussi un grand retentissement en France? On le sait assez, et cela doit rendre bien circonspect dans le jugement que l'on serait appelé à porter sur de nouvelles broies mécaniques où l'on prétendrait éviter toute opération préalable de rouissage. Peut-être même devrait-on renoncer à l'espoir de voir aucune machine de ce genre se substituer aux rudes labeurs des habitants de la campagne, si l'on considère la complication, la cherté de la plupart d'entre elles, et la nécessité de leur appliquer des moteurs inanimés, puissants, mais sans lesquels leurs avantages économiques seraient à peu près nuls ou d'une trop faible importance au point de vue industriel et agricole. A cet égard, on peut affirmer que les broies ou teilleuses les plus simples seront toujours les meilleures, tant qu'on ne sera pas parvenu à concentrer davantage la culture et la préparation mécanique du chanvre et du lin, jusqu'ici beaucoup trop éparpillées dans nos campagnes, en raison même de la diversité des besoins locaux et de la rareté des sols appropriés.

On peut encore se demander, d'après les anciennes tentatives de MM. Bralle, Curaudau et Molard, ce que deviendront les procédés divers de rouissage et de teillage que deux ingénieurs français, MM. Bernard et Koch, ont dernièrement établis, selon le système américain de Schenks, dans l'usine irlandaise de M. Adam, de Belfast; procédés dont il n'a rien paru à l'Exposition universelle de Londres, si ce n'est les gros cylindres lamineurs, en fonte lisse et pleins, avec volant extérieur, servant à égrener le lin, et qui se trouvent inscrits au catalogue sous le nom de Richard Robinson, de Belfast, l'inventeur, à qui la Société de Dublin a accordé une médaille d'or en 1850. On sait en effet que, jusqu'à une certaine époque, les cultivateurs irlandais mettaient peu de soins à récolter les graines du lin et du chanvre; de sorte que la construction d'un instrument aussi simple et qui dépouille aussi complétement le lin dans une seule passe, sans, pour ainsi dire, en endommager la paille, devait être considérée comme une acquisition des plus avantageuses pour les établissements où la méthode expéditive du rouissage de Schenks était mise en usage.

M. Robert Plummer, de Newcastle, dont nous avons déjà dit un mot au sujet des machines à peigner, est le seul qui ait exposé, sous le n° 74, des machines à broyer et à teiller le lin ou le chanvre : l'une qui consiste dans un double rang vertical et parallèle de cylindres cannelés en fonte, dont trois pour la rangée postérieure et deux pour la rangée antérieure, entre lesquelles la paille du lin passe et repasse, après avoir été introduite, au moyen d'un plan incliné ou table à étaler supérieure, dans l'intervalle compris entre les deux premiers rouleaux du haut de la rangée postérieure; ces rouleaux étant, ainsi que dans la machine de Lee, emboîtés extérieurement dans des portions d'auges, de coursières courbes, qui servent à ramener spontanément la filasse entre les deux cylindres du devant, d'où elle s'échappe ensuite, guidée par une seconde table ou glissière inférieure : cela permet de recommencer à plusieurs reprises l'opération du macquage ; enfin des pédales placées au bas de la machine permettent de graduer à volonté la pression des cylindres cannelés supérieurs sur ceux qui les supportent directement. Cette machine, quoiqu'elle ne présente dans ses dispositions essentielles rien d'absolument neuf, n'en paraît pas moins destinée, par sa simplicité même, à rendre de réels services aux établissements qui auraient à soumettre le teillage de grandes masses de lin et de chanvre à l'action motrice d'un manége, d'un cours d'eau ou de la vapeur.

L'autre système de machines à teiller (*rotary disc scutching mill*) est composé d'un disque annulaire fixe et d'un autre disque pareil mobile autour d'un axe qui lui est commun avec le premier, emboîté comme lui dans un manchon fermé de toutes parts à la partie supérieure, sauf près de l'entrée, où les hommes de service présentent latéralement les poignées de filasse déjà soumises à la broie mécanique ci-dessus, et où elles reçoivent l'action successive de brosses, de sérans, dont les disques sont armés dans un sens légèrement oblique aux rayons. Cette machine, d'un grand diamètre, tout en fonte et composée de trois systèmes de disques semblables à ceux dont il vient d'être parlé, fonctionnait bruyamment à l'Exposition universelle de Londres, où elle a excité l'intérêt du jury de la VIᵉ classe, à cause du mérite et de la nouveauté de ses dispositions, dont la plus importante, peut-être, consiste dans la substitution d'une partie des aiguilles d'acier par des soies, des poils de sanglier ou des fanons de baleine, ainsi que je l'ai déjà indiqué au sujet des peigneuses oscillantes du même constructeur.

Au surplus, il serait impossible d'apprécier dès à présent l'importance et la portée industrielle de cette substitution pour la préparation du lin et du chanvre, qui sortent en effet très-lisses, brillants même, de la machine. Quant à sa puissance productive, on en aura une idée si l'on admet, avec l'inventeur, que quatre ouvriers puissent, à l'aide d'une machine à deux disques, teiller, sérancer jusqu'à 250 kilogrammes de paille par jour.

Enfin, j'ai vainement cherché à me procurer des renseignements précis sur les procédés mécaniques ou chimiques par lesquels M. Marshall, de Leeds, serait parvenu à donner l'apparence soyeuse aux fils de lin dont les échantillons ont été si généralement admirés à l'Exposition de Londres, et à convertir en fils non moins remarquables le chanvre de la Chine (*China-grass*), cette grande herbacée que quelques-uns de nos fabricants inquiets ont jusqu'ici vainement tenté de soumettre aux machines à filer, en la découpant cependant en petits bouts, etc. Mais, je n'hésite pas à le redire, ce sont là de simples essais, bien loin encore de la perfection qui permettrait à une telle industrie de chasser des marchés européens la fibre lisse et fine de nos lins indigènes.

J'ignore également quel pourra être le résultat des tentatives récentes faites en Angleterre pour assouplir les fibres de l'écorce d'aloès et les soumettre au peignage dans des courants d'eau, au moyen de puissantes machines imaginées par M. Simonet, et qui, dit-on, doivent être bientôt installées dans l'île de Malaga, où pullule cette substance jusqu'ici généralement réservée à la fabrication des cordages, etc. L'avenir seul pourra nous éclairer à ce sujet; mais, en attendant, nos industriels intéressés et notre Gouvernement ne devront rien épargner pour s'approprier la connaissance des nouveaux procédés et de leurs chances plus ou moins grandes de succès, dont la complète réussite porterait un rude et déplorable coup à l'une des branches les plus importantes de l'industrie de nos campagnes.

ADDITIONS AU CHAPITRE IV.

SUR QUELQUES MACHINES MODERNES APPLICABLES À LA FOIS AUX DIVERSES BRANCHES DE FILATURES.

I. — Addition au § Ier, concernant le premier établissement du banc à broches et des continues à mouvements différentiels. — Incertitudes à ce sujet : l'historien *Baines* et le ferblantier *Green*, de Mansfield ; les mécaniciens *Cocker* et *Higgins*, *Eaton* et *Farey*, *Eaton* (*William*) ; MM. *Laborde*, *Gengembre*, *Pihet*, etc., à Paris. — MM. *Higgins* et fils, *Mason* et *Collier*, *Stamm*, du Haut-Rhin, à l'Exposition universelle de Londres.

J'ai déjà plusieurs fois, dans le cours de cette seconde Partie ou de la précédente, cité le banc à broches à mouvements différentiels comme l'une des plus belles applications du génie mécanique à la filature des matières textiles ; j'ai tâché d'en faire saisir les intentions, les propriétés principales, ainsi que les liens qui en rattachent la savante combinaison aux anciennes idées de Vaucanson, relatives aux machines à tordre ou mouliner la soie. Mais quoique j'aie répété, après tant d'autres, que l'histoire de la filature de la laine et du coton était assez connue de nos jours pour qu'il devînt à peu près superflu de la reproduire ou commenter dans ce travail, ce qui peut être vrai à certains points de vue plutôt industriels que scientifiques ou mécaniques, j'avoue que, après y avoir réfléchi un peu plus attentivement, à l'occasion des récentes machines à filer le lin ou le chanvre, et en considérant d'ailleurs la fâcheuse obscurité qui règne dans les ouvrages connus sur la naissance, les progrès mécaniques des diverses branches de filatures, et principalement sur la coordination des idées qui en lient entre elles les admirables découvertes en fait de machines, il m'a paru d'une haute importance philosophique et d'une utilité, à vrai dire, générale de montrer, par un exemple récent et célèbre, que l'histoire même de la filature du coton restait encore à faire, du moins au point de vue mécanique. Cette histoire, presque tout entière dans les patentes et brevets d'invention, d'importation, d'addition ou de perfectionnements, sera, je le répète, impossible à écrire avec la suite ou l'ensemble d'exposition nécessaires, tant que les gouvernements étrangers ne se seront pas, à l'imitation de celui de la France, décidés à en ouvrir généreusement les arcanes, jusque-là si mystérieuses, par une publication officielle, sans réserves ni mutilations; car, encore une fois, l'histoire impartiale des progrès de l'esprit humain ne saurait exister que dans des écrits publics ou officiels, remontant à une date contemporaine de celle des inventions, mais néanmoins revêtus d'un caractère d'authenticité indépendant des passions intéressées ou jalouses du moment.

A cet égard, ce serait une curieuse étude historique à faire que de rechercher par quelles transformations successives on est passé des anciennes continues à tordre simplement les fils, déjà étirés dans les bancs à lanternes tournantes d'Arkwright, à ces puissantes machines de préparation (*rowing-frame*), munies de broches à ailettes pendantes, nommées aujourd'hui *bancs à broches* (*fly-frame*), dont on voit une si singulière représentation à la page 102 de l'ouvrage anglais de Baines sur l'*Histoire des manufactures de coton* (1835), mais dont, certes, les colossales bobines n'étaient point, par rapport aux broches munies de leurs ailettes en fer à cheval ou à deux branches, douées du mouvement relatif indispensable à la rigoureuse égalisation du tors.

Selon le même historien (p. 211), le nommé Green, ferblantier à Mansfield, aurait, le premier, eu l'idée de rendre ces mouvements solidaires, dans la proportion qui convient au tors et à l'enroulement du fil; mais, malheureusement, Baines ne nous fait pas connaître les moyens employés pour ce but par l'inventeur, sans doute le même qui, sous le nom de *John Green*, prit, le 26 juin 1823, une patente unique, inscrite sous le n° 4807 du catalogue officiel anglais, et dont l'énoncé, la désignation, sont, comme d'habitude, on ne peut pas plus vagues à force de généralité.

D'autre part, selon Andrew Ure[1], l'invention en serait due

[1] *Dictionnaire anglais des arts et manufactures*, p. 354, 3e édit., 1843.

à MM. *Cocker* et *Higgins*, de Salford. Par erreurs d'impression sans doute, M. Alcan[1] l'attribue à MM. *Loeker* et *Highins*, de Manchester; M. Thierry[2], à MM. *Cogher* et *Higgins*, de Manchester; enfin M. Armengaud aîné[3], dans un intéressant article sur le *banc à tubes américain*, l'attribue à MM. Cocker et Higgins, constructeurs à Manchester; version qui s'accorde également avec le texte de l'ouvrage publié en 1828, par MM. Leblanc et Molard jeune, sur les machines de la filature d'Ourscamp, près Compiègne (p. 63).

Je rapporte ici toutes ces variantes d'ouvrages bien connus et justement estimés pour montrer une fois de plus, par un exemple célèbre et dont les données sont si voisines de nous, combien l'histoire même des inventions relatives à la filature du coton est demeurée jusqu'ici incertaine, obscure, et aurait besoin d'être enfin et consciencieusement débrouillée, avant que des erreurs involontaires ou intéressées s'y introduisent davantage encore. Car si vous consultez le catalogue officiel des patentes anglaises publié à Londres en 1854 et 1855, vous n'y trouverez aucun des noms cités en dernier lieu, sauf celui de M. Higgins (William), de Salford, sous le n° 6639, *pour certains perfectionnements dans les machines à tordre les mèches de préparation du coton, du lin, de la soie, de la laine et autres matières fibreuses, communiqués*, dit le patenté, *par un étranger non résidant* et non désigné dans le certificat de délivrance, qui porte, il est vrai, la date, relativement récente, du 7 juillet 1834. S'agit-il ici de la substitution des engrenages aux cordes et courroies anciennes, ou de quelques autres détails essentiels de construction, tels que doublement des bobines, ressorts de compression des mèches, etc., dont on a vu de beaux spécimens dans les expositions de MM. Higgins et fils, J. Mason, Parr, Curtis, etc., à Londres? Voilà, à mon très-grand regret, ce qu'il m'est impossible de décider pour le moment.

[1] *Traité des matières textiles*, p. 243, 1847.

[2] *Bulletin de la Société de Mulhouse*, n° 57, ou *de la Société d'encouragement de Paris*, t. XXXIX, p. 472.

[3] *Publication industrielle*, t. II, p. 421.

Pour quiconque est un peu au fait des habitudes de l'industrielle Angleterre, l'énoncé, le titre de patente, que je viens de translater, semblerait effectivement prouver que M. Higgins, associé ou non avec M. Cocker, est tout au plus un des premiers qui aient construit dans une certaine perfection le banc à broches à mouvement différentiel, et cela à une époque que M. Thierry, dans l'article déjà cité, fait remonter, sans preuve indiquée, à l'année 1821, c'est-à-dire à une date antérieure de quelques années à celle de l'introduction même de ces machines en France par la Société industrielle d'Ourscamp, dont le privilége, du 26 février 1824[1], fut suivi de près (31 mars 1824) par celui de M. C.-A. Gengembre[2] pour une machine, également importée d'Angleterre, analogue quant au but, très-distincte quant au système de solution ou de construction, mais qui ne paraît pas avoir été aussi favorablement accueillie par l'industrie.

Or, ces deux brevets et celui d'*invention* qu'avait pris en novembre de la même année M. Laborde, mécanicien distingué de Paris, pour un autre ingénieux dispositif du banc à broches dont il sera plus tard parlé; ces brevets, dis-je, avaient été précédés, en France, d'un autre brevet d'*importation* par les Anglais Eaton et Farey, du 15 novembre 1823, dont la machine, incomplétement décrite, quant aux dessins, à la page 339 du tome XXXVIII du recueil déjà cité, doit être considérée comme le type original, clair et précis du banc à broches employé l'année suivante dans la filature d'Ourscamp, et dont l'application s'est bientôt généralisée chez nous, grâce à son ingénieuse et remarquable simplicité.

Dans les anciennes continues à tordre et filer en fin, dont les bobines, très-petites, n'éprouvent que des variations de grosseur assez faibles, et où de petits freins à poids régulateurs suffisent pour en ralentir la vitesse, de loin en loin, à mesure du grossissement, on se contentait d'imprimer à la planche

[1] *Recueil des brevets expirés*, t. XXX, p. 4.
[2] *Ibid.* t. XXXIX, p. 331.

horizontale ou chariot en fonte qui porte ces bobines glissant librement le long de leurs broches verticales à ailettes renversées, et que des tambours horizontaux à courroies ou cordons sans fin, etc., mettaient diversement en action, dans ces anciennes machines, dis-je, on se contentait d'imprimer au chariot porte-bobines un mouvement uniforme intermittent, le même à toutes les périodes de grossissement ou de va-et-vient de ces bobines, au moyen d'un système de bascules transversales oscillantes, à cames ou ondes appropriées au but à remplir, et qui rappelle les courbes en cœur de Vaucanson, appliquées, il est vrai, au système plus léger des tringles à barbins du moulin droit à filer, tordre la soie; mais il en est tout autrement dans les machines nommées primitivement par MM. Eaton et Farey *bobineuses pour la préparation des fils de coton en gros.*

Dans ces dernières machines, en effet, on aperçoit, vers le bas du bâti, un arbre de couche longitudinal, avec pignons à rotation alternative, imprimant le va-et-vient au chariot, par de petites crémaillères verticales extrêmes, au moyen d'une *roue* ou *lanterne à calandre,* placée en dehors du bâti, ouverte en un point pour le passage d'un autre petit pignon à engrènement alternativement intérieur ou extérieur, et dont l'arbre, très-court, parallèle au précédent, reçoit, malgré de légères excursions transversales, le mouvement rotatoire continu, mais graduellement ralenti, d'un équipage de roues d'angle, opposé à ce pignon et que conduit un dernier pignon à dents allongées, dont l'arbre vertical, surmonté d'une roulette de friction, constitue une combinaison, sur laquelle je reviendrai bientôt, d'autant plus remarquable que Robertson Buchanan la décrivait dans un ouvrage anglais publié il y a plus de quarante ans[1], et qu'elle a, depuis, avantageusement

[1] *Practical essays on mill-work,* p. 137; Édimbourg, 1814. Cet ouvrage, aujourd'hui encore trop peu connu en France, renferme une quantité d'autres ingénieuses et très-anciennes combinaisons mécaniques, parmi lesquelles je citerai les poulies étagées et les cônes alternes à courroies sans fin et mains conductrices transversales. A l'égard des applications qui ont été

servi pour l'établissement d'ingénieux dynamomètres compteurs du travail mécanique dans les machines.

Vers le haut du même banc à broches d'Ourscamp ou mieux d'Eaton et Farey, on aperçoit l'arbre de couche principal ou moteur, muni, à un bout, d'un volant régulateur et d'un couple de poulies d'embrayage ordinaire, à l'autre bout, de l'équipage des roues dentées verticales qui conduisent uniformément les arbres du système alimentaire, et, intermédiairement, de l'ingénieux appareil servant à donner aux bobines, le long et autour des broches fixes, à leurs grandes poulies motrices et au chariot horizontal qui les porte, un mouvement progressivement et simultanément ralenti de quantités proportionnelles au nombre des allées et venues ou des couches de fil superposées sur les bobines.

D'une part, on voit à gauche un cône droit tronqué, à glissement longitudinal sur cet arbre dont la rotation uniforme l'entraîne et fait marcher une courroie sans fin à branches verticales, conservant, malgré le glissement relatif, une position sensiblement invariable, mais qui, recourbée à deux reprises différentes sur un système de poulies de renvoi inférieures, va donner à l'arbre vertical fixe des grandes poulies horizontales ci-dessus, motrices des bobines et glissant à frottement doux le long de cet arbre, une vitesse rotatoire dont le ralentissement progressif dépend du rapprochement même des branches verticales de la courroie, par rapport au sommet du cône moteur ou régulateur.

D'une autre part, on aperçoit, à droite, un plateau ou disque vertical tournant, monté également sur l'arbre de couche supérieur, qui entraîne, dans sa rotation rapide, par pression normale et frottement tangentiel, la roulette mentionnée plus

faites du plateau à roulettes, aux instruments dynamométriques et de quadrature, j'y reviendrai dans l'une des notes ci-après, relative à l'appareil analogue où le plateau est remplacé par un cône tournant sur lui-même; appareil dont la première application paraîtrait due à M. Laborde, ancien et très-habile mécanicien de Paris, comme on le verra encore ci-après.

haut, susceptible en même temps de glisser dans le sens des rayons du plateau, et dont le petit arbre vertical est, comme on l'a vu, destiné à transmettre le mouvement continu au pignon de la roue à calandre qui imprime le va-et-vient au chariot, avec des vitesses également ralenties de quantités proportionnelles au rapprochement de ce disque par rapport au centre du plateau tournant.

Enfin, on voit encore, au-dessus et dans l'intervalle compris entre ce plateau et le cône régulateur, le système particulièrement remarquable de la crémaillère horizontale à faces planes verticales, à contre-poids de recul, double denture et cliquets alternes, que dégage l'un après l'autre une tige verticale à couple de boutons inférieurs, poussés alternativement par le chariot à la fin de chacune de ses excursions, de façon à permettre le glissement du cliquet non dégagé sur le revers en talus de sa propre dent, et, par conséquent, le recul même de la crémaillère dans l'étendue d'un demi-cran.

Ce dernier et fort ingénieux système, comme on l'aperçoit, rappelle encore celui dont il a été parlé à l'occasion des moulins à organsiner de Vaucanson; mais il a ici spécialement pour but de provoquer, à la fin de chacune des courses du chariot, la déviation graduelle d'un levier coudé à deux branches, dont la plus courte, moyennement horizontale, supporte le pivot de l'arbre vertical, à pignon inférieur allongé, de la roulette ci-dessus, mobile par friction et ainsi progressivement rapprochée du centre du plateau moteur, tandis que la longue branche, à peu près verticale, agit par une griffe horizontale pour déplacer le cône à courroie sans fin, le long de son arbre, de quantités également proportionnelles au nombre des alternatives du chariot porte-bobines ou des couches cylindriques de coton précédemment enroulées; en combinant, à cet effet, les avances simultanées de la roulette et du cône régulateur ou les longueurs des deux branches du levier coudé, de manière que la vitesse tangentielle ou de tirage du fil par les bobines respectives, et qui tend à croître avec la grosseur propre de ce fil, avec le diamètre ou le nombre des couches superposées, reste néanmoins invariable à tous les instants, c'est-à-dire de manière qu'elle ne puisse s'accroître qu'en vertu du changement même de cette grosseur, du degré de tors ou des vitesses *angulaires* à imprimer proportionnellement, par l'arbre moteur, à toutes les parties de la machine, au moyen d'une roue de rechange appropriée chaque fois au but à remplir.

Remarquons, en outre, que c'est bien à tort qu'on reproche à ce système la prétendue nécessité de régler, après coup ou par tâtonnements, la distance et la forme soi-disant variables des dents sur la crémaillère régulatrice; cette difficulté n'existerait, en effet, qu'autant qu'on ne se fût pas suffisamment précautionné contre le glissement de la courroie sans fin sur le cône conducteur ou de la roulette de friction sur le plateau qui l'entraîne latéralement; qu'on prétendrait s'écarter de la forme habituelle, régulière et cylindrique des couches de fil superposées sur les bobines, etc. Quant au cas où ces bobines, sans rebords latéraux d'appui, devraient recevoir des couches de largeurs inégales, en retraite les unes par rapport aux autres, afin de constituer un noyau cylindrique terminé par des troncs de cône, on a recours aujourd'hui, comme on le sait bien, dans les bancs à broches mus exclusivement par engrenages, à des moyens très-différents, très-précis, et qui consistent principalement à faire varier, pour chaque couche cylindrique distincte du fil, l'étendue même des excursions du chariot qui porte la bobine, et par conséquent l'intervalle des *tocs* ou boutons qui servent à détacher, à chaque reprise, les cliquets à ressorts repoussoirs de la crémaillère.

Les ingénieuses combinaisons décrites dans le brevet cité d'Eaton et Farey, quoique aujourd'hui encore assez généralement connues et employées dans les filatures, m'ont paru mériter une mention toute spéciale et explicite, non-seulement à cause de l'originalité du principe et de l'analogie que, à certains égards, ces mêmes combinaisons offrent avec les anciennes solutions ou indications de Vaucanson, mais aussi parce qu'en reportant exclusivement aux constructeurs Cocker et Higgins, de Manchester, le mérite de l'invention, on paraît avoir beaucoup trop négligé la part d'initiative qui peut plus particulièrement appartenir à l'ingénieur Eaton (William), de la même ville.

On le voit, en effet, dans une ancienne patente inscrite le 18 juin 1818, se préoccuper déjà des moyens de perfectionner les machines à filer en gros la laine et le coton, tandis que, peu d'années après (le 23 juillet 1821), il se fait délivrer en France un brevet d'importation [1], rédigé à la manière anglaise, mais remarquable par l'étendue et la nouveauté des moyens qu'on y propose pour donner automatiquement certaines formes régulières aux fuseaux à broches coniques des mule-jennys, en leur procurant, ainsi qu'aux bobines et à la tringle distributrice ou de soutien des fils qui s'y renvident, des mouvements appropriés, soit par des cônes alternes à courroies sans fin ou vitesse graduellement changeante, soit par des fusées, des tambours conducteurs à génératrices courbes convenablement tracées, tournant avec leur arbre, mais susceptibles d'y glisser longitudinalement au moyen de manchons latéraux à fourches, que dirigent des crémaillères droites parallèles à cet arbre, conduites par des pignons, des équipages de roues dentées et de vis sans fin, liés au jeu même du chariot de la mule-jenny.

Ainsi, par l'intermédiaire des tambours ou fusées dont le bâti est muni aux deux bouts, un déplacement graduel et variable, à volonté, est régulièrement transmis au système soit de la tige destinée à conduire le distributeur des fils sur les fuseaux, soit du levier horizontal porte-griffes, destiné à faire glisser la courroie sans fin sur ses cônes alternes moteurs, et à imprimer simultanément aux fuseaux la vitesse accélérée ou ralentie qui leur convient. A cet effet, la tige et le levier dont il s'agit sont armés de galets ou roulettes de friction, pressant extérieurement, et normalement aux génératrices courbes, les tambours à fusée directeurs qui leur correspondent

[1] *Recueil des brevets expirés*, t. XXXIV, p. 69 à 127, pl. 15 à 20.

respectivement et en produisent le déplacement latéral dans des directions rectilignes invariables.

Toutefois, il ne faut pas confondre cette ingénieuse et double combinaison, relative aux mule-jennys, avec celle où la roulette de friction, agrandie, parcourrait la génératrice d'un cône droit en tournant et glissant, parallèlement à cette génératrice, le long d'un arbre incliné qui, dans sa rotation par là graduellement ralentie, serait destiné à conduire un équipage de roues dentées au moyen d'une grande vis sans fin motrice montée au bout de ce même arbre; système qui s'est vu pour la première fois, si je ne me trompe, dans un fort ingénieux *banc à broches* ou *boudinerie à bobines commandées*, postérieur, il est vrai, à celui de MM. Eaton et Farey, mais dont la principale et remarquable disposition, à cône régulateur vertical, est due à l'habile mécanicien J.-B. Laborde, de Paris [1],

[1] *Recueil des brevets expirés*, t. XIX, p. 147; brevet du 23 septembre 1824, singulièrement tronqué. Voy. aussi le *Bulletin de la Société d'encouragement*, t. XXV, p. 361, dans lequel, au moins, on ne répète plus, d'après Andrew Ure, que le banc à broches du système Eaton et Farey est dû à MM. Cocker et Higgins. Quant à l'ingénieuse et originale combinaison du galet de friction glissant le long des génératrices rectilignes d'un cône tournant sur son axe de figure, et dont le mécanicien Laborde faisait usage dès 1824, elle repose évidemment sur le même principe que le système à mouvement varié du plateau menant une roulette de friction, employé dans le banc à broches d'Eaton et Farey, et qui offre quelque analogie avec l'ancienne machine à manége, dont la barre à vis conduisait une meule debout pour l'écrasement des matières sur une plate-forme horizontale.

D'autre part, on sait que la combinaison du cône à roulette de friction a postérieurement (1827) été mise en usage par MM. Oppickhofer et Ernst, en Suisse, pour l'établissement d'un ingénieux instrument compteur nommé *planimètre*, et ayant pour but spécial la quadrature des plans cadastrés; puis, qu'en France (1829) elle a également servi de base au dynamomètre par torsion, compteur du travail des machines, dont l'idée est due à M. Coriolis, alors répétiteur à l'École polytechnique (*Bulletin de la Société d'encouragement*, t. XXVIII, p. 477). La mesure du travail variable des forces repose, en effet, sur une quadrature véritable, où l'intensité de la puissance est combinée, par multiplication, avec l'élément du chemin à chaque instant parcouru dans sa direction propre.

Déjà aussi, vers cette époque, j'avais, dans un but analogue, indiqué à

qui, d'une part, remplace la crémaillère supérieure horizontale à cliquets alternes par une roue à rochet avec crans intérieurs et extérieurs alternativement poussés par le chariot, et, de l'autre, substitue également à la roue de calandre un système de pignons agissant sur des crémaillères à deux branches parallèles, pour donner le va-et-vient à la planche ou chariot porte-bobines,

Les secousses résultant des changements brusques du mouvement à la fin et au commencement de chacune des alternatives du chariot, ces secousses jointes au glissement possible de la roulette de friction sur le cône directeur, ont constitué, sans aucun doute, les principales causes qui ont fait depuis abandonner ce genre original de banc à broches, pour lui

plusieurs ingénieurs l'usage, très-simple, d'un plateau tournant de quantités angulaires proportionnelles au chemin parcouru dans la direction d'une puissance mesurée par un dynamomètre à lames de ressort droites, parallèles, articulées aux deux bouts, et dont une branche serait liée à l'arbre du plateau tournant, tandis que l'autre, soumise directement à l'action de cette puissance et qui en mesure l'intensité par ses écarts ou distances au centre, serait munie d'un style destiné à tracer sur ce plateau des courbes ondulées et excentriques, propres à fournir une trace continue de la loi suivie par la force relativement au chemin parcouru, ou, en substituant au style une roulette de friction dirigée dans un sens perpendiculaire aux rayons, à donner numériquement la valeur du travail correspondant à un intervalle quelconque, au moyen d'un appareil *totalisateur* ou de comptage indiquant le nombre des révolutions de la roulette de friction, proportionnel au travail même développé par la puissance.

Ce dernier appareil, à plateau et disque tournant, réalisé d'abord avec succès par M. Morin, ainsi que plusieurs autres d'un genre analogue, a, en dernier lieu, reçu dans son mécanisme compteur à rouages d'horlogerie des simplifications et perfectionnements très-ingénieux, dus à M. Claire, l'habile artiste mécanicien déjà cité dans une note de la page 434 (Ire Partie), et dont les élégants modèles ont été admirés par tous les vrais connaisseurs à l'Exposition universelle de Londres. Pour l'histoire, jusqu'en 1842, des dynamomètres à indications continues ou à comptage applicables à l'agriculture et aux machines en général, voyez à la page 100, tome XLI, du *Bulletin de la Société d'encouragement*, le rapport de M. Lambel sur les résultats d'un concours ouvert pour le perfectionnement de ce genre d'instruments par cette même Société. Voyez aussi les pages 190, 191 et 304 du *Rapport* anglais *des jurys de l'Exposition universelle de Londres.*

préférer celui d'Eaton et Farey, dont, à partir de 1824, MM. Pihet, de Paris, construisirent un assez grand nombre en France. Toutefois, la machine de M. Laborde était peut-être moins désavantageuse que celle qu'avait importée quelques mois auparavant, comme on l'a vu, le mécanicien Gengembre, de la Monnaie de Paris, bien qu'on eût conservé dans cette dernière la roue à calandre, le cône fixe à courroie glissante, etc.

D'un autre côté, on ne saurait douter que l'ingénieuse disposition du banc à broches décrite dans le brevet d'importation d'Eaton et Farey n'ait servi de point de départ à la solution plus simple, plus précise et moins sujette à frottements ou glissements relatifs, qu'on doit à l'ingénieur Henry Houldsworth, déjà si souvent cité, et dont la patente anglaise, du 16 janvier 1826 (n° 5316), consiste principalement dans la suppression du plateau tournant à roulette de friction et son remplacement, sur l'arbre moteur principal, par un tambour en trois parties et à rouages différentiels, dont la disposition, fondée sur un principe dès lors bien connu, est clairement décrite à la p. 223 du *Journal of arts* de janvier 1828.

De ces trois parties ou manchons d'égal diamètre dont se compose l'appareil, l'une, celle de droite, solidaire avec l'arbre moteur, porte extérieurement une grande poulie à cordon sans fin, servant à transmettre la rotation uniforme de cet arbre aux broches verticales du métier; l'autre, celle de gauche, au contraire folle sur ce même arbre, porte également, à sa surface cylindrique extérieure, la grande poulie à gorge destinée à imprimer le mouvement rotatoire, graduellement ralenti, aux bobines glissant le long de ces broches fixes sur leurs siéges, ainsi qu'à leur poulie motrice horizontale entraînée dans le va-et-vient vertical du chariot; enfin la troisième partie, intermédiaire entre les deux précédentes portant intérieurement des pignons d'angle sur leurs moyeux ou canons respectifs, cette partie, folle sur l'arbre comme celle de gauche, dentée extérieurement et ayant au dedans de sa couronne en fonte un mentonnet en saillie avec pignon d'angle de même diamètre que les précédents, mais susceptible d'engrener de part et d'autre avec chacun d'eux; cette troisième partie, dis-je, est destinée à transmettre du tambour à poulie de droite à celui de gauche la vitesse angulaire de l'arbre de couche principal, diminuée du double de la quantité dont elle a tourné sur elle-même[1], dans le sens propre du tambour de droite, sous l'action d'un petit pignon cylindrique appliqué à sa denture extérieure, et dont l'arbre agit

[1] Soit V_1 la vitesse angulaire du tambour à poulie de droite ou de l'arbre moteur principal, v_1 la vitesse pareille de la roue intermédiaire ou, si l'on veut, le nombre de ses révolutions par minute, supposées effectuées dans le sens propre de V_1, enfin V'_1 la vitesse angulaire communiquée à la roue de gauche supposée folle sur son arbre, il est évident, à cause de l'égalité des trois pignons d'angle intérieurs, que la vitesse rotatoire et relative du pignon appartenant à la roue intermédiaire autour de son mentonnet sera $V_1 - v_1$. Mais comme ce mentonnet lui-même est entraîné autour de l'arbre de couche commun dans le sens propre de V_1 avec la même vitesse absolue v_1, il doit paraître non moins évident que la roue folle de gauche tournera avec une vitesse $V_1 - v_1$, diminuée encore de v_1, soit $V_1 - 2v_1 = V'_1$, comme l'a aussi démontré M. Alcan à l'endroit ci-après mentionné dans le texte.

On vérifiera aisément cette formule, qui sert de base à l'établissement du banc à broches à engrenages différentiels, dans la supposition de $v_1 = 0$ ou $v_1 = V_1$. Quant à l'hypothèse de $v_1 = \frac{1}{2} V_1$, qui donne $V'_1 = 0$, et correspond au cas où la roue de gauche, folle sur l'arbre de couche commun, reste immobile malgré la rotation des deux autres, le résultat est peut-être plus difficile à concevoir à priori, mais il n'en est pas moins par lui-même extrêmement remarquable

Enfin, je ferai observer que c'est en se fondant sur des combinaisons de cette espèce que feu Pecqueur, de regrettable mémoire, a imaginé, il y a environ quinze ans, son ingénieuse romaine dynamométrique pour mesurer expérimentalement et sans avoir recours au frein de Prony, connu depuis 1824, le travail mécanique communiqué aux arbres de couche horizontaux des machines, convenablement disposés à cet effet. En mentionnant, au surplus, ce nouveau titre de Pecqueur à l'estime des ingénieurs, je crois devoir ajouter à ce que j'ai déjà dit, à la page 51 de cette IIe Partie, des rouages planétaires, épicycles ou différentiels, que M. Willis, dans son livre intitulé *Principles of mechanism*, publié à Londres en 1841 (voy. p. 381), en attribue la première idée ou application à l'Anglais Mudge, qui aurait obtenu, avant même 1767, une représentation exacte du mouvement lunaire au moyen d'un train à roues d'épicycles.

aussi, par transmission de courroie, sur le système à calandre du chariot porte-bobine.

A cet effet, le pignon dont il s'agit est monté sur l'arbre horizontal d'un tambour conique, ici sans glissement relatif et embrassé par les branches pendantes, à poids de tension inférieur, d'une courroie sans fin dont le sommet passe sur une poulie à gorge montée sur un autre petit arbre de couche parallèle au précédent et commandé directement, au moyen de roues dentées verticales, par l'arbre moteur principal, arbre sur lequel cette poulie à gorge, munie d'un manchon à fourche, est, dans son glissement latéral, soumise à l'action de la crémaillère avec poids de recul dont il a été parlé à l'occasion du métier de MM. Eaton et Farey.

Les trois arbres horizontaux ou de couche, distincts, dont il vient d'être parlé conservant une position fixe sur leurs siéges ou coussinets, on comprend comment il est devenu facile de passer de la combinaison adoptée primitivement par Houldsworth à celle où, postérieurement, on a substitué, dans les diverses commandes des broches et bobines, les engrenages en fonte aux courroies sans fin; substitution dont on peut voir un élégant et simple exemple aux p. 243 à 253 (pl. VIII) du livre de M. Michel Alcan, qui, suivant une habitude malheureusement commune à presque tous les livres de technologie ou même de mécanique appliquée, ne nous indique ni le nom de l'auteur de ces utiles perfectionnements, ni les sources auxquelles ont été puisés les descriptions ou renseignements divers, qu'il serait pourtant si intéressant, si utile de connaître et de pouvoir contrôler.

Il me suffira ici de faire remarquer qu'à l'époque de 1847, où ce professeur distingué écrivait, on n'avait probablement point encore songé à donner aux couches successives du fil enroulé sur les bobines la forme *tronconique* aujourd'hui généralement adoptée dans les bancs à broches avec compresseurs élastiques, tels qu'il en a été exposé à Londres en 1851, et parmi lesquels figurait avantageusement celui de M. Stamm père, que j'ai déjà cité, avec MM. Mercier et Risler

(p. 7 à 8 de l'Introduction générale), comme l'un des dignes représentants de la France à l'Exposition de Londres. Je me complais d'autant plus à rappeler les titres de cet artiste à l'estime des membres du VIe Jury, que son banc à broches, tout en fer et en fonte, très-remarquable par la beauté, la solidité de l'exécution, ne le cédait en rien à ceux des plus habiles constructeurs de l'Angleterre, MM. Higgins et fils, Mason et Collier, etc., relativement auxquels même il offrait, dans les moyens de transmission par engrenages, des particularités et une précision d'ajustements ou de tracés qui ne se laissaient point apercevoir au même degré, peut-être, dans les bancs à broches de ses compétiteurs.

II. — Addition au § II, concernant les dernières machines à peigner les matières textiles diverses, à fibres plus ou moins courtes et mélangées. — Découvertes, brevets ou patentes de *Josué Heilmann*, relatifs à ce sujet. — MM. *Schlumberger* et *Bourcart*; MM. *Marshall*, *Hives* et *Atkinson*, cessionnaires, à Leeds, etc. — MM. *Donisthorpe* et *Lister* à l'Exposition universelle de Londres et en France.

La découverte du nouveau principe de peignage et de démêlage par portions limitées et successivement détachées de la masse alimentaire, découverte dont j'ai déjà donné une notion succincte dans les préliminaires de cette deuxième Partie, mérite d'autant plus d'intérêt et d'attention que, mal accueillie à l'origine, elle n'a, malgré l'appui éclairé et puissant de MM. Schlumberger et Bourcart, obtenu, comme celles mêmes de Philippe de Girard, de succès commercial vraiment important qu'après avoir été appréciée à sa juste valeur par les intelligents et entreprenants industriels de la Grande-Bretagne; ce qui, certes, ne veut pas dire que la réalisation mécanique n'en ait pu avoir lieu utilement en France sous le patronage de la maison de Guebwiller, qui malheureusement ne fut associée à la destinée de Josué Heilmann ou de la nouvelle peigneuse qu'après la ruine de la filature de coton de ce dernier et à jamais célèbre ingénieur, c'est-à-dire peu avant la fin d'une existence entièrement consacrée aux progrès de la mécanique industrielle.

Comme Philippe de Girard en effet, Josué Heilmann, quoique décoré en 1838 pour ses ingénieuses machines à broder, à métrer, à couper le velours, etc., mourut à la peine et s'éteignit avant d'avoir pu jouir du prodigieux succès qu'a obtenu dès 1852, dans les deux pays, sa nouvelle et originale peigneuse, destinée primitivement et plus spécialement à la préparation, au démêlage des belles qualités de coton à longues soies, mais qui ne tarda guère à être avantageusement appliquée aux longues laines, à la bourre de soie et aux étoupes du chanvre et du lin, ainsi qu'on le verra dans le résumé rapide des brevets et des patentes pris successivement par cet ingénieur, soit en France, soit en Angleterre, et dans lesquels sont consignées ses primitives idées ou tentatives de réalisation, par conséquent aussi ses primitifs et véritables droits à l'invention, sinon des machines telles qu'elles sont actuellement construites et perfectionnées, au moins du principe original qui leur sert de base fondamentale à toutes.

La découverte de ce principe essentiel de peignage a été consignée dans un brevet français du 25 septembre 1845, reproduit dans une patente prise en Angleterre le 25 février 1846, et dont on trouve un extrait dans le *Repertory of arts*, traduit en français à la p. 482 du t. VI du *Journal des Usines* (mai 1847), recueil que publiait naguère à Paris M. Viollet, ingénieur civil dont le dévouement aux progrès industriels était bien digne d'encouragement pour les services qu'il rendait en continuant l'utile et regrettable *Bulletin technologique* de feu Férussac. Cette même découverte d'Heilmann fut originairement provoquée, sur la proposition d'un prix de cent mille francs faite en 1843 par feu Bourcart, pour la machine qui remplacerait avantageusement le battage et le peignage à la main du coton de Georgie à longue soie; mais Josué Heilmann, doué d'une ardeur infatigable, ne tarda pas à étendre le champ du programme et de ses idées en les rendant applicables au peignage et à la préparation des matières filamenteuses en général : laine, bourre de soie, étoupe, etc. Mort le 5 novembre 1848, il ne put mettre la dernière main à une œuvre déjà bien avancée, et il dut léguer à son fils Jean-Jacques Heilmann, ainsi qu'à des amis éprouvés, le soin de parfaire ses machines, qui contenaient en elles, comme on le verra, un principe véritablement neuf et fécond.

Un modèle de machines à peigner la laine en état de fonctionner, construit dans les beaux ateliers de M. Nicolas Schlumberger, à Guebwiller, avait été présenté, dans l'année 1849, à l'Exposition des produits de l'industrie française, sans attirer, chose vraiment inexplicable, l'attention des membres du jury de cette Exposition, où il demeura oublié, dit-on, dans un coin obscur d'une immense salle encombrée de machines diverses. Quelque chose d'analogue eut lieu quand, peu de mois après, le même modèle fut présenté à une nouvelle et spéciale Exposition provoquée à Londres par M. Sallandrouze de la Mornaix, sans aucun caractère officiel, et qui, par conséquent, laissa moins de traces encore. Malgré ces circonstances regrettables et le silence absolu du Rapport du jury français de 1849, publié en 1850, on ne saurait révoquer en doute la vérité des déclarations de MM. Schlumberger et Bourcart à ce sujet, certifiées d'ailleurs par d'autres témoignages authentiques, tout en déplorant que ces honorables industriels aient négligé de mettre en plus complète lumière la peigneuse de leur ancien associé en participation, probablement retenus par la crainte, fort légitime d'ailleurs, de l'exposer trop hâtivement, et avant sa réalisation parfaite, aux investigations des contrefacteurs. On ne pourrait expliquer autrement, en effet, les motifs pour lesquels ils se sont dispensés, en 1851, de produire cette peigneuse à l'Exposition universelle de Londres, où, par contre, on a vu figurer avec éclat, dans les premiers moments, celle de M. G.-E. Donisthorpe, adaptée spécialement au démêlage de la longue laine, comme on l'a déjà expliqué dans les préliminaires de cette Partie, et dont, il faut ici le redire et le prouver plus positivement encore, l'analogie de but, de principe, est manifeste, si d'ailleurs elle diffère de celle de Josué Heilmann par les moyens d'exécution, de réalisation mécanique.

Il est vraiment triste de voir que ces tardives et bien inutiles précautions des parties intéressées n'aient servi qu'à enhardir les contrefacteurs et à priver la mémoire de notre infortuné compatriote de l'impartiale justice qui, sans aucun doute, lui eût été rendue par le jury international de Londres; il est non moins pénible de penser qu'une découverte qui a fait tout récemment tant de bruit en Angleterre ait passé comme inaperçue en France, où, si je ne me trompe, elle n'a jusqu'ici (1852) que fort peu attiré l'attention publique, bien que l'établissement de Guebwiller eût déjà livré, à la fin de 1851, plus de 200 peigneuses Heilmann à l'industrie de notre pays, de l'Allemagne ou de l'Angleterre, en concurrence avec la maison Lister et Olden, de Saint-Denis, près Paris, dont M. Donisthorpe était le représentant à l'Exposition de Londres; malgré encore le retentissement d'un immense et épineux procès, soutenu en cette ville contre leurs adversaires par les successeurs aux droits d'Heilmann, et gagné devant l'honorable impartialité d'un tribunal anglais; enfin, bien que MM. Lister et Olden pour la laine longue, les habiles manufacturiers de Manchester pour le coton à longue soie, MM. Marshall, Hives et Atkinson, de Leeds, pour les étoupes du chanvre et du lin, se soient à l'envi approprié par d'honorables et splendides rémunérations le droit d'exploiter dans leur pays la découverte si remarquable, et jusque-là si peu espérée, due au génie inventif de Josué Heilmann, mais qui sans nul doute était, en 1851 ou 1852, loin encore d'avoir atteint le degré de perfection réclamé par le peignage des matières un peu longues, telles que le lin, le chanvre, les déchets de soie et les étoupes, même coupés, comme cela se pratique généralement, en morceaux assez courts pour le filage en fin de ces diverses substances.

Toutefois, la vérité m'oblige à dire que l'échantillon d'étoupes peignées, d'apparence si soyeuse, que je possède entre les mains, et qui aurait été obtenu d'une manière courante, donnait, dès cette même époque, l'espérance de voir bientôt ce genre de peigneuses se substituer avec un immense profit aux cardes actuellement en usage, du moins pour les qualités tendres et fines de lins coupés, qui, ayant le plus besoin de ménagements, ne peuvent devenir l'objet de moyens de préparation aussi énergiques que ceux que l'on possédait jusque dans ces derniers temps.

Les peigneuses décrites dans la patente Heilmann de 1846 sont de deux espèces distinctes, quant au principe et aux moyens de solution. La première est, à proprement parler, une *machine à préparer* qui rappelle les tambours à barrettes et à tringles expulsives, d'une action si lente, mis en usage primitivement par Philippe de Girard pour le démêlage et le peignage des étoupes, tambours auxquels il avait substitué plus tard, c'est-à-dire lors de son retour d'Angleterre, les machines à carder qu'il avait vu employer dans les ateliers de filature de M. Marshall père, à Leeds. Mais ce qui caractérise plus particulièrement la nouvelle machine à préparer ces matières fibreuses et la distingue des conceptions de Philippe de Girard, c'est que le tambour horizontal, à cardes preneuses, qui les enlève à la toile alimentaire sans fin mais que Heilmann nomme *tambour de décharge*, reçoit, par sa double rotation autour de l'axe coudé qui le supporte, un mouvement de va-et-vient très-rapide, en vertu duquel il s'approche alternativement de la toile alimentaire et d'un deuxième tambour à barrettes d'aiguilles et à tringles mobiles sur excentriques, servant à saisir, guider la matière textile à l'entrée, et à l'expulser à la sortie de ce dernier tambour, doué d'un mouvement rotatoire assez lent, et d'où elle s'échappe ensuite en nappes ou rubans continus par les procédés ordinaires, après avoir ainsi été progressivement étirée, redressée parallèlement et par petits bouts, dans une certaine mesure, en toute son étendue.

N'ayant pas vu fonctionner cette machine à préparer de Josué Heilmann, ni appris qu'elle ait jusqu'ici été mise en usage dans les établissements de filature, je m'abstiendrai de porter sur elle aucun jugement, quoiqu'on y reconnaisse, à première vue, un principe ingénieux, consistant déjà à redresser, étirer les fibres par petites portions, à l'aide de mouvements alternatifs ou discontinus. Or ce principe, cette intention, sont plus manifestes encore dans la peigneuse connue en France et en Angleterre depuis 1849, et dont nous allons maintenant nous occuper d'une manière spéciale; mais comme on ne manquerait pas de se rappeler, au sujet du même principe, que déjà il avait été mis à profit dans les peigneuses oscillantes de Philippe de Girard, il est bon de faire observer, d'une part, qu'il s'agissait là de subdiviser et non de redresser les longues fibres droites du lin et du chanvre; d'une autre, qu'en attaquant ces fibres de chaque côté, par de petits coups de peignes recroisés et alternatifs, au moyen de mouvements excentriques ou circulaires, il en résultait l'inconvénient, assez grave, que les filaments, entraînés dans ces mouvements opposés, ne pouvaient se dégager facilement d'entre les sérans et conservaient à l'intérieur de leur masse une certaine quantité de boutons et d'étoupes, dont, comme on l'a vu, il fallait ensuite les débarrasser à la main. Ici la question et le mode d'opérer sont tout à fait différents; ils n'ont, pour ainsi dire, aucun rapport avec les anciens procédés de Philippe de Girard.

En effet, voici en quels termes Josué Heilmann définit nettement, dans sa patente anglaise de février 1846, le but de la nouvelle machine : « combiner un mécanisme propre à peigner « la laine, le coton et autres substances fibreuses, de façon « que la matière, sortant de la machine à préparer, est intro- « duite sous forme d'une nappe ou d'un ruban qui se trouve « bientôt divisé, en sorte que les filaments sont peignés à chaque « extrémité, et que les plus longs, séparés des courts, forment « également un autre ruban, et ces deux rubans sortent enfin « de la machine séparés et prêts à être étirés et filés en gros. »

Dans ce but, notre ingénieux et fécond mécanicien introduit la nappe, le ruban de première préparation, dans une longue coulisse en talus, dont la partie supérieure, munie de barrettes à aiguilles, s'abaisse ou s'élève alternativement, par le mouvement même de la machine, et d'où elle est extraite par portions finies relatives à la longueur naturelle ou moyenne des plus longues fibres, vers l'autre extrémité de la coulisse, à l'aide de petits cylindres étireurs à ressorts de recul, qui s'approchent et s'écartent alternativement de cette dernière extrémité, tout en roulant sur eux-mêmes.

Cet étirage s'opère non-seulement au travers des sérans de la coulisse, mais aussi au travers d'un peigne droit à va-et-vient normal aux fibres et placé en dehors de l'ouverture de sortie ou postérieure. Mais, afin que l'étirage de la filasse ne se prolonge pas au delà de la limite assignée par la longueur des fibres, un butoir, perpendiculaire à la direction de la coulisse et à base cannelée, vient presser le ruban alimentaire contre le bord, en saillie, qui constitue le prolongement du fond de cette coulisse; de sorte que, après l'arrachement de la filasse produit par le mouvement de recul des cylindres lamineurs ou étireurs, une partie de cette filasse reste pendante sur le revers extrême dont il s'agit, et une autre portion l'est également en avant des cylindres, dont le mouvement de recul et celui de rotation sont suspendus durant un intervalle, à la vérité, fort court, mais suffisant pour que les mèches pendantes soient successivement peignées par les aiguilles inclinées dont sont armés deux segments opposés d'un tambour horizontal inférieur, animé d'un mouvement rotatoire continu et rapide, en rapport avec le mouvement intermittent des rouleaux lamineurs ou étireurs, avec celui de la pince ou butoir ci-dessus mentionné, ainsi que du peigne mobile placé à la sortie de la coulisse.

Bientôt, au segment peigneur à aiguilles en succède un autre plein, uni, offrant la même saillie extérieure et sur le contour duquel viennent s'appuyer les mèches de filasse et l'un des rouleaux étireurs qui, dans leur rotation inverse, arrachant, entraînant les deux bouts de mèches, les livrent, superposés ou doublés, à un autre couple de forts cylindres lamineurs suivis d'un entonnoir ou tuyère réunisseuse, mais placés un peu plus haut, en arrière, et fixes; leurs fonctions étant uniquement de convertir ces bouts de mèches tout peignés en un même ruban continu, disposé dans un pot ou bidon placé en arrière de la machine, etc.

Toutefois, on ne saisirait pas bien le jeu de cette machine, si je n'ajoutais que, en même temps que les petits cylindres étireurs, mobiles et antérieurs, atteignent les mèches déjà peignées et pendantes, ils s'écartent de la surface du tambour, sur lequel un secteur vide succède à un secteur plein, le butoir et le peigne, dès lors détachés, livrant un libre passage à la filasse contenue dans l'appareil alimentaire à sérans, pour recommencer une nouvelle opération d'étirage, d'arrachage et de peignage, de laminage, réunissage ou doublage, et ainsi de suite alternativement, tant que dure le mouvement, lequel, communiqué à la machine entière au moyen d'un arbre moteur horizontal placé vers le bas, se transmet aux diverses parties par des engrenages et des leviers coudés oscillants, à ressorts ou contre-poids de recul, dont l'action alternative est déterminée par une excentrique ou onde placée également vers la partie inférieure du bâti.

Enfin, je n'aurais encore donné qu'une idée fort incomplète des multiples et principales fonctions de la peigneuse Heilmann, si je n'ajoutais que le tambour à secteurs de peignes alternants est accompagné d'une brosse cylindrique tournante, propre à le débarrasser de la bourre ou blousse qui l'engorge, et dont, à son tour, cette brosse est débarrassée par un tambour à cardes, muni d'un peigne tangentiel oscillant, etc.

La patente anglaise de 1848 indique plusieurs variétés dans le mode d'alimenter la machine, indépendamment de celle que j'ai d'abord décrite, d'après l'extrait inséré à l'endroit cité du *Journal des usines;* mais ce n'est pas en cela évidemment que consiste le principe fondamental de la nouvelle peigneuse, non plus que dans le mode de préparer les mèches ou rubans qui doivent lui être présentés, mode auquel on a substitué, pour la laine notamment, des procédés plus simples et susceptibles de changer au gré du chef d'atelier, suivant la nature des matières à travailler.

La peigneuse d'Heilmann, telle que je viens de la décrire, est à coup sûr en elle-même fort compliquée, grâce à la multiplicité des mouvements et des opérations qui s'y accomplissent. On pourra bien, par la suite, lui en substituer de plus productives ou de moins coûteuses; mais elle demeurera, sans nul doute, le type de toutes celles où l'on se proposerait un but analogue par des procédés plus ou moins différents, à savoir : le peignage, soit en avant, soit en arrière, de petites mèches ou portions successivement détachées du ruban alimentaire, puis juxtaposées, réunies bout à bout, en un nouveau ruban continu et débarrassé de sa blousse, à l'aide d'un mécanisme à mouvement soutenu et purement automatique, c'est-à-dire sans interruption forcée de la machine ni temps d'arrêt quelconque, sans retournement plus ou moins fréquent de la matière textile, serrée à la main, entre les mâchoires de pinces locomobiles se succédant les unes aux autres, et qui laissaient tant à désirer dans les anciennes peigneuses, malgré les perfectionnements qu'y avaient apportés Philippe de Girard et ses successeurs.

Aussi, la machine que l'on a vue fonctionner dernièrement à l'Exposition universelle de Londres sous le nom de M. Donisthorpe, et qui a obtenu, malgré mes observations ou réserves, la grande *médaille de Conseil* en l'absence de la peigneuse Heilmann, ne saurait-elle être considérée comme une œuvre originale et d'un mérite comparable à celui de cette dernière machine, dont le brevet, la patente, sont antérieurs d'au moins trois années aux patentes de l'ingénieur anglais, qui se succédèrent à de courts intervalles (mai, juillet, novembre 1849 et mars 1850), en se modifiant, se rapprochant sans cesse des idées de Heilmann, et dont les dernières lui sont communes avec le sieur Lister, à qui l'on en doit deux autres plus personnelles (1851 et 1852), suites ou perfectionnements des précédentes, pendant son association avec le sieur Olden, que j'ai déjà cité comme chef d'un vaste établissement modèle pour la préparation des longues laines à Saint-Denis.

Afin de se convaincre de l'identité, du moins quant au principe, des peigneuses Heilmann et Donisthorpe, il suffit de faire remarquer que la machine exposée par ce dernier à Londres se compose de deux parties distinctes : l'une, déjà anciennement connue en Angleterre et en France, dans laquelle on aperçoit une grande roue ou couronne horizontale à rotation très-lente, contenant plusieurs rangées circulaires de peignes ou d'aiguilles étagées en hauteur et en grosseur, du centre à la circonférence; roue chargée, sur une portion quelconque de son pourtour, de la laine déjà peignée, qui y arrive continuellement en l'un de ses points, par petites portions, au moyen de la seconde partie de la machine, mais dont cette roue est délivrée au fur et à mesure par un couple de cylindres parallèles étireurs qui lui enlèvent du dehors les fibres longues, pour en former un ruban continu à la manière ordinaire, tandis qu'un autre système débourreur et à brosse cylindrique tournante, agissant un peu plus loin mais intérieurement à la couronne de la grande roue, débarrasse les sérans des courtes fibres ou blousses restées entre les aiguilles, à peu près comme cela avait lieu dans l'ancienne peigneuse de John Collier ou de Godart, en France, depuis perfectionnée par MM. Risler et Dixon, de Cernay, mais dans laquelle la laine longue et la blousse étaient primitivement enlevées à la main par de petits enfants.

L'autre partie de la machine Donisthorpe ou Lister, beaucoup plus intéressante par sa nouveauté et sa ressemblance, quant au but, avec celles de Heilmann, présente une table à étaler suivie de rouleaux cannelés alimentaires, qui font arriver la mèche, le ruban de laine, entre les aiguilles mobiles d'un peigne à vis jumelle du système Westley, d'où ensuite ce ruban est attiré et maintenu sur la partie supérieure, plane, d'un cuir sans fin, au moyen d'un grand cylindre ou tambour, également cannelé, roulant sur cette partie mobile, comme on le verra ci-après, et glissant sur la large tête cylindrique d'un levier ou secteur presque vertical, à contre-poids de recul, susceptible d'osciller, de tourner d'une certaine quantité autour d'un axe horizontal inférieur, de manière à entraîner, dans ce léger déplacement, tout le cuir sans fin qui enveloppe aussi, vers le bas du secteur, le contour extérieur d'un galet concentrique à cet axe fixe et horizontal.

Supposant, en outre, le cylindre cannelé muni d'un butoir radial repoussé du dedans au dehors par un ressort à boudin, on verra sans difficulté que ce butoir, venant successivement, et à des intervalles réglés par le jeu de la machine, pincer la mèche en avant du cuir ou près du peigne à vis, dont la marche progressive est dès lors suspendue, la fixera en ce point même du cuir, et, par suite, l'arrachera du peigne en vertu des mouvements simultanés du cylindre cannelé, du butoir-pince et du cuir sans fin entraîné avec le levier oscillant qui en soutient la tête ou partie plane élevée. Dès lors, cette portion détachée de la mèche, déjà peignée en un sens ainsi que toutes ses semblables, est bientôt aussi détachée du cuir par la rotation simultanée du tambour cannelé et du secteur oscillant, pour être ensuite saisie et enlevée au moyen d'un autre levier ou bras à bascule, armé de deux larges brosses tournantes, qui viennent la déposer alternativement sur le grand peigne circulaire et horizontal à étironneuses mentionné ci-dessus, où elle est de nouveau peignée et séparée de la blousse, etc.

Toute cette dernière partie, en effet, est conforme à la patente de 1850, commune à MM. Donisthorpe et Lister; mais elle se trouvait déjà bien simplifiée dans la machine exposée à Londres en 1851 et construite principalement d'après le système de la patente délivrée à M. Lister dans le mois de février de la même année : le secteur vertical de soutien du cuir, la roue de pression remplissant la fonction de butoir, ainsi que le levier à brosse, y étaient notamment remplacés par un simple levier à fourche oscillant, d'une disposition à peu près verticale, et servant à enlever par portions successivement détachées la laine au système alimentaire, pour la livrer ensuite à la roue horizontale à sérans, au moyen d'une combinaison de leviers articulés, de pièces à mouvement excentrique ou de bascule assez difficile à décrire sans figure : ce système, dont on peut voir d'ailleurs un intéressant modèle exposé au Conservatoire des arts et métiers de la rue Saint-Martin, à Paris, aura sans doute reçu depuis 1851, ainsi que les machines mêmes de Josué Heilmann, de nouvelles simplifications ou perfectionnements.

Mais en voilà assez pour faire comprendre et reconnaître, avec le tribunal de Londres chargé d'établir la comparaison entre les deux genres de peigneuses, que, si les combinaisons mécaniques sont en réalité très-différentes, le but et le principe fondamental sont au contraire les mêmes, attendu qu'il y a peignage, étirage ou arrachage en avant, à l'aide d'une pince ou butoir mobile, étirage et peignage en sens contraire, par des cylindres étironneurs qui séparent la longue laine de la blousse, etc. Aussi les jurés anglais, pensant avec raison qu'une nouvelle idée, qu'un nouveau principe en fait de machines-outils, sont en eux-mêmes plus importants que leurs accessoires ou moyens de réalisation et que les perfectionnements divers auxquels ils peuvent donner lieu ensuite, ont-ils accordé à la demande de M. Heilmann fils, continuateur intelligent de son père, un verdict entièrement favorable contre M. Donisthorpe, exposant à Londres, et contre M. Lister, propriétaire, dit-on, de la dernière peigneuse, dont, comme on l'a vu, la date ne remonte pas au delà de l'année 1850.

Remarquons, en terminant, que si le dernier modèle de la peigneuse Lister et Olden est plus simple, plus économique dans sa constitution, plus accéléré ou productif dans ses résultats, en revanche, le redressage et le peignage des fibres textiles y sont peut-être moins réguliers ou moins complets, à préparation égale des matières premières. Moins originale d'ailleurs dans son allure mécanique, moins bien ramassée et groupée enfin, cette peigneuse paraît surtout devoir être moins féconde dans ses applications possibles ou futures aux matières textiles distinctes de la laine, notamment à celles dont les fibres sont beaucoup plus longues ou moins faciles à saisir et à redresser.

J'avouerai même, en toute humilité, ne pas bien apercevoir à priori comment la machine de MM. Lister et Olden pourrait, sans transformations notables, servir au démêlage et au redressage des fibres roides et lisses des étoupes, des filasses coupées du lin et du chanvre, ou de celles, plus flexibles mais beaucoup plus lisses encore, des déchets de soie; tandis que, moyennant un écartement convenable des têtes d'étirage, etc., cela se conçoit assez facilement dans la machine de Josué Heilmann, telle qu'elle a été perfectionnée en dernier lieu par son fils, sous les auspices et les inspirations de MM. Schlumberger, Nicolas et Henri, de Guebwiller. Ce serait là évidemment un immense progrès accompli et un véritable bienfait ajouté à tant d'autres dont l'industrie linière, la filature des cotons fins et celle de la bourre de soie, dans notre pays, sont redevables à ces honorables et très-habiles constructeurs de machines.

IIIe ET DERNIÈRE SECTION.

MACHINES SERVANT A UNIR
ENTRE EUX ET AVEC LES TISSUS LES FILS SIMPLES OU COMPOSÉS.

Les machines à retordre, commettre et tresser; les machines à ourdir et tisser les étoffes, pleines ou à jours, unies ou brochées; les machines même à coudre et à broder les tissus pleins, à fabriquer les filets de pêche, les bourses, etc.; ces différentes machines, ces métiers, ainsi que beaucoup d'autres moins importants, mais la plupart fort ingénieux, constituent le fond essentiel de cette Section, qui devrait comprendre également les outils ou instruments destinés à la fabrication mécanique des objets de passementerie ou d'ornements, ce luxe de nos ancêtres, aussi vieux que le monde ou que l'art même de tisser les étoffes. Il me faudrait une année encore d'études et de recherches persévérantes, ajoutée à celles qui se sont écoulées depuis la clôture de l'Exposition universelle de Londres, pour être en mesure de présenter d'une manière un peu rationnelle, et suivant l'ordre exact ou naturel des idées, le tableau historique, même rapide, des découvertes qui concernent ces intéressantes machines ou instruments, c'est-à-dire avec l'étendue déjà accordée aux matières de quelques-unes des précédentes Sections.

Non-seulement ces découvertes le méritent à cause de leur importance pour le progrès des arts vestiaires et d'ameublement; mais, comme j'en ai déjà fait la remarque d'une manière générale, elles réclameraient une étude aussi sérieuse que réfléchie, en raison même de leur multiplicité, de leur complication et du caractère de précision, en quelque sorte absolu, géométrique, qui s'attache à leurs délicats produits ou organes mécaniques et rentre plus particulièrement dans la classe des combinaisons pour ainsi dire locales, où l'ordre, l'arrangement, la répartition et la distribution systématique des fils constituent en réalité le but essentiel, abstraction faite de la nature, de la qualité des matières, ainsi que de la considération du temps, de la force et de la vitesse nécessaires pour accomplir les différents mouvements avec l'exactitude et la perfection désirables.

Obligé ici de me restreindre extraordinairement, au lieu d'embrasser l'ensemble des questions historiques ou techniques qui se rapportent à chaque branche, je ne traiterai que les plus importantes et en quelque sorte les plus utiles par leur généralité d'application, sans même pouvoir toujours indiquer avec la suite et la clarté indispensables la marche encore si obscure des idées ou inventions principales. Cette remarque s'applique surtout à la partie du dernier chapitre qui concerne les métiers à fabriquer les tissus à mailles ou bouclés : je veux dire les bas, les tricots, les tulles, etc.

Je m'étendrai, au contraire, davantage sur les machines à fabriquer les tissus unis ou figurés, dont l'histoire commence à être un peu mieux connue, sinon approfondie, grâce aux importantes études de mon savant ami et confrère à l'Académie des sciences, M. le général Piobert.

A l'égard des machines à commettre, ou plus spécialement à fabriquer les cordages divers de la marine et du commerce, machines qui font l'objet du chapitre ci-après, j'y ai insisté d'une manière toute particulière, parce qu'elles constituent les premières dont je me sois occupé en 1852, après celles qui concernent la filature du lin et du chanvre, à la Section desquelles elles appartiennent, sans contredit, plus encore par la nature textile des matières qu'on y emploie que par les principes, les doctrines scientifiques, ou philosophiques comme le disent les Anglais, dont le système convenablement entendu embrasse dans sa généralité l'ensemble des machines à retordre, enlacer des fils simples ou composés et indéfinis, suivant des formes hélicoïdes et sinusoïdes autour d'un axe, d'un noyau commun, réel ou fictif, rectiligne ou curviligne; machines qui, avec les cantres, les ourdissoirs, etc., constituent en quelque sorte le point de départ du tissage proprement dit, mais dont celles qui concernent l'art du cordier en particulier peuvent être, tout au moins, considérées comme un utile et important spécimen.

CHAPITRE Ier.

MACHINES À RETORDRE, COMMETTRE ET TRESSER, PLUS SPÉCIALEMENT EMPLOYÉES DANS LA FABRICATION DES CORDAGES.

J'ai insisté à plusieurs reprises déjà, mais plus particulièrement dans les chapitres qui concernent le moulinage de la soie, sur les machines destinées à doubler, tordre et retordre les fils. Ces machines se ressemblant à peu près toutes dans les diverses branches de filature, et les moins anciennes d'entre elles ayant considérablement emprunté à celles qui appartiennent à l'industrie de la soie, il serait bien superflu d'en reprendre l'historique à un point de vue plus général ou plus spécial encore, malgré tout l'intérêt qu'il comporte, même en se restreignant aux petites fabrications des fils retors, à broder, à coudre, etc. Néanmoins, je ne puis m'empêcher de présenter, à propos de ce dernier genre de fabrication, une remarque qui me paraît très-opportune : c'est que chez nous, et principalement pour les retors, teints ou non, mais constitués de matières textiles à fibres plus ou moins courtes et au nombre desquelles on comprend même les différentes bourres de soie, nos machines ne semblent pas encore avoir atteint le degré de précision indispensable dans les mouvements, l'exécution matérielle, mais surtout dans le maniement, le gouvernement et les soins tout particuliers réclamés par un genre de produits qui, pour être généralement recherché, ne doit offrir, en quelque sorte, aucune imperfection physique; caractère qui, si je ne me trompe et longtemps déjà avant l'Exposition de Londres, distinguait éminemment les retors anglais de diverses essences ou numéros, et les faisait, même à prix supérieurs, préférer aux nôtres. Or, ce fait est d'autant plus surprenant et regrettable que, d'après les preuves irrécusables rapportées dans la première Section, nos organsins ou autres fils de soie retors à longs brins sont notablement supérieurs à ceux que l'on avait jusqu'alors fabriqués en Angleterre.

Ici, il est vrai, il s'agit de matières de premier choix, destinées à la fabrication des étoffes de luxe ou de haute qualité, desquelles les nœuds, les vrilles, les mariages, les bourillons, les duvets et inégalités quelconques de grosseur ou de tors, doivent être rigoureusement proscrits. Mais ces défauts ne semblent guère moins préjudiciables à la couture, à la broderie, à la dentellerie ou tullerie, etc.; car, s'il ne s'agit plus simplement de l'apparence ou du reflet des étoffes, les fils n'en doivent pas moins résister à des efforts de traction, de tension, énergiques ou fréquemment répétés, et jouir d'une égalité de grosseur et de constitution qui leur permette de traverser facilement les étoffes à la suite des crochets et aiguilles, ou de former des réseaux réguliers, pour ainsi dire mathématiques, et exempts, avant tout, de ces poils, boutons ou éraillements divers qui trop souvent les défigurent, au détriment de la beauté des tissus.

En vérité, quand on considère toutes ces causes d'imperfection des retors, quand on sait que d'ingénieux mais obscurs artistes, en France, cherchent aujourd'hui encore à se jeter dans des voies nouvelles pour en simplifier, en accélérer la fabrication mécanique au point de vue même restreint de la couture, quand enfin on sait que les Anglais fabriquent à bien meilleur marché que nous, on est fort tenté, sans prétendre, tant s'en faut, au titre de *libre échangiste*, de se demander si les habiles tullistes de Calais, de Saint-Quentin, etc., n'ont pas quelques droits de se plaindre au Gouvernement qu'on n'ait point songé encore à stimuler le zèle et l'activité de nos propres filateurs, soit par des encouragements spéciaux, soit par un abaissement proportionnel et gradué du droit sur les retors fins, à leur entrée en France.

Après ces courtes réflexions, que je prie de pardonner à mon incompétence dans la question, réflexions qui auraient mieux trouvé leur place peut-être dans un chapitre moins exclusivement consacré à la fabrication des cordages, il ne me reste plus, avant d'entrer en matière, qu'à m'excuser de m'être ici, entraîné par l'importance du sujet, étendu sur la partie historique relative au filage des gros fils de *caret*, qui entrent comme éléments constitutifs dans tous les cordages de la marine marchande ou militaire, mais dont la fabrication à l'aide de machines spéciales appartient en réalité à la Section précédente, tout autant par le système des opérations mécaniques que par la nature des matières textiles.

§ Ier. — Des plus anciennes tentatives concernant la fabrication mécanique des cordages. — *Lauriau, Prudhon, Du Perron*, etc., en France; *Sorocold, Belfour*, d'Elseneur, en Danemark; *Fothergill, Huddart, Chapman*, etc., patentés en Angleterre dès la fin du dernier siècle. — *Robert Fulton* et *Nat. Catting*, brevetés en 1799, à Paris, pour des machines à rouages planétaires ou épicycles servant au commettage des torons, etc.

Je n'ai pas la prétention d'entrer ici dans de longs détails historiques et des discussions approfondies sur la fabrication mécanique si intéressante des cordages; je me propose seulement de présenter quelques données ou aperçus essentiels, relatifs aux principales tentatives faites en vue de procurer à cette fabrication le caractère automatique dont elle était entièrement dépourvue à l'époque où le célèbre Duhamel écrivait *l'Art du cordier*, dans la grande Encyclopédie; caractère dont, aujourd'hui même, elle jouit à un degré assez peu prononcé pour laisser beaucoup à désirer encore.

L'une des plus anciennes tentatives de ce genre en France se rapporte, je crois, à la *machine à fabriquer les câbles, grelins et autres gros cordages*, par les sieurs Lauriau et Prudhon; machine sur laquelle MM. Duhamel, Courtivron et Vaucanson firent, le 19 avril 1752, un rapport assez peu favorable à l'Académie des sciences, et dans laquelle une grande roue dentée mettait en action sept pignons à crochets qui, tournant sur eux-mêmes, servaient à tordre autant de torons, disposés circulairement et non plus en ligne droite, comme auparavant, etc. Il est toutefois digne de remarque que le principal reproche adressé par les commissaires à cette machine, accompagnée d'un câble à sept torons bien commis, consistait dans sa trop grande complication pour le service des arsenaux maritimes, *à moins qu'on n'y manque d'ouvriers.*

On vit également, en 1775, Du Perron, ingénieur des mines français, proposer au Gouvernement un procédé pour filer à la fois vingt-quatre fils de *caret,* dans six avenues convergeant en étoile vers un centre où existait la machine à manége qui devait imprimer le mouvement rotatoire simultané aux tourniquets à crochets servant à tordre la filasse du lin ou du chanvre, à mesure qu'elle était filée par les ouvriers, reculant horizontalement dans toute la longueur du chantier.

Mais ce n'était pas là, à proprement parler, un procédé mécanique de fabrication du fil de caret, procédé qui ne devait surgir que plus tard et après le perfectionnement même de la filature du lin et du chanvre, comme on le verra dans l'un des paragraphes ci-après. Encore moins de semblables procédés pouvaient-ils servir au commettage, à la réunion en un seul faisceau d'hélices, d'un certain nombre de fils pour en constituer une simple corde ou toron, ou d'un certain nombre de torons pour en constituer des *aussières, grelins*, etc.; commettage dont, je le dis à regret, il faut rechercher les premières, les plus sérieuses tentatives mécaniques ailleurs que dans notre pays [1], où l'on ne songea à s'en occuper sérieusement qu'à une époque également très-rapprochée de nous.

[1] Il a été pris, notamment en Angleterre, dans le dernier siècle et au commencement de celui-ci, un grand nombre de patentes relatives à la fabrication des cordages, comme on peut le lire dans le Catalogue officiel publié à Londres en 1854. Dès 1703, on voit un certain Georges Sorocold s'en faire délivrer une *pour des moyens propres à découper toute espèce de bois ou de pierre et tordre toute espèce de cordes et de câbles par la force des chevaux ou de l'eau;* mais il s'agissait là, sans doute, de combinaisons mécaniques dans le genre de celles employées postérieurement en France par Lauriau, Prudhon et Du Perron. Les patentes délivrées en 1784, 1786 et 1792, aux Anglais Richard March, Benjamin Seymour et Edmond Cartwright, appartenant à l'époque féconde des premières applications de la vapeur à la filature automatique du coton, devaient, par là même, offrir

A cet égard, Belfour d'Elseneur, en Danemark, dont les travaux dans ce pays doivent remonter à une date antérieure même à celle du 16 mars 1793, où il prit en Angleterre la patente dont O'Reilly nous a transmis les données essentielles, dans ses précieuses Annales historiques, publiées en français à Paris[1], Belfour paraît être, en effet, le premier qui se soit préoccupé de donner aux brins ou fils de caret, sortant de l'ourdissoir pour en former le toron, une régularité d'arrangement, une égalité de tension sans lesquelles, au lieu de résister simultanément aux violentes secousses qu'ils subissent dans les câbles de manœuvres, ils ont une tendance à se rompre les uns après les autres, sous des efforts qui suivent nécessairement une loi croissante à partir de l'instant où leur ensemble reçoit l'application de la charge. Cette cause d'affaiblissement est aujourd'hui trop bien connue, par l'exemple des ponts suspendus sur câbles en fil de fer, pour qu'il soit nécessaire de démontrer l'importance du principe mis en avant par Belfour, principe dont, au moins, il a cherché le premier à réaliser l'application pratique.

d'autres combinaisons ou éléments de succès; mais, à ma connaissance, elles n'ont laissé aucune trace sérieuse et qui témoigne des progrès dont elles auraient été l'origine pour la fabrication mécanique des cordages. Il en est tout autrement des patentes accordées dans les années suivantes aux successeurs de Cartwright, et plus spécialement à John-Daniel Belfour, Richard Fothergill, Joseph Huddart, William Chapman, John Curr, etc., qui se succédèrent à de très-courts intervalles jusque vers 1810, et dont les travaux eurent un certain retentissement en Europe, sans pour cela exercer une influence immédiate sur le perfectionnement de notre propre fabrication, ainsi qu'on le verra dans le § II ci-après, où, à défaut des patentes et écrits originaux antérieurs à cette époque, j'ai dû recourir aux ouvrages publiés postérieurement en Angleterre et en France, pour acquérir une idée un peu nette des conceptions mécaniques originales contenues dans les plus importantes de ces patentes, afin de rétablir, s'il se peut, l'ordre chronologique des faits ou inventions, sinon à priori, du moins au fur et à mesure, ou selon que le sujet le comportait, mais en m'arrêtant principalement aux combinaisons qui ont pu exercer une influence réelle sur l'état présent de cette branche d'industrie, dont l'histoire a été singulièrement obscurcie par la rivalité des intérêts.

[1] *Annales des arts et manufactures*, t. II, p. 68.

La machine de cet industriel, spécialement destinée à fabriquer les cordages de la marine, se compose d'un grand châssis ou casier vertical, en charpente, nommé *cantre* dans l'industrie du tissage, portant une série de rangées de bobines étroites ou *dévidoirs*, montés sur autant d'axes horizontaux parallèles compris dans un même plan et destinés à recevoir les fils de caret primitivement enroulés sur les *tourets* à branches croisées ordinaires, puis renvidés simultanément sur les dévidoirs, au moyen d'une manivelle qui leur communique à tous un mouvement égal de rotation, en même temps qu'un mouvement de va-et-vient, parallèle et longitudinal, est imprimé à un châssis ou grillage antérieur dont les œillets livrent passage aux fils et, leur servant de guides, obligent ceux-ci à s'enrouler avec une parfaite régularité, sur les gorges des bobines. Lors de la formation du toron, les fils de caret, partant de ces bobines ou dévidoirs, vont s'attacher par l'autre extrémité au crochet d'un très-fort tourniquet qui, par une rotation rapide sur lui-même, doit donner à leur ensemble la torsion nécessaire.

Mais auparavant les divers fils traversent un grillage ou châssis mobile, nommé par l'auteur *machine à séparer,* et qui remplace ici les supports à chevilles ordinaires des cordiers. Ces châssis sont formés de tiges verticales, ou sortes de *râteaux* ouverts par le haut, et de tringles ou traverses en fer horizontales destinées à supporter autant de rangées de fils, qu'on place une à une, mais qu'on peut retirer, à volonté et d'un seul coup, quand l'opération du commettage est terminée. L'objet de ces châssis est non-seulement de soutenir les fils pendant leur tortillage commun, mais encore d'empêcher qu'ils ne puissent s'emmêler; et, à cet effet, ils sont précédés, à l'endroit même où le toron est soumis au commettage, d'une sorte de tronc paraboloïdal en bois, armé, à sa plus grande circonférence, de chevilles ou pointes, dans l'intervalle desquelles les fils de caret glissent le long de la surface couverte et graissée de l'instrument nommé *toupin,* qui rappelle celui jusque-là employé pour le commettage des grosses cordes, et qu'un ou deux hommes conduisent, en le soutenant et le poussant, de manière à en maintenir la pointe à l'entrée du toron, qui tend à le repousser continuellement vers le châssis porte-bobine, c'est-à-dire au fur et à mesure que le tortillement avance.

Toutes ces précautions seraient insuffisantes néanmoins pour assurer la parfaite régularité du travail et l'égalité des tensions, si Belfour n'avait en même temps armé l'axe des bobines-dévidoirs de ressorts en acier, dont le frottement sur leur face extérieure, réglé à volonté au moyen de vis de pression, sert à empêcher ces bobines de dévider trop vite ou trop lentement les fils, relativement au développement hélicoïde naturel et inégal qu'ils reçoivent à l'intérieur et à la surface externe du toron; c'est, en effet, ce qui arriverait si ces bobines conservaient une entière liberté, indépendamment des inconvénients résultant de l'emmêlage de fils inégalement et insuffisamment tendus.

Par ce procédé très-simple, dans lequel le cantre, le casier à bobines reste fixe, on économisait, d'après O'Reilly, une quantité notable de matière dans la fabrication des cordages, et l'on obtenait non-seulement plus de résistance, mais aussi plus de compacité et moins de chance d'allongement, etc.; c'est à tel point qu'un câble de *douze pouces* de circonférence ainsi fabriqué aurait possédé autant de force qu'un autre de *quinze* fabriqué à la manière ordinaire.

Je suis entré dans quelques détails sur ces premières tentatives de Belfour pour améliorer la fabrication des cordages de la marine, parce qu'on en aperçoit des traces manifestes dans les essais ultérieurs de perfectionnements dont j'aurai plus loin à rendre compte. Mais on remarquera qu'il n'est rien dit dans l'ouvrage d'O'Reilly du commettage réciproque des torons pour en former les câbles ou aussières, commettage qui, dans la méthode de Belfour, s'exécutait sans doute d'après l'ancien procédé des cordiers. De plus, la méthode dont il s'agit, malgré tout ce qu'elle contenait de neuf et d'ingénieux, n'était qu'un acheminement, bien faible encore, vers la solution complète du problème, du moins sous le rapport des procédés automatiques, c'est-à-dire exclusivement mécaniques. Or ce but est précisément celui que William Chapman en Angleterre, dans ses patentes de 1797 et 1798, puis Fulton et Cutting en France, dans un brevet de mai 1799, se sont presque au même moment, comme on le voit, proposé d'atteindre par des procédés qui, nonobstant leur apparente analogie, sont pourtant très-distincts quant aux moyens mécaniques de solution ou d'exécution.

D'après ce qui a été publié par O'Reilly dans le t. X, p. 67, des *Annales des arts et manufactures*, à la date du 30 messidor an X[1], Chapman, de Newcastle-sur-Tyne, avait présenté dans ses patentes diverses combinaisons mécaniques, dont la première, et probablement la seule dès lors réalisée par lui, consiste essentiellement dans le commettage simultané des fils de caret en torons et des torons en grelins, aussières ou câbles; le commettage partiel des torons ayant lieu au moyen d'autant de roues, de plateaux verticaux porte-bobines

[1] Un extrait fort étendu de cet article se trouve inséré à la page 250, pl. 25, du volume de Borgnis, publié en 1818 et intitulé : *Des machines employées dans les constructions diverses;* volume où l'on trouve aussi une indication succincte des premiers travaux de Belfour, relatifs à l'ourdissage des fils de caret, et de John Curr, pour le perçage mécanique et la couture des torons ou aussières servant à la fabrication des câbles plats, espèce de courroies employées dans l'exploitation des mines et carrières, qui paraît avoir également préoccupé, sept ans après (octobre 1805), Joseph Huddart, dont M. Borgnis décrit (p. 154, pl. 15) une des plus anciennes machines, ayant spécialement pour objet de commettre les torons dans un espace circonscrit et par l'action motrice de la vapeur appliquée à l'arbre horizontal postérieur d'un châssis en charpente à rouages internes, tournant sur lui-même pour tordre le faisceau des fils de caret sortis d'une tuyère cylindro-conique où ils viennent converger après avoir traversé une sorte de crible ou passoire antérieure, etc., tandis que le toron, déjà formé ou tordu, va s'enrouler progressivement sur un tambour transversal monté sur la partie postérieure du châssis tournant. Malheureusement, M. Borgnis nous laisse ignorer et la date de la patente et la source à laquelle il a puisé, source qui aurait pu nous éclairer sur l'antériorité des titres de Huddart, relativement à ceux de Chapman, Fulton et Cutting, aussi bien que sur la filiation véritable de leurs idées ou inventions mécaniques.

à fils de caret, montés séparément sur des arbres creux tournants, où ces fils se rendent respectivement en convergeant, rayonnant, de la circonférence au centre, pour recevoir la torsion commune, étant d'ailleurs resserrés, pendant leur passage au travers de la partie centrale et évidée du plateau, entre des taquets à ressorts de pression, d'où le toron, comprimé et tordu sur lui-même, s'échappe ensuite vers une tuyère cylindro-conique dont les rainures intérieures convergentes dirigent les divers torons jusqu'au tube postérieur remplissant la fonction d'un nouvel arbre creux, etc. Cet arbre, en effet, est muni d'une roue dont la rotation procure à l'ensemble des torons un tors commun ou commettage définitif, qui les constitue, après leur échappée du tube tordeur, en une corde unique allant se rendre en arrière, par une poulie de renvoi fixe, sur un gros tambour enrouleur, à corde motrice sans fin qui lie sa rotation à celle de cette même poulie, de manière à former de l'ensemble un système de fabrication des cordages véritablement automatique, mais qui ne paraît pas néanmoins avoir obtenu, même en Angleterre, un succès pratique bien constaté.

On doit en dire à fortiori autant de quelques autres combinaisons ou projets de cette espèce mentionnés dans l'article cité d'O'Reilly, relatif aux premières patentes de Chapman, notamment de celui, assez vaguement conçu d'ailleurs, où il s'agit d'une grande roue dentée horizontale et supérieure, engrenant dans douze pignons à arbres verticaux de torons, qui, à leur tour, viennent se commettre trois par trois en quatre différents cordages au moyen de quatre nouveaux arbres verticaux, etc.; disposition qui, sauf la puissance des moyens mécaniques et la complexité étrange du but, semble emprunter son idée principale à quelqu'une des petites et fort anciennes machines de passementerie à fabriquer les lacets ou cordons par un procédé purement automatique [1].

[1] Voyez, au sujet de ces machines, l'*Addition* placée à la fin du présent chapitre.

Je crois, d'ailleurs, qu'il convient de distinguer soigneusement de telles conceptions, malgré l'identité apparente du but, de celles qui ont été présentées presque simultanément dans leur brevet d'invention français du 18 mai 1799, déjà précédemment cité, par les Américains Robert Fulton et Nat. Cutting, résidant alors à Paris[1], mais dont aucune ne me semble devoir être considérée comme une simple importation des idées américaines ou anglaises, pas plus, sans doute, que cela n'est arrivé à l'égard des bateaux à vapeur, dont la découverte n'est point aujourd'hui contestée à notre pays.

Dans ce brevet, l'ourdissoir à casier vertical et plan de Belfour est remplacé par un porte-bobines, composé de quatre disques annulaires, parallèles, également verticaux et interrompus, vers la base, pour le passage du faisceau convergent des fils de caret montés sur de larges et doubles bobines à axes horizontaux parallèles, que supportent les disques annulaires, et dont les couronnes voisines sont enveloppées d'une bande de cuir tendu, à l'une des extrémités, par un poids, de manière à remplir la fonction d'un véritable frein lors du dévidement des fils. Le point inférieur de convergence de ces fils est déterminé par une ouverture cylindrique évasée en forme d'entonnoir et pratiquée dans la pièce de charpente

[1] *Recueil des brevets expirés*, t. V, p. 62, pl. XI. On trouve aussi à la date du 8 mai 1794, sous le nom de Robert Fulton, une patente anglaise (n° 1988) où, au lieu de machines servant à la fabrication automatique des cordages, il s'agit de moyens mécaniques entièrement nouveaux, dit l'auteur, pour élever les navires d'un niveau à un niveau supérieur. Or, il est très-digne de remarque que Fulton ne s'est fait patenter ni en Angleterre ni en France pour l'invention bien plus capitale des bateaux à vapeur.

A l'égard de l'ingénieuse disposition de la machine de Fulton et Cutting à tordre les câbles ou torons au moyen de mouvements planétaires excentriques ou épicycles imprimés aux porte-bobines, il me serait, pour le moment, impossible d'en indiquer la primitive origine ailleurs que dans le tour ou dans les mécanismes d'horlogerie à rouages différentiels, etc.; car il est fort peu probable que ces ingénieurs aient pu mettre à profit les idées, encore si peu arrêtées comme on l'a vu, émises par William Chapman dans des patentes qui ont paru, pour ainsi dire, simultanément avec leur brevet de 1799.

qui supporte les disques et leurs bobines, ouverture d'où le faisceau plus ou moins resserré des fils se rend verticalement dans un appareil rotatoire qui lui donne le tors nécessaire pour en constituer un toron véritable.

Cet appareil lui-même est formé d'un châssis vertical rectangulaire évidé, monté sur un arbre, à pivot inférieur, dont l'axe, prolongé, irait se confondre avec celui du toron avant son entrée dans le châssis, et qui divise en parties égales les longs côtés horizontaux de ce dernier, dont les deux autres côtés portent l'axe carré d'une large bobine horizontale, le long duquel elle peut glisser librement et à frottement doux, en cédant à l'obliquité de l'action du toron, qui s'y enroule en hélices après avoir traversé le côté supérieur du châssis entre la gorge de deux galets fournisseurs qui l'y attirent graduellement : le mouvement de ces galets est d'ailleurs en rapport avec celui de l'arbre carré de la bobine, par l'intermédiaire de poulies de renvoi, de vis sans fin et de roues d'engrenages latérales, emportées dans la rotation générale du châssis, dont l'arbre vertical moteur traverse librement et concentriquement, vers le bas, une dernière roue dentée, une dernière poulie, fixées au support inférieur et qui donnent le mouvement relatif à l'équipage dont il s'agit.

Si l'on a bien suivi cette rapide description de l'appareil à fabriquer les torons, il ne sera pas difficile de se représenter celui qui sert au commettage des cordes elles-mêmes, généralement composées de trois ou quatre de ces torons, enlacés, tordus, les uns autour des autres, en hélices, dans des sens contraires à celui qui a produit la torsion des fils de caret sur chacun d'eux, et d'où résulte, comme on l'a montré plus généralement ailleurs, une tendance naturelle à s'enrouler réciproquement. Il suffit, pour cela, d'imaginer que trois ou quatre châssis verticaux, à bobines horizontales, chargées de leurs torons au sortir des précédentes machines, soient emportés, dans un mouvement de rotation général, autour d'un puissant arbre moteur vertical, tout en tournant sur eux-mêmes, d'un mouvement relatif produit par un système de roues dentées inférieures au châssis : l'une centrale, immobile et concentrique à cet arbre, dont elle est indépendante; les autres montées sur un fort anneau ou volant, faisant corps avec ce même arbre et entraînées dans son mouvement rotatoire, de manière à constituer de l'ensemble, en quelque sorte, un système planétaire dans lequel les châssis mobiles représenteraient les satellites.

Si l'on imagine, en outre, que les bobines, entraînées avec ces châssis, n'éprouvent ici aucun glissement longitudinal dans le sens de leurs axes horizontaux, tandis que le contraire arrive pour les rouleaux fournisseurs placés au-dessus du côté supérieur de ces châssis; si l'on imagine enfin que les torons, après s'être élevés verticalement jusqu'au niveau d'autant de poulies de renvoi liées invariablement à l'arbre moteur, viennent converger au sommet de cet arbre, en un point occupé par un tube en entonnoir, où, en se resserrant les uns contre les autres, ils reçoivent la torsion nécessaire pour de là se rendre directement, mais par d'autres poulies de renvoi supérieures, sur une dernière grande bobine horizontale, autour de laquelle l'aussière, le câble s'envide en hélice; si l'on a bien suivi, dis-je, cette combinaison ou transformation de mouvements, on aura une idée à peu près complète des deux machines à commettre de Robert Fulton et Cutting, qui ne diffèrent entre elles, du moins sous le rapport du mécanisme général, qu'en ce que dans l'une la bobine où s'enroule le câble est placée à la base du système, tandis que dans l'autre elle est située à la partie supérieure, au-dessus de l'axe moteur, et dans un châssis analogue aux précédents, mais entièrement fixe.

Il existe, en effet, entre ces deux machines, et à l'égard du mode même de chaque fabrication, une différence capitale qui a motivé celle dont on vient de parler : c'est que dans le dispositif où le câble, tout fabriqué et ici à quatre torons, va se rendre par un renvoi de poulies sur une bobine inférieure, ce câble reçoit intérieurement une mèche *centrale* ou *âme* destinée, d'après l'usage des cordiers, à garnir l'intervalle vide qui sans cela existerait entre ces mêmes torons auxquels il sert d'appui, et permettrait à l'eau de s'y introduire, d'y séjourner même, au grand détriment de la conservation des substances végétales qui les composent. Or, ce résultat est obtenu au moyen d'un dernier châssis portant une bobine horizontale garnie de la mèche en question, et qui, placé au sommet de l'arbre moteur, tourne avec lui ainsi que les poulies de renvoi des torons, tandis que la mèche traverse le côté supérieur de ce châssis pour se rendre verticalement dans l'axe du tube, où elle est attirée par ces mêmes torons, qui s'y réunissent et s'y tordent incessamment sous une certaine force de compression réciproque.

En examinant la précision relative, pour l'époque de 1799, de l'ensemble et des détails que comportent les dessins joints au brevet de Fulton, on ne peut s'empêcher d'y reconnaître le double cachet du génie de l'invention et d'une perfection de procédés, de moyens mécaniques, qui se laissent rarement apercevoir dans la description d'un simple projet non encore suivi d'exécution matérielle. Malgré toutes mes informations néanmoins, il m'a été impossible de découvrir aucune trace de l'existence, en France, de semblables machines à fabriquer les cordages, même longtemps après 1799, et tout semble permettre de croire que si Fulton et Cutting n'en avaient point apporté les dessins ou les modèles de l'Amérique en Europe, ils avaient tout au moins soumis dans notre pays leurs ingénieux projets à quelque expérience ou tentative de réalisation préalable.

Quels que soient, au surplus, les frais et les difficultés d'exécution en grand que de semblables machines aient dû présenter alors, et bien qu'on puisse leur reprocher, quant à la fabrication des gros cordages de la marine, des inconvénients très-graves, mais sur lesquels il serait peu nécessaire d'insister ici, on n'en doit pas moins être surpris de l'abandon absolu dans lequel étaient tombées chez nous, avant et longtemps même après l'époque de 1815, ces ingénieuses tentatives pour commettre automatiquement les fils torons et cordes diverses, aussi bien que celles de Chapman et de Huddart, déjà mentionnées précédemment, et qui, accompagnées de perfectionnements pratiques, m'obligeront à y revenir d'une manière plus explicite encore dans le § II ci-après.

Toutefois, on a lieu d'être bien autrement surpris de voir des technologues aussi distingués qu'Andrew Ure et ses traducteurs français, décrire et calquer dans leurs ouvrages, comme ils l'ont fait pour les inventions de Philippe de Girard, la moins avantageuse peut-être des deux machines à commettre ci-dessus, sans citer la date du brevet ni les noms des auteurs, sans même nous apprendre si cette machine avait reçu quelque part, soit en France, soit en Angleterre, une utile et sérieuse application à l'industrie.

§ II. — État et perfectionnements progressifs de la fabrication mécanique des gros cordages, en France et en Angleterre, aux époques antérieures à 1851. — Le maître cordier *Duboul*, de Bordeaux, et M. *Molard*, rapporteur de la Société d'encouragement de Paris. — Indications, principalement d'après MM. *Dupin* (*Charles*), *Ure*, *Chédeville* et *de Moras*, relatives aux anciens travaux de MM. *Lair* et *Hubert*, en France; *William Chapman*, *Joseph Huddart* et *William Norvell*, en Angleterre. — La machine à mouvements planétaires de M. *Crawhall*, de Newcastle, à l'Exposition universelle de Londres.

Ce qui démontre le profond oubli où étaient restées en France les inventions de Fulton, mais principalement celles de Belfour, ce sont les éloges et les récompenses qui ont été donnés tour à tour, en 1813, 1814, 1815 et 1816, par trois commissions maritimes, et en 1818 par la Société d'encouragement de Paris, à M. Bernard Duboul, maître cordier à Bordeaux, sans qu'on ait mentionné, à cette occasion, d'autres procédés mécaniques que ceux qui se trouvent décrits dans les traités de Duhamel, Réaumur, Musschenbroek, d'autres machines à tordre que celles qui furent publiées en 1625 par *Faustus Varentius*, ou par MM. Huddart et Cie, pour confectionner des cordages avec des moyens réguliers plus ou moins semblables à ceux de M. Duboul; machines dont quelques-unes, disait-on, étaient mises en jeu par des moteurs hydrauliques ou à vapeur[1]. En réalité, les procédés de ce dernier étaient loin d'atteindre un tel but, quoiqu'ils aient été trouvés par les commissaires très-supérieurs à ceux alors en usage dans la corderie de l'arsenal maritime de Rochefort. En effet, ils consistaient principalement à donner, pendant l'opération du commettage, une égale et plus forte tension aux fils de caret qui composent les torons et aux torons qui composent les aussières, non pas seulement en chargeant le *carré* ou traîneau ordinaire de retenue de poids plus forts, mais en réglant sa marche par un palan d'arrière, qui lui-même servait, en quelque sorte, à éprouver leur force avant ou après le tortillement. Suivant le cordier Duboul, ce tortillement *s'opère d'autant plus facilement que les torons ont été plus tordus, et il en résulte ainsi un allongement qui, ne se reproduisant plus dans les manœuvres de navires, devient insensible avant leur rupture.*

D'un autre côté, le même fabricant donnant, par cet excès de tension et d'allongement primitif, une plus grande étendue effective aux fils de caret dans l'ourdissage, ainsi qu'aux torons dans le commettage, il en résultait une certaine réduction de matière et plus de légèreté, soi-disant à *force égale* des cordes ou câbles; enfin, et cela est capital à notre point de vue, l'inventeur prétendait obtenir aussi une plus grande économie de main-d'œuvre, une plus grande régularité de fabrication, au moyen de ses machines, qui permettaient de tortiller à la

[1] Rapport de M. C.-P. Molard à la Société d'encouragement de Paris, 17e année du *Bulletin*, 1er novembre 1818, p. 557. Au point de vue historique où je me suis placé dans cet ouvrage, je ne puis me dispenser d'en faire ici la remarque, ce rapport est une copie presque textuelle du brevet d'invention pris deux années auparavant par M. Duboul (23 août 1816); or ce brevet, publié à la page 140 de la *Collection*, mentionne les expériences faites postérieurement à l'hôtel de Vaucanson, à Paris, en présence des quatre commissions nommées par la Société d'encouragement, par le Bureau consultatif des arts et manufactures, par le Ministre de la marine et l'Académie des sciences, pour constater les effets des nouvelles machines, dont, ce qui est plus regrettable encore, les dessins n'accompagnent ni le brevet ni le rapport à la Société d'encouragement.

fois, et par les deux bouts, tous les torons d'un même câble, puis de procéder aussitôt au commettage de ces torons en aussières et grelins, sans les *détendre un seul instant;* ce qui non-seulement épargnait le temps, disait-on, mais faisait, en outre, éviter les inconvénients très-graves inhérents au procédé ordinaire, où les torons, ourdis et commis à des heures et à des jours différents, présentaient des inégalités d'allongement et de tension fâcheuses même *pour les fils de caret préalablement goudronnés,* inégalités dues aux variations thermométriques et hygrométriques de l'atmosphère, et qui nécessitaient un supplément de tortillage pour les torons les plus allongés, etc.

Afin d'atteindre ce but, qui offre, à coup sûr, quelque chose de séduisant au point de vue théorique, M. Duboul se servait d'une grande roue dentée et de neuf pignons placés autour de sa circonférence, portant autant de tourniquets à crochets servant à ourdir simultanément les torons, dont on composait sans interruption trois aussières, et finalement le grelin. Mais comme le brevet ni les rapports relatifs à ces machines n'en disent davantage, si ce n'est qu'elles sont disposées pour que le même moteur, le même nombre d'hommes (50), puissent suffire à toutes les opérations nécessitées par les plus gros cordages, il est impossible d'en apprécier le mérite au point de vue des autres combinaisons mécaniques qu'elles devaient offrir pour atteindre le but indiqué, et l'on est obligé de s'en tenir aux éloges donnés par le rapporteur à la machine, avec laquelle on a pu confectionner en moins de deux heures, dit-il, un câble de 9 pouces de circonférence, avec un *tiers de retrait au commettage,* dans le jardin de l'hôtel de Vaucanson, où s'étaient rendus, le 14 octobre 1818, les commissaires de la Société d'encouragement, du Ministère de la marine et de l'Académie des sciences, chargés de l'examiner et d'en rendre un compte motivé.

Enfin, il est à remarquer que le rapport de M. Molard ne fait aucune mention du serrurier-mécanicien de Paris Martin, qui avant le cordier Duboul, en 1813 ou 1814, avait obtenu du Gouvernement une récompense de 500 francs pour une machine à commettre à la fois quatre torons, dont les crochets pouvaient être mis séparément en action, avec des vitesses égales ou inégales ou même de sens contraires, afin de permettre d'égaliser les tensions en détordant, au besoin, certains torons [1].

Ce qui est advenu des machines et procédés de fabrication du sieur Duboul, qui les aurait décrits dans un *Précis sur l'art de la corderie*, je n'en ai jusqu'ici rien appris; mais ce qu'il y a de positif, c'est qu'ils ne paraissent pas avoir été adoptés par la marine militaire ou marchande, dont les procédés actuels, du moins, n'en gardent aucune trace. J'ajoute, pour n'avoir plus à y revenir par la suite, que le sieur Margeon fils, cordier également établi à Bordeaux, et qui devait, par conséquent, avoir eu connaissance des procédés de Duboul, a été breveté en juin 1822 [2] pour un long banc d'étirage des torons, aussières, etc., qui n'offre de remarquable qu'une bonne construction des quatre roues dentées et pignons d'angle servant à mettre en jeu les crochets à tordre, etc.

L'inconvénient le plus grave des procédés de fabrication usités en France jusqu'à l'époque de 1819, et dont n'étaient point exempts, sans doute, ceux des cordiers Duboul et Margeon, venait de ce qu'on était conduit à donner, dans l'ourdissage, une égale longueur aux fils de caret, dont le faisceau, tordu simultanément aux deux bouts, présentait une inégalité de tension considérable en allant du centre, où elle était nulle et en quelque sorte négative, puisque le fil s'y trou-

[1] *Bulletin de la Société d'encouragement*, tome XIII, p. 231 à 232, octobre 1814.

[2] *Recueil des brevets expirés*, t. XIV, p. 91. Je n'ai pas cité jusqu'ici un autre brevet relatif à des machines à câbler et retordre, pris le 17 novembre 1810, par le sieur Dussordet, cordier à Dreux, et imprimé à la page 119 de la *Collection officielle*, parce qu'il ne s'agissait là que d'un équipage de roues dentées en fer et à manivelle extérieure servant à imprimer la rotation à cinq tourniquets avec crochets à douille détachés, donnant la torsion simultanée à autant de torons à commettre dans la méthode ancienne ou ordinaire.

vait souvent ridé, replié sur lui-même, de manière à y former une mèche ou âme véritable, jusqu'à la circonférence, où les hélices étaient soumises à une tension très-voisine de celle qui eût pu en occasionner la rupture immédiate. Ainsi l'on avait entièrement négligé et les indications de Duhamel à ce sujet, et les ingénieux procédés de Belfour, Fulton, etc., dont il a été précédemment parlé.

Si l'on s'en refère à l'important ouvrage de M. A. L. Chédeville, sous-ingénieur de la marine [1], M. Lair, inspecteur du génie de cette arme, guidé par l'exemple des Américains et des Danois, aurait, le premier, introduit en France, vers 1819, le tirage mécanique des torons au moyen d'une machine à chariot très-compliquée, servant à donner simultanément la traction et le tors aux câbles et torons; ce qui aurait ainsi amené une sorte de révolution dans nos corderies, révolution que M. Hubert, directeur de l'arsenal maritime de Rochefort, aurait ensuite réalisée et consolidée, en simplifiant et perfectionnant le système Huddart, dont je tâcherai de donner ci-après une idée aussi précise que le comportent les documents qu'il m'a été possible de consulter.

Il est juste, au surplus, de le reconnaître ici, c'est aux célèbres *Voyages* de M. Charles Dupin *dans la Grande-Bretagne*, en 1816, 1817 et 1818, que l'on est principalement redevable d'avoir appelé l'attention générale et celle du Gouvernement français sur la nécessité de modifier entièrement le mode vicieux de fabrication jusque-là en usage dans nos arsenaux maritimes, en mettant dans tout son jour la supériorité des procédés du maître charpentier Chapman, à Newcastle-sur-Tyne, et du capitaine Huddart, à Islington, près de Londres, dont le Gouvernement anglais avait retiré de si grands avantages lors de la dernière guerre maritime. Ces procédés, que le savant ingénieur eut l'occasion d'étudier à deux reprises différentes dans les ateliers de Liverpool, où ils étaient pra-

[1] *Mémoire sur les travaux et les tarifs de main-d'œuvre des corderies des cinq ports militaires de France* (Paris, Imprimerie royale, 1841), p. 49.

tiqués en grand et avec beaucoup de succès, sont d'ailleurs, quant à la partie mécanique, fondés sur des principes analogues à ceux de Belfour et de Fulton.

Postérieurement, ces mêmes procédés ont été décrits dans le Dictionnaire technologique d'Andrew Ure [1], où ils sont accompagnés de dessins construits à une trop petite échelle pour être facilement intelligibles, et dont malheureusement, comme j'en ai précédemment fait la remarque, l'origine n'est pas suffisamment indiquée par l'auteur, à cet égard, d'ailleurs, fort sujet à caution, ainsi qu'on a pu le voir déjà en divers endroits de la précédente Section.

Parmi les inventions qui ont exercé le plus d'influence sur le progrès de la fabrication des cordages en Angleterre, Andrew Ure cite celles de MM. Cartwright, Fothergill, Curr, Chapman, Huddart, Belfour et non *Balfour* [2], comme l'écrit cet auteur, qui, en attribuant à tort, ce semble, aux procédés de l'ingénieur danois une date contemporaine à celle des travaux analogues du capitaine Huddart, les considère comme moins parfaits à certains égards, relatifs, non au système des machines de Belfour dont il ne parle pas, mais à quelques détails en réalité très-importants, sur la manière de grouper, diriger les fils de caret pour la formation des torons, détails qui auraient fait généralement préférer la méthode de Huddart à celle de Belfour dans la marine anglaise. Andrew Ure s'accorde d'ailleurs avec M. Charles Dupin pour attribuer au premier de ces ingénieurs la disposition, encore existante, de

[1] Article *Rope-making* (3ᵉ édition, 1843), p. 1070 et suivantes, où l'on écrit, à la manière anglaise, *Balfour* au lieu de *Belfour,* nom véritablement français et qu'on retrouve littéralement dans les divers volumes du Catalogue officiel des patentes anglaises, avec les prénoms de *John-Daniel,* comme je l'ai précédemment indiqué, et suivis de l'épithète de *merchant of town of Elsenure* (ou Elseneur) *in the Kingdom of Denmark,* sans désignation d'un emploi quelconque de machines antérieur à la patente prise en mai 1798 par Belfour.

[2] Ce dernier nom se rapporte à celui d'un autre industriel anglais, Balfour Alexander, sans rapport avec le précédent, et dont la patente, datée de 1840, est pareillement étrangère à la fabrication des cordages.

l'ourdissoir, du casier vertical à base polygonale ou en arc de cercle, portant les rangées de bobines, dont les fils de caret vont converger vers le tube réunisseur et compresseur déjà indiqué dans le deuxième paragraphe ci-dessus, mais qui est ici précédé d'une ou de plusieurs plaques en cuivre, percées de trous, de filières que traversent les fils, sortes de *passoires* dont la destination, analogue à celle des châssis grillagés de Belfour, a pour objet de diriger, de soutenir ces fils et d'en régulariser la distribution avant leur arrivée au tube. Ces passoires, réduites à une ou deux, d'inégales grandeurs, quand le fil de caret doit être commis à froid ou à sec, sont, dans la méthode de Huddart, au nombre de trois, lorsqu'il s'agit d'opérer à chaud, en leur faisant, à cet effet, traverser une chaudière de goudron qui occupe l'intervalle compris entre les deux premières ou plus grandes d'entre elles; néanmoins ce procédé ne paraît pas, jusqu'ici, avoir été adopté par la marine militaire anglaise.

D'après Ure encore, l'ourdissoir dessert, dans le système Huddart, trois tubes ou torons correspondant à autant d'émérillons, de tourniquets à crochets, mis en mouvement par une grande roue dentée, dont les trois pignons sont distribués sur un arc ou croissant en fonte; le tout monté sur un chariot à galets, roulant le long de rails en fer qu'une machine à vapeur fait mouvoir dans l'étendue entière de l'atelier, au moyen d'un câble sans fin et de retraite dont on règle à volonté la force de tirage et le retour à vide, en agissant par un levier sur un double embrayage horizontal fixé au chariot, qui permet de changer aussi, à volonté, le sens et la rapidité du mouvement. Il est toutefois douteux que Huddart ait amené, à l'époque de sa dernière patente (1805), le système mécanique du commettage, mais surtout le chariot à câble sans fin, etc., à l'état de perfection où le Dr Ure nous le montre en 1843, *d'après les meilleures machines modernes exécutées suivant les plans de l'inventeur.* Il paraît notamment exagérer beaucoup lorsqu'il prodigue à l'ensemble des combinaisons par lesquelles Huddart avait su proportionner mathématiquement entre eux la pression mutuelle, la torsion et le tirage des fils ou torons pour la formation des aussières et des câbles, lorsque, disons-nous, il prodigue à cet ensemble des éloges tendant à le présenter comme l'*un des plus nobles monuments d'habileté mécanique qui aient apparu depuis les découvertes de Watt relatives à la machine à vapeur,* tout en convenant néanmoins qu'une telle révolution dans la fabrication des cordages ne s'est point accomplie instantanément ni sans de grandes dépenses et de puissantes oppositions, qui n'empêchèrent nullement le système de se propager en Angleterre après l'expiration des patentes de Huddart[1].

[1] *Dictionary of arts, manufactures,* etc., p. 1071. Le silence d'Andrew Ure et de ses traducteurs français, relativement aux machines qui ont pu être employées par Chapman, semblerait indiquer que les travaux de cet ingénieur, malgré leur célébrité, n'ont laissé aucune trace sérieuse en Angleterre, ou n'ont que faiblement contribué aux perfectionnements mécaniques de l'art du cordier. Cependant M. de Moras, ingénieur de marine fort distingué, a bien voulu, postérieurement à l'année 1852, où ce chapitre se trouvait déjà rédigé et lu en Commission, me donner communication d'un *Rapport sur la fabrication des cordages* présenté par lui, le 15 mars 1851, au ministre de la marine, au sujet d'une réclamation de priorité de M. E. Joly, cordier à Saint-Malo, breveté d'importation, en octobre 1841, pour un système de chariot à corde directrice sans fin mis en action par une machine à vapeur. Cet important travail a singulièrement modifié mes idées relativement aux droits de priorité du capitaine Huddart : M. de Moras, en effet, y analyse l'ouvrage in-folio de William Chapman, publié à Londres en 1808, que je ne connaissais pas, et qui semble prouver que, dans sa patente prise en novembre 1798, l'auteur aurait déjà indiqué le chariot à roues, cheminant le long d'une corde dormante ou à points fixes extrêmes, faisant tourner les poulies à rouages du chariot, en procurant ainsi une torsion rigoureusement uniforme au toron, c'est-à-dire proportionnelle à la longueur.

Toutefois, il restait alors à découvrir le système du câble moteur sans fin ou à double branche mû par une machine à vapeur, aussi bien que le système des poulies supérieures à rotation variable, pour le tirage égal des torons, etc., et ç'aurait été là l'objet de la patente prise, le 16 juillet 1799, par W. Chapman et Edw. Chapman : le même système aurait été appliqué par ces cordiers à Willington-sur-Tyne, où l'on se servait d'une machine à vapeur de 8 chevaux, permettant de fabriquer en 14 heures un câble de 21 pouces, qui exigeait autrefois 200 heures de travail effectif, mais à

M. Hubert, en adoptant après M. Lair, pour l'arsenal de Rochefort, le chariot de tirage dont la substitution au traîneau ou *carré* ancien ne paraît pas devoir remonter jusqu'au Danois Belfour, d'Elseneur, M. Hubert y a appliqué, en 1821, des modifications notables, qui se sont successivement, mais trop lentement sans doute, répandues dans les autres corderies de nos ports militaires, et dont j'ai pu admirer en 1825 par moi-même l'ingénieuse combinaison et tous les accessoires relatifs à l'ourdissage des fils de caret, etc. Au lieu d'être entièrement construit en fer ou en fonte comme les machines anglaises, ce chariot l'était principalement en bois; au lieu de 4 ou 6 roues, il n'en avait que 3; au lieu d'être dirigé par des rails en fer et une machine à vapeur, il était conduit à bras d'homme au moyen d'une cinquenelle, d'un câble unique, fixé aux deux bouts, tendu dans la longueur entière de l'atelier, et venant envelopper d'un tour la poulie supérieure motrice des émérillons ou du crochet d'attache du toron à commettre; le chariot lui-même étant tiré par un autre câble à bout dormant passant autour d'une deuxième poulie solidaire avec la précédente, et dont la branche libre était sollicitée par les hommes de manœuvre, quelquefois au nombre de quarante et au delà pour les gros câbles.

Néanmoins, ce n'est pas dans ces simplifications apportées au système Huddart que consiste le mérite de M. Hubert,

bras d'hommes. Ce procédé, vraiment automatique et fort ingénieux, revenant au fond à celui qui était employé en 1851 dans les arsenaux de Brest, de Toulon et de Rochefort, la réclamation du sieur Joly dut être repoussée; or il semble que l'on soit également autorisé à conclure, des remarques contenues au Rapport de M. l'ingénieur de Moras, que c'est bien à tort aussi qu'Ure attribue exclusivement l'invention du système à câble sans fin moteur au capitaine Huddart, au détriment des droits peut-être antérieurs de William Chapman. Mais, pour débattre et trancher une pareille question, il faudrait avoir sous les yeux l'ensemble des nombreuses patentes délivrées en Angleterre dans l'intervalle de 1792 à 1808 pour la fabrication mécanique des cordages; époque de rivalités et de luttes d'autant plus remarquable, je le répète, que nos corderies maritimes ou autres y étaient demeurées, pour ainsi dire, complétement indifférentes ou du moins étrangères par suite des circonstances politiques.

puisqu'il ne s'agissait là que de commettre les fils d'un seul toron à chaque reprise, mais bien plutôt dans l'esprit, à la fois savant et fertile, avec lequel notre célèbre ingénieur parvenait à approprier des matériaux, des moyens relativement grossiers ou imparfaits, à la rigoureuse précision du résultat final et à l'économie de la force motrice.

C'est ainsi, par exemple, qu'il remplace l'énorme frottement dû aux épaulements des émérillons par celui de billes roulant dans une boîte à graisse et à platine, etc., disposition reproduite beaucoup plus tard, comme une nouveauté, dans une de nos Expositions quinquennales (1849); et c'est, ainsi qu'on a pu s'en apercevoir déjà dans la première Partie, grâce à ce même esprit calculateur et inventif, plus encore que par les ressources financières et les encouragements de l'Administration centrale, que M. Hubert était parvenu à introduire dans l'arsenal maritime de Rochefort des améliorations qui le faisaient rivaliser avec ceux de la riche Angleterre sous le rapport des procédés mécaniques.

Ces améliorations, tardivement et partiellement adoptées par nos autres arsenaux, consistaient principalement dans d'ingénieuses et puissantes romaines dynamométriques à bascule ou fléau munies d'un appareil à curseur, d'un treuil à fusée d'enroulement pour mesurer la tension et l'allongement des cordages d'essai, graduellement ou au moment de leur rupture définitive[1]; dans d'utiles prescriptions expérimentales ou théoriques, servant à régler les quantités ou degrés de tors, de raccourcissement et de tension relatifs à chaque espèce de cordage; enfin dans de meilleures proportions des tuyères ou tubes compresseurs à évasement servant au commettage des fils de caret en torons de divers diamètres; proportions d'où

[1] Ces ingénieuses romaines offrent un perfectionnement remarquable de celles que Duhamel avait employées à ses belles expériences sur la résistance des cordages, mais dans lesquelles le curseur était manœuvré directement par les ouvriers, non sans leur faire courir des dangers en cas de rupture des cordes. Voyez notamment l'ouvrage de Borgnis, t. III, p. 274, 1818, *Machines employées dans les constructions diverses.*

devaient résulter non-seulement une égalité de tension et un minimum de tors pour tous les fils, mais encore une disposition et une direction des hélices de chaque toron, telles que, demeurant à la surface externe du cordage, presque parallèle à son axe central, le frottement longitudinal, dans les manœuvres de force, eût moins de prise pour en érailler, user et rompre transversalement les fibres élémentaires.

On doit d'ailleurs à l'ancien correspondant de l'Académie des sciences de Paris des expériences précieuses faites, au moyen de la romaine ci-dessus, sur la force comparée des cordages de nouvelle et d'ancienne fabrication, composés des mêmes fils de caret, commis en même nombre, etc. Représentons par n ce nombre, par F la force du nouveau cordage et f celle de l'ancien; on a

$$F = f\left(1 + \frac{n}{70}\right);$$

formule applicable aux cordes composées de plus de sept fils, puisqu'au-dessous la force reste sensiblement invariable, et dont les résultats s'accordent d'une manière satisfaisante, quant à la loi de leur croissance, avec les nombres consignés dans l'ouvrage de M. Dupin comme ayant été déduits d'expériences faites en Angleterre sur les câbles fabriqués par le procédé Huddart, sauf qu'ils indiquent une plus grande force encore à égalité de grosseur[1].

[1] Toutes ces utiles indications, que je regrette de ne pouvoir ici développer davantage, sont extraites des précieux documents manuscrits dont M. Hubert a bien voulu me donner communication lors de mon séjour, en septembre 1825, à Rochefort; indications, documents, qui, ainsi que beaucoup d'autres relatifs au service de l'ingénieur maritime, n'ont peut-être pas reçu, grâce à des rivalités jalouses, tout l'accueil et les encouragements qu'ils eussent mérités à leur époque; indications, enfin, que je comptais mettre scrupuleusement à profit pour mes leçons de mécanique appliquée à l'École de l'artillerie et du génie à Metz, conformément aux prescriptions d'un programme que, à mon sens, on avait prétendu à tort rendre exclusivement technique ou technologique, afin de ne pas trop empiéter sur le système d'enseignement théorique du cours de machines qui se faisait alors à l'École polytechnique.

D'ailleurs, ce n'est pas seulement dans les corderies anglaises et françaises que les procédés du capitaine Huddart se sont propagés; ils ont été également mis en usage dans d'autres contrées, comme on le voit par une notice de M. Nottebohm, publiée dans les *Mémoires de la Société d'encouragement de Berlin* (année 1841), sur la corderie de Wolgast, en Poméranie[1], dont les machines, construites dans les ateliers de M. Alindsay, à Glasgow, offrent sous le rapport de l'exécution différentes particularités remarquables, telles que la nouvelle disposition de l'ourdissoir ou *cantre*, dans lequel on remarque : le casier à bobines horizontales disposées par rangées verticales, les unes à la suite des autres, suivant deux directions horizontales parallèles; le bobinoir ou machine à renvider uniformément les fils de caret sur ces bobines, au nombre de quatre pour chaque métier vertical, et où l'enroulement de ces fils est dirigé par des tiges à œillères, que met en mouvement un système de leviers, de vis sans fin et de cames en cœur ou va-et-vient emprunté aux machines de Vaucanson; enfin la disposition solide et puissante du chariot de commettage des torons, mobile sur des rails en bois, et qui, au lieu d'un simple croissant vertical en fonte, porte une couronne tout entière, munie de neuf émérillons, dont les six d'en haut servent au commettage des aussières ou plus faibles cordages, et les trois d'en bas, aux câbles du plus fort échantillon en usage dans la marine marchande, etc.

Jusque-là, comme on voit, il s'agit principalement de machines à bras, à manége, etc., qui exigent l'intervention continuelle des ouvriers pour la fabrication des torons et aussières. Mais on lit aussi dans le volume publié en 1818 sur l'*Architecture navale de l'Angleterre*, par M. Dupin, que le commettage des torons se faisait à Greenock, fabrique établie par concession du capitaine Huddart, dans un châssis rectangulaire tournant autour d'un axe médian horizontal, par lequel

[1] Voyez l'extrait de ce mémoire dans le t. XLIII (1844), p. 357, du *Bulletin de la Société d'encouragement de Paris.*

arrivait le faisceau uniformément tordu des fils de caret, qui, après avoir enveloppé d'un tour en hélice trois rouleaux cylindriques horizontaux mobiles sur eux-mêmes, finissait par envelopper un dernier rouleau ou touret mis en relation de mouvement avec les deux précédents par un système de rouages emportés dans la rotation commune du châssis. Cette machine repose, comme on voit, sur la même idée que celle proposée en 1799 par Fulton pour la fabrication des simples torons, mais elle offre des perfectionnements et des particularités très-essentiels que le brevet de Fulton et Cutling ne mentionne pas : tel est, entre autres le moyen très-simple d'éviter les inconvénients dus à l'accroissement de tirage qui résulte de la superposition des différentes spires du toron sur le dernier rouleau servant de bobine; moyen qui consiste simplement à armer les couronnes extérieures de ce rouleau de freins à ressorts qui lui permettent un glissement relatif autour de son axe, lorsque l'effort de tirage dépasse la limite assignée à l'avance par l'expérience acquise [1].

La machine à torons dont il s'agit n'étant point mentionnée dans l'ouvrage d'Ure, publié en 1843, il y a lieu de supposer qu'on avait, dès avant cette époque, renoncé à son emploi dans les corderies anglaises. Au contraire, ce technologue et M. Charles Dupin s'accordant à citer l'une des machines planétaires à commettre les câbles également décrites dans le

[1] On reconnaît ici la machine dont j'ai donné, d'après Borgnis, une idée sommaire dans la note de la page 288, mais sans doute perfectionnée, simplifiée en quelques points, fait qui n'a rien de surprenant si elle lui est postérieure, ce qu'il me serait impossible de décider; comme aussi je n'oserais affirmer, quoique cela semble assez probable, que la machine Huddart soit un simple bien qu'important perfectionnement de celle de Fulton. Seulement j'ajouterai à ce que j'en ai dit ci-dessus et dans la note précitée, que les dessins transcrits par Borgnis comportent déjà des cylindres ou rouleaux antérieurs pour régulariser la tension du toron à son arrivée dans le châssis tournant, et, de plus, un troisième rouleau taillé en rainure à hélice rentrante pour régulariser, d'après le système de Le Payen, les enroulements du toron sur le rouet postérieur, au moyen d'une cheville surmontée d'un curseur que traverse librement ce toron.

brevet de Fulton, nous devons en conclure que cette machine, jusqu'ici peu ou point usitée en France, continuait à l'être dans quelques-unes des corderies privées ou marchandes de la Grande-Bretagne, où l'on tient peut-être moins que chez nous à la perfection du travail, perfection naturellement achetée aux dépens de l'économie ou du prix de revient des matières fabriquées. Je dis corderies *marchandes,* parce que le procédé dont il s'agit, applicable surtout aux cordes d'un faible échantillon à trois torons, n'a pas non plus été adopté dans la marine militaire de ce dernier pays, où l'industrie privée a pris d'ailleurs assez de développement pour permettre à l'État de recourir au système par entreprise à l'égard d'un grand nombre d'articles de corderie.

Enfin je mentionnerai encore, d'après le Dictionnaire d'Ure, parmi les perfectionnements ou développements qu'a reçus chez nos voisins la fabrication économique des cordages avant 1844, la machine à commettre de William Norvell, de Newcastle, patentée en mai 1833, et dans laquelle on se propose d'opérer simultanément le commettage des fils en torons et de ceux-ci en grelins à trois brins. Dans cette combinaison, au reste fort compliquée et fondée sur un principe analogue aussi à celui des machines Fulton, de grands châssis verticaux, tournant sur eux-mêmes et emportés dans le mouvement rotatoire général du système autour de l'axe central, portent chacun quatre rangées verticales de dix bobines, d'où émanent autant de fils de caret, qui, se réunissant par les moyens ordinaires en faisceaux convergents, au travers d'un tube compresseur correspondant au sommet du châssis, en sortent sous la forme d'un toron convenablement tordu allant immédiatement se réunir avec ses similaires dans un tube central unique placé vers le haut de l'arbre moteur, où le câble reçoit la torsion et le tirage définitifs.

C'est d'ailleurs une machine de cette espèce, mais simplifiée et perfectionnée quant aux détails de construction, que l'on a vue exposée en 1851, à Londres, par M. J. Crawhall, de Newcastle-sur-Tyne, et que le Jury de la VIe classe a récompensée d'une *médaille de prix*, quoiqu'elle fût la seule machine appartenant à la catégorie de celles qui ont pour but la fabrication des cordages en grand. M. Willis, dans son rapport, malheureusement trop laconique pour les personnes qui désirent s'éclairer sur les progrès de cette branche importante d'industrie, nous apprend que les fils de caret employés dans la machine Crawhall qu'on a vue fonctionner avec intermittence au palais de Hyde-Park avaient été fabriqués par des moyens particuliers mais non exposés, et dont l'absence doit inspirer d'autant plus de regrets que les procédés mécaniques de fabrication du fil de caret en Angleterre sont encore peu connus, et paraissent aujourd'hui même (1852) dans un état d'infériorité relative qui aurait lieu de surprendre si l'on ne songeait à la grossièreté des matières premières et à l'économie des moyens mécaniques dont il est permis de se servir pour la fabrication des forts cordages. A l'égard des petites machines automates à tresser les cordons, drisses, lacets, etc., qui se rattachent à ce paragraphe, et qu'on a vues également figurer à l'Exposition universelle de Londres, je renverrai à l'*Addition* qui termine ce chapitre.

§ III. — De quelques machines spécialement employées au filage ou tirage des fils de caret. — Tentatives diverses de MM. *Boichoz* fils, *Hubert*, *Norvell*, *Debergue*, *Buchanan*, *Merlié-Lefèvre* et *Decoster*. — Ensemble des machines de la corderie d'Ingouville, près du Havre.

J'ai déjà dit un mot, au commencement de ce chapitre, des premières tentatives faites, en 1775, par Du Perron pour fabriquer à la fois plusieurs fils de caret; procédés qui rappellent les rouets composés, de Price et de Delfosse, mentionnés par Roland de la Platière et Borgnis (t. VII), et où un nombre plus ou moins grand de fileuses assises travaillaient, à deux mains, des fils dont les rouets étaient mis en mouvement par un moteur commun. Or il paraît qu'il existe aujourd'hui encore en Angleterre des corderies où le filage mécanique des fils de caret s'opère, à deux mains, par des moyens plus ou moins analogues à ceux que Buchanan avait essayés en Écosse, et qui ont été brevetés depuis en France sous le nom de M. E. Demarçay, mais sans grands succès, comme nous le verrons bientôt, lorsque, au préalable, j'aurai indiqué les tentatives pareilles et beaucoup plus anciennes faites dans notre pays.

En effet, nous voyons la Société d'encouragement de Paris, dont l'initiative a été si souvent utile aux progrès des arts, proposer en 1816 un prix de 1,500 francs pour l'auteur de la *meilleure machine à fabriquer de la ficelle et du fil de caret, de toute grosseur ou longueur, avec du chanvre sérancé;* puis, en 1818, M. Tarbé, rapporteur du Concours[1], déclarer tout d'abord que l'on avait déjà cherché les moyens d'opérer cette fabrication *dans les demeures ordinaires des ouvriers cordiers,* mais sans que, sciemment, le problème eût jamais été résolu d'une manière satisfaisante. Dans ce même Concours, d'ailleurs, un seul des quatre concurrents fut jugé digne du prix, M. Boichoz fils, contrôleur des contributions à Mont-de-Marsan, dont le modèle, perfectionné depuis, a été gravé et décrit avec beaucoup de soin dans le Bulletin d'août 1822 (XXIe année, p. 235). Cette machine rappelle par son dispositif principal celles à fabriquer les torons de Fulton et de Huddart, de ce dernier surtout, dont je me suis précédemment efforcé de donner une idée exacte, quoique beaucoup trop sommaire sans doute.

Il s'agit encore d'un châssis rectangulaire mobile autour d'un axe médian horizontal, et qui porte transversalement une grosse bobine tournant sur elle-même au moyen d'une vis sans fin latérale au châssis, et dont l'arbre reçoit un rochet à ressort de pression, pour limiter et régulariser le tirage du fil, qui tend à croître avec le nombre des envidements sur la bobine; mais comme ce dispositif ne dispense nullement le fileur de régulariser par lui-même le degré de tors nécessaire au fil, au fur et à mesure que la filasse sort de ses mains, il n'offre guère d'autre avantage que celui qui résulte

[1] Tome XVII du *Bulletin,* p. 273 et suiv.

de la réduction même de l'espace nécessité par la méthode ancienne ou ordinaire. Cette circonstance, jointe à la cherté, à la complication du mécanisme, aura empêché que l'usage s'en répandît dans les corderies, d'autant plus que la quantité d'ouvrage produit en un temps donné reste la même que dans l'ancien procédé. Évidemment, ce n'est pas là le but que l'on doit chercher à remplir par l'introduction des machines dans l'industrie manufacturière.

J'appliquerai des réflexions analogues au rouet à filer de M. Hubert, que j'ai pu voir, en 1825, à l'arsenal maritime de Rochefort, et qui depuis a reçu de l'auteur des perfectionnements essentiels, dont le principal consiste à faire passer la filasse sortant de la main de l'ouvrier, et avant son tors par la machine, au travers d'une petite boîte remplie de goudron liquide, d'où elle était dirigée horizontalement ensuite vers un tube compresseur et alimentaire de la machine à tordre, ici encore composée d'un châssis horizontal en fer, tournant sur lui-même, etc. Le mémoire déjà cité de M. Chédeville, où le rouet perfectionné de l'ingénieur Hubert est décrit et dessiné avec beaucoup de soins, ne nous apprend pas si, en 1841, cette machine, dont il fait un éloge justement mérité, s'était répandue dans les autres corderies maritimes. Mais cela est d'autant moins probable que, il faut bien le redire, l'économie de la force motrice n'est point ici la question capitale, et qu'il s'agit, en réalité, de suppléer la main intelligente de l'homme par l'emploi de machines vraiment automatiques, tout en réduisant l'espace et multipliant les moyens de production par la répétition des effets partiels.

C'est, je crois, à M. James Buchanan, consul de France à Glasgow, qu'est due l'introduction dans notre pays des premières machines destinées à convertir le chanvre en fil de caret par des procédés continus, analogues à ceux qui sont employés dans les filatures en gros du coton et du lin, du moins si l'on en juge d'après le brevet d'importation[1] de cet

[1] T. LXVII, p. 468, de la collection imprimée : brevet de dix ans, pris le 18 mai 1838.

ingénieur pour un appareil appartenant à cette catégorie, et qu'on a pu voir fonctionner pendant un certain temps dans les ateliers de corderie de M. Merlié-Lefèvre, à Ingouville, près du Havre[1]. Ce procédé, qui rappelle celui de l'étirage à lanterne dont se servait Arkwright pour donner le tors aux gros fils de coton par un mouvement rotatoire très-rapide des bidons verticaux, où le boudin s'enroulait en hélices régulières, ce procédé, dis-je, est peut-être le même pour lequel l'ingénieur W. Norvell, de Newcastle, avait été patenté à Londres en mai 1833; mais il a reçu depuis lors des perfectionnements fondés sur les nouveaux procédés de filature du lin, à l'aide des peignes à vis et du banc à broches, pour lesquels M. Debergue a pris dernièrement un brevet d'importation en France.

Quant à leur application à la fabrication des fils, des modèles envoyés d'Angleterre en 1851 ont, si je ne me trompe, servi à construire dans les ateliers de M. Gouin, près Paris, un certain nombre de ces machines qui fonctionnent à présent même dans les arsenaux de Toulon, Brest ou Rochefort. Toutefois, il est juste de dire que M. Merlié-Lefèvre s'était déjà servi auparavant de machines analogues, dans lesquelles la filasse de chanvre ou d'aloès, peignée à la main sur une grande longueur, sinon dans la longueur entière, était soumise par rubans doublés, etc., au peigne à barrettes continu des machines ordinaires, immédiatement étirée en rubans sur deux métiers préparatoires, puis étirée à nouveau, tordue et enroulée finalement, sous forme de caret, sur de grosses bobines verticales animées d'un mouvement de va-et-vient convenable, toujours d'après les procédés ordinaires.

[1] *Publication industrielle* de M. Armengaud aîné, t. V, 1847, p. 278. On trouvera dans cet important article, relatif à la fabrication mécanique des cordages, divers renseignements joints à des descriptions et à des planches de machines qui pourront servir d'éclaircissement et de complément utile à ce chapitre, écrit d'ailleurs dans d'autres vues, et pour lequel j'ai cherché à mettre à profit mes plus récentes comme mes plus anciennes observations ou informations sur un sujet encore si peu élucidé au point de vue historique et scientifique.

Ces métiers, portant douze broches, et que j'ai vus fonctionner en 1852 d'une manière satisfaisante à Ingouville, près du Havre, ont été construits par M. Decoster, à qui l'on devait déjà, comme cela a été dit dans la précédente Section, des tentatives pour filer le lin à sec, dans toute sa longueur, sans recourir précisément à l'intermédiaire du banc à broches en usage et à l'excédant de tors qu'il exige pour l'étirage des mèches de préparation.

En ce moment même (mars 1853), notre ingénieux mécanicien s'occupe à apporter au métier de nouveaux perfectionnements destinés à le rendre plus profitable encore à la fabrication du fil de caret, dont la régularité m'a semblé laisser désormais bien peu à désirer, surtout après le passage de ce fil au travers des bassines de goudron et des filières. On y remarque plus particulièrement: 1° les entonnoirs ou tuyères, mobiles transversalement, destinés à réunir la nappe de filasse sous le rouleau de pression et d'étirage postérieur en bois dur; 2° le dédoublement des vis d'étirage entre les bancs voisins de quatre broches, auxquels un seul couple de vis suffit; 3° le renversement des ailettes à deux branches de ces broches mues par autant de courroies sans fin embrassant les gorges de poulies qui surmontent ces ailettes, etc.

C'est en majeure partie à la perfection avec laquelle M. Merlié-Lefèvre est parvenu à fabriquer le fil de caret, soit à la mécanique, soit à la main, dans l'établissement d'Ingouville, que l'on doit attribuer le succès que les gros câbles de cet habile fabricant ont obtenu à l'Exposition universelle de Londres, où ils ont été jugés dignes par le Jury de la XIVe classe d'une médaille de prix bien méritée; car l'inégalité de fabrication de tels fils entraîne inévitablement celle des torons et des aussières, qui doivent être soumis à des opérations mécaniques où la précision des formes rudimentaires est absolument indispensable pour la perfection de l'ensemble et la régularité de la fabrication. Mais le mérite de cet habile cordier, dont les produits ont repoussé chez nous depuis fort longtemps toute concurrence étrangère, ne consiste pas uniquement dans la belle exécution des fils de caret; elle réside aussi dans la rigoureuse précision apportée aux diverses autres branches de la fabrication mécanique des cordages, où tous les mouvements sont imprimés par une machine à vapeur d'une puissance de quinze chevaux, dont l'action se propage dans toutes les parties d'un long bâtiment à deux étages, au moyen d'une disposition fort ingénieuse de cordes sans fin et de poulies de renvoi à rouleaux et contre-poids de tension, qui doit offrir une grande analogie avec celles déjà anciennement employées en Angleterre d'après Huddart et Chapman.

Les principales de ces machines ont été construites à Paris, avec une grande habileté, par le même M. Decoster : elles consistent, indépendamment des métiers à filer mentionnés ci-dessus, 1° en bobinoirs et tourets mécaniques où les fils de caret sont enroulés avec célérité et précision, avant ou après leur passage au travers d'une cuve à goudron dont la disposition n'est pas moins heureuse, en raison du régulateur à vis qui sert à maintenir ces fils plus ou moins enfoncés au-dessous du niveau superficiel du goudron, 2° en une machine à chariot servant au tirage simultané de quatre petits torons ou au simple tirage d'un gros toron, chariot entièrement établi en fer et en fonte, dans un système analogue à celui de M. Hubert, de Rochefort, mais qui, au lieu d'être tiré par des chevaux ou à bras d'homme, est mû sur des rails en fer au moyen de la machine à vapeur, comme dans le système Huddart, décrit par Ure et dont il diffère au surplus à divers égards, notamment en ce que les tubes compresseurs et les passoires ou filières en calottes sphériques que traversent les fils de caret sont établis sur un chantier ou pilastre massif et inébranlable qui porte un mécanisme ingénieux et perfectionné, dont l'idée première, due, si je ne me trompe, à M. Hubert, consiste à rapprocher entre eux, avec une précision pour ainsi dire mathématique, ces tubes et passoires, à la distance que réclame la plus ou moins grande résistance à opposer au tirage du toron, par le fait de l'inclinaison des fils qui convergent de toutes parts vers l'ouverture évasée de chaque tube; 3° enfin, en un puissant appareil pour commettre les gros cordages, composé de deux machines semblables placées, à distance et en regard l'une de l'autre, suivant un même axe, et dont celle de gauche, établie sur une table à support en fonte inébranlable, sert à donner aux torons le degré de surtors nécessaire à leur assemblage ou commettage ultérieur, tandis que l'autre, celle de droite, montée sur un traîneau ou *carré*, mobile pour permettre le retrait dû à la torsion du cordage, d'ailleurs fortement chargé, mais dont le glissement sur les rails, facilité par un mécanisme régulateur à bascule et à frein agissant directement sur les roues, a pour objet unique de donner, en sens contraire, à l'ensemble des torons amarrés au crochet du tourniquet central, que met en mouvement l'axe horizontal de cette seconde machine, le supplément de tors indispensable, et dont il manquerait essentiellement par suite du débandement des ressorts élastiques des fils de chacun des torons constitutifs.

Il est presque inutile d'ajouter que les torons, avant de s'enrouler les uns autour des autres en hélices, sont dirigés, à l'ordinaire, par un toupin à rainures, établi sur un chariot en bois qui porte aussi de grosses bobines, dont l'une, postérieure, est chargée de l'âme, qui, après avoir traversé l'axe du toupin, lui sert de mèche centrale, et dont les quatre autres reçoivent les cordelles servant également, après leur passage oblique au travers du toupin, à garnir les intervalles libres et extérieurs des torons de l'aussière ou à opérer ce qu'on nomme son *congréage*.

Il importe au contraire beaucoup, pour l'intelligence des procédés suivis par M. Merlié-Lefèvre, de faire observer que le mécanisme du chantier ou support fixe et le traîneau ou carré mobile de commettage portent chacun un double embrayage à roues d'angle et à griffes servant à faire tourner à volonté les crochets d'attache des torons ou du câble, tantôt dans un sens, tantôt en sens contraire, suivant les besoins du service; l'arbre en fer qui donne le mouvement à ces crochets étant muni d'une poulie à gorge en fonte, sur laquelle vient frotter un frein à levier ou *manette*, que l'on serre quand, en suspendant la rotation des machines, on veut éviter les effets de réaction élastique qui tendent à détordre l'aussière ou ses torons.

C'est principalement pour cet appareil ingénieux et pour l'ensemble de l'importante fabrication de la corderie havraise que le Jury de l'Exposition française de 1849 avait accordé à M. Merlié-Lefèvre une médaille d'or, justifiée plus tard, comme on l'a vu, par la décision du Jury international de Londres. Malgré ces honorables témoignages et l'incontestable supériorité des résultats, l'appareil à câbler de M. Merlié-Lefèvre, mis en mouvement par la machine à vapeur dont il a d'abord été parlé, et qui n'exige que le secours de trois hommes, dont un maître pour surveiller la marche du chariot porte-toupin et deux pour resserrer les torons et cordelles contre le noyau, l'âme ou mèche centrale du câble au sortir du toupin, par une manœuvre bien connue (*livarde*) tenant ici lieu du tube compresseur; malgré, dis-je, la supériorité de cet appareil, et bien qu'un modèle en ait été déposé par l'auteur dans le musée naval du Louvre depuis l'époque de mai 1850, il n'a point encore été adopté, il a même été repoussé par notre administration maritime, sur le rapport d'une Commission qui lui reproche : 1° de ne point être applicable aux plus gros cordages de la marine militaire, ayant jusqu'à $0^m,660$ de circonférence au lieu de $0^m,250$ seulement obtenus à Ingouville; 2° de n'offrir aucun moyen de régulariser, corriger l'inégale tension des torons en cours d'assemblage, ainsi qu'en présentent les chantiers des ports de Brest et de Toulon; 3° enfin, que les roues et tambours de la machine fixe du chantier et de la machine mobile du carré possèdent des vitesses sensiblement égales, et que ne paraît pas devoir comporter l'inégalité de tension des torons placés en arrière et en avant du toupin.

Dans l'ignorance où je suis (1853) de l'état de perfectionnement auquel est arrivée la fabrication mécanique des cordages dans nos arsenaux maritimes, je ne me permettrai nullement d'approfondir les motifs de ces reproches, et encore moins de les combattre ou amoindrir, sauf peut-être celui qui concerne la prétendue égalité des vitesses rotatoires ou de torsion en avant et en arrière du chariot porte-toupin; vitesses qui dans la machine exécutée à Ingouville diffèrent, en réalité, suivant la proportion qui paraît, dans chaque cas, devoir être nécessaire. Je me contenterai de faire observer que les succès obtenus par M. Merlié-Lefèvre tant en France qu'en Angleterre, ainsi que les dispositions simples et élégantes de l'ajustement et de l'exécution de ses machines, telles qu'elles ont été décrites dans l'ouvrage cité de M. Armengaud et que nous les avons vues fonctionner avantageusement et régulièrement sur place, mériteraient peut-être que l'Administration maritime en ordonnât l'établissement complet dans l'un de ses arsenaux, pour les soumettre à des essais suivis de fabrication et décider, en définitive, sur l'opportunité de leur adoption dans les autres ports ou arsenaux.

En terminant cette importante matière, on me permettra encore de faire remarquer, d'après tout ce qui précède, combien la fabrication actuelle des cordages et l'ensemble des machines ou procédés qu'elle présente sont, malgré des progrès incontestables, loin cependant de l'état de perfectionnement où ont été amenés depuis un certain temps ceux qui se rapportent aux autres branches de filature des diverses matières textiles, du moins sous le rapport des mécanismes automoteurs; car je ne vois pas que l'on ait jusqu'ici songé en France, même dans les corderies du commerce, à fabriquer économiquement les torons, encore moins les aussières et grelins, par les procédés expéditifs d'abord proposés par Fulton et Cutting, puis adoptés, non il est vrai sans quelque restriction, dans les établissements anglais de Greenock et de Newcastle; circonstance qu'il est d'ailleurs tout aussi bien permis d'attribuer aux proportions colossales, à la cherté du prix de revient et aux dangers inhérents à l'emploi de semblables machines, qu'à l'imperfection relative même des résultats, imperfection dont on peut juger d'après ceux obtenus, postérieurement à l'année 1824, dans des machines fondées sur un principe analogue, dont j'ai donné une idée à l'occasion du filage et du moulinage de la soie, et qui essayées sans succès notables, bien que dans des proportions incomparablement plus faibles, ne pouvaient offrir, de la part de la force centrifuge, aucun des inconvénients et des dangers qui sont à redouter dans les puissantes machines à commettre simultanément les torons et les cordages.

Additions concernant quelques machines spéciales à commettre et tresser. — Machines à cordonnets exposées à Londres par MM. *Van Mierlo*, *Darfell*, *Judkins* et *Dorey*. — Les anciens métiers à lacets et cordons de MM. *Perrault* et *Molard*, perfectionnés par MM. *Doguet* et *Hervé-Gauthier*. — La machine à fabriquer les drisses de pavillon ou cordes tressées, par M. *Beech;* les machines à recouvrir les fils métalliques et à commettre les cordes mélangées, par MM. *Comitti*, *Vegni*, *Flachier*, *Savaresse*, *Leclerc*, en France, et par MM. *Newall*, *Exall*, *A. Smith*, *Wilson*, etc., en Angleterre.

Il a été exposé à Londres, en 1851, quelques petites machines à fabriquer les lacets et les cordons, qu'il ne m'est pas permis de passer entièrement sous silence, puisque certaines d'entre elles ont été l'objet de récompenses ou de mentions honorables de la part du VIe Jury. M. Van Mierlo, de Belgique, et M. Darfell, de Prusse, notamment, en avaient exposé de jolis modèles, qui cependant n'offraient, à l'égard de celles si universellement et si anciennement connues chez nous, aucune particularité essentielle. Mais le Jury a plus spécialement remarqué, et récompensé de la deuxième médaille, les machines à fabriquer, sans nœuds et automatiquement, les cordons de lisses pour métier à tisser, par M. Judkins, de Manchester, et par M. Dorey, du Havre : l'œil ou maillon en verre que doit traverser le fil de chaîne tendu ou mis en place étant, dans le métier de ce dernier mécanicien, fixé sur le cordon par le mécanisme même du métier, et la maille en fils retors étant, dans l'autre, formée par le jeu de bobines qui, après s'être croisées, rétrogradent ensuite par un mécanisme analogue à celui du métier à lacet ordinaire.

L'ancien métier à lacet plat et tressé des passementiers, dont l'usage est particulièrement répandu dans la ville de Saint-Chamond, où il fait la base d'une importante fabrication, remonte au moins au dernier siècle, si l'on en juge d'après l'*Encyclopédie* et le modèle déposé, en 1785, au Conservatoire des arts et métiers de Paris sous le nom de Perrault père et fils, fabricants de cette ville; mais cet ingénieux métier, qui a été en 1832 et 1834, de la part de MM. Doguet, de Saint-Étienne, et de M. Hervé-Gauthier, de Saint-Chamond, l'objet de brevets de perfectionnements sur lesquels je ne saurais insister, pourrait bien encore être une simple imitation ou modification d'un plus ancien instrument de passementerie venu de l'Italie ou du Levant. Probablement, il en est ainsi également du modèle de métier à cordonnet rond déposé, sans date connue, sous le nom de Molard, dans les galeries du même établissement, et qui diffère principalement du précédent en ce que la marche circulaire et serpentante des bobines y est rentrante ou continue dans un seul sens, au lieu de s'y faire par un va-et-vient, à retour sur lui-même, tout en accomplissant une série de recoupements ∞∞∞ en 8 couchés et conjugués entre eux, mais sans rencontre possible des bobines[1], montées diversement sur des

[1] Les deux modèles déposés au Conservatoire de la rue Saint-Martin, à Paris, par les sieurs Molard et Perrault, et dont le plus ancien a été l'objet d'un privilége spécial probablement perdu, ces modèles sont, comme tant d'autres témoignages du génie inventif de nos pères, dans un état de délabrement d'autant plus fâcheux, que, à ma connaissance du moins, il n'existe aucune description satisfaisante des métiers à cordon ou lacet dans les ouvrages de technologie, et que, par des perfectionnements divers appliqués au jeu multiple des poupées ou bobines, leur usage tend à se généraliser dans l'industrie des matières textiles, à laquelle ils offrent journellement de nouveaux et ingénieux moyens de solution. Cet état d'abandon inconcevable des anciens modèles du Conservatoire des arts et métiers, ce dédain irréfléchi et aujourd'hui presque universel des vieilles choses, auraient cessé, du moins en majeure partie, si, conformément au vœu émis

broches verticales, très-courtes et pleines dans le métier à cordonnet de Molard, où elles sont comprises entre deux platines horizontales qui leur servent de guides ou supports; très-allongées et creuses, au contraire, dans l'ancien métier à lacet de Perrault, où elles comportent un ingénieux mécanisme à cliquet servant à régulariser la tension et le dévidage des fils qui s'échappent dans l'un ou l'autre métier de leurs sommets respectifs, pour de là s'enlacer, se croiser sous un angle plus ou moins aigu, en formes de tresses tantôt plates tantôt cylindriques, autour d'un noyau vide ou plein, fourni alors par une grosse bobine placée dans le prolongement inférieur de l'axe vertical du métier.

Dans le premier de ces modèles, sans doute le plus moderne, les broches verticales des bobines cheminent, parallèlement à elles-mêmes, le long de rainures serpentantes, croisées à angle droit et ouvertes, de part en part, dans la platine supérieure du métier, où ces broches sont lancées, latéralement et de proche en proche, par des tiges ou cames horizontales inférieures, montées respectivement sur les arbres verticaux d'une couronne de roues dentées égales et tangentes, disposées circulairement, concentriquement à l'arbre principal de la machine, au-dessus d'un plateau-support inférieur, et dont les rotations inverses, toutes solidaires entre elles, sont produites par un pignon moteur à arbre vertical, rouages d'angle, manivelle, etc. Dans les plus anciennes machines du modèle Perrault, l'impulsion est donnée aux longues broches verticales du métier par un équipage analogue de roues motrices solidaires et rentrantes, dont les arbres verticaux, également fixes et à pivots inférieurs, portent à leurs extrémités respectives autant de couples de disques horizontaux,

par une Commission que présidait M. Thénard sous le ministère Cunin-Gridaine, et dont j'avais l'honneur de faire partie, ainsi que MM. de Busche, Pecqueur, Séguier, de Lamoricière, etc., le Gouvernement avait jugé à propos de nommer d'anciens, intelligents et honorables chefs d'ateliers industriels comme démonstrateurs et conservateurs de chaque spécialité distincte de modèles ou de machines.

ronds, de même diamètre, en contact réciproque, comme les roues dentées correspondantes, et constituant deux couronnes également concentriques à l'axe principal : l'une, reposant sur un plateau-support intermédiaire; l'autre, emboîtée dans la platine supérieure, à cet effet découpée avec le jeu nécessaire au passage des broches, et formant des rainures serpentantes pareilles à celles dont il vient d'être parlé mais croisées sous un angle au contraire très-aigu; toutes deux munies, à la circonférence de chacun de leurs disques, d'encoches demi-cylindriques correspondantes, propres à saisir et guider de proche en proche la partie arrondie des broches, qu'accompagnent d'ailleurs des tasseaux ou éclisses inférieures servant à les guider, par couples, dans l'intervalle où, sollicitées par l'action centrifuge, elles échapperaient à l'impulsion de leurs disques moteurs.

Quel que soit le mérite de cette ingénieuse combinaison mécanique, dont, je le répète, il m'est impossible d'indiquer les premiers inventeurs, et qui a rendu tant de services à l'art du passementier, il n'en est pas moins vrai de dire qu'elle manque, dans le mouvement où le jeu des bobines, de la continuité, de la douceur qui caractérisent les plus parfaites machines, quand bien même elles remplissent des fonctions aussi délicates et exigeant aussi peu de dépenses en force motrice que les métiers à cordons ou à lacets. Le bruit avec lequel ces métiers fonctionnent suffit seul pour convaincre qu'on ne pourrait, sans de graves inconvénients et des pertes relativement considérables de travail moteur, les appliquer à la fabrication en grand des cordes tressées, telles qu'on en emploie dans la marine sous le nom de *drisses de pavillon* ou à signaux, et qui, constituées de deux systèmes ou groupes distincts, de quatre *mèches* ou faisceaux de fils de caret, viennent se croiser sans torsion, en se recouvrant alternativement sous forme de bandes, de tresses hélicoïdes cylindriques, ici sans âme ou noyau d'appui; ce qui leur donne une souplesse, une flexibilité que ne possèdent point, à beaucoup près, les cordes tordues, étirées et commises à l'ancienne manière, comme on sait, très-susceptibles de se gonfler à l'humidité et de former des vrilles ou *coques* qui en rendent parfois la manœuvre impossible autour des gorges de poulies.

La fabrication des drisses par procédés purement mécaniques constituait, au point de vue de la combinaison et de la réalisation matérielle du mouvement, un problème de cinématique curieux et difficile, que M. Reech, savant ingénieur et professeur à notre École maritime, a entrepris de résoudre, dès 1834, à l'arsenal de Lorient, pour en substituer l'important résultat à celui des petites machines de passementerie jusque-là en usage dans la fabrication des drisses d'un petit échantillon[1], dont le tressage cylindrique s'opérait au moyen d'une sorte de mouvement à *chassé-croisé* rentrant, circulaire ou rotatif, de deux couples de quatre bobines, produit par une combinaison de rouages appropriés à cet effet, mais dont les produits manquaient, à plusieurs égards, des qualités nécessaires, notamment sous le rapport de la consistance et de la liaison réciproque du double faisceau de fils enlacés sous la forme d'une tresse cylindrique.

Dans ce but, M. Reech remplace les bobines voyageuses à mouvements onduleux des anciens métiers à rainures croisées par deux groupes distincts de 4 grosses bobines ou *espolins* librement suspendus à leurs mèches ou *fils* respectifs, et venant s'appuyer diversement à la circonférence de deux disques métalliques horizontaux: l'un, inférieur, à rotation douce sur l'arbre central, mais à cliquet-butoir ou d'arrêt s'opposant au recul et que les fils de suspension des 4 premiers ou inférieurs espolins traversent en des points voisins de sa circonférence extérieure, pour de là s'élever obliquement; l'autre, supérieur et de moindre diamètre, portant 8 encoches adoucies, dont 4 servent d'appui à ces mêmes fils composés et à ceux des 4 derniers espolins correspondant à l'intervalle des deux disques ou platines dont les fils de suspension vont se diriger

[1] Voyez le mémoire déjà cité de M. Chédeville sur les corderies des ports militaires, p. 99, fig. 29.

obliquement vers un tube réunisseur vertical et commun, répondant au sommet de l'arbre creux de la machine.

Ce dernier arbre, à son tour enveloppé d'un canon évidé, tournant et glissant à frottement doux, porte le mécanisme de quatre leviers à doubles articulations, sorte de bras que terminent, vers le bas, des mains ou rouleaux-supports servant à détacher alternativement les fils de suspension de l'un des systèmes d'espolins, des encoches de la platine supérieure, pour les élever par-dessus le faisceau convergent des fils de l'autre système, *et vice versa,* au moyen de l'abaissement, du soulèvement alternatifs du manchon à roulette et levier de manœuvre, qui, surmontant le canon à coulisse de l'arbre central, porte les articulations supérieures de l'équipage à leviers et manettes dont il vient d'être parlé, lequel offre quelque analogie avec le mécanisme à boules du régulateur à force centrifuge. Ce canon ou fourreau supportant également les points d'appui intermédiaires des leviers inférieurs, et recevant d'ailleurs d'une bielle horizontale à manivelles extrêmes un mouvement rotatoire alternatif, il en résulte naturellement le transport circulaire, d'avance et de recul ou retour en arrière, des deux systèmes de bobines espolins, tour à tour soulevés, puis abaissés, de manière à produire l'enlacement hélicoïde et réciproque des deux groupes distincts de 4 mèches ou faisceaux de fils, vers le tube supérieur qui leur sert de centre commun de convergence.

Pour un tour complet de la roue motrice extérieure et à volant vertical, dont la manivelle à coulisse et bouton curseur produit le soulèvement et l'abaissement alternatifs du fourreau à manchon, roulette et levier de manœuvre ci-dessus, l'arbre vertical de la roue d'angle à bielle horizontale supérieure qui donne le mouvement oscillatoire à ce fourreau, et par conséquent aux manettes, n'accomplissant qu'une demi-révolution, il en résulte, conformément au mode même de distribution des fils ou espolins de chaque système, que l'action des mains, après avoir opéré, par rotation, le double transport d'avance et de recul ainsi que le soulèvement et l'abaissement complet de l'un quelconque d'entre eux, opère immédiatement après celui de l'autre système, et ainsi de suite alternativement et périodiquement pour chacune des révolutions entières de l'arbre moteur à volant.

Enfin, les espolins alimentaires, dont le propre poids ou des poids additionnels servent à maintenir la tension des fils pendant la formation de la drisse, elle-même soumise à des moyens aptes à régulariser le tirage, ces espolins, dis-je, sont munis d'un ingénieux système à rochet ou cliquet d'arrêt qui, vers la fin de leur ascension verticale, venant buter contre le dessous correspondant de la platine horizontale d'appui des fils auxquels ils se trouvent respectivement suspendus, leur permet d'obéir librement à la tension de ceux-ci par une rotation, un déroulement momentanés, qui délivrent des quantités de fils égales pour les quatre espolins d'un même système, et dont l'étendue est réglée d'après l'intervalle existant entre les butoirs des cliquets, etc.

J'ai cru devoir m'étendre un peu sur la machine à drisses de M. Reech, bien qu'on lui reproche une grande lenteur de travail, occasionnée par l'inertie des espolins dans leurs oscillations transversales, lenteur qui d'ailleurs paraîtrait peu propre à la faire adopter dans l'industrie comme machine manufacturière ou économique; car elle constitue, par le fait, un système de solution ou, si l'on veut, de transformation de mouvement très-original, jusqu'ici peu répandu, mais qui pourra recevoir par la suite d'utiles applications à d'autres machines, indépendamment du caractère précieux qu'elle offre, de fournir des drisses à *tissu serré, d'une grande régularité et d'une rondeur parfaite* [1].

Ce serait ici le cas de dire quelques mots touchant les plus récentes machines à fabriquer les cordes plates, les câbles en fils de fer, à noyau plein de chanvre, ou, inversement, les câbles, les cordes en chanvre avec interposition de fils de fer; machines qu'ont précédées celles à recouvrir extérieurement

[1] Page 101 du mémoire cité de M. Chédeville.

les fils métalliques de fils pareils ou constitués diversement, roulés en hélices serrées, par conséquent d'un pas excessivement petit, et dont la fabrication par procédés mécaniques est aussi ancienne que celle des instruments de musique à cordes, etc.; soit que d'ailleurs la bobine porte-fil enveloppe, se meuve circulairement autour du noyau immobile, soit que, la bobine étant fixe, celui-ci tourne rapidement sur lui-même, etc. Mais ces développements sur des machines accessoires m'entraîneraient, sans utilité suffisante pour notre but, bien au delà des limites que je me suis prescrites dans cette dernière Section, et je dois me borner à rappeler en peu de mots qu'on s'est plus particulièrement préoccupé, depuis 1840, de la fabrication mécanique par machines des câbles en fils de fer pour l'usage de la marine, des télégraphes électriques, des chemins de fer et des mines.

M. Comitti, à Valenciennes, et M. Vigni, originaire de Sienne, en Toscane[1], se sont faits des premiers breveter en France, pour cet important objet, en septembre et novembre 1840; mais ils avaient été devancés en Angleterre par M. Stirling-Newall, de Dundee, dont la patente, datée du 7 août de la même année, présente néanmoins le caractère d'une simple importation, probablement d'origine allemande. Dans les années suivantes (1843 à 1849), des brevets ou patentes pour cordes métalliques, mélangées ou non, ont été tour à tour pris en Angleterre par le même M. Newall et par MM. Exall, Smith et Wilson. Antérieurement, en France, il en a été délivré à MM. E. Flachier, de Condrieu, Savaresse et Pleyel, de Paris, pour des cordes harmoniques[2]; enfin M. Leclerc, d'An-

[1] *Bulletin de la Société d'encouragement*, t. XLIII, p. 38, et *Publication industrielle* de M. Armengaud, t. V, p. 284.

[2] Le brevet de M. Pleyel, inséré dans le t. XIII, p. 49, de la Collection imprimée, sous la date du 31 décembre 1810, est antérieur à celui de MM. Savaresse et Cie, pris en mars 1827, et consigné au t. XXIII, p. 138, de cette Collection; mais je dois faire observer, d'après un autre article inséré à la page 966 du *Dictionnaire des arts et manufactures*, et signé Ph. *Savaresse*, que la fabrication des cordes d'instruments de musique aurait été

gers, en a pris un pour des cordages mélangés, etc. Inutile d'ajouter que les machines à fabriquer ces divers genres de cordages doivent offrir la plus grande analogie avec celles qui avaient été précédemment employées au commettage des cordes ordinaires : on pourra, non sans quelque difficulté à cause de l'imperfection des dessins [1], en prendre une idée dans le dictionnaire américain d'Appleton, édité en 1851 à New-York par Oliver Byrne, t. II, p. 854; art. *Wire covering machine* (machine à recouvrir le fil de fer) et *Wire rope machinery* (machine à fabriquer les cordes en fils métalliques).

Cette dernière machine, due à l'ingénieur anglais Andrew Smith, de Saint-James, dont la patente, du 31 mai 1849, a ci-dessus déjà été indiquée, offre des combinaisons fort originales et d'autant plus remarquables que le mouvement des sept bobines alimentaires à axes horizontaux, dont une centrale pour le noyau, y est extrêmement doux et continu, attendu qu'il s'accomplit sans l'intermédiaire des rouages dentés et planétaires mis en œuvre dans la machine à commettre de Fulton, imitée, comme on l'a vu, par MM. Norvell et Crawhall, mais bien au moyen de mouvements excentriques ou à petites manivelles, tels qu'on en emploie dans le système de dressage, de polissage mécanique des grandes glaces par galets rodeurs, empruntés à la manufacture de Saint-Ildefonse, en Espagne [2]; seulement ici le transport général des bobines qui représentent les rodoirs et sont montées sur une grande roue inférieure tournante, au lieu d'être rectiligne alternatif, est circulaire continu autour de l'axe central de la passoire ou du tube réunisseur, etc.

introduite en France par un ouvrier napolitain du nom de *Nicolas Savaresse*, qui monta une fabrique à Lyon vers l'an 1766.

[1] La description et les dessins doivent être extraits du tome LI du recueil anglais intitulé : *Mechanic's magazine*, p. 518, que je n'ai pas sous la main.

[2] Voyez les pages 525 et suivantes de la Ire partie.

CHAPITRE II.

MACHINES ET MÉTIERS EMPLOYÉS À LA FABRICATION DES TISSUS PLEINS À CHAÎNES ET TRAMES CROISÉES RECTANGULAIREMENT.

Les machines à tresser les lacets, les cordonnets et les drisses, dont j'ai essayé de donner un aperçu historique dans l'*Addition* qui termine le précédent chapitre[1], pourraient, à certains égards, être considérées comme appartenant à la catégorie de celles qui doivent ici nous occuper; car elles ont pour but un véritable tissage ou enlacement plein et serré de deux faisceaux de fils distincts qui, au lieu de se croiser rectilignement et rectangulairement entre eux, se superposent sous des angles obliques également invariables, mais dont les lignes sinueuses, indéfinies, en serpentant de part et d'autre d'un axe commun de symétrie, ne comportent aucun retour brusque aux lisières ou limites latérales du tissu. Cet arrangement, qui dans les dispositions du métier à lacet plat présente des difficultés mécaniques d'une nature toute spéciale, comme on l'a vu, a du moins l'avantage, dont il jouit en commun avec celui des retors et des cordages, de faire concourir, il est vrai par la déformation et le rétrécissement obligé des tissus, toutes les fibres à l'action de la résistance contre un effort longitudinal de tirage; ce qui n'existe pas à beaucoup près dans les tissus à réseaux rectangulaires, où les fils de la chaîne résistent pour ainsi dire exclusivement à un pareil effort, les fils de trame jouissant d'ailleurs de la propriété précisément inverse[2].

[1] Lorsque j'écrivais cet article, je n'avais pas en ma possession le catalogue des patentes anglaises, où se trouvent enregistrés, sous les noms de John Keepe (1693), Thomas Walford (1748 et 1777), Georges Dundas (1761), etc., divers projets ou machines ayant pour objet le tressage des sangles et des fourreaux de fouets coniques, dont je ne saurais ici indiquer le système de construction et l'analogie avec les métiers à tresser, de l'*Encyclopédie méthodique* ou du Conservatoire des arts et métiers, destinés à la fabrication automatique des cordons et lacets ordinaires de passementerie.

[2] Je ne puis, à ce sujet, m'empêcher de rappeler que M. Taylor (Philippe), ingénieur à Paris, s'est fait délivrer en août 1830 un brevet d'importation de quinze ans, déchu en 1835, ayant pour but *un perfectionne-*

En revanche, les principales difficultés mécaniques ayant disparu dans les métiers à fabriquer ces derniers tissus, on a pu, sans trop d'inconvénients ou d'obstacles matériels, y multiplier en quelque sorte arbitrairement et de proche en proche le nombre des fils de chaîne en agrandissant progressivement la largeur des étoffes. Par suite de la régularité, de la simplicité relative même des combinaisons, l'industrie humaine s'est exercée dès la plus haute antiquité à leur faire produire, par le croisement mutuel et la succession graduée des fils de chaîne et de trame, des effets multiples, variés à l'infini et que, en raison de l'obliquité des fils ou faisceaux de fils, il serait comme impossible de réaliser sur les machines à tresser actuelles; du moins faudrait-il introduire dans leur mécanisme des complications extraordinaires, et qui, sous le rapport de la beauté, de la richesse, de la solidité ou permanence de forme des tissus, n'offriraient aucune des compensations qu'on retrouve dans d'autres genres précieux de produits, par exemple, dans les tricots et les tulles, formés de réseaux également sinueux, se recoupant sous des directions obliques mais dont l'assemblage et la liaison sont assurés par d'ingénieux moyens, qui, malgré leur simplicité apparente dans le travail à la main, continuent aujourd'hui encore à exercer la patience des artistes, des mécaniciens constructeurs de métiers, occupés à imiter les produits de ce travail, variés pour ainsi dire à l'infini par la puissance instinctive et réfléchie de l'homme appliquée à d'admirables et délicats organes naturels.

ment dans la fabrication des toiles à voiles à l'usage de la marine, par un tissage oblique de la trame avec la chaîne (t. XXIX de la *Collection imprimée*, p. 382). Le but, comme on le comprend bien, est d'éviter les effets du tirage oblique des fils dans les voiles latines à coupe triangulaire, etc. Quant au procédé mécanique, il consiste dans un métier imaginé en Angleterre, et qui diffère principalement du métier à marches ancien par la direction biaise des rouleaux d'ensouple, du battant, etc., relativement à celle des fils de chaîne; ce qui donne lieu à des difficultés d'installation et à des tendances au dérangement de ces mêmes parties, dont il est également aisé de se rendre compte à priori.

Ier. — De quelques anciens métiers à tisser. — Passages de *Virgile*, de *Pline*, d'*Ovide*, etc., relatifs à ce sujet. — Remarquables tentatives faites autrefois par l'officier français *de Gennes*, par *Vaucanson* et le manufacturier anglais *Gartside*, de Manchester, pour fabriquer automatiquement les toiles ou tissus unis à trame et chaîne tendue.

Que les anciens aient fabriqué leurs étoffes pleines sur des métiers constitués d'une *chaîne* ou réunion de fils parallèles tendus horizontalement (basse lisse) ou verticalement (haute lisse) entre des rouleaux *ensouples*, parallèles, montés aux extrémités fixes du bâti, chaîne que la navette à fuseau porte-trame, conduite, lancée à la main, traversait perpendiculairement et tour à tour dans les deux sens, après l'écartement angulaire préalable, alternatif et dans un ordre périodique régulier, de ces mêmes fils de chaîne; que ces métiers primitifs fussent en outre munis de battants ou peignes à dents formés de lames minces de roseau, d'ivoire ou de métal rapprochées les unes des autres parallèlement et de manière à isoler entre eux les fils de la chaîne; que l'ouvrier se fût, en effet, servi de ce peigne pour battre et serrer successivement la trame ou *duite* dans l'intervalle angulaire formé par le croisement, l'écartement symétrique et alternatif des fils, de part et d'autre du plan moyen de la chaîne tendue, figurant dans sa largeur uniforme l'étoffe déjà ourdie mais non encore tissée; que les peuples de l'antiquité, dis-je, aient connu le métier à bras aujourd'hui encore généralement employé par les tisserands de nos villes et de nos campagnes, mais qui bientôt pourra cesser de l'être, cela ne saurait faire l'ombre d'un doute, d'après les nombreux témoignages d'Homère, d'Ovide, de Virgile, de Pline, d'Ammien Marcellin, etc.

Que, d'autre part, ces antiques métiers des tisserands, à chaîne horizontale, comportassent des *lisses* à deux lames également horizontales, parallèles et soutenant les groupes respectifs de cordons verticaux porte-*maillons* ou *œillères* traversés, à leur tour et en arrière du peigne ou battant, par les fils de chaîne destinés à être simultanément soulevés ou abaissés afin d'ouvrir à la navette l'espace angulaire mentionné ci-dessus, sorte de coin dont le sommet, l'arête aiguë, formé du croisement des mêmes fils, sert d'appui et bientôt de prison au jet de trame, appelé proprement *duite* et ainsi resserré entre deux croisements consécutifs sous le coup du battant; que les anciens se soient servis des *bâtons enverjures* placés en travers de la chaîne, au delà du peigne batteur et des lames de lisses, pour en diviser, roidir les fils de manière à maintenir leur parallélisme ou à empêcher leur mélange réciproque, cela semble aussi résulter d'autres passages des mêmes auteurs, trop concis néanmoins et usant d'expressions trop peu intelligibles pour pouvoir être convenablement traduits ou interprétés dans notre langue. Mais on n'y rencontre rien, si je ne me trompe, qui ait trait aux ingénieux mécanismes par lesquels on voit aujourd'hui nos tisserands faire mouvoir les lames de lisses pour ouvrir, fermer et croiser alternativement les fils de la chaîne sur la duite, je veux dire le fil de trame lancé par la navette.

Ovide, qui, à ma connaissance, est de tous les auteurs latins celui qui présente le plus de détails techniques relatifs à l'art de tisser des anciens, dans le IVe livre de ses *Métamorphoses,* à propos du défi adressé par Arachné à la déesse *Pallas*, n'en fait aucune mention expresse, et ce que renferme à cet égard la traduction en vers, d'ailleurs si remarquable, de M. Desaintange, fort au courant de l'industrie lyonnaise, est une pure hypothèse ou licence poétique, s'accordant assez peu d'ailleurs avec le texte, qui, tout en indiquant la chaîne tendue entre deux ensouples, les enverjures, le peigne batteur, la navette, etc. [1], semble en effet se rapporter bien plutôt

[1] *Métamorphose* 2e du livre VI, vers de 20 à 25. M. Hedde, professeur de tissage à Saint-Étienne, à qui l'on doit diverses brochures historiques sur cet art, cite dans l'une d'elles, imprimée en 1837, un passage d'Homère incorrectement traduit par Mme Dacier, et qui prouve seulement aussi que dès la plus haute antiquité on se servait des métiers à tapisserie de haute lisse. Je crois peu nécessaire, d'ailleurs, de citer ici les rêveries que contient l'ouvrage de l'ingénieur anglais Gilroy, dont j'aurai à parler par la suite, sur l'art de tisser les étoffes façonnées ou à plusieurs rangs de lisses.

au métier de tapisserie à sujets artistiques exécutés à l'aide d'une broche conduite de proche en proche, à la main, au travers des fils de la chaîne, qu'au simple métier à tisser les étoffes croisées, figurées ou brochées, par le lancé proprement dit d'une navette traversant d'un seul jet l'intervalle ouvert à la duite.

Cependant l'existence des *lices* ou *lisses* dont parle Virgile [1] suppose leur soulèvement et leur abaissement alternatif à l'aide de procédés mécaniques plus ou moins analogues à celui des *armures* diverses par lesquelles nos tisserands opèrent le dé-

[1] *Licia telæ addere.* Plus loin on trouve cet autre vers : *Arguto conjux percurrit pectine telas*, qui a simplement trait au peigne ou ros batteur dont les habitants de la campagne se servaient pour tisser les étoffes unies. Mais, comme on le voit, rien dans ces vers ne peut faire soupçonner le mode même de suspension et, à fortiori, de mouvement des lices et du peigne dont il y est parlé. Quelques autres passages de Pline, d'Ammien Marcellin, cités par divers auteurs, notamment dans le *Mémoire* de Desmarest *sur les étoffes tirées des tombeaux de Saint-Germain-des-Prés* (t. VII, 2e partie, p. 119, des *Mémoires de l'Institut, Classe des sciences*), ces passages, dis-je, tendent seulement à prouver que les Grecs d'Alexandrie et nos ancêtres les Gaulois tissaient avec des métiers à plusieurs rangs de lisses, sans rien nous faire connaître de précis sur la nature de ces métiers, dont les produits, les étoffes plus ou moins riches, ne sauraient suffire pour donner une idée; car il restera toujours à savoir par quels artifices s'opéraient la levée et l'abaissement alternatifs de ces divers rangs de lisses.

Ce serait d'ailleurs chose parfaitement inutile pour notre objet que de mentionner ici les plus simples des métiers chinois, précieusement montés et collectionnés au Conservatoire des arts de Paris, ou encore ceux, tout aussi ingénieux, employés par les sauvages de la mer du Sud à la confection des tissus étroits, sans armures ni pédales proprement dites. Mais il n'en est pas tout à fait ainsi du métier à sangles, aujourd'hui même en usage dans nos campagnes, et qui probablement correspond au premier état du tissage des étoffes unies chez les habitants de la Gaule, puisque la chaîne, tendue entre deux bâtons ensouples, l'un fixe, l'autre simplement tiré par un contre-poids mobile, est alternativement ouverte par deux systèmes de mailles passées en guise d'étriers autour de chacun des pieds de l'ouvrier, qui, bien qu'assis, agit comme dans la marche ordinaire, tout en passant la trame de la main gauche et la serrant contre le tissu de la main droite armée d'une lame ou latte à poignée, introduite, à chaque reprise, dans l'angle ouvert de la chaîne.

placement vertical et parallèle des différents couples de lames horizontales de lisses ou des rangées planes correspondantes des fils de chaîne qui, en traversant leurs maillons respectifs, viennent, par leur croisement près de l'étoffe déjà tissée ou frappée, ouvrir à la navette les espaces angulaires dont il a été parlé, et cela dans un ordre de succession dépendant de la nature même du tissu à fabriquer par les entrelacements périodiques et réciproques des fils de trame et de chaîne.

Dans l'art du tisserand en toile unie ou ordinaire, le métier à chaîne horizontale comporte, comme on sait, non-seulement le battant, le châssis vertical porte-*peigne* ou *ros*[1], oscillant, librement suspendu par sa base supérieure, et que l'ouvrier manœuvre horizontalement à bras en agissant sur sa traverse inférieure; mais ce métier, à simple armure ou *harnais*, comporte aussi des pédales ou *marches* horizontales agissant par un système de bascules à cordes, tringles, leviers ou poulies de renvoi, muni quelquefois de contre-poids pour faciliter le relèvement spontané des marches ou éviter la trop grande tension des fils de la chaîne, dont les ensouples extrêmes doivent, à leur tour, offrir une certaine liberté de jeu ou de rotation sous l'action de freins, de leviers à contre-poids, de cordes de retenue, élastiques et remplissant jusqu'à un certain point la fonction de ressorts qui leur permettent de céder à un excès de tension produit par un choc trop brusque du battant ou la levée, l'abatage trop rapide des lames de lisses. L'existence inévitable de ces secousses fait d'ailleurs comprendre combien il importe, lors de l'ourdissage et du montage du métier, de bien assurer le rigoureux parallélisme du peigne, du châssis-battant et des ensouples, l'égalité de tension des divers fils de chaîne, celle de leur déroulement sur l'ensouple postérieure et de l'enroulement simultané de l'étoffe tissée sur l'ensouple de devant, munie d'un levier de manœuvre ou d'un rochet à cliquet, enfin la nécessité de s'op-

[1] Ce mot abréviatif de *roseau* s'applique à l'ensemble des lames minces qui servaient autrefois et servent encore à composer le peigne des métiers à tisser les toiles ordinaires dans les campagnes.

poser au tirage transversal du fil de trame à chaque coup de navette, en maintenant l'écartement des fils de rives ou lisières par l'instrument à griffes extrêmement léger, croisé en crémaillère et nommé tantôt *temploir,* tantôt *templet,* tantôt *tempia,* selon les localités ou l'usage des ateliers; instrument que dans les métiers à bras on déplace parallèlement à certains intervalles, de même qu'on tourne les rouleaux ensouples de loin en loin, afin d'éviter la trop grande inclinaison du peigne batteur résultant de l'avancement du tissu ou de la duite, mais surtout la trop grande ouverture de l'angle formé par la levée ou l'écartement des fils de chaîne.

En considérant les ingénieuses combinaisons de ce dispositif fondamental, dont l'origine remonte sans nul doute, et malgré l'absence de preuves directes, à une très-haute antiquité, on entrevoit *a priori* comment il est devenu possible, non sans des difficultés extrêmes et de longs, de nombreux tâtonnements, d'assujettir les divers organes du métier à tisser à des mouvements purement automatiques, comme l'avait tenté dès l'année 1678 l'officier de marine français de Gennes dans une machine de cette espèce qu'il soumit à l'Académie des sciences de Paris, et qui comportait non-seulement des cames fermées ou rentrantes, des courbes planes montées excentriquement sur un arbre à manivelle et rotation continue, servant à faire mouvoir les deux équipages de lisses horizontales à cordes et poulies solidaires, non-seulement un battant à peigne oscillant muni d'un ressort de catapulte dont la réaction était produite par un système de cordes fortement tordues entre des appuis extrêmes, mais aussi un mécanisme très-ingénieux de tiges en bois, porte-navettes, doubles et opposées suivant une direction horizontale, à glissières rectilignes, contre-poids de recul et déclic d'accrochement analogue à celui de certaines sonnettes à tiraudes de l'ancienne École du génie à Mézières. Grâce à ce mécanisme, en effet, la navette était, par échanges, décrochements et accrochements alternatifs, renvoyée de l'une à l'autre tige, animées d'un va-et-vient nécessairement très-lent, de part et d'autre de la chaîne, dont elles traversaient successivement et en sens opposés l'ouverture pour chaque duite.

Ce métier automate, imparfaitement, grossièrement décrit dans le *Journal des Savants* de l'époque[1], et d'où il a été traduit dans les *Transactions philosophiques de la Société royale de Londres*[2], comportait, d'après l'auteur, des moyens également automatiques pour enrouler, au fur et à mesure, la toile sur l'ensouple du devant et arrêter à volonté l'un des dix ou douze métiers dirigés par un petit nombre d'ouvriers rattacheurs, et que, dans ses intentions, devait faire marcher un moteur unique; car il n'est nullement certain que de Gennes, dont la remarquable tentative obtint un certain retentissement en Angleterre, ait réalisé cette dernière partie du but qu'il s'était proposé d'atteindre : la solution pratique et vraiment satisfaisante de cet épineux problème de mécanique devait se faire attendre pendant plus d'un siècle encore, malgré des études et des essais souvent répétés depuis l'époque de 1678, où de Gennes avait commencé à s'en occuper, dans des circonstances, il est vrai, très-peu favorables sous le rapport mécanique et industriel.

C'était là d'ailleurs, comme on voit, un trait de génie, où l'on découvre sans peine l'origine des idées réalisées soixante-sept ans plus tard par Vaucanson, grâce à des perfectionnements dont le principal consistait : dans la substitution de deux tubes creux en fer, mobiles sur chariots à roulettes, aux tiges horizontales conductrices de la navette; dans l'application de la vis sans fin à l'enroulement graduel de l'étoffe sur l'ensouple du devant; dans la régularisation de la tension longitudinale et transversale de la chaîne ou de l'étoffe, et dans un bon nombre d'autres ingénieuses combinaisons, dont on peut aujourd'hui même étudier le détail sur le grand modèle en bois existant au Conservatoire des arts et métiers de Paris,

[1] *Nouvelle machine pour faire de la toile sans l'aide d'aucun ouvrier, présentée à l'Académie royale par M. de Gennes, officier de la marine;* cahier du lundi 8 août MDCLXXVIII, p. 317.

[2] *Philosophical transactions* de 1678, p. 1007.

où il avait pendant si longtemps été abandonné sans soins et singulièrement mutilé, mais auquel on a joint d'autres combinaisons ou additions dont l'ingénieur de Gennes et Vaucanson lui-même ne s'étaient point préoccupés à l'origine.

La plus ancienne partie de ce modèle, celle qui en constitue la base principale ou fondamentale, a été mentionnée avec de grands éloges dans un célèbre article du *Mercure de France* pour l'année 1745 [1], article souvent reproduit dans

[1] Numéro de novembre, p. 116 et suiv. Voici un extrait abrégé des passages essentiels de cet article :

« La machine consiste en un premier mobile en forme de cabestan, faisant marcher plusieurs métiers à la fois et mû par une force quelconque. — L'étoffe se roule elle-même à mesure qu'elle se fabrique; la chaîne est toujours également tendue, etc. — L'auteur a trouvé le moyen de déterminer la quantité de *soie* qu'il veut faire entrer dans une étoffe, en donnant plus ou moins de poids au battant, en tenant la chaîne plus ou moins tendue et en faisant donner plus ou moins de trame par des tours de manivelle. — C'est par de semblables moyens qu'il fait dévider son étoffe plus ou moins vite, selon que la trame est plus ou moins grosse et qu'elle est plus ou moins frappée. — Les lisières de l'étoffe fabriquée sur le nouveau métier sont bien plus belles et bien plus parfaites que celles des étoffes ordinaires, l'auteur ayant trouvé le moyen de supprimer une pièce, appelée *tempia*, dont on se sert pour contenir l'étoffe dans sa largeur, mais qui gâte les lisières par les trous que les pointes y font. — En cas de rupture et de nouage des fils ou de changement de navette, on arrête le métier sur-le-champ, en poussant un bouton placé à l'un des angles du bâti, sous la main d'une jeune fille veillant à quatre de ces métiers. — Cet arrêt, d'un mécanisme nouveau et fort ingénieux, suspend et redonne comme un éclair tous les mouvements du métier auquel il appartient, sans troubler la marche des autres métiers ou du moteur général. — Un cheval peut faire marcher trente de ces métiers, un homme en ferait aller six, et un enfant de douze ans facilement un; chaque métier produisant par jour tout autant d'étoffe que le meilleur ouvrier. — L'auteur n'a encore travaillé (en novembre 1745) que pour des étoffes unies, taffetas, sergé, gros de Naples, satin, etc.; mais on espère que bientôt après il rendra ses ouvriers habiles à fabriquer les étoffes façonnées. »

Ces derniers passages indiquent que le métier, marchant automatiquement à raison, sans doute, de quarante ou cinquante coups au plus par minute, ne fabriquait que des étoffes de soie unies; mais on ne saurait en conclure que Vaucanson s'en soit servi pour fabriquer d'une manière également avantageuse et automatique les tissus façonnés, car l'auteur de

les ouvrages de technologie relatifs à l'art de tisser : dans ce modèle, Vaucanson se proposait exclusivement de fabriquer les étoffes de soie unies, par des procédés purement automatiques, puis subséquemment les étoffes façonnées, au moyen des combinaisons additionnelles dont j'ai déjà parlé, et sur lesquelles je reviendrai bientôt, mais qu'il ne faut pas confondre, comme on l'a fait quelquefois, avec le métier à tisser automate ci-dessus, que l'auteur de l'article cité du *Mercure de France* avait vu fonctionner si admirablement sous ses yeux en 1745, et qui, malgré son extrême simplicité, paraît être resté sans application pratique immédiate, si ce n'est

l'article inséré au *Mercure de France* ne nous dit rien touchant les additions ou transformations capitales que le métier a dû subir à cet effet; et si, comme le prétend la tradition, il est vrai que, dans son état primitif, il ait été mis en action, ainsi que d'autres semblables, par un âne appliqué à l'arbre d'un manége établi dans l'une des caves de l'ancien hôtel de la rue de Charonne, il est non moins certain qu'il n'en existe aucune trace apparente dans le modèle déposé au Conservatoire des arts et métiers, modèle dont la description et le dessin se trouvent rapportés à la page 538, pl. 27, du *Traité sur les arts textiles*, par le professeur Michel Alcan. Dans ce modèle, en effet, on voit une simple marche inférieure remplacer les cames ou excentriques à ondes dont le métier primitif devait être pourvu, et dont l'existence n'est plus ici accusée que par un arbre de couche longitudinal. D'autre part, le mécanisme à déclic d'échappement de la navette et la navette elle-même manquaient à l'époque de 1847, où l'ouvrage en question a paru; de sorte qu'il est vrai de dire qu'aujourd'hui même on ne possède point encore de description parfaitement satisfaisante du premier métier à tisser automate de Vaucanson. Pour être en mesure de la refaire avec une rigoureuse exactitude, il faudrait consulter les vieilles archives du Gouvernement, si toutefois il en existe ailleurs qu'au Conservatoire des arts et métiers, où il m'a seulement été possible, dans une visite faite en présence de M. Tresca, sous-directeur, de retrouver, en 1852, le dessin de la navette et du mécanisme à déclic et ressort à boudin renfermé dans les tubes porteurs ou conducteurs : ce dessin a d'ailleurs permis à M. Marin, très-habile et intelligent artiste lyonnais dont j'aurai ci-après à citer les services d'une manière plus explicite, de rétablir cette partie depuis si longtemps égarée du métier à tisser de Vaucanson, malheureusement trop oublieux d'une renommée que nous sommes aujourd'hui si fiers de revendiquer, et pour laquelle la ville de Grenoble a, bien tardivement sans doute, songé à élever une statue comme à l'un de ses plus illustres enfants.

peut-être en Angleterre, où, d'après Baines, l'historien des manufactures de coton, il en aurait existé un grand nombre dans l'établissement de tissage monté vers 1765 par Gartside à Manchester, quoique sans avantage prononcé, attendu que chaque métier devait être surveillé et dirigé séparément[1]. Quant à notre pays, l'esprit des fabricants d'étoffes, comme le témoignent l'abandon, l'oubli absolu des tentatives de de Gennes et de Vaucanson, était loin alors d'être dirigé vers la production économique des tissus, même les plus communs, et cet état de choses a persisté longtemps encore après l'époque où, grâce aux progrès incessants des filatures de soie, de laine et de coton, on se décida enfin chez nous à imiter nos industrieux voisins d'outre-Manche.

§ II. — Perfectionnement et propagation du métier à tisser automatiquement les étoffes unies. — *Edmund Cartwright, Robert Miller, Horrocks, Thomas Johnson, Richard Roberts, Sharp* et *Roberts*, etc., en Angleterre; *Biard, Despiau, Vigneron, Debergue, Risler, Josué Heilmann*, etc., en France. — Les navettes volantes de *John Kay*, de *Despiau*, etc. — Le casse-trame du Lyonnais *Guigo* et de *Fasanini*, etc. — MM. *Smith, Chrichton, Mason, Parker*, etc., à l'Exposition universelle de Londres.

La lenteur du procédé mécanique imaginé par Vaucanson pour la fabrication des étoffes unies ou à trame simple, la nécessité, comme on vient de le voir, d'appliquer à chaque métier un ouvrier rattacheur, l'état arriéré du système de construction des machines en fer vers 1745, et principalement la routine obstinée des tisseurs, furent les causes essentielles qui sans nul doute empêchèrent le système d'être accueilli par les industriels avec la faveur qu'il méritait comme première tentative. L'auteur anglais précédemment cité[2] considère le

[1] Voyez l'ouvrage anglais ci-dessus de Baines, imprimé à Londres en un volume et sans date, page 229.

[2] A la page 229 de l'*Histoire des manufactures de coton*, Baines rapporte une lettre de Cartwright où ce célèbre mécanicien fait remonter sa découverte à l'été de 1784, et nous apprend que c'est seulement dans sa patente du 1er août 1787, et après des tentatives infructueuses, que, en adoptant

révérend docteur Edmund Cartwright, le même qui inventa la première machine automate à peigner la laine longue, comme l'auteur du métier à tisser dont l'idée et le mécanisme se rapprochent le plus de ceux des systèmes actuellement en usage, notamment des métiers qu'on a vus fonctionner en 1851, dans la galerie des machines de Hyde-Park, à raison de 100 à 150 coups par minute, s'arrêtant spontanément ou à la volonté du surveillant et pour ainsi dire instantanément, en cas de rupture du fil de trame ou d'un obstacle, d'un accident quelconque survenu à la navette, ici constituée d'une boîte très-solide, armée à ses bouts de becs en fer arrondis glissant sur les fils de la chaîne, et lancée violemment au travers des ouvertures alternatives de cette chaîne par le fouet rapide et vif de deux leviers verticaux qui, sous l'impulsion de fortes lanières en cuir manœuvrées par des cames, oscillent de part et d'autre des extrémités à coulisses du battant, monté sur un châssis à tourillons inférieurs, lui-même conduit, ainsi que ces leviers et les deux lames de lisses, par le sys-

cette fois la disposition du métier ordinaire des tisserands, il serait parvenu à réaliser un mécanisme approchant plus ou moins de ceux que l'on connaît, et dont la principale différence avec celui de Vaucanson consiste dans le jeu de la navette et du châssis-battant, non plus suspendu vers le haut, mais solidement établi sur des tourillons et coussinets supportés par les traverses inférieures du métier, entièrement construit en fer ou en fonte. Toutefois, les admirables tentatives de Cartwright seraient devenues pour lui, à la fin de ses jours, la source inévitable et assez ordinaire de misère et de ruine, si le Parlement britannique ne lui avait généreusement voté, en 1809, une récompense de 10,000 livres sterling (250,000 francs). Cependant il s'en faut de beaucoup qu'elle lui ait procuré l'existence honorable et le repos auxquels ses utiles et laborieuses recherches mécaniques lui donnaient droit. La tentative d'établissement d'un atelier de tissage mécanique faite en 1790 d'après le système de Cartwright, non loin de Manchester, par MM. Grimshaw de Gorton, n'aurait eu d'ailleurs, selon Baines, aucun succès; et ce serait, en effet, beaucoup plus tard, vers le commencement de ce siècle et par le concours des plus habiles constructeurs de la Grande-Bretagne, que l'on serait parvenu à appliquer fructueusement les métiers automates de cette espèce au tissage des calicots unis, dont la fabrication commença dès lors à prendre une extension de plus en plus considérable.

tème des bras coudés à bielles de l'arbre moteur, muni d'un volant et qui occupe tantôt le bas, tantôt le haut du métier, dans un sens parallèle à l'ensouple de la chaîne, tendue par de forts contre-poids, mais soumise à d'ingénieux moyens de régulariser l'enroulement de l'étoffe, etc.

Depuis les tentatives assez peu fructueuses d'Edmund Cartwright, cette admirable combinaison n'a pas cessé d'exercer la patience et le génie inventif des plus habiles constructeurs mécaniciens de la Grande-Bretagne, parmi lesquels se distinguent principalement les Robert Miller, de Printfield (1796), les Horrocks, de Stockport (1803 à 1821)[1], les Thomas Johnson (1805, 1807 et 1834), les Richard Roberts (1822), et, plus près de nous encore, MM. Sharp et Roberts, célèbres constructeurs à Manchester, qui ont rendu tant de services à l'industrie du tissage et de la filature en général.

Quelques heureux efforts ont été également tentés dans cette voie chez nous, dès le commencement de ce siècle, par les Biard (1804), les Despiau (1805, 1819 et 1823), bientôt suivis par les Vigneron, les Debergue, les Risler et Dixon, les Josué Heilmann[2], etc. Mais ces habiles constructeurs, dont

[1] On trouvera les descriptions des anciens métiers de Miller et de Horrocks dans l'ouvrage de M. Borgnis (*Confection des étoffes*, p. 204 à 214) et dans le *Bulletin de la Société d'encouragement de Paris*, t. XVII (1818), p. 8; descriptions empruntées à la célèbre publication anglaise *the Repertory of arts*, reproduite en France par les *Annales des arts et manufactures* de *O'Reilly* (t. Ier, IX, etc.). Voyez aussi dans le *Bulletin* cité (t. XXV, 1826, p. 41 à 54) la description du métier à tisser de M. Debergue, précédée d'un rapport et de considérations historiques fort intéressantes sur ce genre de machines, par M. Molard jeune. Consultez enfin dans la même collection (t. XXIX, p. 7) une notice, avec description, sur le métier anglais à tisser nommé *dandy-loom*, marchant à bras ou par manivelle, depuis introduit en France par MM. Calla père et fils, et qui avait momentanément servi, vers 1826, aux fabricants de Manchester pour mettre un terme à la révolte des anciens ouvriers tisseurs, effrayés de la rapide propagation des nouvelles machines; révolte qui, d'après les supputations de Baines (p. 235), n'a pourtant point empêché le nombre des métiers automates de s'élever, s'accroître dans la proportion de 14,000, qu'il était seulement vers 1820 en Écosse et en Angleterre, à 55,000 environ dans l'année 1829.

[2] Le *Bulletin de la Société industrielle de Mulhouse*, n° 105, nous apprend

les tentatives mécaniques partielles répondaient à des besoins économiques divers de l'industrie du pays, n'ont pas à beaucoup près atteint la rapidité ou, ce qui revient au même, le

(p. 445 et 446) que ce célèbre mécanicien, après avoir construit en 1823, en collaboration avec la maison Risler et Dixon, des métiers mécaniques pour tisser le calicot, en prenant pour point de départ les descriptions contenues dans l'ouvrage de Borgnis, en établit vers 1835 (p. 452 et 453) d'autres destinés à la fabrication des étoffes de soie unies, florence et satin, pour une maison du Midi, dont cent vingt devaient fonctionner à Avignon, probablement pour la maison Thomas de cette ville, qui bientôt dut opérer pour son propre compte. Des métiers en fer de cette espèce, après avoir fonctionné utilement pendant un grand nombre d'années dans cette ville, furent achetés par une autre maison de Nîmes, où j'eus occasion de les visiter en 1853, non sans regretter qu'un motif illusoire d'économie ou de bon marché ait fait consentir leur nouveau propriétaire à se servir de vieilles machines si fort en arrière des progrès dont l'Exposition universelle de Londres venait d'offrir l'éclatant témoignage en 1851.

Je cite ces faits non-seulement pour montrer la participation directe de Josué Heilmann à l'introduction en France des métiers automates à tisser, mais encore pour prouver qu'elle n'est point aussi récente qu'on pourrait le croire, et qu'on s'en est depuis longtemps déjà occupé chez nous d'une manière véritablement usuelle ou pratique; ce que sembleraient également prouver les tentatives bien plus anciennes faites en 1806 par MM. Queval, de Fécamp, pour le tissage des toiles à voiles, tentatives mentionnées favorablement, mais seulement mentionnées, à la page 224 du tome IV du *Bulletin de la Société d'encouragement*. Toutefois, je ne dois pas négliger d'en faire ici la remarque, si dès 1826 il existait déjà dans la maison de M. Isaac Kœchlin, à Willer, un atelier de 240 métiers mécaniques du système Heilmann employés au tissage des calicots, d'autre part, on pourrait conclure de la note contenue à la page 532 de l'ouvrage de M. Alcan qu'en 1847 une seule maison en France, celle de M. Thomas, d'Avignon, avait appliqué ce genre de métiers à la fabrication des tissus de soie unis, et une seule maison, celle de M. Croutelle, à Reims, avait fait pareillement la même tentative d'application pour la laine mérinos; application qui depuis quelques années tend à se propager dans un grand nombre d'autres localités, où l'on se sert pour ainsi dire exclusivement de machines anglaises parvenues, il faut bien le répéter, à un degré de perfection, de précision mécanique qu'il serait difficile de surpasser, sinon d'égaler ailleurs. Quant au tissage du calicot, on peut admettre qu'il n'existe, en quelque sorte, aucun établissement en France où le travail à bras soit encore maintenu. D'ailleurs, après avoir lu ce qui précède, on consultera avec intérêt, dans le n° 14 (1829), page 327, du *Bulletin de la Société indus-*

degré de perfection, de solidité et de précision dans l'exécution matérielle qui fait le caractère incontesté des métiers à tisser automates construits en Angleterre.

Néanmoins, je dois rappeler que les combinaisons aujourd'hui si complétement satisfaisantes pour le tissage des étoffes unies ont dû être accompagnées ou précédées du perfectionnement, de la découverte même, de plusieurs organes mécaniques fort délicats, qui y entrent comme parties constitutives, et cela indépendamment des progrès accomplis à partir de 1820 dans le système général des constructions en fer et en fonte au moyen des machines-outils, qui ont assuré à l'ensemble et aux divers détails le caractère de précision, de durée et de stabilité que comporte en elle-même la substitution de ces métaux au bois dans toutes les parties qui n'exigent ni flexibilité ni ressorts propres à amortir les effets destructeurs de chocs, de secousses naturellement très-brusques.

Telle est notamment l'invention de la *navette volante*, attribuée à John Kay, de Bury, près Manchester (1738), qui délaissé dans sa patrie, où cette invention ne fut guère utilisée avant 1760, serait venu à Paris sans réussir davantage à l'y propager[1]. Autrement, en effet, il serait difficile de s'expliquer

trielle de Mulhouse, une *Notice* de M. Émile Dolfus sur les métiers à tisser du Haut-Rhin, et dans le tome Ier (1843), page 364, une autre *Notice historique* sur les métiers mécaniques qui, se rapportant à une date postérieure, ont été établis en France par MM. Meyer, Jourdain, Decoster, Fergusson et Bornèque, Quemin et Henri Debergue enfin, dont le métier, décrit à la page 351 du même volume, se distingue plus particulièrement de ceux des autres en ce que, destiné à tisser les toiles de lin et de chanvre, il est disposé de façon à donner deux coups à la duite, comme dans les métiers servant au tissage des toiles à voiles ; on trouvera ce métier également décrit avec ses perfectionnements successifs, de juin à août 1840, à la page 248 du tome LI du *Recueil des brevets expirés*.

[1] Baines, p. 116 et 117. On trouve, en effet, dans le catalogue officiel anglais une patente du 26 mai 1733, inscrite sous le nom de John Kay, fabricant de cannes à Bury, pour une navette destinée à la fabrication des plus larges tissus de laine. Ce Kay, qui s'intitule ingénieur dans une patente du 24 juin 1738, où il est question de moulins à vent, et qui en 1745

comment un mécanisme aussi simple avait pu être mis par les drapiers, à qui il était plus particulièrement profitable, en un aussi complet oubli jusque vers les premières années de ce siècle, c'est-à-dire à l'époque où MM. Ternaux, Richard Lenoir, etc., mais surtout M. Despiau, par son métier à navette automate[1], cherchèrent à en faire revivre et multiplier l'usage dans nos fabriques, où il avait cependant été réimporté et jusqu'à un certain point répandu en 1788 par le nommé John Macloud, originaire de Dublin et contre-maître distingué de Manchester, qui fut chargé par l'administration d'alors de se rendre dans les principales villes manufacturières françaises, d'où le nouveau mode de tissage se propagea, en peu de temps dit-on, dans tout le royaume[2].

Tels sont aussi les ingénieux mécanismes pour suspendre brusquement le mouvement de la machine, soit en cas d'accidents, d'arrêts survenus à la navette, soit en cas de rupture, sinon d'un fil de chaîne, ce qui est comme impossible, puisque cela exigerait l'emploi d'un nombre pour ainsi dire indéfini de petites bascules à contre-poids et de rouleaux ou bobines ensouples postérieurs, du moins d'un simple fil de trame, ce qui est infiniment plus facile en faisant usage d'un élégant et léger *casse-fil*, aujourd'hui constitué, dans les machines anglaises, d'une sorte de *fourchette* à bascule horizontale supérieure, dont les oscillations, entretenues par la présence de la navette et du fil de trame dans l'ouverture de la chaîne, cessent, aussitôt que l'une ou l'autre vient à manquer, par une action très-brusque sur le mécanisme d'embrayage de la

prit une dernière patente pour le tissage des rubans et autres étoffes étroites, ne saurait être évidemment confondu avec l'horloger Kay, qui construisit la première machine à filer d'Arkwright, non plus qu'avec les mécaniciens James et Johnson Kay de Stockport, patentés en août 1805 pour un métier à tisser automate perfectionné et offrant de nouvelles combinaisons dont il m'est impossible d'indiquer ici la nature et la portée effectives.

[1] *Recueil des brevets expirés*, t. V, p. 160, brevet du 4 janvier 1805.

[2] *Notice sur l'importation de la navette volante en France*, par M. Pajot-Descharmes. Voy. *l'Industriel* de février 1827, p. 233.

machine : combinaison bien connue d'ailleurs et employée depuis assez de temps en France[1].

Tel est encore le mécanisme régulateur de la tension de la chaîne ou de l'enroulement de l'étoffe sur son ensouple, lequel a été de la part d'un grand nombre de mécaniciens, en France ou en Angleterre, l'objet de tentatives plus ou moins heureuses, et dont les combinaisons fort délicates, à rouages dentés, vis sans fin, etc. rappellent celles non moins remarquables qui ont été faites en vue de régulariser le tors et l'enroulement des fils dans le banc à broches; tentatives ayant pour point de départ le métier automate de Vaucanson, qui remonte, comme on l'a vu, à l'année 1745, et dont le moyen de solution repose sur l'idée extrêmement simple des rouleaux freins intermédiaires, tendeurs de l'étoffe entre l'appui supérieur ou poitrinière et l'ensouple inférieure. Toutefois, il ne semble pas que jusqu'ici cette disposition ait été remplacée par un mécanisme régulateur entièrement satisfaisant pour certains tissus[2], d'autant que, dans le métier de notre grand

[1] Voyez, entre autres, le brevet d'invention délivré le 19 mai 1826 au sieur Guigo (Charles), à Lyon (t. XXIII, p. 197, pl. 26, du *Recueil des brevets expirés*), pour un métier mécanique tisseur à deux étages, avec régulateur à vis sans fin. Cependant je dois dire que la grossièreté d'exécution de toutes les parties de la machine, établie en bois, ne répond qu'imparfaitement au mérite de l'idée ou de l'intention, et le mécanicien Guigo a dû s'associer l'année suivante à M. Fasanini, négociant à Lyon, pour des modifications essentielles appliquées au mécanisme général du métier, qu'il a fait suivre d'additions, de perfectionnements successifs plus ou moins ingénieux, peut-être bien en partie importés d'Amérique ou d'Angleterre, comme la machine même de Fasanini; ce que les brevetés n'indiquent nullement dans leur texte explicatif, qui mérite cependant d'être consulté au point de vue historique des idées (t. XXXVI, p. 135 à 145; brevet du 18 mai 1827, et additions des 13 mars 1828, 14 février et 4 décembre 1829, enfin 25 janvier 1831). L'ingénieur anglais Gilroy, dans son *Art de tisser* (p. 356 à 374), ne cite pas, relativement aux casse-fils, des métiers automates de date antérieure à 1835, et la plupart des tentatives de ce genre seraient dues à des constructeurs mécaniciens des États-Unis d'Amérique, tels que MM. Amarra Stone, Oliver Burr, Horace Hendrick, A. Potter, etc., presque tous établis dans Rhode-Island.

[2] A l'égard des régulateurs d'ensouples, l'auteur cité dans la précédente

mécanicien, elle servait en même temps à maintenir spontanément la largeur de l'étoffe entre ses deux lisières, sans l'érailler ou endommager comme le faisaient les anciens templets à crémaillère, et comme le font aujourd'hui encore quelques templets cylindriques à mouvement régulateur, armés aussi d'une couronne de pointes à chaque bout, etc.

C'est, je le répète, au concours de tous ces délicats et ingénieux organes, autant qu'à la rigoureuse exécution mécanique des diverses parties, que les métiers à tisser anglais dont MM. Smith, Kenworthy et Bullough, Chrichton, Mason, Parker, Brown, etc., ont offert de si beaux modèles fonctionnant à l'Exposition de Londres, doivent leur incontestable supériorité sur les nôtres, et c'est après avoir enrichi de longue date nos voisins d'outre-Manche qu'ils se sont fait admettre chez nous dans ces derniers temps, d'une manière un peu générale, pour les étoffes unies, soie, laine ou coton, en permettant enfin à nos fabricants d'abaisser jusqu'à 60 et même 30 centimes le mètre courant de calicot commun, non toute-

note, M. Gilroy, prétend que leur première introduction en Angleterre daterait seulement de la patente délivrée le 13 septembre 1838 à M. Edwin Bottomley, de South-Crossland, mais que, deux années auparavant, M. Philippe, constructeur mécanicien, rue de Château-Landon, à Paris, aurait déjà établi des métiers à tisser munis de semblables appareils; ce qui est d'autant plus admissible que depuis fort longtemps déjà on s'en était occupé en France, comme on peut le voir, entre autres, soit par le régulateur de Dutilleu, déposé en 1808 au conservatoire de Lyon et exécuté par Estienne, habile mécanicien de cette ville, soit par le brevet de perfectionnement délivré le 8 février 1815 au sieur Perrelle fils, à Ancy, département du Rhône (t. VIII, p. 117, du Recueil imprimé). Déjà aussi la Société d'encouragement de Berlin avait fondé pour cet objet, en 1822, un prix qu'elle décerna en 1824 à M. Haussig, pour un régulateur établi sur un principe analogue à celui qu'avait employé Vaucanson (voyez la description de ce régulateur à la page 151 du *Bulletin des sciences technologiques* de M. de Férussac, t. II, année 1824). Enfin, on pourra prendre une idée d'un autre régulateur basé sur le principe du mouvement différentiel à la page 308 du tome VII (1851) de la *Publication industrielle* de M. Armengaud, où se trouve décrit avec beaucoup de soin, et à grande échelle, le système ingénieux de M. Victor Laurent, mécanicien manufacturier à Plancher-les-Mines (Haute-Saône).

fois sans substituer simultanément aux anciens bancs à broche et d'étirage à bidons tournants les rota-frotteurs ou autres procédés expéditifs et simples de fabrication particulièrement usités en Normandie, ainsi que nous l'avons vu dans l'un des précédents chapitres.

Parmi les métiers à tisser automates qui ont fixé l'attention du public et des membres du VIe Jury à Londres, celui de MM. C.-E. et C. Parker, de Dundee, en Écosse [1], destiné à la fabrication des toiles à voile, était sans contredit le plus digne d'intérêt sous le rapport de la nouveauté et des nombreuses difficultés vaincues pour égaliser, régulariser la tension des fils de chaîne au moyen de romaines à curseurs automates, servant à maintenir cette tension dans une sorte d'état d'équilibre alternatif et variable à volonté, pendant la marche même assez lente du métier, dont le sommier battant a besoin d'une grande force d'inertie pour le serrage des duites à chaque coup double.

« On sait quelle énorme fatigue supportent les toiles de navires, exposées qu'elles sont à l'action variable et puissante des vents; par cela même, elles exigent une grande égalité de force et de fabrication. Il est non moins indispensable que le tissu soit aussi serré que possible, afin d'éviter que la pression du vent ne se réduise par son passage au travers des vides. Enfin, le métier lui-même doit, par ces différents motifs, être construit avec la plus grande solidité; ce qui n'est point au même degré indispensable pour les métiers à fabriquer les étoffes ordinaires.

« Le métier à tisser de MM. Parker se fait remarquer par la simplicité avec laquelle le but se trouve rempli. La chaîne

[1] MM. Parker, dans leur notice adressée aux Commissaires de l'Exposition de Londres, se disent patentés pour leur métier à tisser les toiles à voiles (*Patent mathematical power loom for weaving navy sail-cloth and other heavy fabrics*); mais on ne trouve dans le catalogue officiel des patentes anglaises que le nom de M. Parker (Charles), inscrit sous le n° 8664, à la date du 22 octobre 1840, pour un métier à tisser les toiles de lin, etc., sans désignation spéciale.

y est alimentée simultanément par quatre ensouples, ce qui permet d'y tisser plusieurs pièces de toile successivement, sans changement spécial. Les fils de chaîne passent collectivement entre des rouleaux à la manière de Vaucanson, de façon à en régulariser l'uniformité de passage près de la duite, quel que soit le diamètre variable des ensouples.

« L'ensouple du devant est mue par un train de roue continuellement poussé au moyen de deux poids attachés à des leviers. Ces leviers agissent sur des roues à rochet fixées à un arbre mis en relation par des rouages dentés avec l'ensouple ci-dessus, et ces leviers sont soulevés alternativement par des cames spirales, de manière que quand l'un est en action pour tendre la toile, l'autre est relevé ou remonté *et vice versa*. Chaque levier est muni d'une longue vis qui agit pour déplacer le poids par sa propre rotation. Les choses sont disposées de telle sorte que l'accroissement du levier compense exactement celui du diamètre de l'ensouple, et qu'ainsi il en résulte une forte et constante tension dans l'étendue entière de la chaîne. »

Quant aux diverses et ingénieuses machines à tisser les étoffes façonnées qui ont été présentées à l'Exposition universelle de Londres par des constructeurs de la Grande-Bretagne et de quelques autres pays, on doit les considérer, surtout celles qui concernent des procédés exclusivement automatiques, comme des tentatives non encore suffisamment justifiées par l'expérience, et incapables, à l'époque de 1851, de rivaliser avec cette multitude de combinaisons ou de perfectionnements délicats que nous avons vus se succéder en France, pour ainsi dire sans interruption, depuis le commencement du siècle, et ayant pour objet également, mais à des degrés divers, la diminution de la fatigue corporelle, l'épargne du temps ainsi que la variété, la multiplicité des reproductions ou des combinaisons du dessin, et, ce qui en est la conséquence nécessaire, l'abaissement même du prix de revient des plus riches, des plus brillants tissus.

Bornons-nous ici à quelques indications générales et rapides propres seulement à fixer l'ordre et la succession chronologiques des principales idées ou inventions mécaniques dans cette branche si importante de notre industrie nationale ; inventions fort incomplétement représentées à l'Exposition universelle de Londres, comme toutes celles, à quelques exceptions près, qui ont rapport au travail mécanique des matières textiles.

§ III. — Des métiers à la marche ou à la tire servant à tisser les étoffes figurées ou façonnées. — La petite tire chinoise et la grande tire lyonnaise : *Dangon, Garon, Basile Bouchon, Falcon* et *Vaucanson.* — Les anciens métiers à cylindres d'orgue, à cames, bascules de rabat et cassins, des Régnier et des Paulet, de Nîmes; des Morton, de Kilmarnock en Écosse, etc.

Toutes les fois que le nombre des pédales servant à mouvoir périodiquement et dans un ordre déterminé les lames de lisses horizontales des métiers à tisser se multiplie de manière à rendre la manœuvre trop lente ou trop pénible, on a eu recours depuis des siècles, même pour les damassés de Saxe en fil de chanvre ou de lin, aux procédés directs et pénibles du système de la tire, procédés qui consistent dans la suspension isolée des maillons de lisses à l'extrémité inférieure d'autant de fils verticaux tendus au-dessous de la chaîne par de petits poids d'abaissement spontané, partagés par groupes distincts, correspondant aux anciennes lames de lisses, c'est-à-dire aux différentes armures de duites, aux abaissements ou soulèvements simultanés des fils horizontaux de cette chaîne, ici nécessairement assez longs et extensibles par eux-mêmes, ou par le déplacement élastique de l'ensouple, pour se prêter à leur infléchissement sans rupture ni énervation. Ces mêmes groupes de fils verticaux, après leur passage au travers des ouvertures d'une grille ou planche horizontale d'*arcade*, forment autant de faisceaux entièrement distincts convergeant, en effet, sous forme de voûtes, d'arceaux, vers la partie supérieure, où, réunis par paquets, ils sont soulevés alternativement et dans l'ordre voulu, tantôt directement du haut du bâti, comme dans les antiques métiers chinois a très-petites laizes ou largeurs, ce qui n'exclut nullement l'emploi simultané d'un certain nombre de lisses à marches, plus spécialement destinées à la formation du fond uni et servant de corps ou de lien au tissu; tantôt par une manœuvre plus habile, comme dans les métiers en usage à Lyon dès la fin du XVIe siècle : ils sont réunis, assemblés en autant de nœuds que soutiennent, à leurs sommets ou points de convergence respectifs, de nouveaux fils ou cordons verticaux plus forts, nommés *cordes de rames*, lesquels, après leur passage sur une ou plusieurs rangées supérieures et obliques de poulies de renvoi constituant le *cassin*, se replient horizontalement pour aller s'enrouler à une certaine distance sur un cylindre extérieur également horizontal, servant de treuil fixe, de simple soutien ou moyen de bandage, aux mêmes cordes, manœuvrées de haut en bas, isolément ou par groupes successifs, à l'aide de tiraudes verticales correspondant à peu près à leurs milieux, et qui, d'après le principe de la funiculaire, rendaient non-seulement la manœuvre individuelle des cordes de rame relatives aux diverses armures ou faisceaux de lisses notablement plus facile, mais aussi permettaient par cela même de multiplier, en quelque sorte à volonté, le nombre des faisceaux simultanément soulevés et appartenant à une même duite, quelle qu'en fût la combinaison ou la variété, ce qui facilitait singulièrement l'exécution des plus grands dessins de façonnés, sans les embarras et la fatigue résultant du tirage ou soulèvement direct de plusieurs centaines de plombs de lisses, selon l'antique méthode chinoise.

On se servit en effet pendant bien longtemps, sous le nom de *petite tire* et pour les dessins les moins compliqués, de ce système, dont les cordons de manœuvre, passant au travers d'une grille ou dernière planche horizontale extérieure au métier et percée de trous arrondis, étaient armés en dessous de boutons à main, disposés dans l'ordre précis de succession des armures et duites indiqué par un tableau ou dessin quadrillé servant à *lire*, *élire* les cordons de tirage; ce qui, indépendamment du tisseur, exigeait tout au moins un aide ou tireur obéissant à son commandement. Bientôt aussi, les dessins se compliquant et le nombre des maillons de lisses allant en augmentant avec la largeur et la finesse de l'étoffe, on améliora cette primitive, insuffisante et lente combinaison en se servant de moyens beaucoup plus puissants, et faisant aboutir les cordes verticales de manœuvre, nommées alors *semples* et non plus *cordes de lisage*, à un second treuil d'enroulement fixe, mais inférieur au précédent : ces semples étaient munis, à diverses hauteurs, de lacets ou *lacs* disposés à l'avance et formés de groupes distincts ou paquets horizontaux de boucles, liés, à l'autre bout, au moyen de coulants, à des cordes verticales postérieures ou *gavacinières* fortement tendues, rangées dans un ordre de succession propre à faciliter le choix ou le lisage des *lacs*, sur lesquels agissaient successivement une, deux et quelquefois trois *tireuses*, en mettant par là même à profit un second système funiculaire qui servait à faciliter le tirage des cordes de rames ou le soulèvement des plombs de lisses.

Ce système, organisé en 1606 par Dangon, dans la ville de Lyon, sous le nom de *grande tire*, comportait, outre les cordes de semples, un équipage de plusieurs marches soulevant des lames de lisses. Garon y ajouta en 1717, pour alléger la fatigue des tireurs de lacs, un treuil horizontal à levier d'abatage et à rouleaux parallèles, dont l'un tournant autour de l'autre, et embrassant le paquet des cordes de rames correspondantes, tendait à faciliter le tirage de ces cordes et permettait de n'employer à leur manœuvre que la force d'un seul tireur.

C'est peu après, vers 1725, que Basile Bouchon aurait imaginé de supprimer entièrement l'équipage extérieur des cordes de semples, des lacs et *gavacines*, pour agir immédiatement sur les cordes de rames, rendues de nouveau verticales par un second système de poulies de renvoi formant avec le premier un double cassin, et qui, rangées le long de la face droite du bâti, étaient exclusivement employées au soulèvement des fils de la chaîne. Dans ce but, une *griffe* ou lame de fer biseautée en dessus, horizontale et manœuvrée par un équipage de leviers à pédales, servait à abaisser avec force les crochets inférieurs courbes dont étaient munies de longues aiguilles en fer suspendues aux extrémités basses de ces cordes respectives, après que le groupe d'entre elles répondant à une certaine duite ou armure avait été écarté de sa direction verticale primitive au moyen d'un dispositif excessivement ingénieux, constituant un véritable *lisage*, et composé d'un rang horizontal d'aiguilles parallèles, munies de boucles ou œillets ronds traversés par les tiges respectives à crochet, qu'elles entraînaient quand leurs extrémités horizontales, antérieures ou extérieures au bâti du métier, venaient à être repoussées par les cartons, d'abord libres sans doute, mais bientôt articulés sous la forme d'une chaîne verticale à cordons flexibles, passant sur des rouleaux parallèles, etc. A cet effet, un homme dirigeait à la main ces cartons, au moyen de gros trous percés à leurs extrémités verticales et de chevilles coniques de repère en bois fixées aux montants du bâti, qui portait, en outre, une planchette horizontale, munie d'une série d'autres petits trous ronds, rangés suivant une ligne elle-même de niveau et destinés à livrer un libre passage au surplus des aiguilles à boucles dont il vient d'être parlé, mais demeurées immobiles ainsi que les aiguilles à crochets correspondantes, par là même soustraites à l'action de leur griffe de soulèvement.

Cette combinaison est d'autant plus remarquable qu'elle offre, dans le système de refoulement des aiguilles horizontales par les cartons, une certaine analogie avec les formes ordinaires de l'imprimerie typographique, dont les caractères, serrés entre eux et rangés dans un certain ordre, produisent par le refoulement de leur relief l'impression désirée, variable au gré du compositeur; la même analogie est bien plus frappante encore dans les métiers à combinaisons d'armures savantes et multiples en usage de nos jours, métiers où le lisage et le perçage des cartons d'après les dessins quadrillés et coloriés s'opèrent au moyen de machines et d'artifices non moins ingénieux que les précédents ou ceux qui suivent, mais dont je regrette de n'avoir pas su rendre plus manifestes le mérite et l'heureuse conception, à cause de la pauvreté, de l'étrangeté de la langue des ateliers.

Quoique l'idée originale de Basile Bouchon ne comportât qu'un simple rang d'aiguilles verticales à crochets mobiles, guidées par des *planches à collets* ou ouvertures fixes, et par conséquent aussi qu'un petit nombre de combinaisons d'armures susceptibles de varier dans la longueur entière de la bande articulée des cartons, ce n'en était pas moins un trait de lumière pour tout esprit inventif; trait, en effet, mis depuis à profit dans une infinité de circonstances, trop souvent et faussement d'ailleurs attribué au célèbre Jacquart, et que Falcon, autre chef d'atelier de tissage bien connu à Lyon, ne tarda pas (1728) à faire suivre de la disposition de plusieurs rangées horizontales d'aiguilles motrices se correspondant les unes au-dessus des autres et susceptibles, comme la précédente, de glisser le long des ouvertures cylindriques également horizontales de deux planches à collets fixes et parallèles: ces rangées multiples d'aiguilles horizontales se trouvaient, au surplus, accompagnées de rangées parallèles correspondantes de trous percés, mais interrompus, dans les cartons respectifs, d'après un savant procédé de lecture du dessin des étoffes et de découpage au poinçon des mêmes cartons. Un tel procédé honore, en effet, le génie de Falcon, qui ne cessa de le perfectionner jusqu'en 1748, en même temps qu'il eut l'heureuse et féconde idée de faire passer la chaîne flexible des cartons, maintenus entre eux consécutivement à des intervalles de près d'un centimètre, sur deux prismes supérieurs quadrangulaires, parallèles et horizontaux, à rotation très-libre, attendu qu'ils étaient évidés et équilibrés; ces prismes, en se servant réciproquement de moyen de renvoi par le haut, supportaient, l'un, la branche descendante de la chaîne voisine des aiguilles de manœuvre, l'autre, la branche ascendante puisant ces cartons dans une seconde caisse ou magasin contenant les cartons repliés, superposés en zigzags.

Cette ingénieuse et très-simple manœuvre était d'autant plus facile, plus précise, que les cartons ne pouvaient s'altérer ni se déformer ici comme sur des cylindres ou corps arrondis, et qu'ils comportaient, aux extrémités de chacune de leurs faces, les mêmes trous à grosses chevilles coniques de repère employés par Bouchon. Ce sont ces cartons qui, à quatre-vingts ans d'intervalle, servirent de type à la combinaison beaucoup plus connue du système Jacquart, et dont Vaucanson s'était mal à propos écarté dans son modèle de métier à tisser existant au Conservatoire des arts et métiers. Dans ce modèle, en effet, Vaucanson supprime la chaîne flexible des cartons et la remplace par un unique et gros cylindre circulaire à axe horizontal, placé à la partie supérieure du bâti, percé de rangées parallèles de trous équidistants et recouvert d'une feuille de papier épais elle-même percée de trous qui correspondent un à un, et rigoureusement, aux précédents, mais offrant des intervalles pleins dans les parties où le papier-carton doit opérer le refoulement des aiguilles horizontales motrices des tiges verticales à crochets : l'ingénieux et très-simple appareil de ces crochets, du cylindre mobile sur chariot horizontal, etc., constitue d'ailleurs l'addition au métier à tisser automate déjà précédemment citée, et elle doit être considérée comme l'un des plus beaux titres de notre grand mécanicien à l'estime et à la reconnaissance de la postérité.

Remarquons, tout d'abord, que les aiguilles horizontales motrices dont il s'agit, à plusieurs rangs parallèles équidistants et étagés, sont placées non plus, comme dans le métier de Falcon, sur le côté droit et extérieur du bâti, ce qui nécessitait l'emploi des cordes de rames et leur double cassin à poulie de renvoi, mais bien directement au-dessus des cordons verticaux de soutien des nœuds d'arcades et des lisses correspondantes de la chaîne, ces cordons étant ici suspendus à des tiges à doubles crochets analogues à ceux de Falcon, quoique occupant une position renversée, crochets dont les plus élevés, très-courts, très-ouverts, sont en effet soulevés par des griffes ascendantes après leur repoussement latéral et simultané par les aiguilles horizontales. Mais, grâce à une ingénieuse disposition de la partie inférieure des mêmes tiges, reployées en boucle à l'un des côtés et reposant par le bout extérieur contre la planche à collets, horizontale fixe, des cordes de rames que sollicitent les plombs ou lames de lisse, ces tiges tendent naturellement à basculer ou à se maintenir écartées de la direction verticale de la griffe correspondante, dans l'état d'équilibre ou de repos naturel, griffe ou lame biseautée à laquelle ces tiges ne peuvent être soumises qu'en vertu du refoulement des aiguilles horizontales qu'elles traversent respectivement.

Quant au cylindre à carton repoussoir, il est, je le répète, monté, dans cette seconde machine de Vaucanson, sur un chariot à galets roulants, animé d'un va-et-vient horizontal mis en action, ainsi que les griffes de soulèvement, par une paire de marches que conduisent les pieds du tisseur dans le modèle existant aujourd'hui au Conservatoire des arts et métiers, mais qui, à la rigueur, pourrait l'être, il est vrai avec une extrême lenteur et beaucoup de précautions, par des excentriques ou ondes faisant marcher en même temps le mécanisme des cordons à poulies de renvoi, des leviers et du balancier à contre-poids de recul, etc., chargés du jeu de la navette, de la chasse ou battant frappeur des duites, à suspension supérieure, dont nous avons déjà précédemment parlé, enfin, du cylindre même à trous d'aiguilles, dont la rotation intermittente, très-petite, est, à chaque alternative ou va-et-vient du chariot, naturellement produite par et pendant le mouvement même de recul de celui-ci, au moyen du mécanisme bien connu des scieries, composé d'un cliquet postérieur à ressort repoussoir et d'un pied de biche antérieur mobile autour d'un point fixe, qui, tout en agissant sur les dents aiguës de la roue à rochet accolée au cylindre, sont transportés avec celui-ci par le chariot[1].

En s'appuyant, dans ces derniers temps, sur un passage de Paulet, de Nîmes, où l'on réfute un article anonyme de

[1] Voyez la planche 27, page 538, de l'ouvrage déjà cité de M. Alcan.

l'ancienne Encyclopédie (tome XV, 1765, p. 301), article dont la critique plus que passionnée n'a pas peu contribué, sans doute, à mettre les idées de Falcon et de Vaucanson en oubli dans la ville de Lyon, Paulet a, bien à tort ce semble, confondu le cylindre à repoussement d'aiguilles de ce dernier avec celui d'une machine inventée par Régnier, maître tisseur à Nîmes (1755), car cette machine avait simplement pour but de faire marcher latéralement les leviers ou pédales des cordes de semples et de rames des anciens métiers à petite tire, au moyen de cames à crochets, de becs d'âne, de saillies et rentrants alternatifs, analogues à ceux des anciennes orgues de Barbarie, dont on voit au Conservatoire des arts et métiers un intéressant modèle, relativement moderne et applicable à la fabrication des toiles damassées. Mais ce système particulièrement connu en France et en Angleterre[1], sous le nom

[1] L'auteur du *Traité* anglais *sur l'art de tisser*, G. Gilroy, dont l'autorité est, comme on l'a vu déjà, fort discutable, attribue à Thomas Morton, de Kilmarnock, en Écosse, l'invention d'un métier à *baril* ou *cylindre*, consistant en un tambour tournant, sur la surface duquel est *reproduite en relief* la figure, le dessin de l'étoffe, et qui, placé à la partie supérieure du bâti, fait mouvoir le mécanisme des leviers et bascules à soulèvement de lisses, au moyen de saillies, de crampons, etc. (voir p. 182). Mais M. Gilroy, en citant le nom et la localité, oublie la date, sans nul doute antérieure à celle du cylindre Jacquart, mais qu'on ne saurait faire remonter au delà de la fin du dernier siècle, où ces métiers étaient bien connus en France; d'autant qu'on ne trouve dans la collection officielle des patentes anglaises aucun inventeur du nom de *Morton*, nom qui s'applique probablement à l'un des heureux importateurs du système en Écosse. Cela doit s'entendre également sans doute du mécanicien James Cross, de Paisley, que le même auteur (p. 161) cite comme l'inventeur de la machine écossaise à harnais de bascules équilibrées (*scotch counterpoise harness*), et qui, vers la fin du dernier siècle aussi, était employée à tisser le linge damassé, dont, chose surprenante et bien digne de l'attention de nos philosophes économistes quand on songe aux progrès dès lors accomplis à Lyon, le Gouvernement français tenta vainement, en 1810, d'introduire la fabrication dans notre pays, en faisant venir à grands frais de la province de Brandebourg des machines et des ouvriers capables de tisser le linge de Saxe. Ces machines demeurèrent en effet, même après 1814, complétement abandonnées au Conservatoire des arts de Paris, bien qu'elles

de cylindres à *touches* ou à *orgues*, est une dérivation tout aussi évidente, peut-être plus prochaine encore, du tour à rosettes, du moins dans un grand nombre des applications qui en ont été faites à la fabrication de certains tissus à jours ou brochés dont nous aurons à nous occuper dans d'autres chapitres.

Évidemment, ces primitifs, très-grossiers et bruyants mécanismes de lecture et de tire automatique, qui, d'après Paulet, auraient subsisté jusqu'à la fin du dernier siècle, mais qu'on a vus se reproduire plus ou moins perfectionnés en divers pays et en diverses occasions en France, notamment par les Maugis (1757), les Dardois (1766), les Paulet (1777), les Perrin (1778), les Rivey (1779), etc.; évidemment, ces mécanismes ne sauraient être confondus avec l'ingénieux et élégant cylindre repousseur de Vaucanson, cylindre auquel on a d'ailleurs, à juste raison, reproché, ainsi qu'à toutes les machines analogues, de ne pouvoir, sans de très-grands diamètres ou sans multiplier beaucoup le nombre de ceux de rechange, convenir aux étoffes à dessins de grande hauteur dans le sens de la chaîne, aux châles riches par exemple, qui exigent une multiplicité de duites à armures compliquées, à couleurs changeantes, et dont trois rangs au plus d'aiguilles, susceptibles d'être repoussés à la fois avec le degré de précision indispensable, même pour un cylindre de très-fort diamètre, ne sauraient, à cause du resserrement nécessaire des trous

eussent fonctionné temporairement à Versailles, par les soins de M. Molard, dans les années antérieures. Ce fut, comme on sait, seulement à dater de 1818 que M. Pelletier, de Saint-Quentin, s'occupa sérieusement de cette fabrication, où il fut, quelques années après, suivi par MM. Dollé, de la même ville; Feray, d'Essonne; Joly frères et Perrier, de Voiron (Isère); Brunneel et Callemieu, Louis Philippe, de Lille, exposants en 1819, 1823 et 1825 (*Bulletin de la Société d'encouragement*, t. XXVIII, p. 131). Enfin, comme on le sait encore, c'est à M. Feray que l'on doit l'introduction dans les ateliers d'Essonne des métiers à harnais d'Écosse, perfectionnés sans doute relativement à ceux de la Hollande et de la Saxe, pour la confection mécanique du linge damassé, à laquelle on a bientôt appliqué chez nous le cylindre Jacquart, également manœuvré à la marche.

et des aiguilles, reproduire à chaque coup les multiples combinaisons des levées ou abaissements des fils de la chaîne, combinaisons auxquelles se prêtent, au contraire, si merveilleusement les rangées parallèles de trous, en nombre pour ainsi dire arbitraire, des cartons percés de Falcon.

§ IV. — Données rapides concernant la découverte et l'origine du métier *Jacquart*[1] : sa première machine brevetée en 1801; sa visite au Conservatoire des arts et métiers de Paris et son concours au prix de la Société d'encouragement; ses prétendus mécomptes et ses succès posthumes. — Perfectionnements essentiels dus au mécanicien *Breton*, de Lyon. — Intervention particulière du fabricant *Charles Dépouilly*, de Lyon; son apparition à l'Exposition française de 1819, ainsi que celle de MM. *Camille Beauvais*, *Jacquart* et *Breton*, de la même ville.

Jacquart, après avoir cherché, comme tant d'autres, à perfectionner les idées de Ponson (1775) et de Verzier (1790 à 1800) dans sa mécanique à huit marches et à poulies de renvoi supérieures faisant mouvoir les cordes, les leviers et lames de lisse à contre-poids de rabat, mécanique brevetée en 1801[2] et dont, selon lui, il existait alors plus de quatre mille modèles dans Lyon, la même qui lui valut, à l'Exposition du Louvre de l'an IX, une modeste médaille de bronze, très-suffisante récompense d'un système promptement abandonné, quoi qu'en aient dit certains auteurs fort mal informés à cet égard; Jacquart, après avoir infructueusement tenté la construction d'un métier à fabriquer les filets de pêche au moyen de navettes multiples, métier breveté seulement en 1805[3], mais auquel la Société d'encouragement avait déjà accordé un prix en 1804, en invitant l'auteur à se rendre à Paris, aux frais de la Société, pour y faire fonctionner et y parfaire

[1] On écrit aujourd'hui tantôt Jacquart avec un *t*, tantôt Jacquard avec un *d*; j'ai suivi l'orthographe d'abord adoptée dans les premiers *Bulletins de la Société d'encouragement*, vers le commencement de ce siècle.

[2] *Collection imprimée*, t. IV, p. 62.

[3] *Ibidem*, t. VIII, p. 238.

sa machine sous les yeux de Molard père[1]; Jacquart, que ce voyage, entrepris en 1803, mit à même de visiter et étudier à loisir le métier de Vaucanson, jusqu'alors délaissé dans les galeries du Conservatoire de Paris, faute d'interprètes intelligents et suffisamment initiés aux idées théoriques ou pratiques du tissage des étoffes de soie façonnées[2]; Jacquart

[1] *Bulletin*, 2ᵉ année (1802 et 1803), p. 109 et 165; sans description ni aucune suite constatant le succès.

[2] Voyez, à la page 193 du tome VII du *Bulletin de la Société d'encouragement*, le Rapport de M. Bardel sur le prix accordé à Jacquart pour son métier à tisser les étoffes de soie façonnées, Rapport suivi d'une description verbale et où l'on montre très-bien que le nouveau métier est l'application heureuse des conceptions originales dues à Vaucanson et à Falcon, mais principalement de celles du premier. « Employés séparément, dit M. Bardel, « ces deux moyens concouraient au même but, mais ils ne l'atteignaient « pas; réunis avec intelligence et avec des perfectionnements par M. Jac« quart, ils offrent un succès complet. Le métier où l'auteur a puisé l'idée « de cette réunion est celui de Vaucanson, déposé dans la salle du Conser« vatoire de Paris, depuis longtemps en vue des artistes et fabricants. Le « génie de M. Jacquart a saisi le point utile et a su l'employer avec avantage; « ce qui est une preuve évidente *qu'une machine abandonnée peut faire naître « des idées neuves, lorsque les regards du véritable artiste savent y découvrir ce « qui est bon et le mettre à profit.* — M. Jacquart a imaginé un moyen aussi « simple qu'ingénieux pour la composition de ses cartons. Ses connaissances « dans l'art de l'imprimerie l'ont mis à portée de composer en *caractères « mobiles* des planches à l'aide desquelles il imprime ces cartons et les dis« pose à recevoir les dessins. Par ce moyen, l'ouvrier d'une intelligence « ordinaire peut lire toute sorte de dessins avec facilité et promptitude. »

Malheureusement la description du métier Jacquart, dont est suivi le Rapport de M. Bardel, est insuffisante pour donner, au point de vue mécanique, une idée de l'état réel du système à l'époque d'août 1808, où le prix de 3,000 francs fut décerné sur le vu d'attestations émanées de la chambre de commerce de Lyon et de plusieurs fabricants, le tout appuyé de l'envoi d'une étoffe de soie à 3,800 lacs travaillée par un seul ouvrier au moyen de deux pédales.

Enfin, chose plus regrettable encore, le *Bulletin de la Société d'encouragement* ne renferme aucun dessin, aucune description des machines de Jacquart, de Vaucanson, de Falcon, qui eussent permis d'en faire la comparaison exacte à toute époque, et le même reproche peut être adressé au Rapport lu, dans la séance du 4 septembre 1826, à l'Académie des sciences, par M. Molard père, à propos des machines à tisser de M. Augustin Coront,.

enfin, après son retour à Lyon, eut l'heureuse et féconde pensée d'adapter les cartons à nappes pendantes de Falcon au tambour à chariot de Vaucanson, qu'il suffisait en quelque sorte d'équarrir ou de remplacer par un prisme rectangulaire accomplissant un quart entier, au lieu d'une petite fraction de révolution, à chaque duite ou recul du chariot; modification en apparence très-facile, mais dont les premières combinaisons mécaniques ne paraissent pas cependant avoir été parfaitement heureuses: le cylindre à chariot et les crochets à aiguilles, mal soutenus ou dirigés, offraient, en effet, des manques ou ratées tellement fréquentes, qu'elles faisaient le désespoir des ouvriers tisseurs, fort peu intéressés d'ailleurs à la suppression des tireurs de lacs, qui leur épargnaient la fatigue, assez grande, de la manœuvre obligée des pédales du nouveau métier.

Jacquart, peu ouvrier ou mécanicien de sa nature, dut

moulinier en soie du Midi, dont les ingénieuses inventions nous ont occupés à une autre occasion.

Ce dernier Rapport, qu'on trouve imprimé à la page 279 du tome XXV du *Bulletin* cité, et où il est également fait mention des métiers de Falcon, de Vaucanson et de Jacquart, ne contient aucune des indications historiques qu'on eût été en droit d'attendre de l'ancien élève de Vaucanson, devenu plus tard l'un des directeurs du Conservatoire des arts et métiers : on s'y contente simplement de dire que les métiers de M. Coront, d'une combinaison simple, faciles à exécuter et d'un entretien peu dispendieux, sont très-bien appropriés à leur objet; que le peigne y est porté par une espèce de chariot mobile dans un plan horizontal; que le lancé de la navette dans les deux sens, produit par un mécanisme aussi simple qu'ingénieux, présente l'avantage de ne pas frapper brusquement les taquets chasse-navette, mais de les conduire par un mouvement uniformément accéléré, à l'imitation de la main de l'ouvrier qui fait usage de la navette volante; qu'enfin M. Coront a adapté à l'un de ses métiers la mécanique à la Jacquart produisant une étoffe façonnée par le foulage d'une seule marche qui reçoit le mouvement de l'arbre moteur en même temps que toutes les parties du métier.

Je ferai remarquer, au surplus, que M. Coront a pris, pour ses métiers automates à tisser, divers brevets d'invention, de perfectionnement et d'additions, qui ont été insérés aux pages 32 à 40, tome XXXI, du *Recueil des brevets expirés*, ancienne collection.

recourir, vers 1806, à la coopération active et intelligente de Breton pour amener sa mécanique à bien, de manière à lui faire obtenir la récompense du Gouvernement et de la Société d'encouragement en 1807 et 1808 [1]. D'après M. le général Piobert, dont l'autorité ne saurait être contestée dans ces sortes de matières, puisque, jeune encore, il eut, en 1808, à expliquer et faire fonctionner le nouveau métier pour le Conservatoire des arts à Lyon [2], on devrait réellement au

[1] *Bulletin*, t. VII, p. 189 et 193. Voyez aussi la page 205 du tome V, séance du 11 mars 1807, où l'on mentionne la pension de 3,000 francs que, sur l'invitation de l'Empereur, la ville de Lyon lui aurait primitivement votée, outre la prime de 50 francs, pendant six ans, allouée à chacun des métiers de son invention livrés aux fabriques. Cette prime, bientôt improductive, et cette pension, réduite plus tard par la ville de Lyon à 1,500 francs dans des circonstances difficiles, permirent à Jacquart de vivre dans la retraite et à la campagne; toutefois le titre qui s'y rattachait et les honorables certificats délivrés par MM. Pernon et Bellanger, fabricants à Lyon et à Paris, ne purent, en 1807, décider la Société d'encouragement à lui accorder le prix qu'elle avait fondé, dès 1805, pour le perfectionnement des métiers à la tire, avant d'en avoir par elle-même examiné le modèle. Seulement, en prorogeant ce prix, de 3 000 francs, à l'année suivante, la Société fit à Jacquart, sur son montant, une avance de 300 francs destinée à la délivrance d'un brevet qui, pour cause, n'a jamais été réclamé ni imprimé. Quant au modèle aujourd'hui existant dans le cabinet de la même Société, il appartiendrait à une époque postérieure d'au moins sept années à 1808, d'après l'avis et l'examen de juges compétents, très au fait des travaux du mécanicien Breton, dont il est fait mention ci-après dans le texte.

[2] M. Piobert a d'ailleurs publié des comptes rendus en 1850, dans le tome XXXI de l'Académie des sciences, sur l'origine du métier Jacquart, une intéressante notice dont le contenu est conforme, quant au fond, à l'exposé du précédent paragraphe et de celui-ci, principalement établi d'après les données du Rapport dont cet officier général a été chargé à l'Exposition universelle de 1855 par le Jury de la VIIe classe (*Tissage des étoffes façonnées*, t. I, p. 380 à 383).

Cet exposé est également d'accord, en beaucoup de points, avec la notice intitulée : *Les hommes providentiels*, etc., publiée à Paris en 1852 par M. Philippe Hedde, dont nous aurons plusieurs fois à citer les essais historiques.

Enfin M. Marin, de Lyon, professeur de théorie et de pratique pour la fabrication des étoffes de soie, auteur d'un petit *Traité* relatif aux *combinaisons d'armure*, parvenu en 1844 à sa 3e édition, M. Marin, dis-je, depuis l'Expo-

mécanicien Breton le ressort à boudin servant à repousser les aiguilles à leur position de repos ; le placement, sur chacune des quatre faces du prisme repoussoir, du *cylindre*, dont le nom, fort impropre, rappelle la véritable origine ; les chevilles coniques de repère jusque-là adaptées à la planche d'appui fixe des aiguilles ; l'*étui* ou boîte supérieure qui contient les élastiques ; le remplacement du chariot porte-cylindre par un battant vertical ou balancier à demi-oscillation, librement suspendu ; enfin la *presse à galets* qui dirigent le battant par leur action incessante sur des guides à double inflexion en acier, adaptés aux jumelles ou montants extrêmes, tandis que la presse elle-même, fixée à la caisse à griffes, monte et baisse alternativement avec celle-ci, sollicitée par son propre poids ou par le refoulement de la marche, dont une simple corde verticale transmet l'action au treuil supérieur d'enroulement des courroies de suspension de cette même caisse [1].

Ce dernier mécanisme, très-ingénieux, est d'autant plus remarquable qu'il supprime l'équipage fort lourd des leviers, des poulies de renvoi, des contre-poids, etc., précédemment employé par Jacquart à la manœuvre des battants ; équipage déjà pourvu, sans nul doute, des cliquets à ressorts latéraux, qui, adaptés aux montants fixes du métier d'après le système de Vaucanson, font opérer au cylindre, et à chaque levée ou retour du battant, un quart entier de révolution sur son axe supérieur horizontal. Ajoutons que c'est en inventant, dès 1812, une machine à transporter le mode de lisage des dessins sur les cartons, et, vers 1816, en imaginant une ma-

sition de Londres, exécuta, à l'échelle de 1/3, une série d'intéressants modèles de métiers à tisser, qui font connaître la marche progressive des progrès accomplis dans cette branche d'industrie à partir de Dangon. Ces modèles, d'abord admirés du public à l'Exposition universelle de Paris en 1855, ont été, sur la recommandation du Jury de la VIIe classe, acquis par l'Administration du Conservatoire des arts et métiers, où ils sont aujourd'hui déposés comme objets d'étude et d'enseignement.

1 Brevet du 28 février 1815, t. VIII de la *Collection imprimée*, p. 134 et 137, où Breton a pour la première fois pris possession de ces importantes modifications, possession aujourd'hui beaucoup trop oubliée ou méconnue.

chine à lire et percer ces mêmes cartons d'après un système perfectionné de celui de Falcon, que le mécanicien Breton serait définitivement parvenu à donner au métier qui porte le nom de Jacquart la précision, la facilité et la douceur de fonctionnement qui le firent généralement adopter dans l'industrie manufacturière, en triomphant par là de l'opposition que les ouvriers de Lyon avaient manifestée contre les imparfaits modèles primitivement livrés par l'inventeur.

Ces différents faits, dont l'exactitude ne saurait être mise en doute, peuvent servir à expliquer comment, malgré l'offre avantageuse de la Société d'encouragement dans sa séance de mars 1807[1], sur la proposition chaleureuse d'un célèbre fabricant de tissus à Paris, M. Bellanger, comment dis-je, Jacquart n'a jamais pris de brevet d'invention pour le métier qui porte son nom, et comment, par une réserve attribuée à un sentiment exclusif de modestie, il ne s'en est jamais non plus déclaré positivement l'inventeur, quoique, à coup sûr, l'heureuse inspiration qui le conduisit à réunir, à grouper les idées de Falcon et de Vaucanson en un même métier, ait en soi un immense, un incontestable mérite d'application, et lui en donnât certes le droit au même titre qu'à beaucoup d'autres inventeurs célèbres, dont les noms sont devenus les types populaires, mais souvent incomplétement justifiés, de toute une branche d'industrie mécanique.

Ces mêmes faits expliquent aussi la source véritable des déceptions qui ont accueilli les premières tentatives d'exécution de Jacquart, dont les efforts, bien que peu fructueux pour lui, n'en ont pas moins été, de la part du Gouvernement, de la Société d'encouragement de Paris et de la ville de Lyon, le motif de récompenses pécuniaires couronnées, à l'Exposition française de 1819, par la décoration de la Légion d'honneur et l'octroi de la *médaille d'or*, pendant que son ancien collaborateur Breton recevait la simple *médaille d'argent*, pour, dit laconiquement le Rapporteur, « les perfection-

[1] *Bulletin*, t. V, p. 205 et 206, déjà cité dans une note précédente.

nements apportés aux métiers à tisser » dès lors glorieusement baptisés du nom de Jacquart.

Le prix de 3,000 francs alloué en août 1808 au nouveau métier par la Société d'encouragement, non, il est vrai, sans quelque hésitation et des ajournements justifiés par le manque de renseignements directs, ce prix ne saurait, à coup sûr, être mis au nombre des prétendues déceptions de l'inventeur, qui, s'il ne sut pas comme d'autres en faire le pivot d'une colossale fortune et fut au contraire quelque peu en butte à la jalousie de rivaux intéressés, n'éprouva du moins jamais ces avanies, ces chagrins devenus depuis, comme on sait, le prétexte d'une foule de contes ridicules, reproduits dans les ouvrages anglais, et qui ont abouti à l'érection d'une statue par ses concitoyens lyonnais, jadis, dit-on, si injustes à son égard, et qui, de même que Jacquart, n'ont eu qu'un seul tort, fort grave aux yeux de la postérité, celui de taire les noms de Bouchon, de Falcon, de Vaucanson et de Breton, tout aussi inséparables du laborieux enfantement de l'admirable métier à cylindre et à cartons tisseurs que ne le furent ceux de Faust, de Schœffer et de Gutenberg pour leur coopération réciproque à la découverte mémorable de l'imprimerie typographique, avec laquelle l'art de tisser mécaniquement les étoffes présente, comme on a pu le voir en divers passages, plus d'un trait de ressemblance.

Quant à la part d'illustration qui a été faite à M. Dépouilly, célèbre fabricant de tissus à Lyon, puis à Paris, pour avoir enfermé Jacquart dans un de ses ateliers pendant six mois entiers (on ne dit pas l'époque), et l'avoir en quelque sorte contraint à perfectionner son œuvre en produisant, à l'aide d'ouvriers habiles, « une bonne mécanique que M. Charles « Dépouilly eut encore grand'peine à faire adopter, » cette part se rapporte probablement à l'application en grand et toute spéciale que cet habile fabricant aura faite de la machine à la production de certaines étoffes de fantaisie dues à sa propre initiative[1], étoffes qui, en rivalisant avec celles de M. Camille

[1] Cette manière de voir paraît, en effet, conforme à l'esprit du texte par

Beauvais, autre célèbre manufacturier de Lyon, obtinrent simultanément la médaille d'or à l'Exposition de 1819, sans qu'on puisse dire et répéter pour cela, dans le sens absolu et d'après un propos posthume prêté à Jacquart recevant la croix d'honneur à cette occasion : « Ce n'est pas moi qui l'ai « méritée, mais bien M. Dépouilly, qui a fait réussir ma mé« canique. »

Il importe, en effet, à l'histoire du progrès des arts mécaniques de ne pas confondre, comme on le fait trop souvent au détriment des inventeurs, les perfectionnements apportés aux organes constitutifs mêmes d'une machine servant de type primitif ou fondamental avec les applications plus ou moins heureuses qu'il est possible d'en faire à diverses branches d'industrie, quelque distinctes qu'elles paraissent à première vue, par exemple, à la production économique de certaines variétés de tissus, fussent-ils nouveaux par la matière première, l'usage, la forme, le dessin, etc. Ces applications, je le reconnais, peuvent constituer de véritables droits à des brevets d'invention ou d'appropriation spéciales, sans supposer nécessairement de grandes difficultés mécaniques vaincues, ni le perfectionnement effectif de la machine qui sert à réaliser les nouveaux produits, et c'est ainsi peut-être qu'on doit interpréter le propos attribué à Jacquart; car il paraît bien, d'après tout ce qui précède, que, longtemps même avant l'Exposition de 1819, notre célèbre artiste était demeuré à peu près étranger aux heureuses transformations, aux amé-

lequel le Rapport du Jury de 1819 (p. 50 et 301) a prétendu motiver les médailles d'or décernées séparément à MM. Dépouilly et Cie pour la production de nouvelles étoffes au moyen du métier *dit à la Jacquart, qu'ils ont su perfectionner,* et au mécanicien Jacquart lui-même pour le perfectionnement, l'invention des métiers à faire des couvertures façonnées, des tapis de pied, des étoffes de crin, des tissus pour meubles, des cachemires, etc.; énumération qui semblerait indiquer qu'à l'époque précitée de 1819 l'auteur s'occupait, en effet, plus d'étendre les applications de sa machine que de la modifier ou améliorer dans ses éléments constitutifs, comme l'avaient fait les mécaniciens Breton, Skola et d'autres.

liorations diverses qu'avait subies la machine qui porte aujourd'hui et si universellement son nom.

§ V. — Propagation du métier Jacquart en Europe, et plus spécialement en Angleterre, par MM. *Dépouilly, Stephen Wilson* et *Claude Guillotte.* — Applications et perfectionnements divers par MM. *Breton, Garnier, Belly, Skola, Michel, Marin, Acklin, Meynier, Bonelli.* — MM. *Barlow, Bonardel* et *Acklin* à l'Exposition universelle de Londres.

C'est, dit-on, à M. Dépouilly, le manufacturier dont il vient d'être parlé, bien plus sans doute qu'à M. Stephen Wilson, de Streatham (comté de Surrey), que l'Angleterre serait redevable (1822 à 1823) de l'importation de nombreux ouvriers, ainsi que des métiers Jacquart, qui fonctionnant déjà près de Londres, au nombre de cinq à six mille, en 1826, n'ont cessé de s'accroître d'année en année dans une progression bien faite pour alarmer notre industrie nationale, et qu'explique naturellement l'expatriation volontaire du constructeur de métiers Claude Guillotte et d'une infinité d'autres ouvriers lyonnais à la suite des malheureux événements de 1831 et 1834; expatriation précédée, favorisée d'ailleurs par la levée des prohibitions anglaises sur les soieries [1].

Je n'ai point ici à examiner si, comme on l'affirme, notre supériorité dans la fabrication des tissus riches tient essentiellement à la délicatesse, à l'universalité du goût national, trop souvent, il est vrai, oblitéré par les caprices de la mode, ou si, comme le veut une célèbre et déjà ancienne enquête parlementaire, elle se fonde plutôt sur le talent incontesté de nos dessinateurs et metteurs en carte, dont l'industrie anglaise a su de longue date, mais surtout dans ces derniers

[1] L'ouvrage anglais de Gilroy (p. 485 et suiv.) contient d'intéressants détails relatifs à l'introduction des métiers Jacquart à Spitalfield, où le nombre s'en serait déjà élevé à 30,000 en 1844. La patente octroyée à Stephen Wilson le 8 mars 1821, sous le n° 4543, *pour certains perfectionnements dans les machines à tisser les étoffes figurées*, porte en titre, sans désignation d'aucune personne, qu'indépendamment de ses propres découvertes cette patente contient le résultat de communications faites à l'auteur par des étrangers non résidant en Angleterre, et dont, à sa connaissance, l'application toute récente n'avait jamais été faite dans le Royaume-Uni.

temps, dit-on, s'approprier les travaux et la coopération immédiate. Je ne puis m'empêcher, à cette occasion, de remarquer qu'on a fait une part beaucoup trop étroite à l'initiative et à l'esprit inventif, sinon de nos chefs de fabrique ou d'ateliers, du moins de nos artistes mécaniciens, constructeurs et professeurs de théorie de fabrication. L'active et sûre intelligence de ces hommes modestes, dont les services sont trop souvent ignorés ou méconnus, est, en effet, occupée sans relâche de la création de ressources, de combinaisons géométriques, ou mécaniques propres à simplifier et faciliter, dans chaque cas, la production rapide, économique, des nouvelles étoffes créées par la féconde initiative de nos dessinateurs. Le succès et la réalisation matérielle des mêmes tissus reposent non moins encore, quoique dans un ordre différent de mérite, sur l'esprit intelligent et exercé des plus humbles ouvriers tisseurs, sur leur sentiment instinctif et leur amour raisonné de la perfection et du beau, résidant ici, je le redis avec conviction, principalement dans la rigoureuse exécution des formes géométriques du dessin, dans la précision même du jeu des principaux organes du métier et dans la combinaison, en quelque sorte arithmétique, par laquelle, à l'aide d'armures variables pour chaque duite, on parvient à reproduire mécaniquement ces formes, ainsi que le mélange harmonieux des couleurs, les reflets divers, etc., qui constituent le caractère propre à chaque étoffe.

En un mot, il faut de tous points se garder d'assimiler la participation de l'ouvrier lyonnais dans la production des riches tissus de soie à celle d'un simple manœuvre accomplissant machinalement certains mouvements obligés et périodiques, comme semble l'indiquer cette ignoble et ridicule épithète de *canut* appliquée autrefois à l'homme qui, possédant et sachant seul faire jouer les métiers, mais privé de capitaux et de relations commerciales, exécutait exclusivement sur commande. Véritable fabricant, chef d'atelier et fort souvent aussi père de famille, le succès obtenu est presque toujours pour lui l'objet d'une satisfaction d'amour-propre national ou personnel, dont il faut soigneusement entretenir le sentiment élevé par une instruction intellectuelle morale, une hiérarchie et des encouragements qui permettent au plus capable d'atteindre, par l'assiduité et le travail, à la maîtrise, à l'indépendance sociale, à la fortune même, comme il arrive dans nos armées patriotiques aux plus intrépides et intelligents soldats.

Quant aux calamiteuses désertions, à la prompte divulgation des procédés et inventions mécaniques dont on se plaint tant de nos jours, elles sont, ne l'oublions pas, le résultat inévitable du rapide accroissement de la consommation et de la richesse individuelles dans les divers pays; accroissement en lui-même bienfaisant sans doute, mais d'où naît aussi une lutte qui, pour être pacifique, n'en est pas moins ardente et exclusivement profitable aux plus avancés, aux plus féconds chefs de fabrication dans chaque branche d'industrie; lutte sans laquelle d'ailleurs cette branche, d'abord stationnaire, ne tarderait pas, sous de pénibles et stériles labeurs, à déchoir entièrement pour renaître et prospérer ailleurs, ainsi que l'histoire ancienne ou moderne des arts textiles nous en montre plus particulièrement des exemples.

Ces réflexions, fort étrangères en apparence au but de cet écrit, tendent seulement à caractériser, plus que je ne l'avais fait jusqu'à présent, la différence essentielle qui existe entre nos travailleurs ou mécaniciens et ceux des autres contrées, moins doués peut-être de cette vivacité de l'esprit, de cette originalité de conception, aujourd'hui, comme jadis, si répandues dans nos plus infimes ateliers, et qui font en quelque sorte, de leurs modestes et trop souvent dédaignés labeurs, la source la plus féconde et la plus puissante de succès contre la concurrence étrangère. Mais, tout en cherchant à rassurer nos industries manufacturières qui reposent sur les combinaisons mécaniques ou artistiques du tissage des étoffes façonnées, je suis loin, on le comprend, de méconnaître le mérite inhérent aux efforts rivaux qui ont pour but la production économique et rapide de ces mêmes tissus par des procédés de moins en moins dépendants des facultés physiques de l'homme.

A l'appui des considérations relatives à l'influence spécialement exercée chez nous par le progrès croissant des idées mécaniques dans la fabrication des tissus façonnés, je me contenterai de rappeler les ingénieuses combinaisons qui ont surgi en France depuis l'époque de 1815, où Breton donnait, en quelque sorte, sa dernière forme au métier Jacquart, en imaginant la *presse*-guide du balancier et le dédoublement du cylindre, de la griffe et des cartons, pour l'exécution séparée du dessin et du fond; disposition qui, envisagée comme moyen d'allégement, offre quelque analogie avec la jacquart double, à deux marches et à deux chaînes latérales de cartons, exposée en 1851 à Londres par l'habile constructeur anglais M. Barlow, avant lequel d'ailleurs M. Garnier, de Lyon, avait, en 1842, appliqué un cylindre sur le derrière de la mécanique, pour faire mouvoir simultanément deux jeux distincts de cartons. Déjà aussi le musée de Lamartinière, de la même ville, contenait un modèle de métier pour *lever* et *rabattre*, à double action de griffes, dont la réunion avec le précédent constitue en réalité celui de M. Barlow. Mais le métier à double cylindre et à double mécanisme d'aiguilles de ce dernier, établi avec une rare précision et donnant lieu à des facilités, à un accroissement de travail surtout appréciés en Angleterre, on comprend comment le Jury de la VIe classe s'est décidé à voter la médaille de Conseil à l'auteur, qui jouit d'ailleurs dans son pays d'une grande estime comme constructeur de machines.

Le métier à tisser de MM. Taylor et fils, de Halifax, à quatre cylindres et cartons d'aiguilles opérant simultanément, se rapporte à la même catégorie de machines, quoique offrant un moindre intérêt. En général, les modifications ou perfectionnements accessoires et multiples appliqués à la jacquart, surtout en France, ont eu principalement pour but d'en varier et simplifier l'application aux différents tissus façonnés; de faciliter le lisage des dessins, le piquage et le perçage des cartons, par des procédés appropriés à chaque cas et relatifs à l'arrangement méthodique des fils, des armures, etc.[1].

Plus particulièrement, ils ont eu pour but de réduire à des proportions de moins en moins appréciables la dépense ruineuse de cette multitude de cartons (30 à 40 mille) autrefois en nombre presque égal à celui des lacs, armures ou duites: on a su, entre autres, se débarrasser de ceux qui servent au tissage de fond dans les étoffes à couleurs multiples par des dispositions spéciales du mécanisme même du métier[2]; mais, ce qui vaut mieux encore, on a su habilement mettre à profit les répétitions résultant de la symétrie même du dessin, par un mode de plus en plus savant de l'*empoutage* ou groupement des fils d'arcade, de leur accouplement sur les divers crochets à collets, du dédoublement des boucles d'aiguilles, servant à déplacer deux crochets à la fois et à supprimer les armures et lames de lisses accessoires, qui, dans certains brochés ou façonnés, avaient principalement pour objet le tissage des fonds unis et le liage systématique des brides de la trame, détachée de la chaîne dans l'intervalle plus ou moins large des parties figurées ou brochées.

[1] On doit à M. Belly, de Lyon, la première machine à lire, piquer et percer les cartons (brevet d'octobre 1816, t. IX, p. 151, de la *Collection imprimée*). M. Marin y adapta, en 1842, un clavier à touches opérant le perçage au moyen du pied et non plus à la main: il parut à l'Exposition française de 1844, ainsi que ceux de MM. Tranchat fils, de Lyon, et Dioudonnat, de Paris, qui s'étaient eux-mêmes rapprochés d'un système à touches employé en Prusse, et dont MM. Bonardel frères, de Berlin, ont offert un spécimen à l'Exposition universelle de Londres en 1851. La machine de M. Tranchat, car il s'agit ici de véritables machines à lire, piquer et percer, se trouve décrite avec tout le soin désirable dans la *Publication industrielle* de M. Armengaud aîné, t. V, 1847, p. 404 et 409, pl. 36. Mais à ces machines à lire des dessins d'une faible étendue en ont succédé d'autres beaucoup plus puissantes, imitées de celles de Falcon, de Breton, et susceptibles de percer simultanément un grand nombre de trous dans des cartons épais, au moyen d'emporte-pièces à leviers, bascules, etc.

[2] Brevet de M. Jourdan (Théophile), à Paris, délivré le 30 septembre 1819, pour un mécanisme ajouté à la jacquart (t. X, p. 296, de la *Collection imprimée*).

Cette ingénieuse combinaison d'empoutage a, comme on sait, principalement occupé dans ces derniers temps M. Meynier, l'un des artistes dessinateurs et mécaniciens qui ont rendu le plus de services à la ville de Lyon, et dont les remarquables inventions, sur lesquelles j'aurai à revenir, d'abord mises à profit par la maison Godmard, Meynier, etc., n'ont pas tardé aussi à l'être par celle, non moins recommandable, de MM. Mathevon et Bouvard, de la même ville, qui, dans leurs riches productions de tissus brochés, ont eu principalement pour interprète M. Marin, le professeur de fabrication déjà cité dans une précédente note relative aux anciens métiers à tisser de Dangon, de Bouchon, de Falcon, etc.

A ces perfectionnements, qui concernent spécialement l'empoutage ou distribution systématique des fils de suspension des maillons de lisses, j'aurais à en ajouter quelques autres touchant la disposition des griffes, des lames de soulèvement simples ou multiples, basculant ou non, des cartons sans fin pour répétitions du dessin dans la longueur de l'étoffe, du *déroulage* des cartons ordinaires au moyen d'un mécanisme qui leur imprime, au besoin, une marche rétrograde pour reproduire, à des intervalles très-courts et périodiquement, les mêmes séries de levées ou abaissement des fils de chaîne relatifs aux changements divers de couleur des trames qui, bien qu'appartenant à une même duite, doivent être chassées séparément dans les ouvertures correspondantes de la chaîne. J'aurais encore à citer les tentatives faites en vue de substituer aux anciens et onéreux cartons de simples feuilles de papier, tantôt continues, minces, et alors comprises entre des plaques de cuivre locomobiles, à trous resserrés comme dans le modèle exposé en 1851 à Londres par M. Acklin, de Paris, et qui, récompensé d'une médaille de prix par le VIe Jury, rappelle les tentatives antérieures, moins parfaites néanmoins, du Lyonnais Skola, le compétiteur de Breton[1]; tantôt, comme l'ont aussi essayé en dernier lieu, M. Michel, breveté

[1] Brevet de 1819, t. II, p. 37, de la *Collection imprimée.*

en 1842 et son continuateur, M. Marin, aussi de Lyon, par des papiers plus forts, mais communs et disposés de la manière ordinaire sur une chaîne à cordons minces, comportant alors une disposition de crochets à suspension de lisses, munie de boucles *à genouillères élastiques,* dont les branches recourbées sur elles-mêmes, suffisamment allongées, élastiques et flexibles, leur permettent de céder à la moindre pression exercée par le papier sur les aiguilles motrices horizontales des crochets.

Enfin, on a encore essayé, depuis un certain temps, de supprimer tout papier et carton au moyen de tambours circulaires analogues à celui de Vaucanson, dont nous avons vu déjà les inconvénients, ou de toiles sans fin métalliques tournant sur elles-mêmes ou cheminant par translation, et offrant tous une sorte de carreaudage, de treillis à mailles serrées, diversement garnies de mastic, de couleur, pour figurer le canevas du dessin par des pleins, des reliefs, qui dispensent de tout lisage et perçage préalables, en servant à repousser directement les aiguilles à crochets dans la jacquart ordinaire[1]. Les compartiments belge et français de l'Exposition de Londres en possédaient effectivement des exemples assez peu satisfaisants, et qui, par la grossièreté même des moyens ou

[1] M. Pascal, de Paris, a le premier, à ce qu'il paraît, tenté des procédés de cette espèce dans un métier présenté à l'Exposition française de 1844, tentative depuis imitée tout aussi infructueusement par beaucoup d'autres moins habiles peut-être, et qui n'ont pas suffisamment tenu compte de la difficulté des applications et de la variété des besoins du tissage des étoffes façonnées de grandes dimensions. Voyez, à ce sujet, les pages 458 et 600 du *Traité de la fabrication des tissus,* par P. Falcot, dessinateur et professeur de théorie pratique, 2e édition, in-4°, 1852. Je cite d'autant plus volontiers cet ouvrage qu'il renferme sur la partie mécanique de l'art du tissage des enseignements précieux qu'on chercherait vainement ailleurs, et qui n'ont, à mes yeux, qu'un seul tort, c'est d'être dépourvus, comme tant d'autres au surplus, de la critique historique indispensable à quiconque veut se faire une opinion un peu nette sur la filiation, la succession naturelle et le progrès des idées ou des découvertes dans un art dont M. Falcot fait d'ailleurs ressortir l'importance au point de vue du perfectionnement des procédés mécaniques.

des résultats, n'offraient d'ailleurs qu'une bien faible analogie avec la tentative que le savant ingénieur Bonelli, de Turin, dans son métier à tisser électrique, a tout récemment renouvelée en y employant un cylindre métallique quadrillé et des dispositions plus précises, mais aussi plus délicates et jusqu'ici malheureusement[1] sujettes à de trop fréquentes ratées provenant du mode même, encore imparfait, de l'application des courants induits à la production des effets dynamiques ou du mouvement continu dans les machines. La levée directe des crochets de suspension des lisses a lieu ici, en effet, par l'intermédiaire d'autant de bobines électromotrices dont le cylindre métallique en question sert à établir ou interrompre instantanément le courant électrique, par l'abaissement d'aiguilles soumises à l'action d'un léger mécanisme à leviers articulés, que dirige l'ouvrier tisseur, ainsi dispensé de la manœuvre assez pénible des pédales à soulèvement de griffes, etc.

La presque instantanéité avec laquelle les courants électriques ont la faculté de transmettre l'action motrice aux plus grandes distances, sans l'intermédiaire obligé de combinaisons matérielles plus ou moins complexes, sera sans doute mise à profit dans certaines machines, au moyen de dispositions plus simples, plus directes et exemptes des inconvénients qu'on remarque dans la plupart des applications tentées jusqu'à ce jour, sauf peut-être celles qui ont pour but la trans-

[1] Il ne peut être ici question, on le comprend parfaitement, que des premières tentatives de M. Bonelli, dont, en effet, j'ai eu l'occasion de voir fonctionner un petit modèle de métier à Paris, en 1853, si je ne me trompe. Quant aux divers autres projets plus ou moins récents de machines à tisser les étoffes façonnées, ce qui est arrivé à l'égard des innovations de MM. Dhomme et Romagny, récompensés en 1837 par la Société d'encouragement (t. XXXVI, p. 308), et sur lesquelles M. Gilroy, à la page 454 de son *Traité du tissage*, a porté un jugement si sévère, doit nous rendre fort circonspects relativement à ce qui concerne une transformation aussi radicale des anciens procédés de tissage, dus à la lente mais très-sûre et successive coopération des artistes les plus ingénieux et les plus expérimentés dans chaque pays et chaque siècle.

mission, même à de très-grandes distances, du feu aux mines ou des dépêches télégraphiques sous de très-faibles actions motrices effectives. Quant aux applications où l'on se propose de faire accomplir à l'électricité des effets dynamiques dans des espaces rapprochés, et comme simples moyens d'embrayage ou de transmission de mouvements automatiques propres à suppléer l'action de l'homme, des animaux, etc., elles ne semblent pas jusqu'ici destinées à remplacer utilement, économiquement, les heureuses et fécondes combinaisons que nous connaissons, et dont les inconvénients principaux, résidant dans l'inertie, le frottement, les résistances et réactions diverses de la matière, ne les empêchent nullement de transmettre l'action avec des vitesses de 40 à 60 kilomètres par seconde pour les corps métalliques, sauf toujours l'embarras des dimensions et l'encombrement des masses à mouvoir, etc. Les ingénieuses tentatives par lesquelles depuis M. Jacobi, le célèbre physicien de Saint-Pétersbourg, on se préoccupe des moyens de supplanter la puissante et économique action motrice de la vapeur d'eau, ne semblent pas non plus devoir conduire utilement au but, tant qu'on ne sera point parvenu à compenser la faible énergie naturelle de l'électricité dynamique par un ralentissement graduel de la vitesse relative du courant, ou, ce qui revient à peu près au même, par une accumulation, une concentration plus grande de ce courant sur les corps doués de mouvements relatifs, tout en évitant l'altération physique des organes de transmission que produisent les étincelles de décharge, etc.; problème qui offre une certaine affinité avec celui où il s'agit d'utiliser les grandes charges ou pressions et les grandes vitesses des courants liquides et des fluides élastiques.

Au point de vue du perfectionnement mécanique des métiers à tisser, les tentatives de M. Bonelli ne sauraient, d'après ces courtes réflexions, du moins quant à présent, être considérées comme un progrès véritable, et il reste toujours à savoir si l'on ne parviendra pas à découvrir quelque moyen de supprimer entièrement les cartons, dont on semblait à l'origine si satisfait, et par conséquent de transmettre immédiatement aux fils de suspension des maillons de lisses l'action motrice et en quelque sorte élective des doigts du liseur, appliqués à un clavier à touches qui lui permette de lire, de traduire librement le canevas figuré et colorié sorti des mains du dessinateur ou compositeur. Or cela paraît sinon impossible physiquement, du moins extrêmement difficile, si l'on réfléchit qu'il ne s'agit pas seulement ici de produire isolément ou simultanément des effets comparables aux longues ou aux brèves de la musique, mais qu'il faut aussi unir et lier entre eux tous ces effets, je veux dire croiser des fils d'une longueur indéfinie, de manière à constituer de leur ensemble un tissu capable de résistance dans toutes les parties.

Quoique la même difficulté n'existe pas, à beaucoup près, dans la composition des formes de l'imprimerie typographique, on sait que le problème mécanique qui la concerne, et qui offre une singulière analogie avec le précédent, n'a pas jusqu'ici reçu une solution pratique entièrement satisfaisante [1], quoiqu'elle exige peut-être un moindre nombre de combinaisons délicates et précises que l'on n'en rencontre dans le merveilleux clavier des antiques orgues d'églises ou des admirables pianos de notre époque, clavier qui leur sert inévitablement de point de départ à cause de la similitude remarquable du but à remplir.

Laissant là désormais ces chanceuses tentatives de perfectionnement du métier à tisser les étoffes façonnées, d'une réalisation fort lointaine sans doute, je continuerai à m'occuper exclusivement des applications utiles et variées qu'on a pu faire jusqu'à présent des idées ou principes de Basile Bouchon, de Falcon, etc., à différents autres métiers déjà anciennement employés ou plus récemment imaginés en vue d'obtenir par des procédés économiques et rapides des tissus

[1] Si je ne me trompe, M. Tremblot-Lacroix, à Paris, aurait, le premier, fait la tentative d'une machine à composer les pages d'imprimerie, dans un brevet délivré le 2 juin 1826 (*Collection imprimée*, t. XXII, p. 175).

façonnés d'une nature tout à fait spéciale, quoique toujours à chaîne et trame croisées rectangulairement.

§ VI. — Données historiques relatives aux métiers à chaînes et à navettes multiples ou changeantes. — Introduction des métiers à la barre ou à la zurichoise à Saint-Étienne et à Saint-Chamond; d'après M. *Philippe Hedde:* les rubaniers *Dugas, Lascour* et *Flachat;* l'horloger *Aouser,* le mécanicien *Burgein* et M. *Hippolyte Royet,* de Saint-Étienne. — Métiers à clin, à scie, à crémaillère et à tringles pour rubans multiples, par MM. *Preynat, Peyre, Roche,* etc. — Origine de la lanterne et des boîtes à navettes changeantes : *John* et *Robert Kay.* — M. *Smith* à l'Exposition de Londres; MM. *Louis,* à Nîmes; *Calhat* et *Banse,* à Lyon; *Peyrel, Oudet,* etc. à Saint-Étienne.

En même temps que des hommes de génie songeaient, en divers pays, à simplifier les métiers à la tire ou à perfectionner les métiers automates à tisser les étoffes unies, d'autres mécaniciens et artistes, non moins bien inspirés, se proposaient pour but de multiplier et diversifier les résultats déjà obtenus par les anciens procédés de tissage, d'y adapter les nouveaux éléments de succès mécaniques, ou d'en assujettir de plus en plus les organes à des mouvements qui, dispensant de recourir à l'intelligence ou à la force physique de l'homme, permissent d'atteindre le but d'une manière plus certaine, plus expéditive encore, et, par conséquent, plus économique : tels sont notamment les *métiers à la barre,* servant à fabriquer à la fois plusieurs rubans ou tissus étroits, les métiers ou mécanismes *à navettes et couleurs changeantes,* les *battants brocheurs,* les métiers à roquetins ensouples, à chaîne double, triple, etc.

Les métiers à la barre, ainsi nommés parce qu'ils reçoivent le mouvement d'une longue barre horizontale à main placée en avant du métier, et à laquelle le rubanier imprime directement le va-et-vient que des bielles ou béquilles extérieures inclinées transmettent, par articulations, aux prolongements inférieurs d'un battant commun ainsi qu'à des disques ou volants à boutons de manivelles placés aux extrémités de l'arbre de couche inférieur et horizontal servant à donner le mouvement au surplus de la machine; ces métiers dont les fonctions essentielles s'accomplissent d'une manière véritablement automatique, puisque l'arbre de couche ci-dessus imprime directement ou par engrenages une rotation continue et ralentie à un second arbre de couche muni de cames chargées, comme dans les métiers de l'officier de Gennes et de Vaucanson, de faire mouvoir les pédales des lames de lisses et armures diverses, pour ouvrir simultanément les diverses chaînes isolées, parallèles et tendues, dans un même plan horizontal, entre de petits rouleaux ensouples à contre-poids, correspondant respectivement à autant de rubans, tantôt unis, tantôt façonnés; ces métiers dont les navettes, établies à coulisses dans la masse inférieure du battant balancier, reçoivent le va-et-vient d'une tringle à pignons et crémaillères, nommée improprement *scie,* et que met brusquement en action un autre système de tringle ou de cordons à cames et poulies de renvoi, nommé également *clin;* les métiers à la barre, dis-je, sont particulièrement dignes d'intérêt à cause de leur origine déjà fort ancienne et étrangère à notre pays, comme aussi parce que, jouissant du caractère automatique que je viens de signaler, ils ont servi de point de départ à quelques combinaisons ou tentatives modernes de métiers à plusieurs navettes ou bandes d'étoffes étroites.

Selon M. Philippe Hedde, de Saint-Étienne[1], diverses ten-

[1] *Guide du fabricant de rubans,* etc. petite brochure in-12, de 24 pages, publiée à Saint-Étienne en 1845 (voy. p. 3 à 7). M. Hedde ne nous dit pas où il a puisé ses documents historiques; c'est là une chose d'autant plus regrettable qu'elle enlève beaucoup à l'autorité de ses affirmations. La grande Encyclopédie, à l'article *Ruban* (1765), ne nous enseigne rien d'ailleurs sur ce sujet: Roland de la Platière, qui a rédigé l'article *Ruban* dans son Encyclopédie, si peu méthodique (t. II, 1784, *Arts et manufactures*), après avoir entrepris, en 1775, un voyage sur les bords du Rhin pour étudier le système de fabrication des rubans veloutés et du système de *coupage* qu'on y employait, nous apprend que 5,000 métiers étaient dès cette époque employés à la fabrication des rubans brochés dans les environs des villes de Bâle et de Crevelt, dont il blâme particulièrement la *dissimulation* pour tout ce qui a trait à ce genre intéressant d'industrie. Il décrit ensuite, avec

tatives auraient été faites, dans les années 1750, 1752, 1756 déjà, par les fabricants de rubans Dugas, Lascour et Flachat pour introduire dans cette ville et à Saint-Chamond les métiers à la barre empruntés à la Suisse, et nommés depuis métiers à la *zurichoise*, sans que l'inventeur ou le lieu d'origine en soient autrement indiqués par M. Hedde. On apprend seulement dans l'écrit de cet ancien fabricant et professeur de tissage que, vers 1758, le sieur Lascour aurait attiré de la Suisse l'horloger mécanicien Frédéric Aouser, du village d'Aiche, près de Bâle, à l'aide duquel il aurait élevé une petite fabrique de trois métiers, bientôt capables de tisser différents articles de rubans unis jusque-là obtenus sur des métiers à une seule pièce à la main ou à la marche. Une prime de 72 francs aurait été même accordée, en 1770, aux importateurs des métiers à la barre par le Gouvernement français, et depuis, à l'aide de perfectionnements successivement appliqués à ce genre de machines qui forment le pendant de celles que l'industrieuse cité de Lyon avait su adapter aux larges étoffes de soie, on parvint à tisser les rubans avec des rebords dentelés, des fonds et des franges diversement façonnés, au moyen de tambours, de cylindres garnis de touches, figurant en relief des dessins plus ou moins hauts et compliqués, selon la grandeur du tambour et la nature, la richesse du tissu. Enfin, le mécanisme à la Jacquart ou mieux à la Falcon serait, en 1815 déjà, venu couronner ces succès de l'industrie rubanière sous les efforts de plusieurs ingénieurs, en tête desquels M. Hedde place le fabricant Hippolyte Royet, de Saint-Étienne, et un mécanicien inventif du nom de Bur-

les détails indispensables, le métier à navettes multiples dont j'ai essayé de donner une rapide idée dans le texte ci-dessus; métier dont on retrouve un extrait abrégé à la page 240, planche 33, du volume publié en 1820 par M. Borgnis sur les machines à confectionner les étoffes, mais où l'on oublie, ainsi que dans l'Encyclopédie, de nous apprendre la source à laquelle la description avait été puisée, et, ce qui eût été plus intéressant encore, les noms, le lieu, la date relatifs à l'établissement des métiers à rubans considérés comme type original et particulier. Voyez aussi la *Publication industrielle* de M. Armengaud, t. VIII, p. 300.

gein, qui aurait particulièrement contribué au perfectionnement des métiers à tisser les rubans.

En consultant le catalogue des brevets délivrés en France, on trouve, en effet, le nom de M. Hippolyte Royet, de Saint-Étienne, inscrit pour un *mécanisme destiné à faire basculer le levier de la mécanique* dite à la Jacquart et adapté au métier à la zurichoise [1]; mais ce brevet d'invention, d'une durée de cinq ans seulement, porte la date du 29 juin 1819, postérieure de quatre années à celle indiquée par M. Hedde, et coïncidant avec la date d'un autre brevet, également d'invention [2], où le même mécanicien propose de remplacer les anciens *clins* à axe coudé, qui dans leur demi-révolution chassaient brusquement les navettes des métiers à la zurichoise d'une coulisse du battant dans l'autre, en rompant souvent les fils de chaîne des plus larges rubans, par un système de *mouvants* ou cames fermées, mobiles entre les côtés de châssis verticaux montés, à l'une des extrémités du battant, sur des conducteurs ou tiges horizontales à coulisses et chariots-traîneaux qui, munis d'échancrures, impriment aux crampons tournants des navettes un mouvement accéléré progressif, continu et très-doux, par lequel elles s'insinuent sans aucune secousse dans les ouvertures de leurs chaînes respectives. Plus tard encore (juin 1830), le même Hippolyte Royet s'occupait de la production d'étoffes ou rubans façonnés et panachés, dont le principe consiste spécialement dans l'emploi, alors nouveau sans doute, d'une chaîne chinée ou imprimée pour des étoffes diverses, pleines ou à jours [3].

Le métier à la barre, ou plus spécialement le battant à plusieurs navettes, dont le perfectionnement a tant occupé les fabricants de Saint-Chamond et de Saint-Étienne dans l'intervalle de 1818 à 1830, ne saurait évidemment être considéré comme une émanation directe des idées de de Gennes,

[1] *Collection imprimée*, t. X, p. 283.

[2] *Ibid.*, t. XIX, p. 54 à 62.

[3] *Ibid.*, t. XXX, p. 90 : il y porte le titre de *brevet d'invention* de cinq ans.

de Vaucanson, de Régnier ou autres ingénieurs et constructeurs français de la première moitié du dernier siècle; car, outre que les métiers à tisser les étoffes unies exclusivement tendaient à supprimer de fait l'intervention et jusqu'à la surveillance de l'ouvrier, remplacé par un moteur quelconque inanimé, ils ne comportaient qu'une seule navette, une seule pièce d'étoffe assez large, il est vrai, mais présentant, à ces divers égards, des difficultés de fabrication toutes spéciales et qui n'avaient pas lieu évidemment dans les petits métiers servant à tisser les étroits rubans d'alors. Les tringles conductrices des navettes à crémaillères, à clins, etc., n'ont d'ailleurs qu'une bien faible analogie avec les porte-navettes à coulisses et à chariot des métiers de de Gennes ou de Vaucanson; et tout en admettant, d'après l'opinion de M. Hedde et de l'*Encyclopédie méthodique*, que le métier à la barre ou à navettes multiples soit incontestablement d'origine suisse ou allemande dans ses principales et ingénieuses combinaisons, je rappellerai cependant que John Kay, de Bury, qui émigra, comme on l'a vu, de l'Angleterre sur le continent vers le milieu du XVIIe siècle, a offert le premier exemple d'un mécanisme de *chasse-navette* appliqué au battant même des larges métiers à tisser des drapiers, qu'il munit à cet effet latéralement de coulisses spéciales, origine incontestable de celles des battants automoteurs et, plus particulièrement, du battant à navettes multiples des rubaniers, dont Kay lui-même aurait bien pu, dans un voyage en Suisse, devenir le primitif et véritable promoteur.

A l'égard des tiges à crémaillères ou à scie servant à imprimer par des pignons le va-et-vient aux navettes, il serait difficile de constater si, comme le prétendent MM. Fraisse et Vallat, mécaniciens à Saint-Étienne, dans un brevet assez récent[1], l'invention en remonterait seulement à l'année 1785

[1] Ancien Recueil, t. XXVIII, p. 213 : brevet du 10 novembre 1829, déchu par ordonnance du 27 décembre 1833, mais qui ne comporte que de simples et insignifiants changements apportés au système à pignons et crémaillères du chasse-navette généralement en usage à Saint-Chamond

et à un sieur Dellié, dont ces fabricants taisent d'ailleurs la résidence et les titres à une modification sans doute importante, mais qu'il eût été indispensable de faire connaître dans ses précédents, afin de donner quelque valeur à une assertion qui semble avoir pour principal but de déprécier le mérite de certains perfectionnements de détails dus à des rivaux.

Jusque-là, comme on voit, le battant à navettes multiples, avec application ou non de la jacquart pour opérer les ouvertures successives de la chaîne dans le cas des rubans façonnés, n'était, à moins de rechange à la main des navettes, guère applicable qu'à des tissus d'une seule couleur et non brochés; mais on tarda peu, en effet, à se préoccuper des moyens d'adapter au battant des métiers à la barre des procédés ingénieux qui déjà avaient servi à opérer spontanément le changement de la navette ou de la couleur du fil de trame dans les métiers à une seule chaîne et à une seule couleur de duite sur la largeur entière du tissu. Or, d'après ce que nous apprend également (p. 117) l'historien anglais des *manufactures de coton*, il faudrait rapporter la première idée de ces mêmes procédés au mécanicien Robert Kay, fils de l'inventeur malheureux de la navette volante ou *caribari* à bouton de tirage, dont il a été précédemment parlé : ce serait, du moins, à cet autre Kay qu'on serait redevable, vers une époque que Baines n'indique pas[1], mais qui doit être postérieure à 1765,

et à Saint-Étienne, où il avait reçu déjà divers perfectionnements plus ou moins ingénieux de la part de MM. Preynat, Peyre, Roche et Olagnon, Fargère, Sagnard, Reverchon, bientôt suivis de MM. Boivins, Bergier, Daclin, etc.; perfectionnements qui consistent principalement à faciliter le jeu des navettes ou à en doubler le nombre, en les disposant, ainsi que les rubans, par étages les uns au-dessus des autres, comme l'indiquent particulièrement dans leur brevet de 1818 MM. Reverchon père et fils, de Saint-Étienne, imités dans un autre brevet d'octobre 1830 par les sieurs Pitiot et Gariot, fabricants d'étoffes de soie à Lyon. Il serait peu nécessaire sans doute de citer, à ce sujet, les brevets pris en 1817 et 1825 par MM. Demarque et Silvan pour des métiers à tisser quatre pièces d'étoffe à la fois, au moyen de navettes mises en action par des marches, etc.

[1] Il n'existe aucune patente du nom de Robert Kay dans le Catalogue

de l'ingénieux mécanisme à *lanterne tournante* ou *cage d'écureuil* latérale, porte-navettes de différentes couleurs, chargé de présenter dans sa rotation intermittente, périodique et élective, soumise à l'action de la marche et non plus à l'aide d'un ouvrier servant, les navettes ou trames dont il s'agit, chassées à caribari dans les coulisses extrêmes du battant, mû à la manière ordinaire ou à bras.

Bientôt, sans doute, la cage d'écureuil à couleurs changeantes, principalement employée à la fabrication des *écossaises* à tissus rayés et croisés rectangulairement, aura été remplacée en France par la boîte porte-navette à coulisse verticale, placée également à l'une des extrémités du battant, contre un montant du bâti et conduite automatiquement à l'aide de mécanismes dérivant de l'idée originale des cartons à trous et à chevilles de repère due à Basile Bouchon, mécanisme dont on a eu un remarquable exemple à l'Exposition universelle de Londres, dans l'un des excellents métiers à tisser de M. Smith, de Heywood, près Manchester. Ce métier servait en effet à fabriquer du taffetas écossais à trois navettes ou couleurs de trame, que, dans nos idées de perfection, peut-être trop absolues, nous n'oserions soumettre à une action aussi brusque, à cause des fâcheux effets qui peuvent résulter, non de la casse des trames, ici admirablement prévue ou empêchée, mais bien du tirage oblique des fils sur les navettes, dont les à-coups ou irrégularités quelconques de tension et de frottage sur l'œillère ou barbin en saillie, déjà appliqué par Vaucanson à sa navette automate, doivent nécessairement amener d'autres irrégularités dans la constitution physique même des étoffes de soie à fils plats et dont les reflets, le brillant, constituent, comme on sait, le principal mérite.

Le danger n'est point à beaucoup près aussi grand dans les métiers à main et à navettes de couleurs changeantes, dont on se sert en France depuis fort longtemps pour tisser les écos-

officiel anglais, de sorte qu'il devient très-difficile de vérifier l'affirmation de Baines relativement à l'origine de la lanterne tournante à changement de couleurs.

saises en soie ou en coton nommées spécialement *rouennaises*, et dont M. Fromage, de Darnetal (Seine-Inférieure), a aussi présenté à l'Exposition universelle de Londres un spécimen avec battants à deux navettes seulement, que mettait en action une chaîne sans fin munie de chevilles disposées d'après l'ordre même de succession assigné aux navettes ou couleurs de rechange.

M. Louis (François), à Nîmes, est, je crois, le premier qui, en novembre 1827, ait employé la jacquart à faire mouvoir, dans l'ordre voulu par le dessin et automatiquement, des boîtes à navettes changeantes, appliquées au métier ordinaire ou à la marche[1]; car dans le double système de battants à navettes de rechange du nommé Antoine Culhat, mécanicien de Lyon, breveté en mai 1816, l'élévation verticale de la boîte contenant ces navettes s'opérait, non pas spontanément par le mécanisme de la marche, mais à la main au moyen de cordons à rouleau supérieur de renvoi et suspension de cette boîte, dont le système était accompagné d'une combinaison double de chasse-navettes à leviers et à taquets latéraux assez grossièrement établie et décrite[2]. J'en dirai à peu près autant du mécanisme applicable au battant ordinaire des étoffes de soie, propre à déterminer le jeu des deux simples navettes, et qui a été peu de temps après (30 septembre 1830) l'objet d'un autre brevet d'invention délivré au sieur Banse (Théophile-Joseph), résidant à Lyon.

Si, d'autre part, on consentait à s'en rapporter au texte d'un brevet d'importation pris en octobre 1828[3] par le sieur Peyrel (Denis), mécanicien fabricant de velours à Saint-Étienne, ce serait en Suisse encore que l'on aurait fait d'abord au métier à la barre l'application de deux navettes de rechange propres à la fabrication de plusieurs rubans brochés, navettes que, d'après le principe de multiplication déjà admis à Saint-Étienne pour les rubans façonnés à une couleur, ce

[1] *Collection des brevets expirés*, t. XXXVI, p. 346.
[2] *Ibid.*, t. VIII, p. 287.
[3] *Ibid.*, t. XXVIII, p. 15.

mécanicien propose de porter à un nombre quelconque, en ajoutant en avant, mais sur le battant même, un châssis horizontal *porte-crampons* avec boîtes à navettes changeantes, multiples, superposées les unes aux autres et séparées par des lamettes horizontales; châssis auquel le mouvement ascendant et descendant serait imprimé par un cylindre d'orgue ou une mécanique jacquart, placé en dehors du battant, mais dont malheureusement le dessin ne laisse pas deviner le mode d'action. La seule chose qu'il a plu, en effet, à l'auteur ou au graveur de nous faire entrevoir, c'est que les navettes, appartenant à un même rang horizontal de boîtes ou de cases, sont poussées latéralement par des clins à tourniquets, recourbés en avant de la masse inférieure du battant qui en supporte les axes ou chevilles de pivotement fixes; c'est que ces chevilles sont indépendantes du châssis mobile à boîtes de navettes, dont le chapeau supérieur horizontal est surmonté des crampons par lesquels le mécanisme du cylindre d'orgue ou de la jacquart opère véritablement la manœuvre verticale du châssis à chaque changement de couleurs; le cylindre d'orgue lui-même ne pouvant, observe avec raison l'auteur, être mis en usage qu'autant que le dessin ne comporterait que 90 *coups de hauteur*.

Ce brevet d'importation fut suivi, en mai 1829, d'un autre brevet d'invention par MM. Oudet et Richard, de Saint-Étienne[1], où les boîtes à navettes sont montées sur la masse ou traverse inférieure du battant, qui porte aussi le mécanisme moteur du chasse-navette, tandis que le déplacement vertical simultané des boîtes est produit par une traverse horizontale supérieure à crampons, mobile sur coulisses entre les montants ou *épées* du battant, par un système moteur composé d'un arbre à came en *colimaçon*, avec tourniquet ou *compas à équerre*, recevant, ainsi que le chasse-navette, le va-et-vient régulateur de la partie supérieure de ce battant.

Enfin, dans un dernier brevet[2] soi-disant encore d'invention,

[1] *Collection imprimée*, t. XXVIII, p. 8.

[2] *Ibid.*, même tome, p. 214.

du 8 novembre 1829, M. Roullet (Joseph), fabricant d'étoffes façonnées à Lyon, propose de diviser le châssis porte-boîtes, ici mobile sur *rails* le long des épées verticales du battant, par de petits montants en nombre égal à celui des boîtes qui y sont respectivement adaptées, et dont le déplacement vertical s'opérerait, simultanément avec le châssis, le long de ces épées latérales, surmontées d'un arbre horizontal à poulie et chaîne de suspension, mises en relation avec la mécanique jacquart ou falcon.

On remarquera que, dans ce dernier métier, à trois navettes changeantes, destiné à la fabrication de quatre rubans à bouquets brochés, d'un égal nombre (trois) de couleurs, le battant est simplement mis en action par l'ouvrier au moyen d'une poignée à main latérale, tandis que le chasse-navette à longue tringle horizontale et à taquets était lui-même, sans doute, poussé à la main par un ouvrier servant; ce que l'auteur ne dit pas, mais ce qui ferait sortir entièrement ce genre de métiers de la classe si intéressante de ceux à la zurichoise ou à la barre.

Ces derniers métiers, bien que conduits par l'ouvrier, tout à la fois moteur et surveillant, appartiennent en effet, je le redis ici à dessein, au système des machines à mouvements automatiques, c'est-à-dire marchant par un seul ou premier moteur : c'est à ce système que M. Reverchon fils aîné, de Saint-Etienne, dans un brevet d'addition à celui obtenu en commun avec son père en 1818 pour les métiers à rubans étagés, avait, peu de jours après M. Roullet (10 novembre 1829)[1], tenté d'appliquer la véritable mécanique à balancier supérieur de Jacquart ou mieux de Breton pour opérer directement le déplacement vertical des porte-navettes brocheuses. Mais le laconisme et le vague dans lesquels le texte et les dessins de ce brevet d'addition sont rédigés ne permettent guère de croire, malgré les assertions de l'auteur, que le but ait été parfaitement atteint, et l'on se voit conduit à douter que le

[1] *Collection imprimée*, t. XXIX, p. 379.

broché des rubans par navettes ou couleurs changeantes se fût, même en 1829, opéré à Saint-Étienne d'une manière vraiment automatique, c'est-à-dire par le mécanisme propre de l'ancien métier à la zurichoise, sans recourir à des procédés plus ou moins analogues à ceux dont il a déjà été parlé précédemment.

§ VII. — Battants brocheurs employés à la fabrication des rubans et autres tissus façonnés, par MM. *Mallié* et *Memo*, *Prosper Meynier*, *Poncet* et *Bourquin*, *Seite* et *Gonon*, *Molinard*, etc. — Métiers à espolins et roquetins multiples pour les cachemires, tapis, velours, peluches, etc. : MM. *Deneirouse*, *Grégoire*, *Meynier*, *Hennecart*, en France; MM. *Wood* et *Reed*, en Angleterre. — Antiquité du velours : les Génois *Turquetti* et *Narris*, importateurs à Lyon, d'après M. *Borgnis*.

Non-seulement MM. Mallié et Memo, fabricants d'étoffes de soie à Lyon, dans un brevet de novembre 1827[1], avaient déjà tenté de construire un battant à plusieurs navettes et chasse à caribari destinés à la fabrication des rubans façonnés et spécialement applicables aux métiers jacquart employés dans la ville de Lyon, mais aussi M. Meynier (Prosper), l'habile artiste déjà précédemment cité, inquiet de la concurrence que son pays subissait pour les rubans brochés, se fit délivrer, en juin 1828[2], un brevet d'invention ayant pour objet spécial l'établissement d'un battant à navettes ou couleurs changeantes dont l'ingénieux dispositif, fondé sur le principe des cartons jacquart ou falcon, opérait sur un petit arbre horizontal monté à la partie supérieure du balancier ou battant, et dont les poulies ou petites roues dentées faisaient mouvoir, au moyen d'une chaîne de suspension, le châssis porte-boîtes,

[1] *Collection imprimée*, t. XXV, p. 18. La combinaison dont il s'agit a été, de la part de MM. Chrétien et Sourd, autres fabricants de Lyon, l'objet de perfectionnements décrits dans un brevet du 28 novembre 1829, où le chasse-navette à caribari est mis directement en action par la marche, sans le secours de la main, au moyen d'une combinaison de rouages et d'armures assez compliquée (*Collection imprimée*, t. XXIX, p. 77).

[2] *Ibid.*, t. XXXVII, p. 176.

à peu près comme dans le système précédent, auquel il aura probablement servi de type. Le brevet Meynier contient d'ailleurs sur la double tringle à anse ou poignée et crochet chasse-navettes à rappel, sur leurs boîtes à coulisses ou compartiments, sur le perfectionnement même des navettes à rappel ou réaction par ressorts de MM. Poncet et Bourquin, de Lyon [1], des détails ingénieux propres à régulariser, adoucir le jeu des diverses parties, et qui montrent bien l'homme du métier, déjà suffisamment expérimenté lors de son second brevet de mars 1829.

Quel que soit, au surplus, le mérite du battant brocheur de M. Meynier, et bien qu'il ait rendu de grands services à l'industrie lyonnaise comme à celle de Saint-Étienne et de Saint-Chamond, on n'en doit pas moins regretter que le texte et les dessins de ces brevets aient été tronqués et rendus inintelligibles en quelque sorte à plaisir, ce qui doit disculper jusqu'à un certain point ses imitateurs, au nombre desquels on pourrait ranger M. Bourquin lui-même; ce mécanicien de Lyon déjà mentionné, et dont le battant mécanique brocheur à trois rubans [2], quoique d'une disposition assez simple et ingénieuse, ne semble pas, sous le rapport des avantages pratiques, l'avoir emporté sur ceux imaginés à une époque contemporaine par les industriels de Saint-Étienne, dirigés, comme on l'a vu, plus particulièrement vers les combinaisons exclusivement mécaniques, et dont les tentatives persévérantes, quant à la fabrication des rubans brochés à diverses couleurs, auront été couronnées de succès, si l'on en juge par les métiers à cinq

[1] La navette de M. Poncet est décrite dans le tome XXIII, p. 306, de la *Collection des brevets*, sous la date du 8 février 1827; celle de M. Bourquin, du 10 novembre de la même année, est décrite dans le tome XXV, p. 19; mais toutes deux avaient été précédées de moyens peut-être moins heureux de régulariser la tension du fil dans les navettes des plus anciens métiers à tisser automates et de s'opposer aux effets du déroulement des cannettes lors du mouvement de retour. Ajoutons qu'on doit à l'horloger Clerc, de Lyon, une navette dite *à rotation rétrograde*, dont les brevets, datés de 1828, sont imprimés dans les tomes XXVI à XXVIII de la même collection.

[2] *Collection imprimée*, t. XXVI, p. 261 : brevet du 17 février 1829.

navettes de rechange inventés par le mécanicien Preynat, de cette ville, et qu'on trouve décrits avec tout le soin désirable à la page 158 du tome XXXI de la Collection imprimée, dans un brevet daté du 16 septembre 1830.

Qu'on me permette, à cette occasion, de remarquer que la complication de pareils battants brocheurs, la précision et les soins qu'ils exigent, ont dû en amoindrir, réduire notablement le mérite aux yeux des fabricants un peu arriérés, à moins qu'ils n'aient prétendu en limiter l'application à un certain nombre de larges rubans façonnés et brochés. Cette considération a probablement motivé les nouvelles tentatives faites dans un but analogue, en 1840, par MM. Seite et Gonon, à Saint-Étienne, et par M. Molinard, à Paris, dont le battant brocheur à crémaillère, etc., offre également des complications qui lui ont fait préférer depuis un certain temps le système de construction adopté par MM. Martinet frères, mécaniciens de cette dernière ville, et dont la description se trouve à la p. 621 du *Traité sur le tissage* de M. P. Falcot.

Ces ingénieux procédés mécaniques, dans lesquels la levée ou l'abaissement des fils de chaîne s'opère toujours par le moyen des cartons troués ou des tambours à touches pour les façonnés ordinaires à grandes ou très-petites hauteurs de dessins, ces procédés ne pouvant s'appliquer qu'à des tissus d'une seule couleur dans l'étendue entière de chaque duite, il me resterait à mentionner les procédés par lesquels des fils de trame diversement colorés et enroulés, tendus sur des cannettes légères d'autant de navettes espolins, à courses limitées et distinctes, sont conduits à la main au travers et en dessus des diverses portions isolées de la chaîne ou de la duite qu'il s'agit de recouvrir de bouquets, de dessins brochés et coloriés. C'est notamment dans ce but, et en vue de faciliter, régulariser le travail du tisseur pour les étoffes à dessins symétriquement répétés dans la largeur de l'étoffe, que M. Meynier, associé, comme je l'ai dit, à M. Godmard, fabricant à Lyon, a imaginé [1] un ingénieux instrument brocheur applicable aux

[1] Le brevet d'invention de cinq ans délivré à ces industriels sous la

divers battants en usage dans l'industrie lyonnaise : composé d'une règle en cuivre d'une largeur égale à celle de l'étoffe, il soutient deux rangées parallèles et rapprochées de navettes ou espolins inférieurs, dont le va-et-vient dans autant de châssis à coulisses horizontales limitées est assuré, à des intervalles réglés à l'avance, par le jeu d'une tringle supérieure à poignées, ou manettes, qu'accompagnent d'autres tiges à crampons pousseurs, propres à produire sous la main de l'ouvrier tisseur le jeu alternatif de translation, d'abaissement ou de soulèvement réclamé par le dessin du broché et qui résultent de petits plans inclinés servant également de guide aux diverses navettes ou espolins.

Le battant brocheur mécanique des métiers à rubans et l'instrument perfectionné que M. Meynier y a substitué pour certains genres de dessins, si facilement applicables à cause des intervalles réguliers, suffisamment larges, laissés entre les diverses portions de chaînes à brocher et auxquelles correspondent autant de petits peignes frappeurs, ces ingénieux outils ne peuvent que difficilement s'adapter aux larges tissus à figures ou couleurs perpétuellement changeantes, et dont les navettes espolins ont besoin d'être directement conduites à la main par l'ouvrier et son aide, quand le dessin se complique et qu'on prétend éviter ou perdre dans la chaîne et le fond sergé du tissu les longues brides qui s'aperçoivent à l'envers des brochés obtenus au simple lancé de la navette sur la largeur entière de ce tissu. Mais c'est surtout dans les châles de cachemire, façon de l'Inde, que, le nombre des espolins ou des combinaisons dues aux changements de couleurs se multipliant pour ainsi dire à l'infini dans chaque duite, on se voit en quelque sorte obligé de renoncer à tout procédé mécanique;

dénomination de *battant à espolins brocheurs* porte la date du 27 janvier 1838; l'instrument lui-même a reçu depuis lors des perfectionnements divers et d'utiles applications mis à profit par l'industrie, et dont l'heureuse combinaison, jointe à d'autres non moins remarquables déjà dues à M. Meynier, ont valu à ce mécanicien et à son associé, M. Godmard, une médaille d'or à l'Exposition française de 1849.

la jacquart, comme dans l'ingénieux système de fabrication tenté par M. Deneirouse, à l'aide des papiers continus et percés de M. Acklin, ne servant guère qu'à lever les fils de la chaîne et de petits indicateurs propres à montrer à l'ouvrier tisseur ou brocheur l'ordre successif des espolins qu'il doit employer en chaque point ou portion limitée de la duite.

De là, on le comprend, à l'antique et lent travail manuel des tapis, tapisseries ou broderies à sujets d'imitation, il n'y a, au point de vue mécanique, qu'un pas, il est vrai fort difficile à franchir, et sur lequel je me garderai bien ici d'insister, de même que je me vois à regret contraint de passer sous silence diverses autres branches importantes de fabrication relatives aux tapis d'usage, aux velours, ras ou frisés, unis ou façonnés, aux moquettes bouclées, aux peluches, aux gazes, etc., qui ont reçu dans ces derniers temps, quant aux procédés mécaniques, des perfectionnements qu'il eût été si intéressant d'étudier au point de vue historique où je me suis placé dans ce chapitre, spécialement consacré aux machines qui ont pour objet la fabrication des tissus pleins à chaîne et trame croisées rectangulairement.

Je me bornerai brièvement à rappeler, afin de ne pas laisser ma tâche par trop incomplète, que le tissage des velours, pour ainsi dire contemporain de celui des étoffes unies ou façonnées[1], consiste dans la combinaison d'une chaîne inférieure

[1] «La fabrication du velours, dit M. Borgnis aux pages 330 à 332 du «volume relatif aux *machines à confectionner les étoffes* (1820), prospérait à «Venise, à Gênes et dans quelques autres villes d'Italie avant d'être connue «en France. Ce furent deux Génois, nommés Étienne Turquetti et Barthé-«lemy Narris, qui importèrent cette branche d'industrie à Lyon, où ils «établirent une manufacture sous les auspices de François Ier, en l'an 1536. «— Le velours est une production asiatique, dont l'usage a été introduit à «Rome du temps des Empereurs; les anciens Grecs ne l'auraient pas connu, «et, dans le moyen âge, quelques fabriques furent établies à Constantinople «et dans d'autres villes de l'empire d'Orient.»

J'ignore la source à laquelle ces documents ont été puisés par l'honorable professeur Borgnis, dont l'ouvrage, qui a rendu d'incontestables services à la mécanique industrielle, en aurait rendu de bien plus appréciables

tendue entre ensouples ordinaires, avec une ou plusieurs autres chaînes à fils lâches, de même couleur ou de couleurs variées et distinctes, mais alors tendues séparément ou par groupes de petites poulies, de petits rouleaux ensouples à freins ou poids de tirage, nommés *roquetins,* et dont l'ensemble constitue une sorte de cantre, d'ourdissoir postérieur; je rappellerai encore que ces derniers fils, correspondant à des lames de lisses à armures diverses avec ou sans mécanique jacquart, en sont séparément levés ou abaissés pour le passage soit de la trame ou navette, soit de petites tringles en fer polies et reposant sur la chaîne fixe; que ces tringles, enveloppées extérieurement et vers le haut par les fils de chaînes lâches pour la formation des boucles, sont, après un certain nombre de coups du battant ou avancement du travail, progressivement retirées du tissu, soit à la main, soit par procédés automatiques, comme dans quelques machines modernes; qu'enfin pour les velours coupés, le sommet des boucles est ordinairement, et avant le mouvement de retraite des fers, tranché par de petits couteaux en acier adaptés à la partie supérieure de ces fers, alors munis d'une coulisse pour le passage de l'instrument ou rabot, etc.

C'est, comme on sait, à l'aide de combinaisons de cette espèce que feu Grégoire, célèbre et peu fortuné mécanicien de Nîmes, fabriquait en 1805, dans l'hôtel de Vaucanson, à Paris, des velours chinés imitant la peinture avec une perfection qui lui attira l'attention du Gouvernement et de la Société d'encouragement de Paris[1]. C'est aussi à l'aide de cette

encore si, comme j'en ai déjà fait la remarque à diverses reprises dans le Ier volume de ce Rapport, il avait constamment indiqué aux artistes les écrits originaux auxquels l'auteur avait puisé, et que rien ne saurait suppléer d'une manière absolue dans ce genre de matières.

[1] *Bulletin*, t. IV, p. 144 à 148, où l'on apprend également que Grégoire était l'inventeur d'un métier à tissus circulaires qui obtint la médaille de bronze à l'Exposition de l'an IX (1801), et que l'on retrouve de nouveau mentionné, mais sans description, à la p. 34 du t. XXI de ce Recueil, où, par contre, on apprend que la fabrication de ce genre de tissu, ainsi que celle des velours peints, fut loin d'assurer la fortune de Grégoire, pas

combinaison que se fabriquèrent pour la première fois, à Crevelt *(Crefeld)*, les beaux rubans de velours de soie façonnés imités depuis avec tant d'art et de supériorité par les tisseurs de la Suisse, de Saint-Étienne, etc., et dont le perfectionnement avait été dès 1807 l'objet d'un brevet d'invention de quinze ans pris par M. Heydweiller, tisseur mécanicien dans Crevelt même, qui faisait alors partie de l'Empire français, et où, si je ne me trompe, se fabriqua aussi pour la première fois la peluche de soie, sorte de velours coupé à tissus ou poils longs et peu serré, qu'on parvint bientôt à fabriquer par des procédés mécaniques plus parfaits et plus expéditifs à Lyon et dans le département de la Moselle, en opérant sur deux chaînes parallèles tendues à la fois, et en imaginant de plus, comme l'a fait M. Prosper Meynier en 1833, d'ingénieux et très-simples moyens mécaniques de trancher les poils au fur et à mesure de la fabrication [1]. C'est ainsi enfin que M. Wood (William), à Wilton, comté de Wilts, en Angleterre, grâce à de persévérantes études appliquées dès 1840 à la fabrication des tapis de velours frisés ou des moquettes, est parvenu à tisser ce genre fort riche de produits par des procédés mécaniques très-expéditifs, dans lesquels les tringles horizontales à boucles, soutenues par des traverses ou châssis latéraux, étaient conduites automatiquement ainsi que les autres parties de la machine.

Les dispositions mécaniques à l'aide desquelles on parvient pendant le tissage même à border diversement les rubans ou galons veloutés et non veloutés, au moyen de fils de chaîne extérieurs détachés du ruban et qui y demeurent ou non incorporés après le tissage; ces dispositions mécaniques mériteraient d'autant plus d'intérêt qu'elles sont très-simples et

plus que d'autres ingénieuses inventions dont il sera parlé dans le chapitre suivant, bien qu'elles aient été mises à profit par l'industrie française et qu'elles aient valu à l'auteur, alors âgé de quatre-vingt-onze ans, une modique pension de 800 francs, allouée par la Société d'encouragement sur les fonds du *legs Bapst* (1844, t. XLIII, p. 540, du *Bulletin*).

[1] Brevet d'invention du 13 février 1833, t. XXXVI, p. 414, de la *Collection imprimée*.

n'exigent aucun changement essentiel dans le principe du tissage. Ainsi notamment les effiloches, les franges de bordures, qui sont les simples prolongements des fils de trames ou de duites avec anses ou boucles libres à une extrémité, s'obtiennent dans les galons à fonds étroits de passementerie sans navettes traversières proprement dites, mais par le simple jeu alternatif de tourniquets à équerre porte-trames, remplissant, dans chacun des quarts de révolution et retours qu'elles exécutent latéralement à la chaîne tendue, le rôle de véritables espolins, d'une manière purement automatique et avec une grande économie de temps. Cette combinaison, fort anciennement connue en France, aura sans aucun doute donné lieu aux machines à tisser les tapis veloutés ou moquettes dont il a été parlé ci-dessus, ainsi qu'à cette belle et curieuse machine exposée à Londres en 1851 par MM. Reed et Cie, de Derby, servant à tisser simultanément trente-quatre galons étroits, à franges torses et bouclées.

A l'égard des métiers à tisser certaines étoffes légères telles que les gazes diverses, métiers qui appartiennent à une industrie déjà si ancienne, ils n'offrent d'intérêt qu'autant que leurs fils de chaînes, doubles et à ensouples séparées, l'une fixe, l'autre mobile ou à tension lâche, présentent aux points de leurs croisements avec la duite une liaison ou sorte de bouclage, par des enroulements contraires du fil de chaîne lâche autour du fil tendu, combinés avec le jet de la trame et qui s'opposent au déplacement latéral et réciproque des fils, formant d'ailleurs par leurs croisements respectifs un véritable tissu à jours quadrillé, semblable au canevas de tapisserie. L'enlacement dont il s'agit constitue un véritable commettage discontinu dans chacun des couples de fils de chaîne; il ne peut se faire qu'en rendant l'une, au moins, des ensouples ou des lames de lisses mobile de gauche à droite ou inversement, d'après des artifices qu'il me serait bien difficile d'expliquer ici et que je ne trouve décrits nulle part avec la clarté indispensable, mais qui, au fond, doivent avoir plus d'un rapport avec les procédés mécaniques servant à fabriquer les tissus à réseaux, également composés de fils de trame et de chaîne mobiles; je veux dire les tulles à mailles fixes, sortes de dentelles dont j'essayerai de donner une idée dans les paragraphes suivants, principalement consacrés aux machines qui servent à imiter divers ouvrages fabriqués à la main, au moyen de fuseaux, d'espolins ou d'aiguilles.

Pour le moment, il me suffit de rappeler que M. Hennecart, de Saint-Quentin, dont il a déjà été parlé (1re Partie, p. 363 et 364) à l'occasion des bluteries qui lui ont mérité une mention honorable de la part du Jury de la VIe classe à Londres, s'est fait particulièrement remarquer à nos Expositions nationales de 1839, 1844 et 1849, où il a obtenu la médaille d'or pour l'excellente fabrication de gazes en soie présentant jusqu'à 3,200 ouvertures ou vides par centimètre carré, soit de 7 à 8 mille fils de chaîne par duite d'environ 1 mètre de largeur; resultat qui explique comment M. Hennecart est parvenu à repousser toute concurrence étrangère pour cet article relatif à la bluterie et comment, bien plus, ses produits s'exportent jusqu'en Amérique.

CHAPITRE III.

MACHINES ET OUTILS SERVANT À IMITER, PAR PROCÉDÉS MÉCANIQUES, DIVERS OUVRAGES OU TISSUS EXÉCUTÉS À LA MAIN, AU CROCHET, À L'AIGUILLE ET AU FUSEAU.

Pour se rapprocher autant que possible de l'ordre chronologique des faits ou inventions de cette espèce, il conviendrait de commencer par l'exposé des plus anciennes tentatives concernant les métiers à tricots ou à simple fil de trame, c'est-à-dire à mailles libres ou coulantes, unis ou brodés, pleins ou à jours, obtenus sur le métier des bonnetiers diversement modifié. De là on passerait aux machines qui, munies d'une chaîne avec ou sans trame, ont pour but spécial l'imitation des tissus à jours proprement dits, tels que réseaux de dentelle ou de tulle unis et brodés, à fils diversement croisés, commis ou noués, et comprenant ainsi les métiers à filets d'ornement ou de pêche. Enfin, dans une dernière catégorie on rangerait la série très-intéressante des nouvelles machines destinées à broder et à coudre diversement les tissus déjà fabriqués par les procédés mécaniques qui précèdent, machines dont l'apparition aux Expositions nationales de l'industrie est toute récente et qui, par le jeu simultané ou l'indépendance d'action des outils, constituent véritablement une classe à part, très-remarquable par des difficultés mécaniques toutes spéciales, et qu'on est loin encore d'avoir pu vaincre au point de vue automatique.

Ainsi que j'en ai averti au commencement de la présente Section, j'ai dû renoncer à cet ordre chronologique rigoureux, à ces développements étendus et techniques, qui eussent jeté du jour et de l'intérêt sur un sujet non moins épineux et obscur qu'il est important pour le progrès futur des arts vestiaires ou d'ameublement; je me bornerai à en exposer, d'une manière beaucoup trop étendue pour les uns, mais trop sommaire, trop incomplète, pour les lecteurs compétents, les principaux linéaments techniques, mécaniques et historiques relatifs à chaque branche spéciale de fabrication, en commençant par la classe des machines à broder et à coudre, qui d'ailleurs se lie d'une manière intime à celle des métiers à tisser ordinaires, dont ces machines constituent, pour la plupart, de simples additions destinées à opérer simultanément avec le battant et la navette, ainsi que nous en avons déjà eu des exemples à propos des battants brocheurs.

Quant à celles de ces mêmes machines qui, par la nature des organes, des mouvements accomplis ou des effets obtenus, se rattachent plus particulièrement aux métiers à tricot ou à tulle, elles devront nécessairement être renvoyées aux chapitres et paragraphes où j'essayerai de donner un aperçu des principales inventions relatives à ces métiers, en suivant l'ordre chronologique des faits autant que me le permettront les documents épars, et généralement fort obscurs, que j'ai pu consulter.

§ Ier. — Machines et mécanismes servant à broder ou à coudre automatiquement les tissus pleins et unis. — Données historiques relatives aux machines à plongeoirs, d'après MM. *Philippe Hedde* et *John Murphy* : les mécaniciens *Grégoire*, de Nîmes; *Thimmonier*, de Tarare; MM. *Guillé* et *Carrée*, fabricants à Saint-Quentin; *Bouré*, à Lavergier (Aisne), etc. — La brodeuse à chariot et pantographe de *Josué Heilmann*; ses infortunes, d'après l'Anglais Gilroy; tentatives qui l'ont précédée. — Machines diverses à broder, à piquer et à coudre, par *John Curr*, *Stone* et *Henderson*. — MM. *Barthélemy*, *Thimmonier* et *Magnin*, *Hazard*, de Calais, *Gigon-Cavelier*, de Metz, etc. en France; *Walter Hunt* et *Elias Howe*, en Amérique. — MM. *Blodget*, *Judkins*, *Magnin* et *Croisat* à l'Exposition universelle de Londres.

Si je ne me trompe, ce qu'on appelle *broderie* consiste uniquement dans l'addition de certains ornements plus ou moins riches et compliqués aux différents genres de tissus. A ce point de vue, les brochés, festons et bordures ajoutés aux tissus et rubans unis ou figurés par la chaîne ou par la trame constitueraient des broderies; mais ce nom semble plus particulièrement réservé aux ornements formant relief, et qui s'obtiennent indépendamment des combinaisons résultant du mouvement des fils de chaîne ou de trame, comme il arrive notamment dans les mécaniques servant à imiter les broderies au crochet, au plumetis ou à l'aiguille, qui, traversant de part en part le tissu et conduisant le fil de l'une à l'autre face, forment, au moyen de brides, de flottés, de boucles, de nœuds diversement enlacés ou croisés, le dessin qui doit embellir la face nommée spécialement *endroit*.

De ce genre sont plus particulièrement les anciennes *lisses de perles* agissant sur des fils brodeurs, les châssis à aiguilles nommés *plongeoirs*, et qui opèrent verticalement en avant du battant ou peigne, c'est-à-dire pendant le tissage même de l'étoffe, enfin la machine à doubles chariots horizontaux, armés de pinces, qui se renvoient alternativement les aiguilles au travers de l'étoffe déjà tissée, tendue verticalement entre des ensouples et des brides latérales en zigzags, telles qu'on en voit dans les anciens métiers à broder à la main et au tambour; machine non moins délicate qu'ingénieuse, et que j'ai déjà mentionnée par occasion, comme ayant valu à Heilmann la décoration de la Légion d'honneur en 1834, ainsi que les éloges ou récompenses de diverses Sociétés, sans pour cela le conduire à la fortune, si avare envers les vrais inventeurs ou initiateurs.

D'après M. Hedde, la mécanique à châssis plongeoirs était employée en Angleterre, notamment à Spitalfield, dès l'année 1820, où cet artiste écrivain l'a vue appliquée à un métier pour taffetas uni à deux lisses et à deux marches seulement, qui *produisait un tissu façonné par les trames avec une variété surprenante.* Tout le mécanisme, adapté contre le battant et formé d'un cadre dans lequel une barre horizontale à aiguilles percées en bas de trous que traversaient les fils de trames accessoires, était susceptible de prendre un double mouvement : l'un vertical de descente, par lequel les aiguilles et leurs fils pénétraient jusqu'au milieu de la chaîne ouverte, où ils étaient saisis, enlacés par la trame de la navette; l'autre horizontal, à va-et-vient réglé par un disque à rosette repoussoir, monté sur l'arbre horizontal d'un rochet à dents et cliquets à ressorts, placé vers l'extrémité de droite du battant, du râteau porte-aiguilles, et que l'ouvrier faisait tourner à la main d'un cran à chaque reprise ou coup de la navette, de manière à faire varier la largeur des brides sur les diverses parties à broder ou brocher; les dessins, détachés entre eux, étant naturellement constitués de petits bouquets ou fleurs simples, identiques, mais répétés un certain nombre de fois sur la largeur entière de l'étoffe par les différentes aiguilles, dont les intervalles respectifs étaient ainsi nécessairement fixes.

M. Hedde nous apprend encore que le centre de la fabrication de ce genre de tissus existait à Paisley, en Écosse; que depuis elle avait été beaucoup perfectionnée en France, notamment à Lyon, à Tarare et à Saint-Quentin, où elle servait à produire la mousseline brodée imitant le plumetis; que dès 1830, aidé du mécanicien Thimmonier, de Tarare, il avait essayé d'adapter le même procédé mécanique au broché des rubans, en y introduisant quelques modifications dont la principale consistait à placer le disque à rosette qui porte le dessin dans la partie supérieure du battant, etc.; qu'enfin John Murphy, de Glasgow, dans son *Traité sur le tissage*, publié en 1821[1], avait décrit ce même procédé à l'article *lappets*, genre de tissu où l'on aurait successivement employé deux et trois râteaux à aiguilles mobiles verticalement, les unes devant les autres, au moyen d'un équipage de bascules à leviers solidaires avec le mécanisme du battant, tandis que leurs barres horizontales supérieures étaient conduites latéralement par un tambour à plusieurs rangs ou disques à rosettes. M. Hedde, en présentant en faveur de l'industrie nîmoise, dans son trop court écrit, une traduction de Murphy, qui peut-être n'a pas toute la clarté désirable, ne nous apprend rien d'ailleurs relativement au nom des inventeurs ni à la date de l'invention, très-ancienne et exclusivement applicable, ce semble, à des dessins simples et peu variés.

Quant à l'analogie de cette combinaison avec celle des métiers qui servent à fabriquer le tulle et la blonde brochés, métiers dont M. Hedde attribue l'invention et le perfectionnement au même Grégoire de Nîmes que j'ai déjà cité, ce n'est point ici le lieu de s'en occuper, et je me contenterai de faire remarquer que MM. Guillé et Carrée, fabricants de tissus en coton à Saint-Quentin, ont pris, le 15 septembre 1830[2], un brevet d'invention de cinq ans pour un mécanisme dans lequel des plongeoirs, à boîte surmontée d'un couvercle à dents ou sorte de râteau pousseur d'une largeur égale à celle de l'étoffe, contenaient, au lieu d'aiguilles verticales agissant directement sur des fils de trame colorés ou non et tendus légèrement par un bout sur des roquetins en-

[1] Il m'a jusqu'ici été impossible de me procurer cet écrit, qui peut-être nous aurait appris le nom du premier inventeur d'un procédé présentant une grande affinité avec celui des métiers à tricots brodés, déjà fort ancien et dont il sera question dans le paragraphe ci-après.

[2] *Collection imprimée*, t. XXXI, p. 189.

souples indépendants, une rangée de petits cylindres transversaux creux d'où les fils brodeurs ne s'échappaient qu'avec frottement, au travers d'un bouchon de liége, tandis que le couvercle à râteau, déplacé latéralement d'une quantité égale aux flottés à produire, faisait marcher d'autant les cylindres au fond de leur boîte. Toutefois cela n'arrivait que quand l'instrument, combiné ou non avec d'autres parallèles, avait été placé dans l'ouverture de la chaîne par une manœuvre difficile à expliquer et à saisir, manœuvre qu'un ouvrier habile répétait dans toute l'étendue de cette chaîne, c'est-à-dire par des procédés manuels qui, tout en abrégeant le travail du brodeur, n'offrent qu'un bien faible intérêt au point de vue mécanique et relativement au système des plongeoirs à aiguilles décrit par John Murphy.

La même remarque est applicable également au contenu des brevets délivrés, soit le 24 mars 1834, au sieur Bouré, de Lavergier (Aisne), pour des plongeoirs doubles, triples ou quadruples, soit le 31 mars 1834 et le 27 février 1835, au sieur Châtelain, à Magny-la-Fosse (Aisne), pour le tissage des points à jour et des œillets; brevets qui d'ailleurs ne renferment que de simples modifications ou perfectionnements apportés au dispositif et au maniement de l'outil brodeur à boîte et à cylindres porte-trames[1].

La machine à broder de Heilmann, comme je l'ai déjà fait pressentir, offre un tout autre caractère : elle opère sur des tissus pleins, confectionnés, de nature variée, ayant jusqu'à $2^{m},50$ de largeur, et qui sont entièrement traversés par la rangée d'aiguilles horizontales, à deux pointes et œil central, que se renvoient alternativement des barres à chariot et roulettes, cheminant de part et d'autre de la pièce sur des rails parallèles horizontaux; les aiguilles elles-mêmes, chargées de fils à broder d'environ 1 mètre de longueur et à peu près flottants, puisqu'ils ne sont soutenus que par une tringle horizontale en fer montée à bascule, dans le genre de celles qui

[1] *Recueil des brevets expirés*, t. XXXIX, p. 279, 281 et 304.

soutiennent et guident l'enroulement des fils dans la mule-jenny; les aiguilles, dis-je, sont serrées séparément entre des mâchoires prismatiques et triangulaires dont les parois supérieures, à ressorts presseurs, s'ouvrent et se ferment périodiquement sous l'action de pédales solidaires que l'ouvrier fait agir à chacun des passages de ces aiguilles au travers de l'étoffe, quand la moitié environ de leur longueur y est engagée: les chariots porte-pinces eux-mêmes sont mis successivement, et non pas simultanément, en action au moyen de poulies à chaînes et cordons de renvoi sans fin, également conduites par l'ouvrier, agissant de la main gauche sur la manivelle d'un équipage latéral de roues dentées motrices, etc.

Quant à l'étoffe tendue, elle est montée sur un cadre vertical dont les traverses, supérieure et inférieure, portent les ensouples horizontales munies de cliquets à ressorts, que l'ouvrier doit également faire mouvoir à la main, après une série de passées et repassées d'aiguilles relative à la hauteur des bouquets ou des fleurs d'une même rangée transversale, le nombre de ces aiguilles, on le conçoit à priori, étant lui-même relatif à l'intervalle, à la largeur uniforme et au nombre des bouquets compris dans la largeur entière de l'étoffe.

Enfin, et ceci constitue le point capital de la brodeuse de Heilmann, celui qui a le plus émerveillé le public à l'Exposition française de 1834, indépendamment des 130 aiguilles et des 260 pinces qu'on voyait fonctionner à la fois sur deux rangées horizontales dessus et dessous chaque chariot-support, l'étoffe tendue entre ses ensouples, ou plutôt le châssis rectangulaire dont elles occupaient les traverses supérieure et inférieure, recevait de l'autre main de l'ouvrier en tous sens, mais dans un même plan vertical, les déplacements successifs inhérents à la contexture particulière et répétée des bouquets, au moyen d'un fort parallélogramme articulé ou pantographe situé dans le plan même du châssis porte-ensouple, et dont le style, fixé à une longue branche en talus et à poignée, suivait sur un tableau vertical les divers linéaments et contours d'un dessin tracé à l'avance, à une échelle sextuple de celle des bouquets à broder, et marqué de traits ou sortes de hachures droites figurant les flottés successifs du plumetis de la broderie. Le châssis porte-ensouple, assez lourd et guidé par l'un des angles supérieurs du pantographe, devant répéter, reproduire fidèlement et avec une entière liberté toutes les excursions ou allées et venues rectilignes des mêmes flottés, l'inventeur n'a pu y parvenir qu'en maintenant l'équipage de ce pantographe en équilibre par une combinaison de contrepoids à bascules, de guides à tiges et coulisses inférieures ou supérieures comportant, comme dans la *machine carrée* du guillocheur (Ire partie, p. 487), deux mouvements rectangulaires parfaitement indépendants : l'un horizontal, soumis à l'action du sommet réducteur du pantographe; l'autre vertical, principalement favorisé par la réaction du contre-poids qui tend à soulever des poulies à gorges montées aux extrémités opposées des bascules et soutenant les guides horizontaux de la traverse inférieure du châssis porte-étoffe, etc.

Le brevet de Josué Heilmann, qui porte la date du 9 mars 1829 et se trouve transcrit au tome LII, page 403, de la Collection imprimée, avec un laconisme et des lacunes vraiment déplorables, ne renfermant aucune trace de ces dernières indications, cela permettrait de supposer qu'à cette époque les idées de l'auteur n'étaient pas encore parfaitement arrêtées; mais on doit aussi appréhender que ces lacunes ne proviennent du fait même du bureau chargé de la publication des brevets expirés, ce que je n'ai pu jusqu'ici vérifier. A l'égard des figures qui ont été données, en 1843 et 1847, de cette même machine dans les Dictionnaires anglais et français de technologie, ce sont des calques bien insuffisants et singulièrement tronqués de celles qui ont été insérées en 1835 au tome Ier du *Portefeuille du Conservatoire des arts et métiers de Paris* et dans le n° 38 du *Bulletin de la Société industrielle de Mulhouse*, où le texte et les dessins, quoique améliorés, laissent encore beaucoup à désirer. D'ailleurs, la machine à broder que ces descriptions concernent présente quelques différences essentielles avec celle du brevet original, brevet dont, j'en fais la remarque à dessein, le texte n'est point accompagné, dans la Collection imprimée, d'autres demandes relatives à des perfectionnements ou additions ultérieurs, conformément à l'usage pour ainsi dire invariable de tous les inventeurs soucieux de donner une suite quelconque à l'exploitation de leurs premières inspirations.

On sait que les ateliers de M. André Kœchlin, de Mulhouse, avaient déjà construit un bon nombre de ces machines à broder pour la France, l'Allemagne et l'Angleterre lors de l'Exposition nationale de 1844, époque où elles étaient tombées dans le domaine public; mais on ne peut s'en expliquer la publication anticipée dans les Recueils périodiques, et le silence incompréhensible du Rapport du jury de la même année, que par un caractère extrême de modestie, d'insouciance philosophique et de désintéressement chez notre célèbre mécanicien, caractère commun à la plupart des inventeurs, mais d'autant plus rare, d'autant plus recommandable, que même aujourd'hui l'homme de génie reste en oubli et ne saurait réussir sans un peu de ce charlatanisme, de cet esprit d'intrigue qui entraînent le public, trop souvent ignorant et crédule.

Il répugne, en effet, d'attribuer ces circonstances à l'indifférence des Commissaires d'un jury français ou au découragement éprouvé par Josué Heilmann en raison de l'insuccès de son ingénieuse machine, des contrefaçons ou altérations dont elle était l'objet en Angleterre, notamment de la part des mécaniciens de Manchester, qui, au moyen de diverses réductions et simplifications, étaient parvenus à en tirer un parti véritablement lucratif ou commercial; par exemple, en renonçant à toute idée de faire exécuter ses fonctions diverses par un seul ouvrier copieur, simplement aidé de jeunes filles tenues d'entretenir de fils les aiguilles à broder: ces jeunes filles, en effet, peuvent très-bien être chargées, à tour de rôle, de pousser à la main, le long de leurs rails horizontaux, les chariots porte-pinces placés de part et d'autre du tambour vertical de l'étoffe, sans en éprouver pour cela un surcroît appréciable de fatigue. Cependant, quand le nombre des fleurs et des aiguilles se multiplie pour les larges étoffes, seul cas où il soit vraiment avantageux d'employer la machine, le nombre des ouvrières doit être augmenté, et c'est dans ces conditions principalement qu'on s'en est servi depuis un certain temps à Manchester, où elle a reçu d'utiles perfectionnements de la part de M. Houldsworth, le célèbre inventeur du banc à broches à rouages différentiels.

L'injustice dont on a usé, soit en Angleterre, soit en France, envers Josué Heilmann, paraît avoir été sentie par l'auteur anglais du *Traité sur l'art du tissage*, M. G. Gilroy, qui, aux p. 306 à 328, remarque que dès 1844 il existait 15 brodeuses Heilmann à la manufacture de M. Louis Schwabe, de Manchester; brodeuses, dit-il, pour lesquelles il fut accordé beaucoup de compliments à l'inventeur, sans aucun bénéfice, attendu qu'il avait négligé de se munir en Angleterre d'une patente, comme il s'est décidé, non sans de justes motifs et mieux éclairé, à le faire un peu plus tard, en 1846, au sujet de la machine à peigner, dont j'ai donné la description à la fin de la précédente Section. M. Gilroy nous apprend, en outre, à cette occasion, une particularité intéressante et propre à confirmer le jugement ci-dessus, relatif à l'inexactitude des descriptions publiées dans les *Dictionnaires technologiques d'arts et manufactures*, c'est que M. Heilmann lui-même avait protesté contre les erreurs commises à la p. 437 du t. Ier de l'ouvrage du Dr Ure, erreurs involontaires ou non, mais naturellement amenées, on le devine, par le désir d'abréger, sans se donner le souci d'étudier et de comprendre.

Au surplus, on ne peut pas dire que Heilmann fût parti d'une idée sans précédent ou entièrement personnelle; car il paraît que dès 1821 il existait une petite machine à broder toute une rangée horizontale de fleurs dans une étoffe tendue verticalement entre deux ensouples, au moyen d'autant d'aiguilles à crochets horizontales enfermées dans des tubes où, soumises à l'action d'un ressort spiral-repoussoir, elles étaient portées en avant et au travers du tissu par une châsse horizontale commune, que conduisait et ramenait bientôt l'ouvrière, après que les aiguilles de ces mêmes crochets se fussent spontanément chargées, en arrière de l'étoffe, de la longueur de fil nécessaire, fournie par une autre rangée de barbins ou guide fils qui, en tournant, les engageaient dans ces crochets respectifs[1]. Néanmoins, il faut avouer qu'il y avait loin de ce métier à broder au crochet à la colossale et si ingénieuse machine de Heilmann, où, comme on l'a vu, des aiguilles à double pointe, percées d'un œil ou *chas* au milieu, traversaient de part en part le tissu sans le retournement qui s'observe dans la couture ordinaire avec l'aiguille à une seule pointe et chas opposés.

Le métier brodeur anonyme dont il vient d'être parlé n'a été probablement qu'une tentative sans succès bien constaté, et il en est à plus forte raison ainsi de la machine à coudre pour laquelle les sieurs Stone et Henderson se sont fait breveter en France, au commencement de ce siècle (14 février 1804), sous le titre de *nouveau principe de mécanique destiné à remplacer la main-d'œuvre*[2]; machine dans laquelle des aiguilles à coudre ordinaires sont alternativement saisies et reprises par des pinces ou tenailles animées d'un va-et-vient horizontal de part et d'autre de l'étoffe. Cette conception informe, par laquelle on prétendait imiter l'action des doigts de la couseuse, doit être considérée comme la première où l'on se soit proposé la confection des objets d'habillement, puisque celle employée en 1798 par John Curr à la fabrication des câbles plats, au moyen de cordes rondes réunies sous forme de lanières, avait pour but unique de percer transversalement l'ensemble de celles-ci, par des alênes fixées aux extrémités de leviers croisés à charnière, de trous propres à recevoir après coup la ficelle ou le fil métallique

[1] *Archives des découvertes et inventions*, t. VI, p. 334, recueil dont je dois l'indication à l'obligeance de M. Le Clercq, de Paris. Malheureusement, selon la constante et détestable habitude des compilateurs, cet article ne contient aucun nom d'inventeur ni renseignements quelconques.

[2] *Collection imprimée*, t. VIII, page 66.

destiné à unir entre elles les cordes parallèles de chaque rangée[1].

Quelle que soit l'imperfection relative de ces diverses machines, on ne saurait douter qu'elles n'aient servi de point de départ à celles que nous connaissons aujourd'hui. Ainsi, par exemple, la difficulté de faire marcher simultanément plusieurs aiguilles à crochet horizontales aura conduit aux machines à broder au crochet avec une seule aiguille disposée verticalement et perçant l'étoffe tendue et mobile dans le sens horizontal; ce qui offrait assez de difficultés dès lors qu'on s'imposait la condition de compenser le grand nombre des aiguilles, opérant avec beaucoup de lenteur et des manques ou accrocs inévitables, par l'accélération même du mouvement ou la rapidité des oscillations verticales d'un crochet unique. Mais il paraît bien que cette modification, toute simple qu'elle paraisse, n'a point eu lieu avant l'époque de 1824 à 1830, où un M. Barthélemy, que je ne saurais qualifier[2], serait parvenu à perfectionner assez la machine à piquer, à percer de trous microscopiques, les dessins ou feuilles de papiers superposées, pour lui faire produire jusqu'à deux cents points à la minute, au moyen d'un porte-aiguille vertical jouant dans un tube ou fourreau-guide, à l'aide d'un système de cordons et de poulies de renvoi monté sur la bascule supérieure, à inclinaison variable, d'une potence verticale contre laquelle était établie

[1] L'instrument à tenailles et alênes de John Curr a été l'objet d'une patente prise en Angleterre le 17 novembre 1798, et qu'on trouve rapportée par M. Borgnis à la page 245 du volume consacré aux *machines employées dans les constructions*.

[2] *Dictionnaire des arts et manufactures*, t. I, p. 1127, où malheureusement on nous laisse ignorer la résidence et la spécialité de l'auteur, qui ne paraît pas avoir jugé à propos de prendre un brevet pour un mécanisme aussi simple et ayant eu déjà de nombreux précédents. Cependant je lis dans une note qu'a bien voulu me transmettre M. Le Clercq que M. Barthélemy, menuisier à Nancy, fit exécuter une machine de cette espèce par son frère, horloger, à qui serait dû le rouet moteur, et que le mécanisme en fut principalement perfectionné depuis par M. Robinot, de Paris, qui en fit l'objet d'une fabrication courante très-économique.

la chaise-support d'un rouet à pédale motrice; machine qui, après avoir reçu, sous le rapport de la précision, de la multiplication et du rapprochement des points, de nouveaux et divers perfectionnements de la part d'artistes mécaniciens de Paris très-habiles, a rendu et rend journellement encore de très-grands services aux dessinateurs et ouvriers brodeurs.

La première des machines à broder au crochet-aiguille, qui pouvait également servir à coudre, unir entre eux les tissus pleins, en produisant d'ailleurs ce qu'on nomme le *point de chaînette*, cette machine est due à un mécanicien français, M. Barthélemy Thimmonier[1], d'Amplepuis près Tarare, alors domicilié à Saint-Étienne; bientôt associé au sieur Ferrand, bailleur de fonds, il se fit breveter, le 17 février 1830, pour une machine à crochet et double pédale de cette espèce, laquelle devint, la même année, la base d'une puissante association fondée rue de Sèvres, à Paris, sous la raison Germain Petit et Cie, mais ayant spécialement pour objet la confection des habillements militaires. L'idée parut tomber avec cette société, et ce ne fut que quinze ans après, en 1845, que Thimmonier, résidant de nouveau à Amplepuis, fut encouragé par M. Magnin (Jean-Marie), alors avocat à Villefranche (Rhône), à s'occuper du perfectionnement de sa machine; ce qui donna lieu, en Angleterre, à la prise d'une patente au nom seul de Magnin, datée du 9 février 1848, et, en France, à un brevet d'addition, du 5 juillet suivant, sous le nom commun de Magnin et Thimmonier. Mais les circonstances peu favorables de l'époque, et sans doute aussi quelques imperfections inhérentes à la complication même de la machine, l'empêchèrent de se répandre en Angleterre, où elle avait cependant fonctionné publiquement à l'*Institution royale de Londres*, en présence de l'illustre Faraday[2]; sans compter que déjà on

[1] Ce Barthélemy est-il le même que le précédent? Je l'ignore; mais, à défaut de renseignements plus précis, on pourrait l'admettre.

[2] *Mining journal* du 19 février 1848. J'emprunte aux écrits de M. Magnin même ces citations intéressantes relatives à la première machine à coudre et broder au point de chaînette.

connaissait dans cette capitale quelques autres tentatives de machines à broder ou à coudre, datant de 1835 à 1844, et venues pour la plupart du dehors, de France sans doute.

C'est cette petite machine de Thimmonier, à laquelle M. Magnin ajouta des perfectionnements, objet d'un certificat d'addition du 4 juillet 1849, qui depuis a été présentée à l'Exposition universelle de Londres sous la dénomination de *couso-brodeuse*, destinée principalement à la lingerie et aux étoffes les plus délicates, mais que le Rapport du Jury de la VIe classe a oublié de mentionner en même temps que celles produites par M. Blodget, des États-Unis d'Amérique, et par M. Judkins, de Manchester, dont les petites machines, spécialement destinées à la couture, et comportant deux aiguilles chargées séparément de fils, fonctionnaient avec une rapidité remarquable sous les yeux du public, mais n'étaient plus, comme la précédente, perdues dans l'immense confusion d'objets divers soumis à l'examen du Jury. Par un motif tout contraire, ce jury a pu donner quelque attention à une autre machine française de M. Sénéchal, coutelier à Bellevue, près Paris, qui, mue par une manivelle, servait à coudre, en points de surjet, de grands sacs de toile, au moyen d'un bras ou levier articulé porte-aiguille à excursion extérieure et excentrique : déjà présentée par son auteur à l'Exposition française de 1849, cette dernière machine marchait d'ailleurs avec une lenteur comparative, qu'expliquait seule la difficulté du but à remplir, puisqu'il ne s'agissait de rien moins que d'imiter le véritable surjet et le doigté des ouvrières.

Le Jury de la VIe classe a également pu voir fonctionner la petite machine à crochet vertical de M. Croisat, de Paris, servant à implanter, avec une rapidité extrême, de courts cheveux dans le tissu mince des perruques; mais cette machine, citée favorablement aux Expositions françaises de 1834, 1844 et 1849, n'offre pas, à beaucoup près, dans le jeu des organes, les difficultés d'exécution, les complications inhérentes aux machines ci-dessus à broder ou à coudre au crochet, et dans lesquelles de longs fils de trame, diversement enroulés sur de petites bobines animées d'un mouvement horizontal en dessous de la table qui supporte le tissu, formaient une série de boucles emboîtées les unes dans les autres, c'est-à-dire le point de chaînette, bien connu par la facilité qu'on éprouve à le défiler, en tirant le bout opposé à celui du départ, quand il n'est point arrêté ou noué.

On remarquera que la plupart des machines françaises au point de chaînette, telles que celles de MM. Thimmonier, d'Amplepuis (1830); Hazard, de Calais (1837); Gigon-Cavelier, de Metz (1841); Lescure, de Nancy (1841 à 1846); Aubry[1], de Paris (1844); Thimmonier et Magnin (1843 et 1848); Magnin (1849), etc., on remarquera, dis-je, que ces délicates et petites machines opèrent au moyen de l'aiguille à crochet inférieure, animée d'un va-et-vient vertical au-dessus de la table d'appui de l'étoffe, soutenant une potence à tube directeur vertical fixe, qui dirige l'aiguille à laquelle le va-et-vient est imprimé par un mécanisme à manivelle ou à pédale rappelant celui des anciennes machines à piquer.

Quant aux machines d'origine véritablement américaine, dont on fait remonter l'invention à 1834 et à un mécanicien du nom de Walter Hunt, mais qui, en réalité, ne commencèrent à fonctionner utilement qu'à dater de 1846, où Elias Howe prit la première patente américaine, ces machines, qui ont fait irruption en France et en Angleterre à une époque voisine de celle de l'Exposition universelle de Londres, se rapprochent plus ou moins de celle de M. Blodget, déjà citée, opérant à deux fils, dont l'un, véritable trame, est conduit par une navette à mouvement horizontal inférieur, l'autre, par une aiguille verticale dont l'œil est placé non loin de la pointe et qui, dans ses allées et retours, avec intermittence, forme une

[1] Un M. Aubry (Louis), à Chaumont (Haute-Marne), avait déjà pris, le 28 février 1828, un brevet de perfectionnement de cinq ans pour une machine à piquer et coudre les gants ou autres objets en *arrière-points*, appelée *métier régulateur*, parce qu'il ne s'agit, en effet, que d'un étau à lame dentelée pour diriger l'aiguille ou la main de l'ouvrière, et non d'une machine à mouvement automatique (t. XXV, p. 70, de la *Collection imprimée*).

succession de boucles que la navette traverse : ces boucles, bientôt soulevées par l'aiguille de part en part de l'étoffe, y laissent extérieurement une suite ou rangée de longs points interrompus, de faufilés, qui, en faisant agir l'une près de l'autre deux aiguilles verticales pareilles, imitent, à s'y méprendre, le point dit *arrière,* dont ils diffèrent au fond notablement. Néanmoins ce genre de couture présente plus de solidité que celui à point de chaînette des machines françaises, lesquelles deviennent aussi plus coûteuses, moins expéditives à cause des complications du mécanisme, quand on prétend y donner à l'étoffe un mouvement automatique pendant le jeu alternatif de l'aiguille à crochet; ce qui n'a lieu d'ailleurs que pour les machines spécialement destinées à produire des dessins réguliers de broderie à points de chaînette formant relief.

Je n'étendrai pas cette discussion à propos de la machine à coudre exposée par M. Judkins dans le département anglais de l'Exposition de Londres et dont l'origine est également américaine; je passerai *à fortiori* sous silence diverses autres machines de cette espèce, dont quelques-unes ont été représentées, tout au moins en principe, à l'Exposition universelle de Paris, en 1855, parmi celles de la VIIe classe; je dois me borner à renvoyer le lecteur à la partie du Rapport sur cette dernière Exposition qui, rédigée par M. Willis, concerne plus spécialement les machines à coudre et renferme sur l'origine et les divers systèmes de ces ingénieux outils des documents extrêmement précieux, et auxquels ce qui précède pourra servir de complément au point de vue historique.

§ II. — Constitution mécanique et origine des métiers à tricot ou à bas; leur apparition simultanée en Angleterre et en France, sous Élisabeth et Henri IV. — Efforts de génie que leur invention suppose; forme et représentation des enlacements du fil des tricots, par *Vandermonde* et l'*Encyclopédie méthodique*. — Admirable disposition des organes du métier; discussions et réflexions à ce sujet; la pratique et la théorie; les savants et les hommes d'ateliers. — Manufacture de bas établie par *Jean Hindret*, sous Colbert, dans le château de Madrid, près Paris. — *Nîmes*, *Rouen* et *Nottingham*. — Propos attribué à *maître François*, apothicaire de l'hôtel-Dieu de Paris; pétition des bonnetiers de Londres à Olivier Cromwell, et autres écrits anglais, relativement modernes, tendant à prouver l'existence de *William Lee* ou *Lea* comme inventeur du métier à bas. — Opinions de *Savary*, *Diderot*, *Poppe*, *Blackner*, etc.

Il existe entre les machines à tricot et celles qui nous ont occupés en dernier lieu une relation intime qui ne saurait échapper à l'œil le moins observateur. En particulier, le point de chaînette des brodeurs, exécuté au moyen d'un crochet à main au travers d'un tissu plein, n'est, comme on l'a vu, en effet, qu'une succession de plis, de boucles formées dans un même fil et dont chacune emboîte la précédente extérieurement. Cette combinaison est si simple et si généralement connue, qu'il n'est point de collégien, pour ainsi dire, qui ne se soit amusé à faire et à défaire à la main une chaînette formée d'une ficelle dont les boucles sont enfilées les unes au bout des autres. Mais de là au tricot continu et rentrant qui se fabrique au métier et constitue les bas ou autres tissus maillés il y a un intervalle considérable à franchir, attendu qu'il ne s'agit plus d'une chaînette isolée, mais bien d'une série de rangées de chaînettes unies latéralement les unes aux autres, quoique constituées d'un seul fil de trame replié, enlacé une infinité de fois sur lui-même, dans la longueur entière du tissu.

Le point de chaînette, employé de tout temps sans doute à la confection de certains ornements ou cordons de passementerie, n'a donc pu que bien difficilement conduire à la fabrication des tricots à main, au moyen de deux ou de trois aiguilles rentrantes et se croisant triangulairement; car, si l'on y aperçoit clairement la formation du tissu par l'enlacement successif de boucles les unes dans les autres, le mode d'après lequel s'accomplit cette formation est tout différent : d'abord, il a fallu, par un système de bouclage analogue à celui des points de festons ou de bordures, rattacher le tricot aux aiguilles rectilignes qui servent d'outils à l'ouvrier ou de moyen d'enlacer, en allant de la droite vers la gauche, le fil tendu autour de l'index de la main droite, dans les boucles déjà accrochées aux aiguilles, en faisant passer successivement ces boucles ou mailles de l'aiguille fixe de gauche à l'aiguille travaillante de droite, c'est-à-dire en *cueillant* les unes après les autres les mailles par une succession de mouvements pour ainsi dire instinctifs des doigts et des deux mains, qu'on essayerait vainement de décrire, et dont l'exécution rapide et régulière dans les tricots unis a quelque chose de vraiment merveilleux chez les ouvriers les mieux exercés. Qui n'a pas, en effet, observé, à une époque, il est vrai, déjà loin de nous, des femmes assises à leur comptoir, causant sans distraction avec leurs pratiques, tout en tricotant dans leur journée, machinalement et sans y jeter pour ainsi dire l'œil, un bas entier de cent à cent cinquante mille mailles au moins, soit trois à quatre mailles par seconde, en admettant seulement un travail effectif ou continu de dix heures, à cause des interruptions causées par le service !

En considérant la promptitude, la facilité avec laquelle s'accomplit la formation des mailles dans le tricotage à main et la simplicité extrême des outils qu'on y emploie, on est fort tenté d'en faire remonter l'origine à une époque non moins reculée que celle du tissage même des étoffes à chaîne et trame croisées ; mais le manque, jusqu'ici, de preuves certaines a fait considérer comme un fait positif que les premiers tissus élastiques de cette espèce, les bas de soie notamment, n'ont apparu comme objet de luxe que vers le commencement du XVIe siècle, dans les cours de François Ier et de Henri II, où ils seraient venus du Midi, plus particulièrement de l'Espagne, sans doute par une transmission de l'industrie sarrasine, si fort avancée dans les siècles mêmes où l'Europe était plongée dans les ténèbres de la barbarie. Mais du tricot à main, dont Nîmes a bien pu hériter directement de ses anciens envahisseurs, à l'invention du métier mécanique que cette ville prétend disputer à Rouen et à Nottingham, il y a un nouvel et immense intervalle à franchir. Car, si le hasard ou plutôt le tâtonnement, l'exercice intelligent de l'art du passementier, ont pu faire découvrir le jeu de deux ou trois aiguilles à tricot exclusivement soumises à l'action des doigts de l'ouvrière, il n'en saurait être ainsi de la combinaison des aiguilles fixes du métier mécanique, en nombre illimité, équidistantes et rangées parallèlement les unes à côté des autres, dans un même plan ou sur une même ligne horizontale. Soudées à leurs bouts postérieurs dans un prisme d'étain ou de plomb, recourbées en dessus, à leurs bouts extérieurs ou opposés, de manière à former de l'avant à l'arrière un véritable crochet élastique et flexible dont l'extrémité effilée puisse se perdre, se noyer dans une encoche ou *châsse* qu'elle effleure en dessus, ces aiguilles doivent laisser aux différentes rangées horizontales des plis ou des boucles, dont les croisements successifs et réciproques constituent le tricot qui y est suspendu, la liberté nécessaire pour passer alternativement et progressivement du dessous des crochets en dessus, puis y échapper entièrement en venant s'abattre, chaque fois, au-devant de leurs becs antérieurs, où se trouvent préalablement engagés les plis à boucles, je veux dire les mailles de nouvelle formation.

Entre ces deux dispositions ou modes de procéder, il y avait un intervalle d'autant plus difficile à franchir, en effet, qu'ils n'offraient aucune analogie apparente, et qu'il a fallu une sagacité et un esprit d'observation tout particuliers pour deviner, à l'inspection d'un tissu élastique et continu, formé de mailles en quelque sorte agrafées une à une et bout à bout, la constitution simple[1], régulière et toute géométrique

[1] En réalité, cette constitution se laisse assez bien apercevoir sur l'envers

qui appartient aux différentes circonvolutions d'un seul fil de trame replié de proche en proche sur lui-même, mais surtout pour apercevoir comment ce fil, d'abord droit et couché transversalement à la main, sans tension quelconque, sur la branche postérieure des aiguilles horizontales ci-dessus, puis abaissé, infléchi entre leurs intervalles consécutifs, par la descente successive de lames métalliques verticales et parallèles, de *platines* très-minces à doubles échancrures ou becs antérieurs arrondis, servant à saisir et repousser, au besoin, les plis horizontalement; pour apercevoir, dis-je, comment ce fil, ainsi replié suivant une ligne sinueuse, constituée en quelque sorte d'une succession régulière et continue de chaînettes appendues à ces mêmes aiguilles, pouvait, en se croisant avec une autre ligne pareille, soutenant en arrière le tissu déjà formé et dont les plis doivent passer par-dessus les précédents, donner lieu à un enlacement de boucles ou de mailles, à un tricot identique à celui des bas ordinaires, si ce n'est que, au lieu de rentrer sur lui-même, ce tricot est ici ouvert par les extrémités et étendu en ligne droite le long de la rangée horizontale des aiguilles dont il vient d'être parlé.

A la rigueur, on comprend aisément, avec les auteurs qui l'ont expliqué depuis Vandermonde et l'*Encyclopédie méthodique*[1], comment deux rangées pareilles de cordons à plis ou

du tricot à bas, mais elle se manifeste mieux encore quand on vient à défiler un pareil tricot par un bout et maille à maille; car l'élasticité naturelle de la matière ayant été énervée à la longue, il en résulte un fil plissé, ondulé à peu près suivant la forme sinueuse que prend une chaîne pesante et lâche, placée sur une rangée de chevilles équidistantes et horizontales, constituant une sorte de peigne ou de râteau, ainsi que je l'ai indiqué ci-après dans le texte.

[1] Les *Remarques* de Vandermonde *sur les problèmes de situations*, où se trouve cette explication, sont imprimées à la page 566 des *Mémoires* de notre ancienne *Académie des sciences* pour 1774, époque vers laquelle on s'occupait beaucoup, en dehors comme au dedans de cette illustre Société, de toutes les questions qui se rattachent à la fabrication mécanique des tissus maillés, ainsi qu'on le verra encore mieux par la suite. Après avoir rappelé les recherches du grand Euler sur la marche du cavalier dans le jeu d'échecs (*Mémoires de l'Académie des sciences de Berlin* pour 1759), la

arcs de chaînettes consécutifs, placées l'une devant l'autre, peuvent donner lieu à un croisement ou à un bouclement de mailles véritables, en faisant passer les sommets, mais seulement les sommets, du cordon postérieur pardessus ceux de l'autre et des becs antérieurs d'aiguilles; c'est même une expérience facile à tenter à la main et sans autre appareil qu'un couple de peignes ou de râteaux servant à recevoir et transporter les rangées pareilles de trame ou cordons, dont le plissement pourrait être produit par une troisième barre à râteau formée de platines à plomb. Sans aucun doute, le premier inventeur du métier à bas a dû raisonner et procéder ainsi; mais, bien qu'on soit depuis revenu à des combinaisons de ce genre pour éviter la complication et atteindre des résultats différents ou purement accessoires, il n'en est pas moins évident que c'était là l'enfance de l'art, procédant tour à tour et inévitablement d'une conception théorique en soi très-simple à une réalisation pratique plus ou moins satisfaisante, puis de celle-ci à de nouvelles conceptions moins imparfaites, mieux étudiées ou approfondies, et ainsi de suite alternativement, jusqu'à ce qu'on parvienne à des

promesse de Leibnitz de publier un *Calcul des situations,* la notation de Viète relative aux *nombres généraux* ou *déterminés,* Vandermonde propose un système de notation à indices antérieurs et postérieurs accompagnant la lettre principale relative au fil dont la route, la marche au travers d'un rectangle ou d'un parallélipipède quadrillé, subdivisé en petits carrés ou cubes égaux, doit être représentée dans tous ses méandres, circonvolutions, replis ou croisements successifs, au moyen de ce que l'auteur nomme les *nombres nombrants* ou entiers, propres à représenter l'ordre, le rang de chacune des cases du réticule que le fil parcourt. Mais il faut avouer que ce système de représentation ou de notation algébrique, donnant lieu à des séries de termes indéfinies, ne paraît guère propre à atteindre le but avec la simplicité désirable, comme on peut le voir par les exemples mêmes de la chaînette et du tricot que Vandermonde en apporte, et dans lesquels la position des points essentiels de chaque boucle est exclusivement représentée ou définie, mais non la forme. Au surplus, comme l'observe ce savant académicien et ancien directeur du Conservatoire des arts et métiers, « l'ouvrier « ne voit pas dans les tissus les rapports de grandeur, mais de situation ; ce « qu'il voit, c'est l'ordre dans lequel sont entrelacés les fils. »

résultats vraiment fructueux ou profitables à la société. Car, quoi qu'en pense le vulgaire et même beaucoup de gens capables, personne, sur cette terre, n'a pu se glorifier d'être parvenu d'un seul jet à la réalisation d'une combinaison mécanique aussi complexe que celle du métier à bas, tel que nous le connaissons depuis près de trois siècles écoulés.

En effet, après avoir imaginé la soudure à plomb, si ingénieuse et si mathématiquement précise, des aiguilles horizontales dont il a été d'abord parlé; après avoir conçu le double jeu de platines verticales, avec et sans plomb, pour abattre, plisser le fil de trame ou en opérer ce qu'on nomme la *cueille*, le *cueillement*, le *cueillage* et même le *cueillissage*, il fallait bien découvrir les *crochets à châsses* mobiles, non moins ingénieux et précis, pour dispenser de recourir au peigne ou râteau transposeur et abatteur; il fallait aussi trouver la *presse*, cette barre horizontale à bascule, contre-poids ou ressorts de réaction, manœuvrée par une pédale et servant à fermer temporairement les crochets, pour faire passer le rang postérieur des plis de suspension du tricot par-dessus leurs branches supérieures, recouvrant la nouvelle rangée des boucles ou des plis; il fallait d'ailleurs, et au préalable, imaginer des moyens mécaniques très-simples pour opérer la descente verticale, non pas simultanée, mais successive, quoique très-rapide, du premier rang de cette multitude de platines mobiles servant à cueillir et former les plis de deux en deux aiguilles, en laissant au fil de trame et à sa bobine alimentaire le temps de céder à leur action sans rupture ni vrillement. Pour y parvenir, il a fallu encore inventer l'ingénieux mécanisme des *ondes* d'échappement des platines de rangs pairs, composées de leviers à tourillons mobiles dans une rangée de chapes ou d'autres platines verticales très-minces, fichées également dans une barre horizontale à plomb, sorte de râteau établi à la partie supérieure du métier, muni d'ailleurs aux extrémités respectives des leviers, opposées aux platines à plis ou d'abatage, de lamettes à ressort verticales en acier, dont la pression et le frottement contre ces extrémités, servant de frein aux leviers bascules, maintiennent ces dernières platines levées ou à l'état de repos, tandis qu'ils en permettent l'abatage quand sous l'action d'un curseur ou chevalet à dos d'âne, glissant le long d'une coulisse horizontale sous le tirage d'une corde à poulie de renvoi, ces mêmes extrémités des leviers, progressivement soulevées, arrivent à des encoches ou inflexions pratiquées aux lamettes ressorts, qui leur permettent d'échapper à toute pression ou frottement, de basculer sous leur propre poids et celui des platines antérieures, dont la chute est accompagnée d'un bruissement ou cliquetis rapide dû au débandement successif de ces mêmes ressorts ou freins.

Cette combinaison des ondes à bascules était, à coup sûr, une conception heureuse; mais elle ne suffisait pas néanmoins pour assurer le jeu régulier de la machine : il fallait, après l'abaissement des premiers plis ou boucles d'une longueur double de celle exigée par la formation des mailles définitives du tissu, relever de la moitié de leur hauteur de chute la rangée correspondante des platines, afin de dégager ces mêmes plis et d'en partager la longueur entre leurs aiguilles propres et les aiguilles voisines par l'abaissement, cette fois général et simultané, de toutes les platines, y compris celles à plomb, qui occupent les intervalles des précédentes, et dont les chapes, solidaires entre elles, sont jusque-là demeurées immobiles avec tout l'équipage supérieur du métier, soutenu par de grands ressorts latéraux à contre-poids d'équilibre. D'ailleurs l'ouvrier produit ici, à l'aide d'une pédale, l'abatage de ces ressorts, sans s'inquiéter de leur relèvement spontané, tandis qu'il abaisse les extrémités postérieures des leviers à ondes en élevant les platines correspondantes à leur ancienne position, au moyen d'une tringle horizontale ou presse secondaire d'un mécanisme très-simple soumis à l'impulsion des doigts de l'ouvrier, qui immédiatement fait rétrograder le chevalet curseur par le jeu alternatif de deux pédales appliquées à une corde enveloppant la partie supérieure d'une grande poulie motrice, etc.

Enfin, pour que ce même et unique ouvrier, à l'aide des

becs crochus et des ventres antérieurs pratiqués à la rangée entière des platines verticales de plissage censées abattues, pût pousser ou faire glisser en avant et en arrière, mais l'une après l'autre, comme on l'a vu, soit la rangée nouvelle des plis antérieurs sous les crochets d'aiguilles, soit la rangée postérieure des plis du tricot par-dessus ces mêmes crochets, alors fermés et soumis à l'action de la grande presse, il fallait encore que l'équipage entier des platines ci-dessus, des ondes à bascules, du chevalet curseur, etc. fût rendu mobile horizontalement, par l'application directe des mains aux poignées latérales d'un chariot à roues cheminant librement sur des rails parallèles.

Cette longue mais pourtant incomplète énumération des ingénieux mécanismes qui constituent la plus ancienne des machines à tricot, celle que la première Encyclopédie, imprimée en 1741, sous la direction de d'Alembert et de Diderot, décrivait si laborieusement en empruntant la plume anonyme d'un homme du métier, qui n'en fait ressortir ni le mérite, ni l'originalité, ni les intentions véritables, cette longue et incomplète énumération, dis-je, était en effet indispensable pour faire apprécier à leur juste valeur les difficultés inhérentes à la précise et délicate exécution de cette multitude d'organes ou combinaisons mécaniques, ainsi que la sagacité, la persévérance, la profondeur même de conception qu'a dû y apporter l'auteur unique que suppose la tradition populaire, amie du merveilleux, et qui n'admet ici, comme dans d'autres circonstances précédemment citées, ni l'intervention de plusieurs hommes et à fortiori de plusieurs générations d'hommes, ni une influence quelconque du milieu où ils ont vécu, plus ou moins avancé dans les arts, ou, ce qui est tout un, plus ou moins bien outillé, éclairé et civilisé.

A coup sûr, le métier à bas est un chef-d'œuvre de précision mécanique supérieur à tout ce que le moyen âge nous a légué en ce genre, si ce n'est la montre et l'horloge, qui supposent une certaine connaissance des lois astronomiques ou de la mesure du temps. On ne saurait, à aucun titre, le comparer aux automates tant admirés de nos ignorants et crédules ancêtres, automates si complétement inutiles qu'ils ont tous disparu, à l'inverse de l'humble métier à tricot, qui aujourd'hui même nous rend les plus grands services, mais que bien des gens du monde, des lettrés et des savants de profession dédaignent, malgré le génie qu'il suppose, malgré les huit à dix mille mailles qu'il produit à la minute, malgré même les avantages matériels qu'on en retire? D'où vient la complète indifférence des philosophes ou théoriciens pour tout ce qu'on nomme improprement *application* ou *pratique?* D'où vient le dénigrement non moins étrange des hommes d'ateliers, des praticiens, contre toute théorie ou raisonnement d'apparence scientifique? N'y a-t-il pas dans ces sentiments de dédain inverses ou réciproques quelque chose d'aussi injuste que de peu réfléchi? Ou plutôt n'y aurait-il pas là simplement orgueil, ignorance ou paresse de l'esprit, s'autorisant des abus qu'on fait si souvent de l'expérience et de la théorie exclusives, deux choses qu'on ne doit pas séparer, selon les doctrines de Descartes et de Bacon, surtout quand les résultats s'en lient au bien-être général de la société et à ses progrès? Qu'importent, enfin, la langue, le milieu, le siècle dans lesquels une œuvre d'art ou d'esprit a été conçue et accomplie, s'il y règne, dans les détails comme dans l'ensemble, un ordre parfait, une heureuse harmonie de mouvements, de pensées ou de conceptions justes et profondes?

Au surplus, en combattant ici un peu vivement de ridicules et fâcheux préjugés, dont la source n'est pas difficile à découvrir quand on sonde le cœur de l'homme, j'ai prétendu principalement faire ressortir les doutes de mon esprit à l'égard de la romanesque origine attribuée à une machine qu'on suppose inspirée par des sentiments étrangers au besoin de se rendre utile, de s'enrichir ou de se faire admirer. A ce point de vue, il importe de constater d'une manière générale que, sauf des modifications ou améliorations de détails insignifiantes, l'équipage des ondes à ressort et de leurs platines, nommé l'*âme du métier*, est, aussi bien que les plus importantes des autres parties du mécanisme, demeuré à peu près tel que nous le voyons dans les métiers rectilignes et à bas unis existant de nos jours. Cette constatation, après des siècles écoulés, serait d'autant plus glorieuse pour le premier inventeur ou initiateur, que le système de solution adopté s'écarte davantage du mode ordinaire de fabrication des bas, et qu'il se fût complétement égaré si, conformément à l'opinion de certains philosophes peu mécaniciens de leur nature, il eût tenté d'imiter servilement les mouvements compliqués et excentriques qu'on observe dans le tricotage à la main et à l'aide de longues aiguilles.

Je tiens également à le rappeler, à le constater ici, bien qu'à regret et à la honte des siècles qui ont précédé le nôtre, malgré l'extrême importance du métier à bas et la grandeur de la révolution accomplie par son introduction dans l'industrie manufacturière, tout ce qui concerne son origine et ses premiers développements est demeuré dans une obscurité profonde et a donné lieu aux contes ridicules déjà mentionnés, mais que je me garderai de rapporter, avec d'autant plus de motifs qu'ils ont été répétés mot pour mot en les appliquant à des pays et à des personnages différents. Néanmoins je ne puis me dispenser, tout en laissant de côté cette partie en quelque sorte populaire de la question ou des traditions, d'exposer sur l'origine du métier à bas la version la plus vraisemblable, et qui, les conciliant d'une manière suffisamment rationnelle, paraît avoir reçu l'assentiment unanime des auteurs anglais et allemands.

William *Lee* ou *Lea*, que les uns font naître à Calveston, les autres à Woodborough, comté de Nottingham, devenu ensuite magister du collége de *John* à Cambridge, aurait imaginé le métier à bas vers 1589, métier pour lequel il réclama en vain la protection et les encouragements de la reine Élisabeth d'Angleterre. Attiré en France par les promesses de Henri IV ou de Sully (1600 à 1610), il vint s'établir à Rouen avec neuf ouvriers qu'il avait formés, et il y réussit à tel point que la fabrication paraissait fixée en France, si la mort de ce monarque, ami et protecteur des arts, n'eût privé l'inventeur de l'espoir d'obtenir prochainement les priviléges qu'on lui avait promis et ne l'eût obligé à s'acheminer vers Paris, où il mourut, dit la chronique, après avoir abandonné à eux-mêmes ses ouvriers, qui seraient bientôt retournés en Angleterre en y important leurs métiers[1].

[1] Le titre le plus positif du magister Lea à l'invention du métier à bas réside dans une pétition des bonnetiers de la ville de Londres adressée à Olivier Cromwell pour l'obtention de priviléges exclusifs, et qui se trouve rapportée, malheureusement sans date précise, à la fin de l'histoire anglaise de Nottingham, publiée en 1815 dans cette ville par John Blackner; ouvrage dont je dois la communication à l'obligeance éclairée de M. Édouard Mallet, habile fabricant tulliste à Calais, dont le frère aîné a reçu, en 1852, la décoration de la Légion d'honneur pour la belle collection de produits manufacturés qui avait été offerte par leur maison à l'Exposition universelle de Londres.

En tête de cette pétition à Cromwell, on lit textuellement : « Il y a cinquante ans, un *William Lea*, de *Calveston*, comté de Nottingham, imagina, « lui et les siens, etc., » sans autre spécification de date ni de qualités; mais Blackner fait observer que la charte de délivrance ne paraît pas avoir été octroyée avant l'année 1664, sous Charles II; par conséquent, huit années après l'installation de la manufacture de Jean Hindret au château de Madrid, dans le bois de Boulogne, près Paris; manufacture dont les succès auront bien pu éveiller la jalousie des bonnetiers de Londres, quoique dans leur pétition ils prétendent n'avoir rien à redouter de la concurrence des successeurs ou apprentis formés par les ouvriers de l'inventeur à Rouen, où l'un d'entre eux vivait encore, selon la déclaration des pétitionnaires. Les craintes qu'ils manifestent relativement à l'embauchage de leurs propres apprentis par l'ambassadeur de Venise ne s'étendant nullement à d'autres pays, on pourrait en conclure que dès lors la France n'avait rien à emprunter à l'Angleterre. Je lis en effet dans un mémoire de M. Wilhem de Viebahn, conseiller supérieur des finances en Prusse (brochure de 64 pages, imprimée à Berlin en 1846), que le métier à bas attribué à William Lea fut introduit en Allemagne, vers 1689, par les réfugiés français de la révocation de l'édit de Nantes, dont quarante mille, comme on sait, peuplèrent les ateliers de Berlin et appartenaient en grande majorité à la ville de Metz. Il est très-digne de remarque, d'ailleurs, que Nottingham, si célèbre aujourd'hui pour la fabrication des bas et des tulles au métier, n'aurait, d'après les indications rapportées par Blackner, possédé en 1641 que deux de ces premiers métiers, dont le nombre, dans le siècle suivant, se serait élevé à soixante-dix seulement.

Ce récit, comme on voit, peut fort bien se concilier avec celui de maître François, apothicaire à l'hôtel-Dieu de Paris, rapporté dans une lettre insérée au *Journal économique* de 1757, c'est-à-dire plus de cent cinquante ans après l'événement et cent onze années après l'époque où Colbert ayant fait venir de Hollande Jean Hindret, l'installa au château de Madrid, dans le bois de Boulogne, près Paris, où fut créée la première manufacture de bas au métier, travaillant d'abord exclusivement, et avec un grand succès, la soie, mais qui plus tard (1666), autorisée par privilége spécial, se servit de la laine, du coton et du poil; ce qu'elle fit jusqu'à l'époque de sa dissolution, en 1684. Le nouveau règlement de 1700, qui étendit le privilége de 1665 à un nombre limité de villes de France, telles que Paris, Rouen, Nantes, Lyon, Metz, etc. [1], ce règlement maintenant la défense de porter hors du royaume aucun métier, cela semble indiquer qu'à cette époque la France était principalement en possession de ce genre de fabrication; mais il s'agissait là peut-être de métiers comportant de simples modifications ou perfectionnements que les ouvrages contemporains ne nous font nullement connaître, et en l'absence desquels il devient comme impossible d'asseoir aucun jugement certain.

A quoi servent d'ailleurs toutes ces discussions de prio-

[1] *Encyclopédie*, in-folio, *de Diderot et d'Alembert*, année 1751, art. *Bas au métier*, p. 98 et 112. C'est à tort que, dans ce même article, Diderot, après avoir cité divers écrits antérieurs et plus particulièrement le *Dictionnaire universel du commerce*, de l'inspecteur des manufactures Savary de Brusloms, dictionnaire dont la 2e édition date de 1741, prétend que le nom de l'inventeur était également inconnu en Angleterre; cela prouve seulement que Diderot n'avait consulté aucun des ouvrages anglais qui avaient traité la question avant l'Encyclopédie, notamment l'histoire, en latin, de Nottingham, publiée en 1751, et dont le tome IV, pages 90 et 301, mentionne la pétition des bonnetiers de Londres, d'apparence très-véridique, mais postérieure de cinquante à soixante ans à l'époque de la découverte attribuée à William Lea. D'après l'ouvrage allemand de Poppe (*Geschichte*, etc.), la fable de l'inventeur soi-disant amoureux, commune à tant de pays, se trouverait rapportée tout au long dans un ouvrage anglais antérieur au précédent, et portant la date de 1733.

rité, qui intéressent encore plus les vanités nationales que le progrès réel des arts, la vérité historique et le culte dû aux promoteurs de nos industries, si, comme j'en ai fait tant de fois la remarque, elles ne sont appuyées de documents contemporains assez circonstanciés pour permettre de préciser la date de la découverte, le nom des inventeurs ou perfectionneurs, mais surtout le caractère de l'objet inventé? Cela est principalement indispensable à l'égard des métiers ou machines d'une nature complexe, à organes et fonctions multiples, parvenus depuis des siècles, comme celui qui nous occupe, à un état relatif de perfection, fruit nécessaire de la longue et incessante élaboration d'un seul ou de plusieurs : ce métier, en effet, est d'autant plus remarquable qu'il a nécessité de grands efforts d'esprit, qu'il est le seul de son espèce, et que sa véritable origine pourrait bien remonter à une époque antérieure de beaucoup à celle qu'on assigne aux travaux de William Lea ou du serrurier bas-normand révélé, sans nom, par maître François, l'apothicaire de l'hôtel-Dieu de Paris, mais qui, s'ils ne sont pas des mythes, pourraient bien aussi n'être que de simples perfectionneurs, divulgateurs ou importateurs du métier à bas, comme le fut sans contredit, mais sur une plus large échelle, Jean Hindret lui-même.

Laissant donc de côté toute discussion ou description approfondie de cette espèce, qui n'offrirait qu'un bien médiocre intérêt à l'égard des applications ou modifications diverses qu'on a fait subir à l'invention capitale et primitive des métiers à tricot ou à trame sans chaîne, contentons-nous d'indiquer rapidement, d'après les rares documents authentiques que l'on possède jusqu'à présent, la marche et la nature des progrès accomplis dans cette branche toute spéciale d'industrie mécanique.

§ III. — Additions et perfectionnements apportés à l'ancien métier à bas par les mécaniciens anglais et leurs imitateurs en France. — Origine des mécaniques additionnelles servant à fabriquer les tricots à côtes et à jours divers : les Anglais *Jedediah Strutt*, *J.* et *T. Morris*, *T. Taylor*, *Josiah Crane*, *Richard March*, etc. les bonnetiers et mécaniciens français *Sarrazin*, *Caillon*, *Rivey*, *Germain*, *Jolivet*, etc. importateurs ou imitateurs anciens des mécaniciens anglais. — L'Académie des sciences, le Conservatoire des arts et métiers et le mécanicien *Bastide*, de Paris. — Les métiers et tricots à mailles coulantes, à mailles fixes, à jours ou à réseaux diversement brodés et façonnés, au moyen de roues à crans ou divisions latérales, de cylindres à orgues ou de l'ancienne tire. — *T.* et *J. Morris*, *J.* et *W. Betts*, *T.* et *R. Frost*, *Taylor*, *Brotherston*, en Angleterre ; *Jolivet* et *Cochet*, *Jourdan*, *Bonnard*, *Legrand* et *Bernard*, *Coutan*, *Derussy*, etc. en France (1801 à 1812).

La France n'ayant aucune archive officielle antérieure à la loi de janvier 1791, sur les brevets d'invention, on ne saurait, de ce côté, s'attendre à une suite continue de révélations ; mais on peut être surpris que l'Angleterre, dont les institutions à cet égard remontent à Jacques Ier ou au commencement du XVIIe siècle, ne possède aucun titre officiel relatif au métier à bas avant la patente délivrée le 19 avril 1758 à Jedediah Strutt, mécanicien, et à William Wolatt, bonnetier à Blackwall, comté de Derby, pour une addition spécialement destinée à la fabrication des *bas à côtes*. Cela prouve évidemment que ce genre de machines, ainsi qu'on l'a dit, n'avait jusque-là subi aucune transformation essentielle.

La formation des *côtes*, dans le tricotage à la main, n'offre, comme on sait, aucune difficulté particulière, et s'opère par un simple renversement des mailles ou des boucles, qui se croisent sous un aspect différent à l'envers et à l'endroit, où elles forment une succession de saillies rectilignes et parallèles à points de chaînette très-rapprochées entre elles, tandis qu'à l'envers le tricot présente un emmaillage à serpentements d'aspect entièrement uniforme. Dans le métier mécanique ordinaire, le renversement des mailles ne peut avoir lieu que par des moyens tout particuliers, et dont un des plus anciens et des plus expéditifs avant celui de Strutt, d'abord employé dans le Derby, consistait, selon Blackner (p. 219), dans une barre de fer crénelée, dentelée, qu'on adaptait à la grande presse servant à fermer les crochets d'aiguilles, et qui, dans l'abatage, permettait d'opérer, non pas simultanément, mais dans un ordre déterminé, la fermeture de certains crochets en laissant ouverts tous les autres, de manière à obtenir alternativement des reliefs et des plats formés de brides imitant la broderie précédemment pratiquée, dans les bas au métier, à l'aide d'artifices sur lesquels je reviendrai en peu de mots ci-après.

Au fond, ce genre de tissu, nommé en Angleterre *tuck-ribs*, aussi bien que le métier qui le produisait, et dont Blackner fait remonter l'ingénieuse invention à un Français réfugié ou à un Irlandais de Dublin, vers 1756, n'ont qu'un rapport assez éloigné avec le tricot ou le métier à côtes, le procédé mécanique indiqué dans les patentes de Jedediah Strutt consistant à adapter au-devant de l'ancien métier un châssis porte-aiguilles, avec intervalles vides, aiguilles dont les crochets, de sens contraire à ceux de ce métier, correspondaient à des intervalles de même largeur, laissés également libres ou vides d'aiguilles pour y exécuter les bandes à côtes ou à mailles renversées. Ce châssis, presque vertical, articulé à sa partie inférieure, recevait à la partie supérieure le rang interrompu des aiguilles additionnelles, sur une barre à charnières extrêmes, munie d'une poignée à main par laquelle l'ouvrier donnait à ces aiguilles une position horizontale pour y opérer alternativement le cueillage et la fermeture des crochets au moyen d'une *fausse presse,* dit la patente, autre barre à main vissée sur l'ancienne presse en correspondance avec la barre à aiguilles mobiles, dont les extrémités à châsses et crochets étaient soutenues en dessous par une lame de fer fixe contre les effets de pression; le tout étant en outre accompagné d'une dernière barre supérieure, à platines d'abatage, distincte de celles du métier et placée en avant, mais formant système avec elles, autant qu'il est permis de le deviner ou supposer d'après le dessin.

La patente de Strutt, d'un laconisme inconcevable et qui aura été tronquée dans ses parties essentielles, suffit du moins pour prouver que cet ingénieux mécanicien, associé vers 1768 aux travaux de Richard Arkwright [1], est bien l'inventeur de la mécanique à bascule ou pivotante qui, placée en avant de l'ancien métier à bas, est devenue comme le point de départ obligé de toutes les modifications qu'ont subséquemment fait subir au système de ce métier Jedediah Strutt lui-même (1759), puis les John et Thomas Morris (1764), les Thomas Taylor, les Porter et Josiah Crane (1769), les Richard March et William Horton (1771, 1776 et 1778), les Thomas Frost (1781), etc., lesquels, dans des patentes qu'il eût été intéressant de pouvoir étudier et approfondir au point de vue historique, se sont tour à tour occupés d'ajouter des combinaisons nouvelles d'aiguilles et de platines mobiles à celles déjà connues, de manière à permettre, sans transformations essentielles, de pratiquer dans le tissu, pendant sa fabrication même, des vides traversés ou non par des fils droits ou brides, des nœuds, des côtes imitant diversement la broderie des tricots à jours, à fleurs, etc., que d'habiles ouvrières fabriquent à l'aide d'aiguilles plus ou moins fortes, avec une dextérité de doigts, une facilité vraiment surprenantes, c'est-à-dire au moyen d'une succession de points, d'échappées et de reprises de mailles ou de boucles, tantôt simples, tantôt multiples, mais constamment assujetties à une loi de nombres prescrite à l'avance et susceptible d'une dictée ou écriture conventionnelle, que les tricoteuses savent se transmettre les unes aux autres, de manière à atteindre un but toujours identique et conforme à un modèle donné.

Dans l'origine du métier à bas, les ornements à jours, les côtes, etc., se fabriquaient probablement au moyen d'artifices aussi lents que pénibles, et dans lesquels, comme le montrent les diffuses explications de l'ancienne Encyclopédie, les mains de l'ouvrier, armées de poinçons et de tiges à crochets

[1] Baines, *Histoire des manufactures de coton*, p. 151.

tournants, reportaient les mailles d'une aiguille fixe à l'autre ou la retournaient en certains points du dessin, etc. Or, les mécanismes additionnels dus aux patentés anglais que je viens de citer ont eu principalement pour but de faciliter, sinon de supprimer entièrement, ces mains-d'œuvre ou manipulations; mais leur variété, la complexité des combinaisons et surtout l'obscurité qui règne dans les descriptions sont telles que, malgré la publication textuelle des patentes anglaises, il deviendra bien difficile, même aux hommes du métier, de faire la part exacte à chaque époque et à chaque auteur, de manière à pouvoir, tout au moins, appliquer un nom et une date aux conceptions les plus originales qui ont servi de type à celles aujourd'hui en usage dans cette branche importante d'industrie. De l'examen rapide, et beaucoup trop superficiel d'ailleurs, qu'il m'a été possible d'en faire, il semble seulement résulter que les mécaniciens anglais ont devancé les nôtres dans les modifications, les perfectionnements divers que l'on a fait subir aux métiers à tricot, je veux dire à ceux où le même fil de trame est soumis consécutivement à l'action d'un ou de deux jeux d'aiguilles, les unes fixes comme dans l'ancien système, les autres mobiles diversement par des mécanismes additionnels.

Ainsi, il faudra renoncer à tout droit absolu de priorité en faveur des mécaniciens français, tels que Sarrazin, Caillon, Rivey, Germain, Moisson, Jolivet, etc. qui, à Paris ou à Lyon, s'essayèrent vers la fin du siècle dernier à fabriquer sur l'ancien métier des tricots à côtes ou à jours imitant plus ou moins bien le réseau des dentelles, etc., mais n'apportèrent en réalité que des perfectionnements de détail aux divers procédés mécaniques des bonnetiers anglais pour en approprier le produit à nos goûts et à nos besoins[1]. Sar-

[1] On peut, à ce sujet, consulter divers passages de l'*Encyclopédie méthodique* (*Arts et manufactures*, t. I, 1785, p. 5 et 41), où Roland de la Platière émet une opinion conforme et nous apprend que *Marsh* (sans doute Richard March), bonnetier à Londres, gratifié par son gouvernement, inventa le tricot à *mailles nouées*, de 1770 à 1775; que Caillon n'eut aucun succès

razin, par exemple, né à Paris, mais mécanicien cosmopolite, à qui plus tard on a, fort à tort, attribué en France l'invention du métier à côtes, a tout au plus imité ou perfectionné ce métier vers 1766, c'est-à-dire sept ans après la dernière patente délivrée à Strutt; et ce qui prouve d'ailleurs la supériorité des artistes anglais sur les nôtres à cet égard, c'est que, avant et postérieurement même à 1780, le Gouvernement faisait venir d'Angleterre des métiers pour fabriquer les bas à

dans sa tentative devant l'Académie; qu'au contraire le sieur Germain réussit parfaitement à fabriquer les tricots à jours unis, brodés, guillochés, etc.; que Jolivet et Sarrazin, bonnetiers à Lyon, apportèrent quelques perfectionnements au métier à bas ordinaire; que le sieur Ganton, bonnetier à Paris, fut récompensé pour des perfectionnements d'un autre genre; que Moisson, chanoine d'Uzès, tenta, en 1785, de supprimer les ondes; qu'enfin le Gouvernement français fit venir d'Angleterre, vers 1782, de nouveaux métiers à côtes, principalement applicables à la laine et au coton, mais sans beaucoup de succès ou de profit, bien que ces métiers fussent employés à une fabrique établie à Paris en 1783, etc.

Roland de la Platière, comme on l'a vu particulièrement au sujet des moulins à soie de Vaucanson, était, en sa qualité d'inspecteur des manufactures royales, parfois si tranchant et si exclusif, qu'il est difficile d'accorder un entier crédit à ses opinions sur des choses qu'il n'avait pas alors suffisamment étudiées sans doute, ou du moins qu'il n'a pas convenablement décrites et spécifiées. Ainsi, par exemple, il eût été important de savoir si les procédés mécaniques employés par March s'appliquaient au métier à bas ordinaire, ou s'il s'agissait d'une machine tout à fait spéciale, opérant avec une véritable chaîne, telle que paraît en comporter le métier à main décrit dans sa patente de juillet 1784, où il s'est même proposé de fabriquer des filets de pêche et autres réseaux à mailles nouées, avec de simples jeux d'aiguilles, sans platines à cueillir si je ne me trompe, ni autres combinaisons étrangères à l'ancien métier à bas. Néanmoins, il se peut que dans ses patentes de 1771 et 1778, antérieures à celles de Thomas Taylor, mais dont je n'ai pas le texte sous la main, March ait appliqué aux mécaniques accessoires déjà proposées avant lui par les Morris, les Porter et les Josiah Crane, de Nottingham, des perfectionnements qui, adoptés en Angleterre et imités par Caillon et Germain en France, aient motivé les récompenses nationales dont parle Roland de la Platière à l'endroit cité de l'*Encyclopédie méthodique*. Au surplus, l'auteur, dans un Chapitre supplémentaire du tome II des *Arts et manufactures*, publié en 1790, est revenu lui-même sur quelques-unes de ses assertions, en y ajoutant de nouveaux faits, dont je renvoie l'analyse à une note subséquente.

côtes en laine et coton, qui ne se répandirent au nord de Paris guère avant l'année 1789. Caillon, bonnetier à Lyon, le premier qui en France ait tenté de fabriquer sur le métier à bas des tricots à jours, à mailles doubles, nouées et parsemées de fleurs, n'est pareillement qu'un simple importateur des machines anglaises, comme le constate un Rapport de Vaucanson et de Desmarest à l'ancienne Académie des sciences (séance du 13 janvier 1779). Ce rapport mentionne, en effet, un voyage que Caillon avait précédemment entrepris à Londres en vue d'étudier, de perfectionner un métier dont on s'y servait déjà et qui consistait principalement dans l'application à l'ancien métier à bas d'un râteau à plomb coulé d'une seule pièce, armé de vingt-quatre aiguilles sans têtes ou crochets, monté sur le mécanisme de fer de ce métier, mais offrant des intervalles vides, et dont les aiguilles, susceptibles par un déplacement longitudinal à crémaillère horizontale de couvrir les aiguilles fixes ou à crochets de la grande *fonture*, permettaient, par un jeu facile des pieds et des mains, de cueillir, accoupler diversement les mailles entre elles, bien mieux, disent les Commissaires, de fabriquer des tricots doubles; les mêmes, sans doute, qui furent peu après perfectionnés par le bonnetier Germain, de Paris, mais qu'il ne faut pas confondre avec ceux que depuis on a nommés *tricots sans envers*, tricots dont en réalité, comme nous le verrons, on s'est occupé beaucoup plus tard, vers les premières années de ce siècle.

Le nom de l'inventeur anglais imité par Caillon n'étant point indiqué dans le Rapport de Desmarest, il est seulement permis de soupçonner que la mécanique accessoire qu'il mentionne avait été empruntée à Thomas Taylor, dont la patente, de mai 1778, indique effectivement un châssis pliant adapté sur le devant de l'ancien métier à l'instar de celui de Strutt qui sert à fabriquer les côtes, et comportant une barre à aiguilles élargies, non loin de leurs bouts effilés, de manière à pouvoir couvrir un ou deux des crochets d'aiguilles fixes de la grande fonture : les allées et venues transversales de cette barre munie de plombs à aiguilles isolément retenus par des vis, y sont également produites par une portion de roue dentée qui la fait marcher de droite ou de gauche, au moyen d'une petite portion de crémaillère horizontale appliquée en dessous de la même barre, dont les bouts effilés d'aiguilles servaient aussi à transporter de l'un des crochets à l'autre les plis ou mailles de la grande fonture, de manière à former à volonté des pleins ou des jours dans le tissu.

Ce sont probablement ces mêmes mécaniques accessoires que l'on voit figurer au Conservatoire des arts et métiers de Paris, dans un assez fâcheux état de fonctionnement, sous le nom d'un sieur Bastide, mécanicien très-habile de Paris, le même sans doute qui, vers 1785, fut chargé par l'Académie des sciences de compléter son cabinet de modèles, renfermant déjà, à ce qu'il paraît, un certain nombre de métiers à tricots ou à bas avec ou sans côtes[1].

Quant au nommé Hammond, qui le premier, d'après un conte populaire rapporté par l'Anglais Mac-Culloch[2], aurait fabriqué sur l'ancien métier à bas un tricot à mailles coulantes

[1] Un autre Rapport fait en août 1806 par Desmarest à la IVe classe de l'Institut, sur un nouveau métier à fabriquer les bas à côtes dû à M. Bellemère, semble en effet justifier cette supposition; mais en attribuant la première idée du métier de cette espèce à Sarrazin, de Lyon, cet académicien paraît confondre dans ses souvenirs la mécanique additionnelle de ce genre de métiers avec celle de Caillon, sur laquelle, en effet, il avait fait un Rapport approbatif, déjà cité, dans la séance de janvier 1779. A défaut de documents plus précis, il n'est guère permis de prononcer affirmativement sur l'origine des métiers propres au serrurier Bastide, et dont il paraît d'ailleurs ne rester aucune trace dans les archives du Conservatoire de Paris, qui depuis la chute du premier Empire a été soumis, par ignorance, indifférence ou autrement, à une sorte de vandalisme réformateur, dont je ne manquerai pas de signaler au fur et à mesure les regrettables effets, et dont un des plus fâcheux sans aucun doute, à l'égard des métiers encore subsistants, est la disparition même des échantillons divers de tissus qui accompagnaient autrefois chacun des modèles exposés. A l'égard du Rapport de M. Desmarest, on le trouvera reproduit à la page 64 du tome V du *Bulletin de la Société d'encouragement.*

[2] Rapport de M. Aubry sur les tulles, broderies et dentelles, ressortant du XIXe Jury de l'Exposition universelle de Londres.

imitant soi-disant la dentelle, il suffit de remarquer qu'il n'existe dans le catalogue officiel anglais aucun patenté de ce nom, et que la première patente où il soit question de jours obtenus sur ce même métier par l'addition d'un second rang d'aiguilles mobiles a été prise en commun, le 28 mars 1764, par Thomas et John Morris d'une part, par John et William Betts de l'autre, qui se sont livrés plus tard, et séparément, à des perfectionnements indiqués dans d'autres patentes que je n'ai point non plus sous la main, mais qui doivent avoir plus ou moins d'affinité avec celle du Thomas Taylor déjà cité, et mal à propos confondu avec un certain William Taylor, plus anciennement constructeur de métiers à bas ordinaires dans la ville même de Nottingham, mais dont la patente, datée de juin 1765, ne comporte dans son énoncé rien qui ait trait aux tricots à jours ou ornementés.

La première tentative de ce genre, d'ailleurs fort compliquée, paraît en effet appartenir à Peter Brotherston, gentilhomme écossais de la ville de Leith, qui, dans une patente de juin 1774, appliqua le système de la tire lyonnais au métier à bas ordinaire, pour opérer le basculement des ondes et platines à cueillir, suivant l'ordre réclamé par le dessin ou l'échappement des mailles. Mais cette tentative n'aura eu probablement qu'un médiocre succès en Angleterre, à cause des embarras causés par l'addition de la tire aux anciens métiers, et l'on aura été conduit, vers 1781 et 1784, à préférer les combinaisons plus simples proposées par Thomas et Robert Frost, dans lesquelles on se servait d'un cylindre d'orgue inférieur, muni de dessins en relief pour repousser un système de tiges glissantes et verticales, à sommets fourchus, servant à soulever séparément le bec antérieur des aiguilles à crochets, montées sur un rang de platinettes pivotant dans des plans verticaux, mais dont il me serait impossible, à cause de l'obscurité des textes, de donner une idée plus précise. Mon but est ici seulement d'appeler l'attention sur une combinaison qu'on a vue plus tard se reproduire dans les métiers à chaîne et platinettes mobiles isolément, métiers sur lesquels je me propose de revenir d'une manière plus spéciale dans les paragraphes du chapitre ci-après qui sont relatifs aux tricots à réseaux et aux tulles brodés.

Dans celui-ci, comme dans le suivant, je dois me borner à ce qui concerne les modifications, additions ou perfectionnements divers qu'on a fait subir au métier à tricot proprement dit, à simple trame bouclée et produisant par là même des tissus essentiellement déformables et élastiques, d'après des combinaisons employées jusqu'en 1815 ou 1816 dans notre pays, qui, dans l'intervalle agité de 1790 à 1801, s'était si malheureusement laissé devancer par la Grande-Bretagne. Car le métier pour lequel les bonnetiers Jolivet et Cochet, de Lyon, prirent dès juillet 1791 un brevet d'invention, inséré à la page 89 du tome II de la Collection imprimée, et qui avait pour but la fabrication des *bas ondés*, de tricots dentelles à mailles fixes, à jours, etc., nulle part je crois définis, ce métier, malgré son utilité pratique et les incontestables services qu'il a rendus à l'industrie nationale, ne peut être considéré comme offrant un caractère spécial de nouveauté au point de vue mécanique, puisque déjà, suivant le témoignage de Roland de la Platière [1], Jolivet s'était associé précédemment à Sarrazin pour des perfectionnements analogues appliqués à l'ancien métier à bas. Il s'agissait là, en effet, d'une mécanique additionnelle à jeu d'aiguilles interrompu, semblable à celle du métier à côtes, mais dont les aiguilles à petits becs, portant leur châsse ou creux en dessous, servaient non à renverser certains groupes de mailles, mais à produire des échappées de mailles, à former des brides ou filoches, accrochées diversement pour la production des jours et des parties lisses ou brillantes du bas, le surplus de l'opération ne consistant d'ailleurs que dans des tours de main, dans des artifices ou manœuvres diverses ressortant de la pratique même du métier.

[1] Supplément au tome II de l'*Encyclopédie méthodique* (*Arts et manufactures*), pages 60 et suivantes, dont on trouvera une analyse succincte dans l'une des notes ci-après, ainsi que j'en ai précédemment averti.

La preuve que, tout en créant un produit nouveau et fort intéressant, MM. Jolivet et Cochet n'avaient nullement prétendu innover en fait de mécanique, c'est qu'ils n'ont joint aucun plan ou dessin descriptif à leur brevet. La même remarque doit être appliquée au brevet de perfectionnement et d'addition que ces fabricants bonnetiers prirent, sous la date du 28 avril 1799 [1], et dans lequel ils se servent d'une seconde fonture mobile ou barre antérieure additionnelle, d'aiguilles à longues châsses, recoudes, becs et talons, pour retenir et transporter les mailles, indépendamment de la grande fonture fixe du métier, portant un double rang d'aiguilles superposées à châsses et crochets distincts, ou un simple rang d'aiguilles à deux châsses ou crochets opposés, et qu'une presse à deux lames diversement taillées servait à fermer dans l'ordre exigé par la nature du tissu à jours; la double *maille fixe* s'opérant ici par un croisement et une répétition du jeu de la machine, que je n'essayerai pas de décrire, et aux produits desquels on a mal à propos quelquefois donné le nom de tricots, de tulle à *maille nouée*, bien que, coupés en divers sens, ils ne pussent aisément s'effiler, et qu'ils résistassent jusqu'à un certain point au lavage.

Des réflexions analogues peuvent s'appliquer aux métiers et procédés mécaniques employés par MM. Jourdan père et fils, à Lyon (1802), Moor et Armitage, à Paris (1804), Bonnard père et fils, à Lyon (1806) [2], Legrand et Bernard,

[1] Ancienne Collection, t. V, p. 51 à 55; sans figures.

[2] MM. Bonnard, dans leur brevet (t. XIV, p. 153) ayant pour objet l'imitation du tulle noué d'Angleterre, qui se distingue des précédents par l'emploi d'une ensouple distributrice des fils de chaîne, attribuent l'invention du métier à bas à mailles fixes à un sieur Josserand, sans doute de Lyon, vers l'année 1781 (voy. la p. 156), et le considèrent comme généralement en usage à l'époque de 1806; mais il y a là quelque erreur de date ou de nom, si fréquente dans les traditions d'ateliers. Cela prouve seulement que le procédé mécanique de Jolivet et Cochet ne jouissait pas, même dans la ville précitée, du caractère de nouveauté qu'on lui a attribué, et qu'il dérivait plus ou moins directement de ceux des Anglais, déjà imités, comme on l'a vu, par leurs prédécesseurs Caillon, Sarrazin, Germain et

à Paris (1808), Pierre Coutan (1808), Pouillot, Fayolle et Hullin, à Paris (1809), Louis et Louyet, de la même ville (1810), Derussy, à Lyon (1811), etc., qui, les uns après les autres, s'ingénièrent, avec plus ou moins de succès, à fabriquer des tricots à jours unis et façonnés nommés *tulle noué, tricot de Berlin, tricot d'abeille, toile d'araignée*, etc. à l'imitation des Anglais, dont les produits en ce genre inondaient alors notre pays, malgré le blocus continental, précédé, je le rappelle à dessein, d'un état de paix transitoire qu'ont pu mettre à profit nos constructeurs de métiers, en bravant les défenses plus que sévères de nos voisins.

D'après les motifs ci-dessus, il serait sans doute superflu d'analyser les brevets, prétendus d'invention, délivrés aux industriels français que je viens de citer, brevets manquant la plupart, comme ceux de MM. Jolivet et Cochet, de dessins descriptifs, ou qui n'offrent que l'application, plus ou moins heureuse, d'organes mécaniques déjà connus à la production de tissus nouveaux et variés. Cependant, je dois ici le faire remarquer, les brevets de MM. Bernard et Legrand [1]; Pouillot, Fayolle et Hullin [2] et quelques autres pris en noms collectifs que je n'ai point cités [3], comportent une roue latérale de *variation* pour le dessin, analogue à celle dont il a déjà été parlé à l'occasion des machines à broder, et dont la couronne est armée de vis servant à repousser d'une, de deux, de trois largeurs d'aiguilles ou de mailles, l'équipage à coulisse horizontale avec contre-poids ou ressorts de recul des châssis supports de la mécanique accessoire, de manière à doubler ou dédoubler les mailles, former les brides et échappées, les

Rivey, alors mis en oubli, mais dont peut-être les métiers n'avaient jamais fonctionné d'une manière entièrement satisfaisante ou commerciale.

[1] *Collection des brevets expirés*, t. V, p. 43 (31 mars 1809).

[2] *Ibid.* p. 65, pl. 10 (2 juin 1809). Je ne connais pas de brevet français antérieur où la roue à vis latérale pour varier les dessins ait été représentée; mais, bien qu'elle figure ici dans sa simplicité primitive, ce n'est point un motif pour en attribuer la conception aux auteurs cités.

[3] Brevets du 30 mars 1811, t. VI, p. 157, et du 12 juin suivant, t. XIX, p. 304.

entoilages ou vides alternatifs que réclame le dessin, en avançant à chaque fois d'un cran la roue à vis, à cet effet munie d'un rochet à déclic, etc. Mais nous verrons dans le chapitre suivant que cet ingénieux appareil est antérieur de beaucoup à l'époque de 1809, où MM. Bernard, Legrand et autres s'en servaient des premiers en France. Cela prouve tout au plus que dans les premières années de ce siècle on avait sinon rétrogradé, au moins perdu de vue l'usage qu'on pouvait en faire dans la fabrication des tricots façonnés.

Je n'ai point non plus, dans ce qui précède, mentionné la mécanique accessoire au métier à bas pour laquelle MM. Gillet et Jourdant (Gabriel), de Bruxelles, ont pris, au mois d'octobre 1812, un brevet d'invention de dix ans[1], parce que cette mécanique, qui comporte un cylindre d'orgue à repoussement d'aiguilles, adapté à la partie inférieure du métier à bas, me semble une véritable importation anglaise d'une machine qui offre le perfectionnement des anciennes inventions de Thomas et Robert Frost, dont j'ai précédemment parlé, et qui ne paraissent pas s'être propagées en France; d'autant que les descriptions contenues dans ce brevet étaient vraiment insuffisantes pour en faire saisir le jeu et apprécier l'utilité à une époque où, repoussant tout moyen de solution analogue pour le tissage des façonnés, Jacquart et d'autres tentaient, en France, de revenir aux anciennes idées de Falcon et de Vaucanson.

[1] *Collection imprimée*, t. XIV, p. 169.

§ IV. — Des métiers à bas automates ou tricoteurs français, droits et circulaires. — Suppression des ondes par *Moisson.* — Mobilisation de la grande fonture d'aiguilles; distributeur automate des fils; roues à ailettes d'abatage, à manivelles, cames, balanciers et leviers, servant à la fabrication de tricots divers, par MM. *Dautry* et *Viardot, Mathis* et *Boiteux, Bellemère, Chevrier, Aubert* et *Jeandeau, Favreau* et *Thiébault,* etc. — Métiers à roues mailleuses, presseuses, etc. par MM. *Julien Leroy, Andrieux, Braconnier, Gillet* et *Coquet, Donine* et autres. — MM. *Carver, Whitworth, Laneuville, Claussen, Jacquin* et *Berthelot* à l'Exposition universelle de Londres.

Avant de terminer ce qui concerne les métiers à tricots proprement dits, il me reste à parler des tentatives qui ont été faites, principalement dans notre pays, pour faire subir à ce genre ancien de machines des simplifications ou transformations ayant pour objet essentiel, soit de diminuer la fatigue corporelle des ouvriers, soit de faire fonctionner ces machines d'une manière parfaitement continue et automatique; ce qui est d'autant plus remarquable que, contre toute prévision naturelle, on y avait fort peu songé en Angleterre, le pays de la filature et du tissage mécanique par excellence, du moins si l'on n'entend pas parler des machines à fabriquer, imiter les tissus à mailles, nommés *tulles* ou *dentelles,* qui feront l'objet du chapitre ci-après, et dont la découverte, les tentatives obstinées de perfectionnements, constituent aussi l'une des principales gloires de ce pays dans l'appropriation des matières textiles à nos besoins divers.

Malgré tout l'intérêt qu'elles comportent, je rappellerai seulement pour mémoire : les tentatives déjà mentionnées du chanoine Moisson, de la ville d'Uzès, en vue de supprimer dans les métiers à bas l'équipage des ondes à platines, tentatives auxquelles Chaptal et d'autres ont accordé des éloges, mais dont on ignore, au fond, le véritable principe [1]; les chan-

[1] Le Supplément au tome II de l'*Encyclopédie méthodique* (*Arts et manufactures*) rapporte dans l'Appendice, à l'article *Bonneterie*, page 60, un extrait des papiers publics de mars et avril 1785, où on lit : «M. Moisson, «chanoine d'Uzès (et non pas d'Alais, comme le dit Chaptal dans son ou-

gements et perfectionnements divers apportés à l'ancien métier à bas par MM. Dautry et Viardot (1802, 1804 et

« vrage sur l'*Industrie française*), a réduit le métier à bas à 16 livres pesant, « 1 pied de haut, etc. Il opère comme les autres, quoiqu'on en ait supprimé « les deux systèmes de platines et de pièces nombreuses qui contribuent à « leur jeu, etc. » Roland de la Platière ajoute que, malgré les récompenses accordées par le Gouvernement au nouveau métier, il ne s'agissait là encore que d'espérances.

Plus loin, on lit que les métiers à côtes, venus d'Angleterre vers 1788 et comportant deux presses et deux rangées d'aiguilles, étaient plus simples, plus expéditifs que la mécanique ajoutée par Sarrazin au métier à bas, parce qu'on y avait supprimé, comme l'avait tenté M. Moisson, les ondes, remplacées par deux systèmes de platines distinctes à cueillir, jouant, pour égaliser les mailles, par un double levier et une marche qui fonctionnaient avec d'autant plus d'aisance, qu'on y avait supprimé aussi la double rangée d'aiguilles et la double presse, etc.

Le même article additionnel de l'*Encyclopédie* mentionne aussi, parmi les métiers que le Gouvernement avait fait venir d'Angleterre vers 1787 et soumis au jugement de M. Desmarest, de l'Académie des sciences, un métier déjà ancien, fabricant les *tricots fourrés* au moyen d'une mécanique additionnelle, et des métiers *à chaîne* pour tricot, *à mailles obliques*, d'une grande simplicité, parce qu'on n'y avait conservé de l'ancien métier que les aiguilles et la presse, en y ajoutant un râteau pour déplacer les fils de droite à gauche; mais, dit le rapporteur, le métier analogue du sieur Sarrazin en approche beaucoup, s'il ne lui est préférable. A l'égard du métier à maille *fixe* ou *arrêtée*, venu également d'Angleterre, on avait, ajoute encore Desmarest, à peu près l'équivalent dans les métiers Germain et Sarrazin, où la manœuvre du râteau pour déplacer les mailles était plus facile, plus précise et plus régulière, outre que les tricots offraient plus d'élasticité et de souplesse.

Des modèles de ces divers métiers, paraît-il d'après l'article assez diffus que j'analyse, furent proposés ou envoyés, en mars 1787, à Lyon particulièrement; mais on s'y prononça en faveur des métiers analogues de Jolivet et de Sarrazin, dès lors fabricants bonnetiers de cette ville.

Enfin, je ferai encore remarquer que, au commencement du même article, Roland de la Platière accorde de particuliers éloges à ces mêmes fabricants, ainsi qu'aux sieurs Germain et Ganton, de Paris, pour des simplifications et perfectionnements qu'ils avaient apportés au métier à bas à *chaîne tendue*; ce qui ne l'empêche pas d'ajouter immédiatement après que le Gouvernement a accordé de spéciales récompenses aux sieurs Ganton et Sarrazin, après s'être fait éclairer sur les inventions qui pouvaient leur appartenir. Si l'on ne connaissait déjà Roland de la Platière, il y aurait

1806)[1]; les métiers à tricots fourrés de MM. Mathis et Boiteux (1804), imités de ceux des Anglais, mais bientôt tombés en oubli et pour lesquels néanmoins le premier avait déjà obtenu des encouragements pécuniaires du Gouvernement français en 1792 et 1793; les métiers à bas et à côtes de M. Bellemère (1806), combinaison de l'ancien métier attribué à Sarrazin, de Lyon, et de certains métiers anglais à fonture d'aiguilles mobiles et cueillage à bascule pour la première moitié des plis; le métier à double balancier de M. Favreau (1806), dans lequel la grande barre à aiguilles est également rendue mobile par un mouvement d'avance et de recul horizontal, qui dispense de faire mouvoir l'équipage entier des platinettes, etc.; un second métier, du même (1811), à l'aide duquel on peut fabriquer deux bas à la fois, par un simple mouvement de manivelle appliqué à un équipage latéral de roues dentées intérieur au métier et dont les arbres horizontaux sont munis de mentonnets ou cames; le métier de bas à mailles fixes avec roue de division latérale pour les jours, par Chevrier, de Paris, qui, d'après le Rapport de MM. Molard et Bardel à la Société d'encouragement (1807), aurait le pre-

véritablement lieu d'être surpris du peu d'éclaircissements contenus dans ce long article, relativement aux métiers à chaîne anglais et français, sur lesquels il plane aujourd'hui même une sorte de mystère, comme on le verra dans le Chapitre ci-après.

[1] On remarque aujourd'hui dans l'une des galeries du Conservatoire des arts et métiers un très-petit métier en fer à tricot circulaire, suspendu à une verge supérieure, et qui porte, sans date ni indication d'origine, le nom du mécanicien Dautry. Mais quelle que fût l'habileté de cet artiste, appartenant à la ville de Paris, on ne saurait lui attribuer la première idée de ce genre de métier, pour lequel, ainsi qu'on le verra ci-après, M. Andrieux, également de Paris, a été le premier breveté. Outre que, à ma connaissance, Dautry n'a jamais été breveté, on sait par ce qui en a été dit au tome Ier, page 33, au tome IV, page 255, et au tome VII, page 236, du *Bulletin de la Société d'encouragement*, qu'il s'était principalement occupé, de 1803 à 1808, de faire subir au métier à bas rectiligne des transformations à la vérité ingénieuses, mais qui, je crois, n'ont laissé aucune trace utile, et parmi lesquelles se faisait surtout remarquer la disposition verticale de divers équipages placés les uns au-dessus des autres sur deux tiges de fer très-fortes, solidement établies, etc.

mier introduit en France la fabrication mécanique des bas à mailles fixes, coloriés et façonnés, sur un métier pour lequel il se fit breveter le 5 novembre 1812 [1]; enfin les deux métiers d'Étienne Favreau servant à fabriquer les tricots sans envers (1820 et 1823) [2], au moyen d'un double jeu d'aiguilles à crochets simples, ou d'un seul rang d'aiguilles à crochets doubles, fonctionnant au moyen d'un peigne à dents ou pointes simples pour assurer le passage alternatif des mailles d'un système de crochets à l'autre, sans aucun doute par imitation du retournement de chaque rang de mailles dans le tricotage à la main, et probablement aussi de ce qui avait été pratiqué déjà dans les anciens métiers à bas français, où le mécanisme des ondes était supprimé et remplacé par des combinaisons diverses.

Je n'ai pas mentionné, dans cette énumération rapide, la tentative faite en 1820 [3] par M. Cochet (Joseph-Marie), bonnetier à Lyon, pour l'application d'un arbre inférieur à cames et manivelle au métier à tricot, dit à la *Jolivet* et à la *Sarrazin;* métier dont, comme on l'a vu, la barre à aiguilles ou de la grande fonture est mobile de l'arrière à l'avant, au lieu d'être fixe, ainsi que dans les anciens métiers à bas : car non-seulement cette application, fort grossièrement indiquée dans le brevet, est de beaucoup postérieure à celle des mécaniciens Aubert et Favreau; non-seulement elle est accompagnée du prompt usé des crochets d'aiguilles glissant contre l'arête aiguë de la barre à presser; mais encore elle n'offre, au point de vue mécanique, aucune particularité qui la distingue d'une manière essentielle, d'autant qu'on n'y aperçoit nullement le

[1] Ancienne *Collection imprimée*, t. VII, p. 138, pl. 9.

[2] Le tome XIX, page 57, planche 189, et le tome XXIII, page 3, planche 256, du *Bulletin de la Société d'encouragement* contiennent la description, par M. Hoyeau, de ces derniers métiers de l'honorable Favreau, mécanicien de Paris, dont le début date de 1772, et qui, victime, comme Grégoire, de Nîmes, d'une active et infatigable imagination, reçut, à l'âge de quatre-vingt-douze ans seulement une pension annuelle de 800 francs, également prélevée sur la fondation *Bapst*.

[3] *Brevets imprimés*, t. XXI, p. 95, pl. 14.

mécanisme à l'aide duquel se fait la distribution et la cueille du fil sur les aiguilles.

J'ignore absolument quelles traces ont laissées dans l'industrie ces divers métiers ou machines, qui, en vue d'établir contre les fabricants anglais une lutte alors devenue impossible par l'oubli des anciennes traditions, ont si vivement préoccupé, au commencement de ce siècle, la IVe classe de l'Institut de France, à laquelle MM. Coulomb, Perrier et Desmarest servaient d'interprètes ou de rapporteurs, puis subséquemment la Société d'encouragement, dont les *Bulletins* contemporains ne contiennent malheureusement pas tous les éclaircissements ou indications historiques nécessaires pour caractériser la valeur et la nouveauté de chaque combinaison. A l'exception de celles du métier à manivelle de Favreau et du métier à maille fixe de Chevrier, aucune, à ma connaissance, de ces combinaisons n'a en effet été, de la part de leurs auteurs, l'objet de brevets d'invention ou de perfectionnement; ce qui semblerait bien indiquer que la plupart des procédés mécaniques dont il s'agit étaient depuis plus ou moins de temps tombés dans le domaine public, et ne concernaient que de simples applications ou modifications de procédés déjà bien connus et répandus dans les ateliers.

A l'égard du système à manivelle appliqué par le mécanicien Favreau à l'ancien métier à bas, il comportait une combinaison de pièces nombreuses, compliquées, et dont la plus intéressante par sa nouveauté consistait dans le mode d'approvisionnement et de distribution automatique du fil sur les aiguilles, au moyen d'un chevalet curseur à tube de suspension offrant, dans ses allées et venues alternatives, une certaine analogie avec le mécanisme de l'ancien chevalet à chute de platines, déjà imité, dans un but semblable, par MM. Moor et Armitage, de Paris. Par des perfectionnements apportés au métier à bas ordinaire et moyennant diverses combinaisons ou jeux d'aiguilles, de peignes à râteaux empruntés aux machines anglaises, ces derniers artistes prétendaient imiter le réseau de dentelle à l'aide d'une succession d'opérations qui n'offraient d'ailleurs aucun des caractères automatiques présentés par le métier à rotation continue dont il vient d'être parlé, et pour lequel, en effet, il a été délivré, le 8 mars 1805, à MM. Étienne Favreau et Louis Thiébault aîné, de Paris, un brevet d'invention de quinze ans [1], véritable point de départ du métier à deux bas également cité, le même enfin qui, après avoir été favorablement accueilli en 1811 par l'Institut pour ses utiles perfectionnements, fut déposé au Conservatoire des arts et métiers, où, si je ne me trompe, il existe encore, mais sans nom d'auteur.

À la vérité, Favreau avait été devancé, pour la production d'un métier à tricot automate et à manivelle, par le mécanicien Aubert, de Lyon, qui obtint une médaille d'or et 6,000 fr. de récompense à l'Exposition nationale de l'an x (1803); mais ce dernier métier, bien qu'il ait fortement excité l'attention du public, n'accomplissait, dit-on, que quatre mouvements au lieu de douze, et ne produisait que du tricot à chaîne, dont il ne saurait être ici encore question [2].

[1] *Collection imprimée*, t. VIII, p. 142, pl. 21. Le métier à distributeur de fils de MM. Moor et Armitage est décrit à la page 162 du tome III du même recueil, et porte la daté du 21 février 1804; mais il n'a que des rapports fort éloignés avec celui du mécanicien Favreau.

[2] *Bulletin de la Société d'encouragement*, t. Ier, p. 33, et t. VIII (1809), p. 237. On y lit seulement que le métier de M. Aubert, déposé au Conservatoire de Paris, comportait trois barres mobiles : l'une, à aiguilles horizontales, servant à recevoir les fils; l'autre, à platines verticales munies de crochets pour l'abatage, etc.; la troisième, à platinettes verticales percées, pour recevoir les fils de la chaîne, et animée, comme la seconde, d'un déplacement alternatif et latéral réglé par une roue de divisions à vis; ces déplacements, ainsi que celui d'avance et de recul alternatifs de la barre à aiguilles, étant produits par trois leviers oscillant sous l'action de cames adaptées à l'arbre inférieur d'une manivelle. C'est ce système que l'auteur a perfectionné en 1809, et pour lequel il a pris, en 1819 seulement, un brevet de cinq ans, publié au tome XI, page 292, de la *Collection imprimée*, dont les descriptions purement verbales sont insuffisantes, d'ailleurs, pour faire apprécier le mérite et le caractère de nouveauté du métier, par rapport aux plus anciens de la même espèce.

Toutefois, cette observation ne porte que sur la disposition particulière du mécanisme articulé des différentes barres, et nullement sur l'antériorité

Tandis que le jury de l'an x décernait une médaille d'or au métier du mécanicien Aubert, de Lyon, il n'accordait qu'une simple mention honorable au métier à bas de M. Jeandeau, de Liancourt, également remarqué du public[1] pour le caractère original de solidité et de simplicité des divers mécanismes, dont les fonctions, si elles ne s'accomplissaient point d'une manière continue et automatique, offraient néanmoins des particularités essentielles, mises depuis à profit dans d'autres machines ou tricoteurs continus. Dans ce dernier métier, breveté en mars (1803)[2], le système ancien des platines à ondes destinées à cueillir, à plisser le fil par leurs chutes successives, se trouvait remplacé par un ingénieux équipage à chariot, poussé à la main le long d'une coulisse en cuivre, placée au-dessus de la rangée horizontale d'aiguilles à crochets ordinaires et portant de petites roues à ailettes obliques qui, dans leur rotation alternative, l'une pendant l'allée, l'autre pendant le retour du chariot, servaient à abaisser progressivement le fil jeté à la main sur le corps des aiguilles, tout en les faisant glisser latéralement sous les crochets, que fermait, à la fin de chaque course, une presse à platines d'un caractère tout particulier.

Tel est en effet, si je ne me trompe, avec le système à manivelle et à tube distributeur de Favreau, le point de départ d'une succession de machines à tricots que, à partir du métier droit

d'application qu'on aurait faite du mouvement continu ou automatique aux métiers à tricot en général; car il est incontestable que les Anglais nous ont précédés à cet égard comme à tant d'autres, ainsi qu'on peut s'en convaincre par la patente délivrée en 1791, sous le n° 1820, à William Dawson, fabricant d'aiguilles à Nottingham, pour une machine à chaîne et à cantre marchant aussi par la rotation imprimée à une manivelle établie sur un arbre coudé supérieur, et ayant pour objet la production de tricots à jour de dénominations diverses, sans en excepter même les tulles, les bas, la dentelle, également énumérés, selon la constante habitude des patentés anglais, qui craignent toujours d'omettre quelque application possible ou impossible de leurs découvertes.

[1] *Bulletin de la Société d'encouragement*, t. XXXIII, article déjà cité.

[2] *Collection imprimée*, t. II, p. 200.

de l'horloger Julien Leroy, de Paris (1808), qui l'appela *tricoteur français* [1], nous avons vu surgir en France; machines toutes fondées sur l'ingénieux principe des *roues mailleuses*, *presseuses*, etc., dont, un peu plus tard (1815, 1819 et 1821), M. Andrieux, autre habile mécanicien de Paris, fit l'heureuse application à un *tricoteur circulaire sans fin*, marchant par manivelle autour de l'arbre central de la machine [2], perfectionnée encore, dans ses organes ou dispositions fondamentales, par un grand nombre d'autres mécaniciens français, très-habiles, au nombre desquels se distinguent principalement MM. Braconnier (1834), Gillet et Coquet (1845), Donine (1846), Berthelot (1850), appartenant presque tous à la ville de Troyes, si célèbre pour la fabrication de la bonneterie, et où l'on est parvenu, grâce aux derniers perfectionnements de M. Jacquin et d'autres, à faire produire au métier circulaire, par le moyen d'une roue de presse à dents ou platinettes mobiles, des ornements ou dessins divers sur les tricots jusque-là obtenus par des dispositions plus simples [3].

Malheureusement, comme on sait, ce genre de fabrication des tricots en nappes cylindriques et continues a l'inconvénient de ne pouvoir s'accommoder à la plupart des usages

[1] *Collection imprimée*, t. X, p. 209.

[2] *Ibid.* t. XX, p. 200, pl. 12, et t. XIX, p. 31, dont les planches 10 et 11 sont spécialement relatives à la fabrication de certains tissus de laine au moyen d'un métier pour lequel M. Andrieux, il faut le dire, avait été devancé par MM. Pinet, Demenon, Fabre et Pontus, à Paris, qui prirent en commun, le 22 octobre 1818, pour un *tricoteur français*, un brevet de perfectionnement tenu secret pendant quinze années, et offrant, en effet, un grand nombre de perfectionnements ingénieux et très-importants. (Voyez le tome XXVII, page 84, planche 14, de la *Collection des brevets expirés*.)

[3] Pour les développements indispensables, et que mérite certainement l'importance de plus en plus appréciable de cette nouvelle branche d'industrie mécanique relative aux arts textiles, je renverrai à l'excellent et consciencieux article historique inséré par M. Armengaud aîné aux pages 393 à 431 du tome VII (1851) de sa *Publication industrielle*, où se trouvent particulièrement décrits les métiers à tricot circulaire récents de MM. Fouquet et Motte, Jacquin et Berthelot, de Troyes.

vestiaires sans exiger un découpage et des remmaillages ou cousages ultérieurs, défavorables à la solidité comme à l'élasticité du tissu, et qu'on ne rencontre pas au même degré dans les bas obtenus sur le métier droit à ondes et platines ordinaires, où les rétrécissements, les renversements de mailles, s'opèrent avec une très-grande facilité et sans rien changer, pour ainsi dire, au mode ordinaire de fabrication. Ce fait suffit seul pour expliquer comment, malgré l'état de perfection des nouvelles machines, les fabricants de bas en particulier s'en tiennent généralement encore à cet ancien et admirable métier, d'ailleurs si fatigant pour l'ouvrier, si nuisible à sa santé par l'exercice continuel des muscles pectoraux, employés à faire avancer et reculer alternativement l'équipage à chariot des platines à ondes, etc. On conçoit aussi comment ces mêmes fabricants ont constamment résisté à se servir des remarquables combinaisons présentées, anciennement déjà, par les Jeandeau, les Viardot, les Bellemère, les Favreau, etc., qui, il faut bien le dire, ne présentaient, au point de vue économique de la fabrication des bas, aucun des avantages que les bonnetiers trouvent aujourd'hui dans l'emploi des métiers circulaires pour la fabrication d'objets moins compliqués de forme, tels que bonnets, jupons, gilets, camisoles, caleçons, etc.

L'Exposition universelle de Londres contenait un certain nombre de machines intéressantes appartenant à la catégorie qui nous occupe, parmi lesquelles le VIe Jury a plus particulièrement distingué : celles de MM. Carver père et fils, de Nottingham, dans le système ancien ou ordinaire, mais d'une construction et d'un fini vraiment remarquables; une petite machine de MM. Whitworth, de Manchester, servant à tricoter la laine d'après un principe originaire d'Amérique, et qui consiste dans l'emploi d'un arbre moteur à manivelle, muni de cames fermées qui donnent le mouvement à autant de petites bielles exécutant une à une les mailles du tricot. C'est, comme le fait remarquer M. Willis dans son Rapport sur l'Exposition de Londres, un spécimen de l'habileté des constructeurs anglais, et qui n'avait pour pendant que le petit métier à tricoter les bourses présenté par M. Laneuville, de Paris, dans le compartiment des machines françaises.

Les deux métiers à tricot circulaire exposés par M. Claussen, de Londres, et les trois métiers semblables de M. Jacquin, de Troyes, tous établis sur le principe des roues tournantes à cueillir et abattre, ont particulièrement attiré l'attention du Jury par le fini de l'exécution et l'identité pour ainsi dire absolue de la construction.

La machine à tricot circulaire et cannettes verticales alimentaires exposée par M. Berthelot, de la même ville de Troyes, se distinguait des précédentes par un caractère particulier de solidité, des combinaisons toutes spéciales dans la disposition horizontale du mécanisme; la mailleuse ordinaire étant ici remplacée par une couronne mobile, concentrique à l'axe, ondulée en dessus et opérant le plissage et le cueillage du fil au fur et à mesure de la distribution, par l'abaissement de platines qui le poussent et le maintiennent sous les becs jusqu'après le passage de la roue presseuse, c'est-à-dire jusqu'à l'instant où la maille du tricot vient à s'abattre sur la maille nouvelle ou inférieure. Cette disposition caractéristique permet d'ailleurs d'employer sans préparation particulière les fils de lin et de soie, de faire usage de roues de presse à dentures interrompues pour varier les dessins à volonté, et notamment de serrer et desserrer, aussi à volonté, les plis et les aiguilles, chose difficile dans les machines précédentes.

Enfin M. Jouve, de Molenbeck (Brabant), présentait, parmi une variété d'autres machines sans rapport direct avec celles qui ressortent du VIe Jury, un petit métier circulaire pour la fabrication des tricots en laine et coton, disposé, si je ne me trompe, d'après le système pour lequel ce mécanicien s'est fait breveter à Bruxelles, en novembre 1842, sous le titre de *métier tricoteur multiple* [1].

En terminant, je crois devoir faire remarquer que les métiers à tricot circulaire, malgré le caractère automatique et

[1] Armengaud, *Publication industrielle*, t. VII, p. 403.

de production à bon marché qu'ils présentent, n'avaient pas, jusqu'à l'Exposition universelle de Londres, obtenu beaucoup de crédit en Angleterre. Or, il ne paraît pas qu'il doive en être ainsi à l'avenir, si l'on en juge par la tentative d'importation faite à propos de cette Exposition par M. Claussen (Peter), lui-même auteur de quelques combinaisons de ce genre dont il me serait impossible ici d'apprécier le mérite absolu, mais qui ne semblent pas suffire pour justifier l'octroi d'une médaille équivalente à celle de MM. Jacquin et Berthelot, s'appliquant à une machine également construite à Troyes, ce dont on avait prévenu les membres du VIe Jury, qui, malgré cet avis, passèrent outre, par le motif, alors difficile à contrôler, que l'invention du métier à tricot circulaire, d'origine véritablement anglaise, serait due au célèbre ingénieur Brunel, de Chelsea. Il suffit, en effet, de consulter le titre de la patente délivrée le 15 mars 1816 à ce même ingénieur pour s'assurer du contraire, car on y lit que la machine, déjà connue sous le nom de *tricoteur,* appartient à un étranger non résidant en Angleterre (*certain foreigner residing abroad*); ce qui ne peut s'appliquer évidemment qu'à M. Andrieux de Paris, dont, comme on l'a vu, le tricoteur sans fin circulaire, breveté dès l'année 1815, contient les premiers éléments de solution de ce genre, si l'on en excepte toutefois l'ingénieuse *lanterne mailleuse* de l'horloger Leroy, antérieure de sept années, et, qui, bien que s'appliquant au métier à bas rectiligne, doit être considérée comme renfermant l'idée première et vraiment originale du système.

CHAPITRE IV.

MACHINES ET MÉTIERS À CHAÎNE, SPÉCIALEMENT DESTINÉS À LA FABRICATION DES TISSUS RÉTICULÉS, NOUÉS OU DIVERSEMENT ORNÉS, TELS QUE FILETS, TULLES ET DENTELLES.

L'histoire des machines de cette espèce est fort obscure, comme on a déjà pu s'en apercevoir dans ce qui précède : aussi n'ai-je pas la prétention de la débrouiller complétement et comme elle le mériterait au point de vue technique ou théorique; non que je ne sente toute l'importance d'une industrie dont les produits se comptent par centaines de millions, mais bien, ainsi que j'en ai averti au commencement de cette Section, faute de temps et de documents assez précis pour permettre de faire la part exacte de chaque inventeur. Car, pour ce qui est des brevets, patentes et autres écrits technologiques relatifs à cette intéressante partie de la fabrication des tissus, ils sont multipliés dans une proportion qui a de quoi fatiguer l'attention et la patience la plus robuste, à cause surtout de l'absence de toutes définitions, de l'incohérence des idées et des nombreux plagiats ou manques de bonne foi qu'on y rencontre.

Ainsi, par exemple, vous ne trouverez nulle part, si ce n'est chez les patentés ou brevetés du premier mérite sous le rapport des idées et de l'invention, l'indication exacte du point, de la combinaison des fils ou de la nature du réseau qu'il s'agit de fabriquer dans chaque machine, dont la description est elle-même presque toujours insuffisante ou tronquée volontairement en ses parties les plus essentielles. C'est ce dont, au surplus, je me suis plaint souvent déjà au sujet des machines à tricots simples ou à mailles coulantes diversement agrafées et accrochées, qui ont principalement fait l'objet des précédents paragraphes.

Les mots *tulle noué, blonde, dentelle,* notamment, sont employés à tout propos dans cette branche d'industrie mécanique, sans qu'on puisse savoir le genre réel des produits et des mouvements que doivent accomplir les organes principaux, les outils véritables de la machine. Le mot *tulle,* en particulier, a été mis en avant dans l'ancienne Encyclopédie comme indiquant une sorte de dentelle qui ne se distinguait probablement de la dentelle proprement dite que par la largeur inusitée des bandes du tissu, et parce que les mailles hexagonales, fabriquées par des moyens rapides et particuliers, n'y offraient pas la même solidité ni la même complication de travail que dans la dentelle aux fuseaux à main; le principal caractère de celle-ci, si je ne me trompe, consistant dans le commettage ou le tressage serré des fils, le long des différents côtés de l'hexagone, du carré ou du losange qu'ils forment entre eux. Tout ce qu'on appelle tulle ou dentelle en dehors de cette définition est un véritable non-sens, sinon une supercherie ou fausse imitation de ce genre précieux de tissu, supercherie dont on a pendant trop longtemps prétendu abuser le public lors des premières tentatives de fabrication mécanique de ces produits en coton; le propre du vrai tulle et de la vraie dentelle étant, il faut bien le redire, d'être exactement commis ou tressé, de ne point se défiler au lessivage, de présenter un certain relief à la main, sans pour cela offrir de nœuds véritables, ainsi que cela a lieu dans les réseaux d'ornement appelés *filets*.

Quant à ce qu'on nomme simplement *blonde*, on sait qu'il ne s'agit que d'un tissu à réseau beaucoup plus léger et délicat que le tulle, en fil de soie écrue, blanche ou noire, rarement moulinée ou tordue, quoiqu'à réseaux réguliers, imitant plus ou moins bien ceux de la dentelle, mais dont la qualité principale est l'extrême légèreté et la grâce particulière des ornements ou façons accessoires.

§ Ier. — Des machines à fabriquer les filets d'ornement et de pêche. — Anciens mécaniciens qui s'en sont occupés : *Richard March*, *Peter Brotherston*, *Horton* et *Ross*, *Barber*, etc. en Angleterre; *Jacquart* et *Buron*, en France. — Apparition de la machine de ce dernier à l'Exposition nationale de 1806; prix proposé par la Société d'encouragement en 1802 et décerné, en 1851, au mécanicien *Pecqueur*; ses métiers à main et automates perfectionnés par M. *Zambeaux*.

Je rappellerai d'abord les tentatives de Richard March, en 1784, pour fabriquer, sur des métiers à marches et à manettes ou poignées faisant mouvoir des barres à aiguilles et à crochets, des tissus à réseaux noués imitant la dentelle, le filet, etc., tissus dont il serait bien difficile de se faire une idée exacte d'après les descriptions contenues dans la patente de cet auteur, si l'on ne savait par Roland de la Platière[1] que déjà à cette époque on fabriquait, à la navette ou espèce de broche chargée de fils et à cet effet fendue aux extrémités, des filets quadrillés fort analogues à ceux des pêcheurs, et susceptibles de broderies, d'ornements divers ajoutés après coup à l'aiguille. Mais le principal mérite de ces filets consistait, alors comme aujourd'hui, dans l'extrême solidité et la régularité, sinon dans la finesse et le resserrement des mailles, réservées au réseau de la dentelle à fils multiples mais simplement commis, tordus entre eux. Ce resserrement, en effet, ne pourrait guère se concilier avec la lenteur d'une fabrication exécutée maille à maille, avec un seul fil de trame, non plus simplement replié, enlacé diversement sur lui-même à l'aide de longues aiguilles, comme dans le métier à tricot, mais bien rattaché de proche en proche, à chacune des mailles ou brides diagonales de la portion de réseau déjà exécutée, par un double nœud résultant du passage de la broche tenue de la main droite au travers de cette maille et d'une large boucle formée dans le fil de trame et ayant pour appui le pouce de la main gauche, qui sert également à presser, maintenir contre l'index et tendre le surplus de la maille ou bride dont il s'agit.

L'art de fabriquer les filets de pêche remonte, comme celui des tissus à chaîne et trame croisées, à la plus haute antiquité: cette industrie, en effet, a été dans tous les temps l'objet de l'incessante préoccupation des populations maritimes au milieu des loisirs de l'hiver; industrie dont on a vainement jusqu'ici tenté de leur ravir le monopole ou la production économique à l'aide de machines, soit en Angleterre, où les Peter Brotherston (1774), les William Horton et Ross (1778), les Robert Barber (1792), les Robert Brown (1802), les Edward Newton (1847), etc.,[2] se firent, dans ce but, délivrer successi-

[1] *Encyclopédie méthodique* (*Arts et manufactures*), t. I, p. 246 (1785).

[2] Je ne cite ces noms que d'après le catalogue officiel des patentes récemment publié en Angleterre.

vement des patentes, dont quelques-unes avaient aussi pour objet la fabrication des filets à petites mailles; soit en France, où la Société d'encouragement fonda en l'an x (1802), c'est-à-dire à l'origine même de sa création[1], un prix de 1,000 francs pour la découverte d'un pareil métier, prix bien minime eu égard à la difficulté mécanique à vaincre, et qui fut décerné à Jacquart, de Lyon, en l'an xii (1804), non sans quelques réserves ou restrictions[2], sur le vu d'un modèle qui ne fonctionnait pas d'une manière entièrement satisfaisante, mais que l'auteur s'était, comme on l'a dit précédemment, engagé à perfectionner pendant son séjour à Paris.

Malheureusement, les choses en restèrent là; la Société considéra le problème comme résolu théoriquement, tout en reconnaissant que le procédé manuel, d'une surabondante complication, était encore dans l'enfance. Au lieu de clore le concours et d'encourager Jacquart à prendre un brevet pour cet informe métier, ce qu'il fit réellement en septembre 1805[3], mais d'une manière obscure et très-imparfaite, il fallait doubler, tripler le prix pour les années suivantes; de cette manière, l'ingénieux métier de Buron, le mécanicien de Bourgtheroulde (Eure), qui obtint la médaille d'or à l'Exposition de 1806, serait venu fortifier d'un degré de plus le sentiment de reconnaissance dû à l'initiative de la célèbre Société.

Comment il advint que le métier à filet de pêche dont le Jury de l'Exposition de 1806 déclarait que « en soi très-simple, « il pouvait faire une rangée de 12 nœuds en 12 secondes; qu'il « en ferait davantage en augmentant la largeur des filets; qu'il « s'appliquerait à toutes les largeurs de mailles et à toutes les « grosseurs de fils; qu'il n'exigeait de la part de l'ouvrier « qu'un petit nombre de mouvements faciles, donnant le *véri-* « *table nœud de filet;* qu'enfin il pouvait procurer une grande « économie de main-d'œuvre[4]; » comment, dis-je, il advint

[1] *Bulletin de la Société d'encouragement*, t. Ier, p. 5 et 52.

[2] *Ibid.* 3e année, p. 109 et 165 (1re édition).

[3] *Collection des brevets expirés*, t. VIII, p. 238, pl. 20.

[4] Voyez le rapport de M. Costaz, page 143, publié en 1806 et dont un

que cette machine de Buron, déposée dans les galeries du Conservatoire des arts et métiers, ainsi qu'un autre modèle de plus grande dimension, tous deux payés et gratifiés par le Gouvernement, aient été mutilés et soient aujourd'hui hors d'état de fonctionner ainsi qu'ils le faisaient autrefois, je l'ignore complétement et le regrette d'autant plus, avec tous les amis éclairés de la science et de l'industrie mécanique, que l'un d'eux fut complétement restauré par feu Pecqueur, à une époque déjà fort ancienne, il est vrai, mais qu'il me serait impossible de préciser, et que cette restauration, digne

extrait se trouve transcrit à la page 249 du tome V du *Bulletin de la Société d'encouragement*, où le sentiment énoncé ci-après, relativement à l'opportunité qu'il y aurait eu de prolonger le concours, est conforme à l'opinion émise à trente-deux ans d'intervalle par cet éminent et célèbre homme d'État, rapporteur de l'Exposition de 1806, et qui, dans la séance du 28 mars 1838 de la même Société (t. XXXVII, p. 191), proposa de publier, tout au moins, la machine de Buron par la voie du *Bulletin*. Mais, j'ai le regret de le dire, sur l'observation que divers artistes s'étaient également occupés de semblables machines, et que l'habile mécanicien Pecqueur avait présenté à l'Exposition de 1834 un autre métier à fabriquer le filet de pêche, bien que sans analogie de moyens mécaniques avec celui de Buron et encore moins avec celui de Jacquart, il ne fut donné aucune suite à cette proposition du baron Costaz.

Un pareil dédain des anciens procédés ou tentatives mécaniques susceptibles d'offrir d'utiles enseignements aux générations actuelles ou futures, ce dédain, aujourd'hui presque universel, suffit pour expliquer comment la machine de Buron est, ainsi que tant d'autres, demeurée à peu près incomprise et abandonnée. Cependant je dois rappeler que, onze années après le rejet de la proposition Costaz, l'honorable et savant M. Jomard, de l'Institut de France, étant venu, à son tour, appeler l'attention de la Société d'encouragement sur notre infériorité à l'égard de la fabrication des filets à réseaux noués, et le préjudice qui en résultait pour nos grandes pêcheries maritimes, un nouveau programme fut publié, avec l'annonce d'un prix de 3,000 francs (t. XXXIV, 1845, p. 220, 306 et 308). Mais déjà Pecqueur avait pris son premier brevet d'invention pour les filets de passementerie, et le concours, successivement prorogé de deux en deux années, n'a produit, à ma connaissance, d'autres résultats que ceux déjà obtenus par les remarquables travaux de cet ingénieur, mentionnés dans le texte ci-dessus, et auxquels, de guerre lasse sans doute, la Société a accordé en 1851 le prix de 3,000 francs, qu'il eût fallu tout aussitôt doubler encore, afin d'arriver à des résultats véritablement pratiques et d'une application générale.

d'un aussi intelligent et savant mécanicien, le conduisit, en 1839, à prendre un brevet d'invention pour un petit métier à filets de passementerie ou de nouveauté établi d'après un tout autre principe, et sur lequel une ouvrière habile pouvait faire de six fois à dix fois plus d'ouvrage qu'en travaillant à la manière ordinaire.

Dans ce petit métier, on se servait, comme dans ceux de Jacquart et de Buron, d'une chaîne et d'ensouples qui, au lieu d'être absolument fixes et horizontales, offraient, dans un plan vertical, une suspension à châssis légèrement mobile, ainsi que tous les mécanismes qui en dépendent. Au lieu de navettes alternativement montantes et descendantes, portées par des boîtes à chariot horizontales, comme dans le métier Jacquart, ou de bobines verticales chargées de fils de trame servant au nouage des boucles et des fils de chaîne tirés par les crochets d'un tourniquet, à va-et-vient horizontal, qui, si je ne me trompe, s'aperçoit encore dans les métiers Buron, M. Pecqueur employait des navettes antérieures en talus, conduites d'une façon toute particulière au travers des boucles formées et retenues par une rangée de crochets émérillons tournant à crémaillère et pignons sous la main de l'ouvrier, appliquée à la poignée d'une boîte ou traverse horizontale antérieure suspendue au bas des tiges verticales d'une bascule à contre-poids d'équilibre, analogue à celle qui, soumise à l'action d'une pédale, sert à suspendre l'équipage même de la chaîne, dont, à son tour, la partie inférieure est saisie par une barre à crans ou crochets vers le point où se forme simultanément la rangée des nœuds, etc. [1].

Plus tard, en juin 1849 et jusqu'en septembre 1851, c'est-à-dire peu de temps avant sa mort, Pecqueur s'était occupé de la construction d'une machine à fabriquer les grands filets de pêche par des mouvements purement automatiques, fort lents d'ailleurs, et accomplis au moyen de cames fermées,

[1] Ancienne *Collection des brevets expirés*, t. LXXXVI, p. 507 à 517, pl. 30.

agissant sur des leviers, des bascules inférieure ou supérieure à contre-poids, et faisant aussi marcher la rangée horizontale d'émerillons tordeurs ou boucleurs, les crochets-peignes et noueurs, enfin les navettes, inclinées sur une bascule inférieure pivotante, dont le passage au travers des boucles forme et serre la rangée correspondante de nœuds, les mailles allant, au fur et à mesure de la fabrication, s'enrouler sur une ensouple à contre-poids située au-dessus mais en arrière du point où le travail s'exécute, tandis que les fils de la chaîne, tendus dans un plan incliné à l'horizon, se déroulent d'une autre ensouple plus élevée, plus reculée encore vers la partie postérieure du métier, etc.

Je n'insisterai pas davantage sur la remarquable et originale constitution de cette grande et automatique machine, fondée, comme celles de Jacquart et de Buron, sur le principe d'une double chaîne; principe nouveau, je crois, en 1802 et 1806, où ce genre de machines apparut chez nous. Je renverrai aux consciencieuses et lumineuses descriptions que Pecqueur a données de sa propre machine dans un brevet avec additions qu'il a pris en France[1] les 1er juin 1849 et 6 septembre 1851, brevet reproduit, à la date du 30 août 1849, dans une patente délivrée en Angleterre, où la machine de notre regrettable compatriote a été immédiatement appréciée et utilisée, tandis qu'elle est à peine connue dans sa patrie, si ce n'est par la description succincte qui en a été donnée dans le *Mechanic's magazine* de mars 1850.

Je ferai pourtant remarquer que M. Zambeaux, neveu de Pecqueur et constructeur mécanicien à Saint-Denis, près Paris, y a apporté récemment quelques modifications, dont la principale consiste dans l'emploi de navettes à tendeurs de ficelle, qui, étant enroulée sur cinquante mètres de lon-

[1] Tome XV, pages 211 à 221, planche 20, de la nouvelle *Collection*, imprimée sous le régime de la loi de 1844. Je ferai observer à regret, au sujet de cette Collection, que les dessins d'ensemble et même de détails y sont gravés avec une parcimonie et à une échelle de réduction qui les rendent à peu près inintelligibles, sinon tout à fait inutiles.

gueur, dispense désormais d'arrêter le métier toutes les deux ou trois minutes, comme cela avait lieu auparavant.

En terminant ce qui concerne ce genre particulier de machines, qui a d'ailleurs fait en France l'objet de beaucoup d'autres tentatives plus ou moins récentes mais jusqu'ici assez peu fructueuses, je ferai observer que les filets fabriqués avec une double chaîne d'ensouples et de navettes, s'ils comportent le véritable nœud des filets de pêche, s'ils offrent à certains égards la même solidité, sauf sur les lisières et les points de raccord, ne leur sont néanmoins pas identiques par cela même que, au lieu d'un simple fil de trame à circuits indéfinis, ils comportent un nombre de fils longitudinaux ou transversaux à peu près égal à celui des mailles; de sorte qu'on ne peut pas dire que, à cet égard du moins, le problème soit parfaitement résolu au point de vue rigoureux ou mathématique, ce qui d'ailleurs intéresse assez peu l'industrie, outre qu'il s'en faut de beaucoup encore qu'il le soit par machine d'une manière suffisamment économique ou commerciale. Par conséquent, il n'y a pas lieu non plus de s'apitoyer, quant à présent, sur le sort des populations maritimes adonnées à ce genre de fabrication toute manuelle, et qui leur fait éviter de si longs chômages.

§ II. — Des métiers lyonnais à chaîne, servant à fabriquer les tulles à mailles fixes, brochés, brodés, etc. — Origine des mécaniques à platinettes percées ou barbins conducteurs des fils de chaîne : *Jedediah Strutt* et *Richard March*, en Angleterre; *Ganton*, *Jolivet*, *Cochet* et *Perrany*, *Aubert*, en France. — Mobilité et flexibilité des platinettes brodeuses : *Robert* et *Thomas Frost*, en Angleterre; MM. *Grégoire*, à Nîmes, *Calas* et *Delompnès*, *George*, à Lyon, y appliquent la jacquart. — Perfectionnement capital du système des platinettes flexibles, à Lyon, par MM. *Descombes*, *Degabriel*, *Manigot*, *Gubian*, etc. — Métiers à cantres ou cannettes, par MM. *Ducis*, *Cusset*, etc.

C'est, je crois, à tort que le catalogue officiel des patentes anglaises fait remonter à 1774 et au gentilhomme écossais Brotherston, déjà plusieurs fois cité, l'invention du premier métier à fabriquer les tissus à mailles fixes ou nouées; car il ne s'agissait là, comme on l'a vu dans un autre endroit (p. 427), que d'un moyen de broder ou brocher, à l'aide d'aiguilles à plongeoirs, des tricots obtenus sur le métier à bas ordinaire. Quant à la fabrication des tissus à jours, tels que le tulle à maille fixe imitant, d'une manière plus ou moins satisfaisante, le réseau de dentelle, elle ne pouvait se passer facilement de l'usage d'une chaîne, et l'on a vu, par quelques notes ou passages du § III du précédent chapitre, combien cette combinaison a exercé la patience et le génie de nos ancêtres, marchant sur les traces des mécaniciens anglais, à dater d'une époque postérieure de très-peu à celle de 1759, où Jedediah Strutt imaginait la mécanique additionnelle des bas à côtes, je veux dire depuis l'année 1778, où Richard March [1], pour la première fois, eut l'idée d'adapter en avant de l'ancien métier à bas, de Derby, une barre horizontale à plomb, munie de platinettes verticales percées de trous en leurs sommets, pour recevoir isolément les fils d'une chaîne à ensouple inférieure, guidés, soutenus intermédiairement par des baguettes de fer horizontales, et auxquels cette barre, à coulisse ou glissante, servait à imprimer de gauche à droite, *et vice versa,* certains déplacements qui permettaient de combiner diversement ces fils avec le fil de trame, tout en les soumettant aux platines à plis ou d'abatage ordinaire.

Comme on l'a vu encore, on ne tarda guère, spécialement en France, à supprimer entièrement, sinon la grande fonture horizontale d'aiguilles à châsses et crochets, du moins l'équipage des ondes à bascules, remplacé par d'autres combinaisons d'un jeu plus direct ou plus simple; mais, je dois en renouveler ici la remarque, il ne paraît pas que l'on soit parvenu ainsi, même en doublant la rangée des platinettes percées ou des barres glissantes qui les portent, à produire autre chose que du tulle briqueté à mailles coulantes ou diversement unies entre elles par doublement et dédoublement suc-

[1] Voyez sa laconique patente du 16 mars 1778, publiée à Londres en 1856 et où l'on apprend que March, bonnetier, résidait alors à Temple-Bar (comté de Middlesex).

cessifs des fils, ou par leur croisement et décroisement alternatifs produisant des tors en sens contraires, les seuls que des ensouples fixes puissent comporter. Ces mailles imitaient ainsi plus ou moins bien le vrai réseau de dentelles à fils commis, tordus deux à deux et l'un autour de l'autre, toujours dans le même sens, mais de manière à marcher diagonalement dans la largeur entière du tissu ou entre ses deux lisières; ce qui est impossible dans le précédent système, qui, en revanche, offre de très-grandes facilités pour la production des dessins riches et variés.

Les fabricants ou mécaniciens français qui ont obtenu, dans les premières années de ce siècle, des brevets pour la fabrication des tulles à *mailles fixes* ne se sont jamais expliqués franchement à cet égard, et tout ce qu'on aperçoit, par exemple, dans le brevet de dix ans accordé en commun à MM. Jolivet, Cochet et Perrany père, à Lyon[1], qui, des premiers, fabriquèrent couramment du tulle à la chaîne en France, en reprenant les travaux du bonnetier Ganton, de Besançon, dont Roland nous a conservé, en 1790, la trace confuse aux endroits déjà cités de l'*Encyclopédie méthodique;* tout ce qu'on aperçoit, dis-je, nettement dans ce brevet, c'est que le métier dont se servaient les auteurs comportait, en effet, une mécanique à trois barres de platinettes porte-chaîne, mobiles verticalement et horizontalement par des procédés non décrits, et ayant pour but de produire des tissus diversement croisés et brochés, mais dont le texte n'indique pas davantage le caractère ou la constitution effective.

Cette mécanique, dans laquelle l'une des trois barres, destinée au broché, ne portait qu'un certain nombre d'aiguilles percées, et déjà sans doute accompagnée latéralement d'une roue à vis de division pour diriger les excursions horizontales de chacune des barres, cette mécanique servait très-probablement encore à fabriquer du *tulle briqueté,* c'est-à-dire à

[1] *Collection*, t. VIII, p. 344 : brevet d'invention du 17 avril 1810, sans planches.

rangées parallèles et transversales de rectangles alternés, d'une longueur double de la hauteur, mais qui, après la fabrication, tiré dans le sens des lisières, prenait la forme hexagonale, résultant de l'infléchissement transversal des longs côtés, sollicités de part et d'autre, en leurs milieux, par les petits côtés des rangées attenantes à celle dont ce rectangle faisait partie : les côtés dont il s'agit étant en effet précisément le double des petits, et ceux-ci, dirigés dans le sens des lisières ou de la chaîne, étant composés de deux fils, ils pouvaient être tantôt simplement juxtaposés et accrochés aux fils de trame pour constituer les tulles à mailles coulantes dont j'ai parlé, tantôt réellement tordus l'un autour de l'autre, à une ou deux reprises pour constituer les tulles à mailles fixes, par le jeu tournant ou détournant des deux premières barres porte-fils manœuvrées l'une après l'autre, tandis que les longs côtés du réseau demeuraient simplement formés des fils précédents croisés avec le fil de trame. Au surplus, il serait bien difficile de donner aucune notion exacte sur la marche et le croisement des fils, que les auteurs n'ont jamais représentés dans leurs brevets avant ou même après l'époque où MM. Jolivet, Cochet et Perrany prenaient le leur, en 1810.

C'est probablement à des combinaisons de ce genre que se rapportaient les tentatives du mécanicien Aubert, dont il a été parlé dans le précédent chapitre, et celles de quelques autres artistes lyonnais qui tous ont ajouté au métier des roues de divisions latérales armées de vis à une, deux ou trois couronnes, c'est-à-dire plus ou moins composées, selon la nature du dessin, précisément comme nous avons vu qu'il en avait été d'abord appliqué à des métiers à tricots d'une espèce bien différente. D'ailleurs, le peu que je viens de dire sur la constitution du tulle obtenu par de pareils procédés suffit pour prouver que ce genre de produits ne saurait, pour la solidité et la façon, être comparé avec celui des dentellières; ce qui ne l'a point empêché d'obtenir une très-grande vogue dans le temps, et de pouvoir lutter avantageusement contre les tulles anglais, fabriqués par des procédés mécaniques plus parfaits. Cette vogue, on le pressent, doit être attribuée aux ingénieuses combinaisons par lesquelles on était parvenu en France à les orner, pendant la fabrication même, de dessins ou broderies d'un goût très-apprécié du public, notamment en remplaçant, dans les métiers à chaîne dont il vient d'être parlé, la troisième barre, servant à exécuter les façons, par une autre également établie sur le devant des aiguilles à crochets de la grande fonture, mais dont les platines percées furent rendues isolément mobiles dans des siéges en forme de râteaux, c'est-à-dire susceptibles de glisser ou tourner dans leur boîte à compartiments et cloisons verticales fixées à cette troisième barre, la plus basse, de manière à permettre aux becs antérieurs et percés des platinettes, porte-fils brodeurs, de s'élever et de s'abaisser alternativement sous le jeu de bascules analogues à celles des ondes ordinaires, en imprimant ainsi à ces fils brodeurs, quelquefois montés sur des fuseaux ou roquets ensouples, le mouvement qui convient au dessin, c'est-à-dire leur échappée ou reprise par les crochets d'aiguilles; mouvement que détermine un renvoi de pièces solides ou flexibles soumis au mécanisme latéral d'une jacquart ordinaire, tout en conservant à cette même troisième barre la faculté de glisser transversalement, sans qu'il soit désormais nécessaire de la mouvoir dans le sens vertical, comme cela avait lieu notamment dans le métier à tulle des sieurs Jolivet, Cochet et Perrany, précédemment cités.

L'idée de rendre mobiles isolément les platinettes percées pour guider les fils de chaîne divers est, on le comprend parfaitement, un fait capital, puisqu'elle tendait à supprimer les mouvements d'ascension ou de basculement répétés de la barre à broder; bien qu'elle offre une certaine analogie avec le procédé mécanique déjà employé par les patentés anglais Robert et Thomas Frost (1784), dans leur métier à cylindre d'orgue servant à fabriquer simplement les tricots à jours et ornés, elle n'en doit pas moins être considérée, en tant qu'elle se trouvait ici appliquée à des métiers sans trame et à chaînes multiples, comme une conception vraiment originale, toute française par les ingénieuses combinaisons mécaniques qui ont servi à la réaliser et à en varier à l'infini les avantages ou les profits.

L'histoire des commencements de cette découverte, ainsi que celle de tant d'autres bien moins voisines de nous, offre beaucoup d'incertitudes, et se trouve particulièrement obscurcie par cette circonstance que Grégoire, de Nîmes, le véritable inventeur ou promoteur selon l'opinion générale, même à Lyon, a été devancé par MM. Calas et Delompnès, fabricants d'étoffes de soie dans cette ville, qui, en effet, prirent pour l'application de la jacquart à un métier de tulle à chaîne, dès le 6 août 1824, un brevet d'invention et de perfectionnement de cinq ans[1], tandis que le brevet pareil délivré au malheureux Grégoire porte seulement la date du 1er décembre 1826[2], en offrant d'ailleurs, par la franchise et la netteté des explications, le caractère propre à une primitive et déjà ancienne combinaison, dans laquelle les platinettes porte-fils brodeurs glissent, dans leur boîte verticale, sous un véritable système de bascule mis en action par les crochets et cordes d'arcades à contre-poids de la jacquart; système d'abord adopté avec quelques variantes par MM. Calas et Delompnès (fig. 1re du brevet de 1824), mais auquel ils ont bientôt substitué celui d'aiguilles à platinettes véritablement flexibles sous la pression de petits doigts, également à leviers et ressorts à boudins de recul, mais d'un tirage plus direct par les cordons de la jacquart. Bientôt, à cette combinaison qui procurait aux fils brodeurs un mouvement vertical de hausse ou de baisse, indépendamment du va-et-vient de la barre à platinettes, on en substitua d'autres où le tirage,

[1] Ancienne *Collection*, t. XIX, p. 167, pl. 25. Ce brevet est accompagné d'additions ou de perfectionnements datés des 6 août 1824, 10 novembre 1824 et 9 mars 1825, qui comprennent aussi des changements apportés au mécanisme même de la jacquart.

[2] *Ibid.* t. XXII, p. 243, pl. 20. Ce brevet a été pris en commun par MM. Grégoire aîné et Lombard jeune, de Nîmes, qui probablement aura servi de principal rédacteur.

appliqué à des platinettes à doubles rangs et supports de barres, beaucoup plus allongées et flexibles, avait lieu par des cordons agissant transversalement aux platinettes, d'après un ingénieux système qui a finalement prévalu, et qui a reçu des modifications essentielles, consistant principalement à transporter les fils brodeurs de droite et de gauche, de manière à les croiser avec leurs voisins ou avec ceux des autres chaînes destinées à former les propres mailles du tissu.

Si l'on s'en rapporte à la tradition déjà mentionnée, Grégoire, en effet, se serait occupé dès 1815 à 1817 d'appliquer la jacquart au métier à tulle de chaîne, en rendant les platinettes mobiles, et il aurait importé à Lyon vers 1820 un métier de ce système, perfectionné peu après dans cette ville par Calas et Delompnès, puis par l'ingénieux mécanicien Cochet, dont j'ai déjà parlé comme ayant remplacé le système ancien des marches, etc., par un arbre à cames et manivelle. Il est d'ailleurs, assure-t-on, de notoriété publique à Lyon que M. Gubian, habile contre-maître d'atelier dans cette ville, aurait le premier, en 1837, ajouté au métier à la chaîne un *second corps* ou rang de platinettes flexibles semblable au précédent; que, en 1839, M. Degabriel[1], breveté, aurait, à son tour,

[1] Le brevet délivré à cet ingénieux artiste en 1839 a été, devant les tribunaux de Lyon, l'occasion de procès où la question des métiers à tulle brodé sur chaîne a plus que jamais été embrouillée, comme on peut le voir par deux mémoires ou factums in-4° très-étendus publiés à Lyon en 1841 et 1842 par les sieurs Manigot, Robert, Perret et leur avocat, plaidant contre M. Degabriel, qui en réalité, dans ses brevets d'invention et de perfectionnements, avait été on ne peut pas moins explicite.

Des deux côtés, on insiste extraordinairement sur le fait de multiplication du nombre des platinettes, porté au double de celui des aiguilles à crochets du métier, en les plaçant à cet effet sur deux rangs, l'un au-dessous de l'autre. L'avantage de cette multiplication est en lui-même évident, puisqu'elle permet de doubler le nombre des fils brodeurs ou la richesse du tissu; mais on s'est expliqué le moins possible sur la disposition relative, sur la forme et sur le jeu croisé des mêmes platinettes, sous l'action des cordons de tirage, dont les enlacements et les contours par rapport aux platinettes coudées ou à leurs siéges constituent véritablement toute la difficulté et le mérite de l'invention. C'est, en effet, sur ce point délicat qu'ont

eu la *hardiesse* de doubler ces corps accouplés, en les portant à quatre; qu'enfin l'un et l'autre système furent, de la part du même artiste, M. Gubian, vers 1843, l'objet de nouveaux perfectionnements, où les platinettes devinrent absolument indépendantes les unes des autres, et non plus par groupes séparés, comme cela aurait d'abord eu lieu dans les systèmes à double ou à quadruple corps de Descombes et Degabriel, etc. En réalité, ces dernières innovations relatives à quatre rangs de platinettes flexibles, tout en témoignant de l'heureux esprit inventif et d'émulation qui règne dans la ville de Lyon et lui permet de repousser la concurrence étrangère, ne paraissent pas avoir obtenu la même vogue que les précédentes relatives au double corps de platinettes, et, comme j'en ai déjà fait la remarque à d'autres occasions. il convient ici encore de ne pas attacher une importance absolue aux traditions locales, quand elles ne sont pas corroborées par des documents contemporains et authentiques.

Je n'ai rien dit, dans ce qui précède, d'un autre projet du sieur George (Antoine), fabricant de tricot à Lyon, dont le brevet, du 3 février 1825[1], pris intermédiairement à ceux de MM. Grégoire, Calas et Delompnès, est plus particulièrement consacré à l'explication d'une mécanique à cylindre jacquart ou prisme quadrangulaire percé de trous placé au-dessous de l'ancien métier à tulle-tricot uni, et servant à soulever directement de petits cylindres verticaux en plomb glissant

porté les perfectionnements ultérieurs de M. Manigot lui-même, dans un brevet de 1841, si je ne me trompe, et ceux de MM. Descombes, Degabriel et Gubian, qui, après plusieurs années d'efforts seulement, sont parvenus, dit-on, à une complète réussite, en donnant pour siége aux platinettes flexibles et courbées latéralement d'autres platines rigides, montées sur la barre à plomb et portant en avant un grand œil elliptique contre lequel s'appuient extérieurement, de part et d'autre, les platinettes porte-fils, et dont les bords opposés de l'ovale sont traversés par les cordonnets de la jacquart perpendiculairement à ces dernières platinettes, qu'elles contournent en s'y appuyant et les forçant à s'infléchir de droite ou de gauche par le jeu des cordonnets ou de leur élasticité propre.

[1] *Brevets expirés*, t. XX, p. 27, pl. 4.

au travers d'une planche supérieure horizontale, de manière à mettre en action dans leur chute les becs crochus de platinettes flexibles, par l'intermédiaire d'une double série de cordons à tirage oblique, etc. Si je ne me trompe, ce métier, qui comporte, ainsi que ses devanciers, une roue à vis de divisions équidistantes et possède une marche particulière pour les manœuvres du cylindre jacquart, n'a pas prévalu sur les précédents, bien plus complets et dont il ne diffère d'ailleurs que par une disposition particulière du mécanisme moteur des platinettes, se rapprochant beaucoup de celle qu'avaient employée primitivement Robert et Thomas Frost dans leur métier à cylindre d'orgue, imité, comme on l'a vu, en 1812, par MM. Gillet et Jourdant, de Bruxelles, pour un métier à simple trame ou tricot ordinaire.

Au sujet des métiers à chaînes servant à fabriquer le tulle broché, qui ont eu autrefois une si grande vogue à Lyon, je ferai observer qu'il est impossible d'y produire des dessins à grands contours ou enlacements de fils, et par conséquent à grande excursion de platinettes, sans que ces fils n'émanent d'autant de roquetins ou fuseaux susceptibles de se prêter facilement à l'action du tirage des platinettes, tout en conservant un état de tension qui les empêche de vriller ou de se marier réciproquement. Or, c'est à quoi Grégoire arrivait dans le brevet précité, au moyen d'un système de cantre automatique subordonné à l'action de la marche qui sert à faire mouvoir la mécanique à la Jacquart; et c'est précisément par cette ingénieuse combinaison que le métier de cet ancien et ingénieux artiste se distingue de celui de MM. Calas et Delompnès, où l'on n'aperçoit que des ensouples ordinaires appliquées à chacun des corps ou barres à plomb et platinettes porte-fils, mobiles latéralement.

Le système des cantres à fuseaux roquetins munis de ressorts à freins, de contre-poids de tension, ce système déjà anciennement appliqué, comme on l'a vu, aux métiers à tisser le velours et au commettage des torons, a été depuis spécialisé dans son application au métier à tulle avec chaîne par M. Ducis, de Lyon, qui, si je suis bien informé, a pris dans ce but, en 1842, un brevet suivi d'additions et de perfectionnements, sur lesquels il m'est impossible d'insister, si ce n'est pour rappeler que les bobines à cannettes surchargées et frottantes sont, afin de pouvoir faire varier au besoin la tension des fils de chaîne, rangées dans un plan diversement incliné sur le devant du métier, dont j'ai vu un très-beau modèle fonctionnant dans l'atelier de M. Cusset, habile *tulliste chaînier* de la Croix-Rousse, à Lyon, qui y a apporté quelques perfectionnements au moyen desquels il exécute facilement, sur le tissu uni du tulle mat, des pleins maillés ou damassés aussi variés qu'étendus et chargés de soie.

J'en resterai là pour les métiers à tulle lyonnais sur chaîne, que je n'ai trouvé décrits nulle part, quoiqu'ils aient permis à la France de lutter pendant si longtemps contre l'industrie similaire du Royaume-Uni. Ces métiers, aujourd'hui encore employés à la fabrication des dentelles d'imitation, sont, dit-on, susceptibles de notables perfectionnements, que les récents essais de M. Descombes font déjà pressentir, et dont nos tulles, à chaînes simples ou multiples, ont besoin pour pouvoir désormais lutter avantageusement avec ceux qu'on obtient sur les métiers à bobines multiples, plus spécialement connus sous le nom de *métiers à tulle-bobin*, auxquels je me propose de donner une attention particulière quand j'aurai indiqué, en peu de mots, les plus anciennes des tentatives qui ont été faites par nos voisins, vers la fin du dernier siècle ou le commencement de celui-ci, pour perfectionner l'application des métiers à chaîne et trame proprement dits à la fabrication du tulle à mailles fixes.

§ III. — Revue rapide des plus anciennes patentes anglaises relatives à la fabrication du tulle sur des métiers à chaîne et ensouple (*chain-lace, warp frame*, etc.) : *Richard March, William Dawson, Samuel Caldwell* et *John Heathcote, Robert* et *John Brown*. — Ancien métier *Vandyke*. — Origine de la bobine à chariot ou navette dans les métiers servant à fabriquer, imiter la dentelle et autres réseaux noués : le professeur *Letarc* et le géomètre *Laplace*, les mécaniciens *Jacquart* et *Buron*, en France ; l'historien *Blackner* et les *tullistes Charles Lacy, John Lindley, John Brown* et *John Heathcoat*, en Angleterre.

L'obscurité, le désordre même qui règnent dans les plus anciennes patentes anglaises, qui s'adressent principalement aux hommes du métier, sans spécification de la nature des produits, du jeu et de l'objet des organes constituant le fond de chacune des demandes de privilége; toutes ces circonstances regrettables, qui se laissent également apercevoir dans les brevets français, et qu'explique en partie la grande complication des métiers employés à la fabrication des tulles noués, me privent de la satisfaction de pouvoir donner un aperçu tant soit peu exact de l'origine et de la constitution des anciennes machines spécialement nommées *warp frame* en Angleterre, et qui servent à fabriquer le tulle à chaîne (*chain-lace*), mais dont je dois renoncer même à faire connaître le véritable but et les intentions par les motifs déjà déduits, notamment faute d'indications précises, de dessins ou d'échantillons quelconques.

Je me bornerai donc à dire que c'est bien dans la patente de Richard March, du mois de juillet 1784, que l'on rencontre pour la première fois le mot de *chain-lace*, appliqué à un réseau obtenu sur un métier à aiguilles et crochets manœuvrés à la main ou à l'aide de pédales, entre deux chaises de charpente en forme de trapèze, et dont le véritable objet, sans doute, était de s'affranchir entièrement du mécanisme des métiers à bas, but, intention qu'on entrevoit plus aisément dans sa patente, déjà citée, de mars 1778, où l'application d'une chaîne à la mécanique basculante de Derby, je veux dire de Strutt, est bien manifeste. Ce dernier système, ensuite perfectionné par les deux Frost, est, comme on l'a vu également, le point de départ véritable des machines françaises, fondées sur la combinaison, l'addition d'une chaîne à la trame de l'ancien métier à bas.

Quand et comment les mécaniciens anglais se sont affranchis complétement et pour la première fois de l'usage des ondes à platines crochues servant à la cueille des fils de trame, il m'est impossible de le dire. Qu'est-ce, au fond, que la machine à rotation immédiate ou mouvements automatiques, décrite dans la patente déjà citée de William Dawson (1791)? Qu'est-ce encore que l'ancien métier à cantre ou roquetins (*warp frame*), généralement connu en Angleterre sous le nom de *Vandyke frame*, et auquel Samuel Caldwell et John Heathcote, principal auteur[1], appliquent, dans leur patente d'octobre 1804, un porte-aiguilles à crochets ou barbins conducteurs des fils de chaîne verticaux et enroulés sur une ensouple inférieure avec interposition de diverses couches ou nappes de flanelle, pour empêcher par leur élasticité la trop fréquente rupture des fils dans leur passage au travers des barbins et de peignes *séparateurs* montés sur une couple de barres horizontales en avant du métier, dont cinq pédales et des poignées à main servaient à mouvoir les divers organes? Qu'étaient-ce, d'autre part, que les métiers décrits dans les patentes de 1802 et 1804 d'un fabricant de tulle de Nottingham désigné sous le nom de Robert Brown, et qui appliquait au même métier *Vandyke* une mécanique à double barre, analogue à celle dont il vient d'être parlé, en caractérisant ce genre de machine par l'épithète anglaise de *knitting frame*, qui semblerait se rapporter à un certain métier à tricot qu'un mécanicien du nom de Vandyke, Hollandais ou Flamand, aurait importé dans le comté de Leicester à une époque déjà

[1] J'écris, selon la patente, *Heathcote*, et non pas *Heathcoat*, dont le nom se retrouve dans d'autres patentes de métiers à tulle qui nous occuperont plus loin, mais dont l'auteur, résidant en 1808 à Lougborough, comté de Leicester, ne paraît pas devoir être confondu avec le précédent, monteur de semblables métiers à Hathern, dans le même comté.

fort ancienne, contemporaine peut-être de celle où Jean Hindret créait la manufacture du bois de Boulogne, sous le ministre Colbert, ou mieux encore, contemporaine de celle qu'on assigne à la découverte même de William Lea, dont, comme on l'a vu, l'histoire n'est point à beaucoup près entièrement débarrassée d'obscurité et de doute?

Pour éclaircir ce dernier fait, il faudrait pouvoir consulter les vieilles archives de cette mystérieuse Hollande ou des Flandres, qui, on se le rappelle aussi, précédèrent la France et l'Angleterre dans l'art perfectionné du tissage des draps, des velours, des tapis, de la gaze nouée, etc.; industries dont ces contrées furent pour ainsi dire dépouillées une à une par les encouragements prodigués du dehors à leurs silencieux mais intelligents artistes, manquant de priviléges analogues à ceux octroyés par les gouvernements d'Élisabeth et de Cromwell, en Angleterre, de Henri IV et des premières années du règne de Louis XIV, en France; priviléges dont malheureusement on n'a conservé aucune trace certaine chez nous avant l'année 1791, tandis que l'enregistrement officiel des patentes anglaises remonte au 16 mars de l'année 1617.

A ceux qui, d'ailleurs, se demanderaient à quoi bon de pareilles études historiques sur des machines et des procédés aujourd'hui remplacés incontestablement par de plus parfaits; à ces indifférents qui se prétendent les vrais philosophes, je répondrai, simplement et une fois de plus, afin que justice soit rendue sur la terre à la mémoire de ces modestes créateurs et trop souvent martyrs de nos jouissances matérielles; comme, sans aucun doute, elle leur sera plus glorieusement encore octroyée dans une vie meilleure et rémunératrice de tout bien procuré aux hommes.

Enfin, entraîné comme malgré moi dans ce labyrinthe obscur de patentes anglaises que ne consulteront jamais les désœuvrés ou élus de la fortune, je dirai même les privilégiés de l'industrie manufacturière, j'ajouterai à tout ce qui précède un dernier exemple concernant les anciens métiers *warp* ou à chaîne, employés chez nos voisins pour fabriquer les tulles noués; exemple d'autant plus remarquable qu'il renferme déjà le plus important élément de succès des machines modernes, de celles précisément qui tendent à se substituer aux machines lyonnaises à double ou quadruple corps. Je veux ici parler, en effet, du métier à chaîne et à ensouples multiples, marchant au moyen de pédales et de barres à poignées latérales, dont la patente a été délivrée le 24 avril 1811 à un autre Brown (John), manufacturier à New-Radford, près Nottingham, pour une machine spécialement destinée à produire un tulle noué (*bobbin-lace or twist net*) ressemblant à la dentelle de France ou du Buckinghamshire, dentelle, comme on sait, fabriquée à la main et au fuseau espolin, sur l'antique *métier à carreau*, où l'ouvrière n'a uniquement, pour guider ses yeux, que des dessins quadrillés et implantés d'épingles ou d'aiguilles au fur et à mesure de l'avancement du réseau.

Cette machine, comme le dit John Brown, se distingue des précédentes en ce qu'elle est destinée à la fabrication simultanée de vingt-trois bandes étroites et verticales de dentelle, s'enroulant, à la partie inférieure, sur une grande ensouple horizontale après sa sortie de l'équipage des pièces travaillantes, que surmonte un autre équipage de leviers courbes croisés, oscillants, faisant marcher en dessous une roue à déclic et minute pour régulariser les évolutions intermittentes des pièces principales, celle de l'ensouple ci-dessus comprise. A chacune des bandes de dentelle correspond d'ailleurs, en haut du métier, une rangée horizontale d'autres petits cylindres ensouples, à contre-poids de tension, et d'où émanent des faisceaux divergents de fils qui alimentent ces bandes respectives après s'être reployés verticalement au travers de peignes diviseurs ou distributeurs, à aiguilles fourchues, pointues, ou à platinettes percées: les unes et les autres, montées par groupes distincts, sur des barres à plomb animées de va-et-vient dans le sens latéral ou parallèle au métier, servent à effectuer le croisement de leurs fils avec ceux de navettes à bobines verticales, très-minces, à traîneaux ou chariots glissant sur des siéges parallèles entre eux, perpendiculaires au plan vertical moyen de la chaîne. Mais John Brown ne s'explique ni clairement ni franchement sur le jeu et la disposition de ce dernier système, parce qu'en effet il n'en est point le premier inventeur, comme le montrera ci-après la discussion des titres ou patentes concernant l'origine de cette découverte, qui a exercé une influence si capitale sur la prospérité de Nottingham et de quelques villes françaises, devenues de bonne heure ses rivales.

Si, d'ailleurs, j'ai insisté tout d'abord sur la patente de John Brown, c'est qu'elle forme comme la transition naturelle des anciens métiers à chaînes anglais avec les nouveaux, où désormais les ensouples servant à enrouler le tissu au fur et à mesure de sa formation sont constamment placées à la partie supérieure de la machine, au-dessus des pièces travaillantes, qui elles-mêmes surmontent toujours les ensouples de la chaîne ou des diverses chaînes, d'après un système qui paraît incontestablement dû à John Heathcoat, de Tiverton, en tant qu'il permet de faire converger tous les fils vers le point où doit, en quelque sorte, se concentrer le travail de formation du réseau régulier, uniforme et sans aucune espèce d'ornement, dont la fabrication mécanique fut d'abord tentée par ce célèbre mécanicien, plus tard devenu le bienfaiteur de son pays, je veux dire du Nottinghamshire, la patrie des Wakefield, des Arkwright et de tant d'autres hommes célèbres ou illustres.

L'idée d'employer de minces bobines verticales porte-trame, en guise de navettes, a été attribuée en Angleterre à diverses personnes, parmi lesquelles on a constamment cité Heathcoat et John Brown. Néanmoins Blackner, l'historien de Nottingham, qui écrivait en 1815, prétend faire remonter cette même idée à l'année 1799, où John Lindley, depuis fabricant de tulle-bobin dans cette ville, l'aurait communiquée à son oncle Charles Lacy, alors soi-disant associé à Heathcoat, etc.; mais ce sont là encore des propos d'ateliers, sans doute fort hasardés et qui méritent, ce semble, d'autant moins de croyance que, d'un côté, Heathcoat fut sans partenaire dans ses nombreuses patentes; d'un autre, que Lindley et Lacy, associés en 1816 pour une patente de machine à tulle dont j'aurai aussi bientôt à parler, mentionnent très-explicitement les droits de Heathcoat et de Brown à toute priorité, du moins en Angleterre.

Le soin particulier que Blackner prend pour faire remonter la découverte de la bobine porte-trame à 1799, bobine dont il aurait déjà en 1803 vu un modèle construit par un certain *Hood*, montré à divers mécaniciens, et qui aurait servi à confectionner un petit échantillon de dentelle, etc.; tout cela semblerait indiquer que la bobine qui fit dans l'origine tant de bruit à Nottingham, et qui devint sans doute la principale cause du procès intenté par John Brown aux nommés Moore et Cie, contre lesquels, selon Blackner, il revendiquait aussi l'usage d'*instruments circulaires, à mouvements planétaires ou rentrants, par lesquels l'ouvrier devenait capable de faire traverser* diagonalement *aux bobines un nombre illimité de mailles, avec l'avantage de donner des lisières à ces mailles;* tout cela, dis-je, semble moins un plaidoyer en faveur de tel ou tel individu anglais qu'une information historique, d'intérêt tout national, tendant peut-être à faire oublier sinon l'informe métier à filets de pêche et à navettes multiples de Jacquart, du moins celui où Buron, récompensé d'une médaille d'or à l'Exposition française de 1806, s'était déjà servi d'une rangée de bobines verticales porte-trame à va-et-vient horizontal pour traverser directement, et non diagonalement je le reconnais, les boucles des mêmes filets et y pratiquer des nœuds véritables. Quoique l'emploi de telles bobines soit très-distinct, au fond, de celui des minces bobines servant à fabriquer le tulle dans les machines anglaises, il n'en est pas moins évident que la première de ces idées, qui n'a pas non plus manqué de retentissement en Europe, a très-bien pu réveiller l'autre.

Mais pour établir à cet égard l'antériorité des artistes français sur ceux de l'Angleterre, seuls capables, à cette époque, de mener à bonne et commerciale fin une entreprise de cette espèce, grâce aux éléments de succès ou de vogue que la fabrication des machines, mais particulièrement celle des tulles à réseaux de dentelles, possédait dès le commencement de ce siècle dans la riche cité de Nottingham; pour établir cette antériorité, du moins comme principe, il suffit de se reporter à la séance du 20 janvier 1776 de l'ancienne Académie des sciences de Paris, dans laquelle Laplace, devenu le grand géomètre que nous connaissons, présenta pour un sieur Leturc, professeur à l'École militaire de la même ville, un métier à faire le réseau de dentelle; puis à l'extrait du procès-verbal de la séance du vendredi 29 mars de la même année, où MM. de Vaucanson, de Montigny, Vandermonde et Laplace[1], rapporteur, accordèrent leur approbation entière au métier de Leturc et le recommandèrent au Gouvernement dans leurs conclusions, après avoir donné du mécanisme même de ce métier une description verbale très-propre à convaincre que l'application de bobines légères et mobiles à la fabrication du vrai réseau de dentelle est, en effet, une conception française déjà ancienne, réalisée dans une machine fonctionnant au moyen de 700 bobines minces, à rainures profondes, chargées de fils de trame à petits poids de tirage pour régulariser, égaliser la tension, et enfilées sur des rangées correspondantes de pointes horizontales parallèles, au nombre de 1,400, garnissant sept traverses intermédiaires et horizontales du métier, dont trois mobiles *de droite et de gauche,* au moyen d'un levier et d'une bascule à contre-poids, qui sert à les faire avancer, accrocher, lâcher alternativement, etc.

[1] Comme tout ce qui se rattache à ce nom immortel ne peut qu'intéresser notre génération et celles qui la suivront, j'ai cru devoir consigner, à la fin de ce paragraphe, l'extrait textuel des séances précitées de l'ancienne Académie où il est question des métiers à dentelle du professeur Leturc, en rappelant ici que Laplace, originaire d'un village voisin de la ville de Caen, où l'on s'occupe de temps immémorial à fabriquer la dentelle, fut d'abord élève et professeur à l'École militaire de Beaumont, puis à celle de Paris, où lui avait succédé le même Leturc dont je viens de parler, peut-être aussi grâce à la toute-puissante influence de d'Alembert.

« Ce sont, dit l'illustre Rapporteur, ces différents mouvements qui permettent aux bobines chargées de leurs fils de passer les unes devant les autres et de faire enlacer et croiser ces fils. » Mais les explications qu'il ajoute ensuite pour faire concevoir les fonctions diverses du métier capable de produire l'ouvrage de quinze ouvrières ne suffisent pas, je crois, à défaut de figures, pour en donner une idée précise; et tout ce que l'on aperçoit distinctement, c'est que le mécanisme, disposé pour le jeu des bobines substituées aux fuseaux à main de la dentellière, ne comportait nullement le double système de fils de trame et de chaîne à ensouple qui se remarque constamment dans les derniers métiers anglais, mais que contenaient déjà, comme on l'a vu, ceux à filets de pêche de Jacquart ou de Buron.

Ajoutons que les tentatives diverses et subséquentes du professeur Leturc furent déposées successivement à l'ancien *Magasin des machines* et au Conservatoire des arts et métiers, où elles existaient encore en 1812, puisque feu Molard les cite comme ayant servi de type, en 1786, au métier de tricot sur chaîne, à peignes et fonture d'aiguilles, sans ondes, du chanoine Moisson, aussi bien qu'à divers autres métiers[1] dont j'ai déjà parlé, mais où l'idée des bobines avait, à ce qu'il semble, entièrement disparu; idée demeurée ainsi sans fruit pour les progrès de notre industrie, longtemps engagée dans une route, sinon fausse ou stérile, du moins assez peu profitable à notre prospérité nationale.

Addition relative au métier imaginé en 1776 par le professeur Leturc, et servant à fabriquer mécaniquement la dentelle au moyen de bobines diversement mobiles.

Extrait du procès-verbal de la séance du samedi 20 janvier 1776 de l'ancienne Académie des sciences.

« M. de Laplace a présenté pour M. Leturc, professeur à l'École

[1] *Bulletin de la Société d'encouragement*, janvier 1812, t. XI, p. 1 à 3.

militaire, un métier à faire du réseau. MM. de Montigny, de Vaucanson, Vandermonde et de Laplace ont été chargés de l'examiner. »

Extrait du procès-verbal du vendredi 27 mars 1776.

« MM. de Montigny, de Vaucanson, Vandermonde et de Laplace ont fait le rapport suivant du métier à fond de dentelle de M. Leturc:

« Nous, commissaires nommés par l'Académie, MM. de Vaucanson, de Montigny, Vandermonde et moi, avons examiné un métier propre à faire différents réseaux de dentelle, par M. Leturc, professeur de fortification à l'École royale militaire.

« M. Leturc s'occupe depuis longtemps de ce métier. Il y a cinq ans environ qu'il en fit un très-petit qui remplissait assez bien son objet. Ce premier essai le conduisit à la construction d'un second métier beaucoup plus parfait que le premier et qui en différait autant que cela est possible en partant du même principe. Enfin, le second métier, susceptible encore d'être perfectionné, lui fit naître l'idée de celui que nous allons décrire et qui, par sa simplicité et par la facilité de l'employer, nous paraît mériter la préférence sur les deux premiers.

« Ce métier forme un parallélogramme de quatre montants en bois et de plusieurs traverses qui servent à fixer les points d'appui de ses mouvements. Aux traverses du haut sont fixés: 1° les ressorts qui accrochent et soutiennent les calibres sur lesquels se forment les rangées de mailles; 2° six battants servant à placer, au moyen d'autant de grandes lames, les calibres dans les ressorts et à serrer en même temps les rangées de points; 3° deux cylindres mobiles qui, en se rabattant vers le centre des fils, servent à les rassembler après que les battants ont placé le calibre dans les ressorts. Un seul calibre sert pour une rangée de mailles et le réseau se forme autour, de la même manière que le filet autour de son moule. M. Leturc avait imaginé de substituer au calibre un peigne composé d'autant de dents que la dentelle avait de mailles, de sorte que la dentelle se trouvait tendue et fabriquée dans sa largeur. Chaque maille se formait autour d'une dent du peigne; lorsque la rangée était ainsi formée sur le peigne, on la faisait passer à une place supérieure, et il était sur-le-champ remplacé par un peigne qui n'avait point servi et qui se trouvait dans un magasin dans lequel le peigne qui venait de sortir rentrait par le côté opposé. Quoique le mécanisme avec lequel M. Leturc opérait cette circulation continuelle de peignes soit très-ingénieux, l'usage des calibres nous paraît cependant plus commode et plus simple.

« Les sept traverses du milieu du métier, dont trois sont mobiles, sont garnies de 1,400 pointes horizontales et parallèles, sur lesquelles s'enfilent 700 bobines chargées de fils et de contre-poids de plomb qui servent non-seulement à tenir le fil dans sa forme, le réseau toujours tendu, mais aussi à le laisser dévider à mesure qu'on l'emploie, et à le faire revenir de lui-même sur les bobines lorsqu'elles avancent d'une ou de plusieurs places vers le milieu de l'ouvrage. Les contre-poids dont nous venons de parler sont composés de deux plombs, un gros et un petit, attachés chacun à l'extrémité de la bobine. Cette rainure est angulaire et assez profonde pour que durant le jeu de la machine le fil qui soutient les plombs ne puisse en sortir. Les trois traverses mobiles ont un mouvement de droite et de gauche, par le moyen d'un bras de levier qui sert à les faire avancer, d'une bascule qui sert à les accrocher ou à les lâcher et d'un contre-poids qui les remet dans leur situation ordinaire. Ce sont ces différents mouvements qui permettent aux bobines chargées de leurs fils de passer les unes devant les autres et de faire enlacer et croiser les fils. Les six traverses plus basses soutiennent les charnières des bascules qui chassent les bobines d'une pointe à l'autre et les barres horizontales qui donnent et qui communiquent les mouvements aux bascules des six métiers à la fois.

« Aux quatre montants du métier sont fixés six châssis, dont trois sont contigus de chaque côté; ils sont armés, dans leur partie supérieure, de petites fourches de fer qui embrassent les branches et servent à les contenir et à les pousser dans un même plan. Ces petites fourches sont espacées de deux en deux où de quatre en quatre branches, pour agir selon que le point l'exige. Enfin deux autres châssis horizontaux servent à ramener les bobines des six métiers des traverses mobiles sur les faces.

« Douze touches, mues en pressant verticalement dessus, communiquent aux métiers tous les mouvements. Une de ces touches sert à avancer les trois traverses mouvantes, qui portent à une, deux ou trois places différentes sections des bobines.

« Une autre décroche ces trois traverses et les ramène à différentes places, dont l'ouvrière se rend maîtresse en soutenant d'une main par les contre-poids la touche précédente.

« Six autres touches servent à mouvoir les bobines de six métiers, selon l'ordre qu'exige le point, et cela par les six châssis qui poussent les bascules.

« Une autre communique aux dernières bobines un mouvement particulier pour faire le réseau uni de la dentelle.

« Une sert à faire mouvoir les battants au moyen d'une corde qui traverse verticalement le métier et dont une extrémité, après avoir passé sur deux poulies de renvoi, est attachée à l'arbre qui soutient les battants.

« Une autre touche rabat deux cylindres qui serrent les fils, et chacun d'eux se remet à sa place par un contre-poids. Ils sont également tirés par des cordes, ainsi que les battants. La dernière touche, enfin, soulève un mentonnet fixé à un axe mobile de la longueur du métier, et aux extrémités de cet axe s'élève un bras de levier servant à pousser les deux châssis qui ramènent les bobines sur les traverses immobiles.

« La machine que nous venons de décrire renferme six métiers; mais il nous paraît que cette multiplicité en rend le jeu moins précis et plus difficile. Nous pensons qu'en la réduisant à deux ou trois métiers au plus, et donnant plus de justesse aux différentes pièces qui la composent, ce qui est d'une facile exécution, on parviendra à la rendre d'un grand usage dans le commerce. Cette machine peut exécuter tous les points de dentelle, soit que les fils s'enlacent de deux en deux ou de quatre en quatre; avantage que n'ont point les machines déjà connues, dans l'état où elles ont été présentées. On peut faire par son moyen douze ou quinze fois plus d'ouvrage dans le même temps que par les procédés manuels, et cet ouvrage est très-régulier, comme l'Académie peut s'en assurer par les échantillons qu'elle a sous les yeux, quoique travaillés à un métier très-imparfait dans son exécution; d'ailleurs, les moyens que M. Leturc emploie sont aussi simples qu'ingénieux.

« Nous croyons donc que cette machine mérite l'approbation et les éloges de l'Académie, et qu'à cause de la grande utilité dont elle peut être dans le commerce, son auteur mérite d'être encouragé par le ministère. »

§ IV. — Examen spécial des plus anciennes patentes anglaises relatives à l'invention des métiers à *tulle-bobin*, imitant le vrai réseau de dentelle. —Première et infructueuse tentative par *John Heathcoat*, de Longborough, en 1808. — Sa seconde, obscure et fondamentale patente de 1809, où se trouvent indiqués des grilles circulaires de guide à platinettes interrompues, des navettes à double circulation et le principe de convergence centrale ou supérieure de tous les fils, etc. — Erreurs d'Andrew Ure et d'autres à ce sujet : *Morley, Mart* et *Clark, Leaver, Stevenson, Braley, Hervey*, etc. — Définition du vrai réseau de dentelle, par *Charles Silvester*, de Derby, dans une patente envisagée comme défi ou provocation.

J'admettrai volontiers, avec tous les auteurs anglais et selon l'avis de Brunel même, que le célèbre mécanicien et manufacturier John Heathcoat, de Longborough (comté de Leicester), depuis établi à Tiverton, etc., réussit le premier, entre tous, à fabriquer mécaniquement un tulle ressemblant à notre dentelle au fuseau (*nearly ressembling french lace*), comme l'énonce très-explicitement sa première patente du 14 juillet 1808; j'admets, avec moins d'hésitation encore, que nul n'a autant contribué, par une longue persévérance, à fonder l'industrie tullière dans son pays; mais ce serait une erreur de croire que cette première patente contînt rien qui eût rapport au jeu des bobines, dont je n'ai jusqu'à présent donné qu'une imparfaite idée.

Entièrement construit en bois, sur un plan vertical où le tissu, composé d'une étroite bande de tulle, enveloppait vers le haut un petit rouleau ensouple, tandis que les fils de chaîne verticaux se déroulaient, au fur et à mesure, d'un autre cylindre beaucoup plus large placé horizontalement en dessous du principal mécanisme, le métier décrit dans cette première patente de Heathcoat fonctionnait avec une extrême lenteur et à la main, mettant en action un double rang de longs fuseaux ou navettes enfermés dans des tubes creux à pignons et doubles crémaillères motrices, disposés, sur le plateau vertical et annulaire de la machine, circulairement, concentriquement au point supérieur, où se formait le réseau de dentelle, c'est-à-dire à l'extrémité basse de la petite bande de tulle, verticalement suspendue à son ensouple horizontale, et dont un point de l'axe vertical servait de centre de convergence à ces fuseaux-navettes, à leurs guides ainsi qu'au double faisceau des fils de trame et de chaîne, dont une moitié émergeait verticalement de l'ensouple inférieure du bâti.

Ce peu de mots, auxquels il me serait, par les causes si souvent indiquées, impossible de rien ajouter de plus précis, de peur de donner une fausse idée de la manière dont l'auteur parvenait à croiser à plusieurs reprises ou commettre de proche en proche les fils de chaîne par ceux des fuseaux, marchant diagonalement d'un bord au bord opposé du métier ou du tissu, comme cela a lieu dans la fabrication même de la dentelle, ce peu de mots, dis-je, doit suffire pour prouver que Heathcoat avait, dès 1808, senti l'importance de faire converger le faisceau entier des fils travailleurs vers le point élevé où ils se forment en mailles et réseau, afin d'en maintenir, égaliser la longueur et la tension au travers des peignes supérieurs, pareillement concentriques et circulaires, mais dont la patente ne laisse pas apercevoir bien clairement le jeu et la disposition fondamentale.

Quant à la largeur extraordinaire donnée ici à la partie inférieure du métier, je veux dire au rouleau ensouple de la chaîne et au plateau vertical en couronne qui porte les crémaillères à pignons et les longues navettes ou fuseaux à tubes creux directeurs, on comprend parfaitement qu'elle était la conséquence nécessaire de la grosseur même de ces organes convergents et primitifs du système. De plus, on s'explique qu'une disposition pareille ne pouvait comporter qu'un bien petit nombre de bandes étroites de dentelle ou de métiers accouplés, groupés les uns à côté des autres, dans une direction rectiligne horizontale; mais on ne saurait y méconnaître les premiers efforts d'un homme de génie pour sortir des routes battues par ses prédécesseurs.

Dans sa seconde patente du 20 mars 1809, ayant spécialement pour objet la fabrication du tulle-bobin (*bobbine-lace*), Heathcoat commence par déclarer en tête du long, respectueux et formaliste protocole d'usage en Angleterre, qu'il est le *premier et vrai inventeur* de la machine dont il va donner la description en six grandes planches, et qu'il a, dit-il, soumise à des expériences répétées pour en constater la production et les avantages particuliers. Quoiqu'il soit comme impossible de suivre la pensée fondamentale de l'auteur au travers des incohérentes et minutieuses descriptions de la patente, il est aisé de reconnaître qu'il a ici entièrement abandonné son premier système de solution, bien qu'il y parle encore de tubes creux servant à diriger les fils de l'ensouple inférieure dans le plan vertical moyen du métier, disposé à la manière ordinaire, c'est-à-dire horizontalement sur des chaises et supports extrêmes en charpente, surmontés à leur tour d'un bâti en fer et en fonte destiné à recevoir l'ensouple supérieure du tissu, ainsi que l'équipage des barres à aiguilles ou à pointes, qui servent à la cueille, au *serrage* ou *rentrage* des mailles, dont le système n'est pas suffisamment indiqué dans la patente; les fonctions diverses du nouveau métier s'accomplissant d'ailleurs au moyen de barres horizontales, de bascules à leviers et de poignées à main, enfin de marches ou pédales situées les unes vers le haut, les autres vers le bas du métier.

Ce que l'on devine plutôt encore qu'on ne l'aperçoit explicitement dans la même patente, c'est que les fils de chaîne ou d'ensouple inférieure, de même que leurs tubes conducteurs, dont il a déjà été parlé comme occupant le plan vertical moyen du métier, c'est, dis-je, que ces fils, au lieu de converger de toutes parts et latéralement vers le point de formation des mailles du tissu, ainsi que cela avait lieu dans la première patente de Heathcoat, cheminent, s'élèvent à peu près verticalement au travers du vide rectangulaire et horizontal qui occupe, à une hauteur intermédiaire, un espace nommé aujourd'hui le *fossé,* vide de part et d'autre duquel la nouvelle patente place symétriquement deux couples de barres à plomb, droites, horizontales et parallèles au fossé, munies de platines perpendiculaires ou transversales, en nombre égal à celui des mailles du réseau pour chaque barre. Découpées circulairement vers le haut, ces platines servent d'appui et de guide à de minces chariots ou traîneaux surmontés de bobines verticales porte-trame, reposant ici sur des tourillons et marchant par couple, l'une derrière l'autre, dans chacune des coulisses ou rainures formées par les rangées de platines, qui, se correspondant exactement à raison de vingt par pouce des deux côtés du fossé, permettent aux navettes et à leurs fils de trame de traverser les intervalles demeurés alors libres entre les fils de chaîne correspondants, fils qui doivent constituer, respectivement et par couples, les côtés verticaux mêmes des mailles du tissu.

Quoique le texte de la patente, qui semble s'adresser exclusivement aux hommes du métier *parfaitement au courant déjà* de l'usage des navettes ou chariots à bobines, ne s'explique pas nettement sur la manière de faire croiser et circuler diagonalement les fils de trame autour de ceux de la chaîne, cependant on y indique très-explicitement que les quatre barres à platines de guide ci-dessus sont disposées sur une portion de cylindre circulaire horizontal dont l'axe correspond au point même de formation des mailles, toujours afin d'égaliser la longueur et la tension des fils de trame ou de bobines. Le texte ajoute aussi que chacun des couples de ces barres, antérieures ou postérieures au fossé, est monté sur des siéges fixes extrêmes, munis de collets où les barres antérieures peuvent glisser horizontalement et parallèlement à ce fossé, de manière à avancer sur la droite ou sur la gauche, exactement d'un *espace* ou *porte*, vis-à-vis des rainures correspondantes des platines à barres fixes postérieures. On ne saurait donc se refuser à reconnaître, malgré les hésitations et les lacunes de ce texte, qu'il n'y ait là une indication suffisante, sinon parfaitement lucide, du système des *grilles* ou *peignes circulaires* (*circular combs*), aujourd'hui encore en usage dans les métiers à tulle-bobin, si ce n'est que ces grilles, ces peignes conducteurs des chariots à bobines traversières, sont formés de deux parties seulement, placées en regard l'une de l'autre de chacun des côtés du fossé transversal, et non plus subdivisées respectivement en deux portions à rangs de platines isolées, comme le veut Heathcoat dans la patente de 1809 qui nous occupe.

Quant à la manière dont s'accomplissait, soit le glissement longitudinal des barres à platines de grilles, soit le glissement transversal et circulaire des bobines à navettes ou traîneaux minces, ici armés d'encoches aux deux bouts pour les saisir et pousser simultanément au moyen de lames de fer longitudinales, Heathcoat ne s'en explique pas clairement, et l'on doit seulement admettre, d'après ses descriptions, fort vagues pour quiconque n'a pas vu ce primitif métier, que les déplacements dont il s'agit s'opéraient, directement ou à la main, par l'intermédiaire de leviers à poignées, etc. c'est-à-dire par des procédés analogues à ceux que les Strutt, les Frost, les March, etc. avaient déjà mis en usage dans des métiers à tricot ou à chaîne d'une tout autre espèce.

Enfin, je dois prévenir qu'on ne rencontrera pas d'indications ou d'explications plus satisfaisantes dans la troisième patente de John Heathcoat, du 29 mars 1813, postérieure de deux années à celle de John Brown, dont il a été parlé à la fin du précédent paragraphe. Cette troisième patente, en effet, a uniquement pour objet quelques perfectionnements de détails, relatifs à la substitution du fer au bois dans les organes essentiels de la machine, où l'on fait intervenir des contre-poids, des ressorts à boudins de recul, etc. Heathcoat y insiste principalement sur un instrument particulier, espèce de tourniquet détaché, si je ne me trompe, du mécanisme du métier, qu'il nomme *turn-again*, et dont il se sert pour retourner les navettes parvenues à la fin de leurs courses latérales et contraires, près de l'une ou de l'autre des lisières du tissu : là les bobines et leurs fils de trame doivent, en effet, revenir pour croiser diagonalement et symétriquement les fils de chaîne, en vertu même des déplacements longitudinaux, alternatifs, de droite à gauche et de gauche à droite, donnés, sur la largeur d'une porte, au couple de grilles ou de barres à grille situé sur le devant du métier.

Tout cela d'ailleurs est exposé dans un texte où les chiffres de renvoi aux figures de cette troisième patente et de celle de 1809 sont écrits en *toutes lettres*, et dans un désordre qui semble calculé en vue de déguiser la pensée fondamentale du système, ou ce que je nommerai sa théorie; de manière à dépister les imitateurs ou contrefacteurs, sinon à masquer les emprunts que l'auteur aurait pu faire à quelqu'un de ses rivaux ou prédécesseurs peu connus; car nulle part Heathcoat ne se dit positivement l'inventeur des navettes à bobines ou des barres à platines, des grilles conductrices, qui en sont l'accompagnement indispensable.

Est-il vrai notamment, comme le prétend l'auteur du *Dictionnaire anglais des arts et manufactures* (p. 733), lequel, avec raison, place Heathcoat[1] et Brown en tête des inventeurs et

[1] Le docteur Ure écrit *Heathcoate*, et non *Heathcoat* avec tous les catalogues anglais ou français de patentes et de brevets : cette faute a été reproduite par d'autres avec des altérations d'orthographe nouvelles.

constructeurs de métiers à tulle-bobin (*bobbin-net*), est-il vrai qu'un certain Morley, de Derby, sans autre qualification, se serait, avant tous (1811), servi à Nottingham de grilles conductrices des navettes, mais à platines ou tiges droites (*straight bolt*), dont le métier, à petite jauge ou largeur, aurait été mieux combiné, plus simple et plus facile à mouvoir que ceux jusque-là tentés?

Andrew Ure ne prétend-il pas aussi que, l'année d'après (1812), le même Morley se serait servi de grilles circulaires (*circular bolt*), sans s'assurer le fruit de ses inventions par aucun privilége, tant étaient grands sa modestie et son désintéressement? Mais outre que 1811 et 1812 n'ont pas précédé 1809, outre qu'on sait à quoi s'en tenir à l'égard de l'abnégation et du désintéressement des industriels anglais, il faut encore observer que ce Morley, de Derby, est le même sans doute qui, le 9 mars 1824, sous le prénom de *William*, se fit délivrer une patente pour un métier à tulle, muni d'une double barre plate à loquets (*double locker*), servant à tirer, pousser les navettes de part et d'autre du fossé de passage des fils de chaîne; ce qui semble être en contradiction formelle avec les sentiments qu'Ure prête, ainsi que les auteurs qui l'ont répété, à l'industriel dont il s'agit[1].

Des observations critiques, tout aussi fondées en principe, peuvent également s'appliquer à ce que le même technologue énonce des sieurs Mart (Samuel) et Clark (James), de Nottingham, qui, dès 1812 encore, auraient inventé la machine à pousseurs (*pusher machine*), et d'un soi-disant *John Leaver* qui, vers la même époque, aurait mis en avant la machine à levier, *lever machine*, conjointement avec un nommé Turton,

[1] C'est pourtant un fait remarquable que les patentes des 15 mars 1824 et 9 janvier 1828, indiquées dans les catalogues anglais sous le nom de *William Morley*, fabricant de tulle à Nottingham, n'ont jamais été enregistrées d'une manière régulière dans le bureau ou office d'enrôlement des patentes d'invention; ce qui peut être attribué à différentes causes, mais non, je crois, à celles qu'Ure indique, puisque 1811 ou 1812 a précédé 1824 au moins de douze ans.

tous deux de New-Radford, près Nottingham, etc. Ce sont là, je le répète et comme on le verra encore mieux plus tard, autant de propos, de vanteries intéressés, tels qu'il en sort, au bout d'un certain temps, des lieux de fabrication, où les souvenirs s'effacent, s'altèrent avec une facilité et une complaisance dont il est difficile de se faire une idée exacte quand on ne les a pas suffisamment examinés.

Toutefois, cette légèreté de propos, permise aux contre-maîtres et chefs d'ateliers, qui ont rarement le loisir de recourir aux sources originales ou qui n'ont sous la main que des écrits mensongers sur l'histoire de chaque machine, cette légèreté est vraiment injustifiable dans un livre d'apparence aussi sérieuse que celui du docteur Ure, mais où, par le fait, les erreurs de dates, de noms, etc., abondent comme à plaisir et offrent des contradictions étranges avec les assertions contenues dans d'autres écrits puisés à des sources analogues, mais dérivés d'autres ateliers, d'autres intérêts ou d'autres prétentions rivales.

C'est ainsi, par exemple, que dans un article historique sans nom d'auteur inséré à la p. 379 du t. XXIX du *Bulletin de la Société d'encouragement* de Paris, on néglige complétement les noms d'inventeurs que je viens de citer d'après Ure, pour y substituer ceux des Stevenson, des Braley, des Hervey, etc., parmi lesquels cependant on place, mais à un rang beaucoup trop reculé, ceux de Lacy et de Lindley, pour la part importante qu'ont prise dans l'établissement des métiers à tulle-bobin ces ingénieux mécaniciens, dont, chose plus surprenante encore, les titres sont entièrement passés sous silence dans le *Dictionnaire des arts et manufactures*, malgré le retentissement qu'obtinrent leurs travaux, d'après l'histoire contemporaine de Nottingham par Blackner.

Le silence absolu gardé par Ure sur l'origine des idées relatives au jeu des bobines traversières, décrites dans la patente de 1809 de Heathcoat, ce silence est d'autant plus regrettable que personne, en Angleterre ou en France, ne s'est expliqué nettement à cet égard, et qu'il s'est écoulé, de 1813 à 1816, un intervalle de plus de trois années sans qu'il ait été délivré dans le Royaume-Uni aucune autre patente relative à la fabrication du tulle-bobin, si ce n'est le 22 juin 1815, à l'ingénieur Charles Silvester, de Derby, pour des perfectionnements relatifs à la texture particulière de la dentelle à mailles hexagonales (*bobbin-lace*), dont l'auteur propose de commettre, tordre entre eux les doubles fils, sur tous les côtés à la fois, par des procédés sans doute purement manuels ou à fuseaux ordinaires. Ces procédés n'étant point exposés dans la patente, ils n'ont pu contribuer directement aux progrès ultérieurs des idées mécaniques; mais ils auront servi comme d'avertissement au public et de défi, de leçon, aux fabricants de tulle sur métier, dont les produits en fil de coton, quoique jusque-là imparfaitement commis, menaçaient cependant dès 1815 le travail à la main d'une concurrence extrêmement dangereuse, même en Angleterre, où d'ailleurs il se fabriquait ainsi assez peu de dentelle, à cause du prix élevé de la main-d'œuvre et de la concurrence étrangère; concurrence devenue, depuis près d'un demi-siècle, le prétexte de droits prohibitifs et le principal point de mire des industrieux fabricants ou mécaniciens de Nottingham.

§ V. — Suite de l'examen des plus anciennes patentes anglaises relatives aux métiers à tulle-bobin. — Système automatique de *Charles Lacy* et de *John Lindley*, à grilles circulaires fixes, à navettes traversières perfectionnées et roquets ensouples de chaîne circulante (1816). — Nouvelle patente délivrée à *John Heathcoat*, en 1816, pour un métier à main et à marches, fabriquant et brodant simultanément le tulle-bobin, au moyen de barres latérales de guide, de roues à *crans* et à *rosettes*.

C'est peu après le silencieux intervalle écoulé entre les années 1813 et 1816 que Charles Lacy, de Nottingham, et John Lindley, de Longborough, tous deux fabricants de tulle, prirent en commun leur patente, datée seulement du 30 septembre 1816, pour des mécanismes (*machinery*) applicables aux métiers à tulle uni, façon de Buckingham, déjà en usage; la première, sans contredit, des patentes anglaises relatives aux métiers où le but, la nature des produits, la constitution et le jeu des principaux organes soient, sinon très-clairement, du moins consciencieusement, décrits et exposés, en un mémoire de trente pages, grand in-8°, accompagné de dix planches du plus grand format, mémoire qui offre tous les caractères de la loyauté et de la franchise.

Le tulle dont il est question, parfaitement défini et figuré, présente, comme la dentelle de Lille, d'Arras, etc., des mailles hexagonales, dont quatre côtés seulement sont formés par le commettage à un tour et demi des fils respectifs de la chaîne avec ceux de la trame ou des bobines, les deux autres côtés étant formés de ces derniers fils simplement croisés et marchant diagonalement d'une lisière à l'autre du tissu. Or, cela a lieu ici, non comme le proposait Heathcoat dans sa patente de 1809, en faisant avancer ou reculer simultanément d'un cran ou d'une porte, tantôt de droite à gauche, tantôt de gauche à droite, la grille de guide antérieure des chariots de bobines après le passage de celle-ci au travers des fils verticaux de la chaîne, mais bien en laissant constamment immobiles ces grilles ou peignes, composés d'une double rangée de lames circulaires opposées entre elles de part et d'autre du fossé qui livre un libre passage à ces mêmes fils, et constituées chacune, non plus de deux, mais d'une seule pièce ou rang de platines montées, coulées sur une barre à plomb extrême ou extérieure parallèle au fossé; modification qui pourrait tout au plus être considérée comme un perfectionnement des idées de Heathcoat, et qu'Andrew Ure, ainsi qu'on l'a vu, a gratuitement attribuée à Morley, de Derby.

En revanche et à l'inverse, Lacy et Lindley, dans leur machine, mobilisaient les ensouples inférieures et horizontales des fils de chaîne, établies non plus sur un rouleau unique mobile transversalement, comme cela paraît avoir été tenté ou pratiqué même par d'autres auparavant pour de très-étroites bandes de tulle, mais bien sur de petits rouleaux à châssis verticaux, avec suspension de ressorts à boudins, distribués le long d'une coulisse horizontale à branches parallèles rentrantes et raccordée par des demi-cercles aux deux bouts, permettant aux roquets ensouples de contourner ces bouts arrondis et de revenir sur eux-mêmes, à la manière des fuseaux de métiers à lacets, pour former les bords extérieurs, les lisières du tissu. Là, comme je l'ai dit, les fils d'ensouples, glissant sur leurs guides parallèles et horizontaux, doivent, après avoir marché diagonalement d'un bord à l'autre de la pièce, être commis, tortillés à deux tours et demi, avec ceux des navettes ou bobines extrêmes de l'une et l'autre grille, pour retourner ensuite sur leurs pas diagonalement et symétriquement à leurs courses ou directions premières, mais en suivant le revers ou guide opposé du fossé.

Cette singulière disposition du métier à tulle n'a, je crois, nulle part, été maintenue, et l'on est revenu promptement à l'idée de faire cheminer les bobines elles-mêmes, diagonalement, d'une porte à l'autre, en déplaçant alternativement, de gauche à droite et de droite à gauche, les barres à plomb qui supportent chaque rangée antérieure ou postérieure des grilles ou guides circulaires des navettes. Le précédent mémoire de Lacy et Lindley n'en jette pas moins un certain jour sur l'état primitif des métiers à tulle-bobin, métiers auxquels ces ingénieurs paraissent, au surplus, avoir ajouté d'assez nombreux et utiles perfectionnements de détail, pour servir de type à des tentatives plus modernes et que, par ce motif, je crois devoir rapidement énumérer.

Telles sont, en particulier, les importantes modifications apportées aux bobines minces en cuivre, à gorge de poulies et freins de tension à ressorts, accouplées l'une derrière l'autre, sur des navettes ou chariots glissants, très-distincts de ceux que Brown et Heathcoat mentionnaient dans leurs patentes, et que Lacy et Lindey allongent, amincissent, de manière à en placer vingt dans l'épaisseur d'un pouce anglais, sans mettre obstacle au passage réciproque des fils entre leurs parois voisines; ce qui est un fait capital, plus difficile à réaliser qu'on ne pourrait se l'imaginer à première vue, puisque, notamment, les bobines, dont l'épaisseur atteignait à peine dès lors un millimètre, devaient être composées de trois pièces minces exactement planes et rivées entre elles contre la rondelle du centre qui leur sert d'appui ou noyau.

Telle est encore l'ingénieuse, très-simple et solide disposition des grilles circulaires de guide dont j'ai d'abord parlé, mais qui sont ici, pour la première fois je pense, précédées, en dessous, d'un double rang de peignes horizontaux, opposés de part et d'autre du fossé ou plan moyen du métier, et dont les aiguilles, montées sur des barres à plomb horizontales et parallèles, les unes à simples pointes, les autres fourchues, servent à séparer entre eux et déplacer les fils des roquets ensouples, dont la double rangée est animée, le long de leurs barres horizontales d'appui inférieur, de glissements latéraux en sens contraires, sans se nuire ou se mélanger réciproquement. D'ailleurs, par une combinaison aussi difficile à expliquer qu'à saisir, les fils de chaque rangée reçoivent de leurs couples de peignes opposés, simultanément et séparément, dans le sens longitudinal ou des barres d'appui, un mouvement alternatif d'avance et de recul équivalent à la largeur même d'une porte ou maille, et d'où résulte leur croisement répété, leur commettage réciproque avec les fils correspondants des bobines, ici simplement traversières de l'une à l'autre grilles conservant, je le répète, une position fixe.

Tels sont aussi les *loquets* ou *crampons* à lames minces, alternativement tireurs et pousseurs des navettes, lesquels de part et d'autre, quoiqu'un peu au-dessus des grilles circulaires, impriment aux bobines leur va-et-vient simultané, au travers des fils de chaîne à roquets mobiles par intermittence : ces loquets à bascules tournant sur deux barres horizontales, parallèles et extérieures au métier, reçoivent eux-mêmes l'action due au cheminement circulaire ou cylindrique de ces barres autour de l'axe horizontal supérieur où s'opère le rentrage, le resserrement des mailles, et qui est aussi l'axe central commun des deux systèmes de platines circulaires servant de guide aux navettes.

Enfin, et c'est là le point capital de la patente de Lacy et

Lindley, leur métier à tulle comporte immédiatement au-dessous de l'ensouple supérieure du tissu, c'est-à-dire au point, à l'axe même de convergence des fils de chaîne et de trame, deux barres à *pointes* ou peignes munis d'aiguilles horizontales opposées, dont les extrémités s'engagent de part et d'autre, mais alternativement, entre les mailles hexagonales déjà ébauchées par le croisement réciproque des fils, mailles non encore rapprochées ou resserrées contre le tissu. Ces barres à pointes, également conduites par le mécanisme du métier, éprouvent en effet, après avoir traversé horizontalement la rangée des mailles jointives, un relèvement vertical produisant le cueillage ou rentrage dont il s'agit, bientôt suivi d'un mouvement horizontal de recul servant à dégager les mailles rentrées, recul auquel succède immédiatement un nouvel abaissement vertical, et ainsi de suite alternativement, sur chacun des côtés du plan vertical moyen du métier ou du réseau; ce qui, disent les auteurs, avait lieu jusque-là par des mouvements transversaux obliques de chaque peigne, forcément accompagnés de glissements, d'éraillements très-dommageables à la constitution délicate d'un tissu dont le principal mérite, en effet, réside moins encore dans une extrême finesse que dans la force, la régularité et la perfection, pour ainsi dire mathématiques, des mailles.

Il ne paraît pas, au surplus, que, avant cette patente de Lacy et Lindley, Heathcoat ni aucun autre aient, sinon tenté, du moins réussi à faire marcher d'une manière entièrement automatique et continue les métiers à tulle véritablement noué ou commis (*twisted*), même dans le genre simple dont il vient d'être parlé. Or, on y parvient ici à l'aide d'un arbre de couche inférieur ou principal, faisant marcher latéralement un arbre vertical à manchon et levier d'embrayage chargé, vers le haut, d'un certain nombre de fonctions non indiquées sur les dessins; tandis que l'arbre de couche horizontal met directement en action une roue à six cames en étoiles inégalement espacées, agissant sur des galets roulants fixés à des leviers moteurs ou directeurs, véritables pédales qui, par des tringles à bascules supérieures, servent à imprimer aux divers organes du métier, munis de contre-poids ou de ressort à recul, les mouvements d'allée et de venue, verticaux, horizontaux ou rotatifs, qui conviennent à leurs fonctions multiples, si délicates, si précises, et auxquelles, par ce motif, des cames à chocs paraissaient assez peu appropriées.

L'exemple plein de franchise donné par Lacy et Lindley n'a pas tardé à être suivi par Heathcoat dans sa quatrième patente, du 1er novembre 1816, postérieure, par conséquent, de deux mois à celle de ces ingénieux mécaniciens, et contenant vingt-quatre pages de texte et trois énormes planches où l'auteur, cette fois, expose avec précision et méthode les particularités qui distinguent ses métiers à tulle, mais sans s'expliquer plus nettement sur ses droits à la priorité. A cet égard, il se contente de renvoyer à sa patente de 1809 pour ce qui concerne les principaux organes servant, au moyen des pieds et des mains, à l'ouvrier placé sur une sellette horizontale, à fabriquer le même tulle-bobin hexagonal, façon Buckinghamshire, indiqué dans les patentes de Lacy et Lindley, sans paraître, quant au fond, prétendre apporter aucunes modifications essentielles à ses précédents procédés mécaniques de fabrication, en ce qui concerne le jeu des bobines, etc. Toutefois, dans sa dernière patente, Heathcoat ajoute à sa machine de nouveaux organes propres à exécuter simultanément sur le réseau uni et régulier du tissu des dessins ou sortes de *guipures*, qu'il nomme *gimp, clothwork,* en enlaçant, à cet effet, horizontalement, verticalement et diagonalement, parmi les anciens, d'autres fils montés sur de petites ensouples inférieures à contre-poids de tension, distinctes de la grande ensouple et auxquelles correspondent verticalement d'autres tubes, d'autres cloisons ou barres de guide horizontales, en talus sur la largeur et convergeant de toutes parts vers le fossé ou plan médian du métier, où les fils brodeurs (*gimp thread*), saisis par les extrémités supérieures des peignes qui surmontent ces barres respectives à oscillations longitudinales, viennent se marier, se croiser avec ceux des bobines et des fils de la chaîne ordinaire, ceux-ci étant eux-mêmes dirigés par deux autres barres antérieures, horizontales et parallèles aux précédentes.

Le déplacement longitudinal (*shogg, shoggin*) dont il s'agit est d'ailleurs imprimé à ces différentes barres ou lames de guide minces, dans l'ordre et l'étendue d'excursion que réclament le dessin, le nombre et la succession des croisements de fils sur les côtés divers du réseau régulier, par le moyen de véritables barres de fer rondes, traversant des renforts réservés à l'extrémité des lames de guide, et dont les prolongements extérieurs au métier, glissant horizontalement entre des collets, sont conduits par un équipage de roues dentées latéral, faisant marcher, d'une part, des roues de division à crans et déclics d'arrêt, d'une autre, des roues à rosettes, selon le principe du tour à guillocher; c'est-à-dire d'après des combinaisons, quelquefois mais improprement nommées *moulins*, déjà bien connues et dont j'ai souvent parlé à l'occasion des métiers à brocher ou broder les tissus divers.

Quant aux particularités qui concernent spécialement le métier à tulle uni, et pour lesquelles Heathcoat semble, sans le dire positivement, renoncer à tout privilége exclusif dans la première partie de sa patente, elles consistent toujours dans l'emploi de navettes à bobines verticales, glissant par couples le long des intervalles vides de grilles circulaires, divisés en quatre portions distinctes, correspondant à autant de barres à plombs-supports, dont deux postérieures, comme on l'a vu, entièrement fixes et placées en arrière du fossé de passage des fils de chaîne ou de broderies, et deux, en avant du même vide, susceptibles de glisser longitudinalement sur leur siége commun, au moyen d'un levier à poignée et à ressort de recul, qui permet aux grilles correspondantes un déplacement simultané à gauche ou à droite de deux *espaces* ou *portées*, à raison de vingt au pouce, de manière à entraîner tantôt le rang simple, tantôt le rang double des navettes qui y seraient engagées avant ou après leur passage au travers des fils de chaîne et de broderie, etc.; ce qui établit une très-grande différence entre le système de Heathcoat et celui de Lindley et Lacy, où les grilles circulaires de guide des navettes restaient complétement immobiles pendant qu'on faisait, à l'inverse, ainsi que je l'ai d'abord expliqué, marcher les roquets ensouples, non probablement sans qu'il en résultât de très-grandes difficultés pour la manœuvre latérale de leurs fils, etc.

Si, outre ce qui précède, on imagine dans l'ancien métier Heathcoat les barres à plomb des grilles surmontées respectivement de quatre lames parallèles basculantes et horizontales, servant à pousser ou tirer alternativement les navettes, dont deux antérieures et deux postérieures, les unes nommées *fechters bars*, agissant en dehors des grilles circulaires, les autres, *shifting bars*, agissant à l'intérieur, vers l'intervalle qui sépare les portions accouplées des mêmes grilles; en imaginant, en outre, que ce système de grilles et de pousseurs ou tireurs, si compliqué et dont Heathcoat n'avait rien dit dans ses premières patentes, soit mis en action par des leviers à main et des bascules à pédale, d'une manœuvre successive et naturellement lente autant que pénible; en considérant finalement que la cueille, le rentrage des mailles du tissu près de l'ensouple supérieure se fait au moyen de peignes pivotants, à aiguilles droites, par conséquent d'inclinaison variable, et dont les barres à plomb soient successivement, et directement aussi, manœuvrées par les mêmes leviers, à poignées et bascules à pédales, déjà mentionnés dans les premières patentes de l'auteur, on comprendra beaucoup mieux encore l'excessive lenteur et les incertitudes d'un pareil mode ou procédé de fabrication, qui, en revanche, produisait à la fois un très-grand nombre de mailles (600 à 800) dans une même pièce de tulle ou une rangée verticale de petites bandes étroites de dentelles, fabriquées simultanément aussi, dans la largeur horizontale du métier.

D'autre part, si l'on veut bien se rappeler les difficultés inhérentes aux métiers à circulation de bobines quant à la formation des lisières aux extrémités des grilles, exigeant le retournement des navettes au moyen de mécanismes spéciaux, dont

Heathcoat cherche ici à simplifier un peu la manœuvre en la rattachant au jeu même des barres à crampons extérieurs, etc., on restera convaincu que le métier de ce célèbre ingénieur, bien que renfermant en lui-même les principaux éléments de solution, non-seulement laissait beaucoup à faire aux successeurs, sous le rapport de la facilité du jeu et de la simplicité des organes, mais aussi que Lacy et Lindley ont rendu de réels services au point de vue mécanique en tentant d'ouvrir une route plus expéditive, également originale, d'abord suivie sans aucun doute par l'industrie, mais depuis abandonnée à cause des inconvénients inhérents à la mobilité des ensouples de chaîne. Cette mobilité, en effet, ne pouvait se concilier avec l'application des dessins de broderie, tandis que la chose, comme on l'a vu, devenait très-facile dans le système des barres de guide latérales, appliquées aux fils de chaîne ou d'ensouples, et des navettes circulantes appliquées aux fils de trame ou de traverse, système adopté par leur compétiteur et prédécesseur Heathcoat, qui d'ailleurs, et sans aucun doute, aura, comme Arkwright, su mettre habilement à profit les simplifications et perfectionnements de détails que ses divers rivaux introduisirent dans ce même système, protégé jusqu'en 1824 par un privilége exclusif, du moins à l'égard des dispositions fondamentales.

§ VI. — Exposé succinct des principaux changements ou perfectionnements apportés aux métiers à tulle-bobin, à partir de 1816. — *John Heathcoat*, breveté, domicilié en France (1820) et y établissant ses deux systèmes de métiers à fabriquer le tulle uni ou brodé. — Arrivée antérieure du mécanicien *Cutts* en France (1817); son association avec MM. *Thomassin*, *Corbitt* et *Blaks*, à Douai; leur procès avec les Anglais *Bonnington*, *Webster* et *Clarke*, de Calais; perte du brevet d'importation de *Cutts* et de toute indication relative aux machines importées. — La Constituante et les anciens Parlements anglais. — MM. *Chauvel-Joua* et *John Leavers*, au Grand-Couronne, près Rouen; le vrai *Levers* (*John*), fabricant patenté pour des métiers à tulle, en Angleterre.

Au nombre des perfectionnements divers qu'ont subis les premiers métiers à tulle-bobin, je citerai succinctement et sans remonter aux sources : 1° le système mécanique de serrage ou rentrage supérieur, à l'aide des barres à pointes croisées, basculantes et soulevantes, dû à Lacy et Lindley; 2° la réduction à deux des grilles circulaires et de leurs barres à plomb, l'une antérieure, mobile latéralement d'une porte, l'autre postérieure, fixe dans le propre système de Heathcoat, mais rendue ensuite mobile comme la première pour accroître et faciliter les combinaisons; 3° l'emploi de chasses ou pousse-navettes de plus en plus simples, à mouvements alternatifs, fixés à l'extrémité de pièces pivotantes conjuguées entre elles ou agissant isolément de part et d'autre du plan vertical et central du métier, les unes au-dessus des grilles circulaires (*pushers*) extérieures aux navettes, les autres en dessous, véritables loquets tournants (*lockers*), entraînant les becs arrondis ou saillies extrêmes, réservés à la partie inférieure des navettes; 4° la substitution à ces derniers systèmes des rouleaux ou secteurs dentés (*roller locker*), à crémaillères cylindriques, et dont le mécanisme, plus simple, s'accommodait beaucoup mieux aux fonctions automatiques des récents et ingénieux métiers connus sous le nom de *Levers*, métiers dont il sera question plus loin, et dans lesquels on a religieusement conservé le système opposé des peignes rentreurs ou serreurs de Lacy et Lindley, qui remplissent véritablement ici la fonction du *peigne batteur* des métiers à tisser; 5° l'amincissement des barres horizontales de guide ou de tirage latéral des fils tisseurs et brodeurs (*guid bars*), barres déjà employées par Heathcoat, mais ici munies de trous ou de crochets porte-fils (*catch bars*), et auxquelles on a joint d'autres simplifications ou combinaisons de moulins, de roues à crans et à rosettes pour varier les dessins, etc.

Quelques-uns de ces importants perfectionnements s'aperçoivent déjà dans le brevet pris en France le 8 mai 1820 par l'infatigable John Heathcoat même, alors établi à Tiverton, dans le Devonshire, mais faisant élection de domicile à Paris[1],

[1] Ancienne *Collection des brevets expirés*, t. XXXII, p. 179 à 225, pl. 29, 30, 31, 32, 33 et 34.

puis subséquemment, dit-on, à Saint-Quentin (1827), où il établit une fabrique de tulle-bobin, en concurrence avec celles des riches cités manufacturières de Rouen (le Grand-Couronne), de Calais, de Douai, de Lyon, etc. Ce brevet, comprenant 45 pages in-4° et 6 planches à très-petite échelle, remplit, en effet, une lacune importante qui se remarque de 1816 à 1824 dans les patentes anglaises appartenant à cette catégorie de machines : une analyse exacte de son contenu serait très-propre à donner une idée de l'état où se trouvait vers 1820 cette admirable industrie, au point de vue des dispositions mécaniques.

L'espace et le temps me faisant également défaut, je me bornerai à rappeler que l'intéressant mémoire de Heathcoat, très-clairement rédigé en français, a tout à la fois pour objet les métiers à main et à marche, destinés à la fabrication du tulle-bobin, et les métiers rotatifs, c'est-à-dire marchant par des moyens purement automatiques; tous destinés à produire sur le réseau uni du tulle divers dessins par les mêmes barres de guide horizontales, les mêmes roues excentriques, cames et rosettes, déjà mentionnées dans la patente de l'auteur de 1816, mais qu'on retrouve ici grandement perfectionnées, simplifiées, allégées, etc.

J'insisterai plus particulièrement sur ce fait, cité par le célèbre ingénieur de Tiverton dans les préliminaires du brevet en question, qu'un constructeur anglais, du nom de *Cutts*, l'avait précédé en France dans l'établissement de machines de cette espèce, mais n'offrant de ressemblance avec les siennes qu'à l'égard des principes ou des organes qui agissent immédiatement sur les fils pour les croiser, les tortiller réciproquement et diagonalement. Cette citation, sans commentaires, nous met, en effet, sur la voie des circonstances qui ont accompagné l'importation des machines anglaises dans notre pays, à une époque très-voisine de celle du rétablissement général de la paix en Europe.

Sans aucun doute, le mécanicien Cutts dont parle Heathcoat est le même qui, le 15 novembre 1817, s'associa avec

MM. Thomassin, Corbitt et Blaks, de Douai, pour la prise d'un brevet d'importation de dix ans concernant une *mécanique à l'aide de laquelle on peut fabriquer les tulles de fils de lin, de coton et points de dentelle de toute largeur;* brevet dont la demande d'inscription, sinon le dépôt à la préfecture du département du Nord, remonte, le croirait-on, au 14 août 1816, c'est-à-dire à une époque antérieure de quinze mois à sa délivrance. Ce brevet, chose plus surprenante et plus regrettable encore, bien que catalogué, n'a jamais été publié en France[1]; il a même disparu complétement des archives du ministère du commerce, par des causes aujourd'hui difficiles à apprécier, mais qui témoignent hautement de la négligence des importateurs, et peut-être aussi de l'indifférence de l'Administration d'alors pour l'expédition de semblables affaires, d'autant plus importantes cependant qu'elles sont parfois l'origine de procès ruineux, scandaleux même, plaidés devant des tribunaux généralement incompétents, par des avocats souvent distraits et peu mécaniciens, assistés d'experts non toujours suffisamment éclairés ou désintéressés.

C'est ce qui est arrivé notoirement à l'égard du brevet cité de Cutts et consorts, attaqué en déchéance, le 6 avril 1818, devant le tribunal de Douai, par les Anglais Bonnington, Webster et Clarke, qui dès avril 1817 avaient introduit à Calais un métier à tulle-bobin ou chaîne traversière (*traverse-warp*) fonctionnant, mais dont la constitution paraît entièrement inconnue, quoique la sentence arbitrale du tribunal de Douai, confirmée en janvier 1820 par celle du tribunal d'appel de Boulogne, ait, à tort ou à raison, confondu la machine à tulle (*pusher*) de Bonnington, Webster, etc., avec celle de Cutts : ce dernier, d'après la citation de Heathcoat, devant être considéré non plus comme un simple importateur, imitateur ou copiste des métiers alors existants en Angleterre, où d'ailleurs

[1] Un modèle de la machine, assure-t-on, aurait été déposé vers la même époque, par M. Thomassin, à la Collection des arts et métiers de Paris, qui, je crois, n'en conserve aucune trace.

il ne fut jamais patenté, mais bien comme un véritable mécanicien, sinon inventeur, du moins perfectionneur de quelque système à mouvement rotatif ou continu.

La demande du brevet de Cutts remontant au mois d'août 1816, antérieur par conséquent aux dernières patentes de Lacy, Lindley et Heathcoat, semblerait en fournir la preuve, et l'on conçoit combien la perte de semblables documents, ou la négligence qu'on met à les faire rentrer aux archives et à en ordonner, hâter la publication, est fâcheuse au point de vue du développement des industries mécaniques ou manufacturières. Car, selon le vœu formel de la loi de 1791, constitutive des brevets, cette publication ne doit pas être profitable seulement aux intérêts d'une ville ou d'un département, mais bien à la France et pour ainsi dire à l'humanité tout entière, d'après un sentiment de philanthropie universelle digne de notre première Assemblée constituante, et dont le royaume-uni de la Grande-Bretagne vient un peu tardivement de se faire l'interprète en 1851, après avoir pris, il est vrai, il y a tantôt deux siècles et demi écoulés, l'initiative d'un enregistrement des patentes anglaises, légal et officiel sans doute, à la rigueur même suffisant pour garantir les droits des inventeurs dans ce royaume, mais jusque-là demeuré sans profits appréciables pour les autres pays, puisque les recueils périodiques anglais, d'ailleurs très-estimables au point de vue historique, n'en contenaient que des résumés insuffisants et trop souvent rédigés en vue de spéculations de librairie ou commerciales.

Renonçant malgré moi, et par la force des choses, à une enquête et à des éclaircissements historiques qu'il serait si facile de poursuivre sur place, en sortant du vague des idées où se complaisent malheureusement les rapporteurs, rédacteurs d'articles ou historiens intéressés des industries mécaniques, je me bornerai à une indication succincte des principales phases qu'a subies chez nous l'introduction des métiers anglais à fabriquer le tulle-bobin.

D'abord je citerai un certain M. Chauvel-Joua, du Grand-Couronne, près Rouen, mentionné avec de grands éloges par notre Société d'encouragement [1] pour avoir établi, avec l'aide d'ouvriers et d'un très-habile fabricant de tulle venu d'Angleterre, mais dont le nom n'est point indiqué, deux premiers métiers, fonctionnant dès septembre 1821, et particulièrement destinés à la production des tulles en coton, unis ou brodés à la main; puis deux autres métiers propres à confectionner les tulles *mechelin* et le picot, les plus chers de tous, dit-on, sans pareillement indiquer la nature et l'origine de ces métiers, etc.; le rédacteur de l'article se contentant d'avertir qu'ils employaient des fils du *numéro 190, à deux bouts, provenant de filatures françaises,* et qu'ils étaient beaucoup plus compliqués, plus coûteux que les métiers français à tulle de soie; ce qui nous renseigne fort peu, comme on voit, sur les particularités mécaniques des mêmes métiers, qu'il importerait surtout de connaître pour apprécier l'état où se trouvait alors une aussi importante branche d'industrie mécanique chez nos voisins.

Ces métiers, dont on fait un si grand éloge, ont-ils simplement été construits en Angleterre d'après l'un des deux systèmes décrits dans le brevet pris en France par John Heathcoat le 8 mai 1820, ou bien auraient-ils été établis dans un système propre au manufacturier anglais dont l'article précité a tu le nom, et qui, présenté comme effectivement capable d'y réussir, aurait prétendu échapper aux effets de la loi qui protégeait les découvertes de Heathcoat jusqu'en France? Voilà ce qu'il ne m'est pas permis encore de décider, dans l'impossibilité où je suis d'ouvrir une enquête rigoureuse à Rouen ou au Grand-Couronne.

Le constructeur, le monteur anonyme de ces métiers anglais serait-il, enfin, le même que le mécanicien Leavers (John) établi dans cette dernière localité, et qui, associé à un sieur Erckmann, de Rouen, aurait pris, un peu tardivement peut-être (16 juin 1835), un brevet d'importation de cinq ans, déchu par ordonnance royale du 25 mars 1838 [2], et ren-

[1] *Bulletin*, t. XX (1821), p. 254, séance du 3 octobre 1821.

[2] *Brevets expirés*, t. XXXVI, p. 255, pl. 28.

fermant la description écourtée de perfectionnements apportés aux métiers à tulle-bobin en vue de fabriquer mécaniquement un certain tulle à maille de blonde en soie, etc.? C'est fort possible; mais alors qu'on m'explique comment tant de gens habiles, et qu'on devrait croire parfaitement informés, ont confondu ce *Leavers*, récemment décédé, dit-on, au Grand-Couronne, et dont le nom ne figure sur aucun catalogue de patentes anglaises, avec un autre mécanicien de Nottingham beaucoup plus fécond, et à juste titre très-célèbre, du nom de *John Levers*, lequel, en mars et décembre 1828, juin 1830 et février 1835, prit, comme inventeur, en Angleterre et, en septembre 1829, comme importateur en France, plusieurs patentes ou brevets ayant pour principal caractère de grandes simplifications apportées à la partie automatique du mécanisme des métiers à doubles grilles circulaires mobiles de Heathcoat. Déjà, en effet, à compter de 1824, où expirait en Angleterre la patente délivrée en 1809 à ce dernier ingénieur, de nombreux compétiteurs s'étaient à l'envi empressés de solliciter une série d'autres patentes pour des perfectionnements plus ou moins heureux, plus ou moins importants, spécialement appropriés à la fabrication de certaines pièces de tulle, qui ne se distinguaient guère entre elles que par l'addition d'ornements d'un genre particulier et jusque-là fort restreints, tels que picots, pois, mouches, etc. Car, si je ne me trompe, malgré les heureuses découvertes de Heathcoat, on avait imparfaitement réussi avant 1830 à imiter les broderies à la main et à l'aiguille sur le tulle uni fabriqué dans ce genre de métier, ou adaptées, après coup, aux plus fins et plus riches tissus, sous le nom d'*applications d'Angleterre* et de *Bruxelles*.

On n'était, je crois, guère plus en mesure d'imiter les mats et entoilages de fleurs avant l'époque de 1835 à 1838, où, en multipliant, allégissant, supprimant même entièrement certaines barres de guide des fils, à trous ou crochets, que remplaçaient de simples cordons, on parvint à les faire mouvoir dans un ordre arbitraire ou électif, au moyen de cylindres, de prismes, de chaînes à plaques trouées d'un genre plus ou moins analogue à ceux qu'on devait à Falcon, à Vaucanson ou à Jacquart.

§ VII. — Éclaircissements concernant les travaux mécaniques des célèbres ingénieurs *John Levers*, *William Crofts*, *John Heathcoat*, etc. à propos d'écrits erronés divers. — La notice de M. *Armengaud* sur les métiers à tulle-bobin, à propos de celui de M. *Keenan*, de Paris. — MM. *Draper*, *Wright*, *Hind* et *Jourdan*, *Champallier*, etc. auteurs supposés de l'application des cartons jacquart aux métiers à tulle-bobin. — MM. *Birkin*, *Ball* et *Dannicliff*, *Sewell*, *Burton*, *Hudson* et *Bottom*, représentant les fabricants anglais de métiers à tulle, à l'Exposition de Londres; M. *Martin*, de Saint-Pierre-lez-Calais, représentant ceux de la France.

La confusion qui s'est introduite dans la classification des différents systèmes de métiers à tulle, dans la dénomination de chaque genre de produits et dans la désignation des principaux inventeurs ou auteurs de perfectionnements, enfin la multiplicité même des brevets ou patentes, accordés fort souvent à de très-insignifiants, à de très-minimes détails ou changements apportés aux précédentes machines, cette confusion, cette obscurité, parfois calculées et volontaires, ne sont pas propres à encourager l'étude de cette branche, pourtant si importante, des industries de luxe; d'autant que les mots *pusher, roller, catch bar, combs bar, circulaires*, etc. mal à propos francisés et appliqués à des organes prétendus nouveaux, mais qui datent, en réalité, du commencement de ce siècle, ont souvent, par leur sens mal interprété ou défini, induit en erreur les personnes les mieux éclairées, comme on peut le voir notamment à l'article déjà cité du XXIXe volume (p. 209) du *Bulletin de la Société d'encouragement*, dans le Dictionnaire anglais du docteur Ure (p. 733), enfin dans le bizarre *Traité* anglais *sur l'art du tissage*, par Gilroy, qui, tout en répétant quelques-unes des erreurs d'Ure relatives à Morley et au prétendu John Leavers (ici de New-Radford), fait le plus grand éloge de William Crofts, comme inventeur des doubles loquets tournants (*double lockers*), propres à conduire en dessous les traîneaux ou chariots, munis, à cet effet, d'oreilles ou crochets à leurs extrémités inférieures [1].

[1] Voyez les pages 275 à 288 de l'ouvrage cité de Gilroy, qui confond toutes les dates ou plutôt n'en cite aucune. Comme le montre le catalogue des patentes anglaises, William Crofts, d'abord établi à Lenton, près de Nottingham, n'est apparu que dans l'intervalle de 1832 à 1846, où il se trouve vingt fois inscrit sur la liste des patentés, pour des perfectionnements divers apportés aux métiers à tulle-bobin, dont on trouvera les premiers décrits aux pages 22 et 28, planche 2, du *London journal of arts* (vol. VIII, *conjoined series*, 1836). Dans ces patentes, des 23 février et 18 décembre 1832, William Crofts cite également le principe des grilles circulaires, attribué, dit-il, à Morley par le *commerce;* enfin on rencontre aussi, dans une note de la page 23 de ce recueil, le nom de Levers appliqué à une catégorie particulière de machines où les lisières du tulle étaient exécutées avec une grande perfection.

Je ne cite pas un autre extrait des patentes de Crofts (p. 265 à 294, pl. 9 et 10, même volume) où ce constructeur de machines décrit, avec un soin tout particulier, les perfectionnements divers qu'il a apportés au métier *Levers*, à rouleaux dentelés et porte-bobines à crémaillère, pour y fabriquer par procédés automatiques certains tulles-bobins, ornés ou figurés diversement, à l'aide de barres de guide et de roues à crans, à guillochis latérales; combinaisons, on se le rappelle, déjà appliquées au métier à tulle par Heathcoat, et nommées improprement *moulins*, en France.

Enfin on trouvera à la page 99, planche 3, du même volume un article relatif à l'application de rouleaux dentés ou crénelés (*fluted rollers*) au mouvement des chariots à bobines, par John Levers (et non Leavers, comme le veut Gilroy aux pages citées de son ouvrage), effectivement constructeur de machines à New-Radford, comté de Nottingham : ces rouleaux sont décrits dans une patente du 27 février 1835, qu'avaient précédée, comme on l'a vu, deux autres patentes, des 3 mars et 18 décembre 1828, du même John Levers, alors domicilié à Nottingham. D'un autre côté, ces dernières patentes, dont on trouve également des extraits fort écourtés à la page 185, planche 8, et page 261, planche 10, du tome V du *Mechanic's magazine*, concernent positivement une machine où la traversée des bobines s'effectue par des oscillations transversales imprimées à un secteur et à des rouleaux dentés conduits, ainsi que les barres à pointes de rentrage des mailles, au moyen de bielles verticales à leviers horizontaux, poussées par les grandes excentriques triangulaires et arrondies d'un arbre de couche inférieur.

Au surplus, Levers se servant lui-même et sans avertissement préalable, dans la seconde de ces patentes, des épithètes de *Lever's machine, Lever's principle*, on comprend comment la confusion dont il a été parlé a pu s'in-

C'est plus particulièrement au docteur Ure qu'on doit attribuer la confusion qui s'est introduite dans l'histoire du métier à tulle-bobin relativement à l'existence en Angleterre de ce *John*, ici *Leaver*, à qui il accorde, vers 1812, comme on l'a vu, la découverte de la *machine à leviers* (*lever machine*), en voulant ainsi, sans nul doute, distinguer le nom de l'inventeur de celui de l'objet inventé; erreur trop répandue aujourd'hui, et contre laquelle M. Armengaud aîné a su se prémunir dans le tome VIII (p. 355) de son intéressante *Publication industrielle*, où l'on trouve pour la première fois, si je ne me trompe, une intelligente et claire notice sur les métiers anglais à tulle-bobin, à l'occasion d'une machine de ce genre qui, employée par M. Keenan, négociant manufacturier à Paris[1], a spécialement

troduire dans des ouvrages de technologie anglais aussi peu sérieux que ceux d'Andrew Ure et de Gilroy, qui, sans doute, n'avaient pour se conduire que les insuffisants écrits que je viens de citer, et dans lesquels, chose à noter au point de vue historique, John Levers (p. 264) fait également remonter à Dawson les roues à crans ou moulins qui servent à donner latéralement le va-et-vient aux barres de guide des fils de chaîne et aux barres à grilles des chariots de bobines.

[1] On trouve dans le tome LXVI, page 67, planche 7, de la *Collection des brevets expirés*, sous le nom de Keenan (James), alors domicilié à Caen, un brevet d'invention où, en citant les métiers prétendus *Leavers*, à dix pointes par 25 millimètres seulement, on a pour principal but de perfectionner ces métiers, en immobilisant les deux barres à grilles, supprimant les tourniquets de lisières (*turn-again*), doublant le nombre des fils d'ensouples et des barres de guide à crochets (*catch bars*), afin d'imiter la dentelle de Malines par le tulle-tresse (*plat-net*); tout cela au moyen de roues à crans ou rosettes convenablement taillées et appropriées. Ce même brevet d'invention, daté du 28 septembre 1842, me semble, au surplus, offrir une grande analogie de but ou d'intention avec celui, antérieur (23 avril 1842), du sieur Kirk (Daniel), également domicilié à Caen, pour des perfectionnements appliqués au métier *Warp* ou *Mechlin*, sans doute quelque ancien métier anglais à chaîne non autrement désigné, mais où l'on se propose pareillement de fabriquer une sorte de *valenciennes* ou tulle en bandes, à l'aide d'autres moulins, d'autres roues à crans différemment taillées, etc., mais qui, à cela près, ne paraissent offrir rien de particulier (*Collection ancienne des brevets*, t. LV, p. 276).

On trouvera enfin, à la page 393 de ce dernier volume, un brevet d'importation de 15 ans pris, le 17 décembre 1829, par le sieur Newton pour objet la fabrication du tulle à réseau quadrillé, tressé et à jours de formes diverses, obtenus par l'application d'une jacquart, qui, au lieu d'être établie latéralement et à hauteur d'appui, selon l'usage aujourd'hui assez général en France et en Angleterre, est disposée verticalement au-dessus de la machine marchant par rotation, au moyen de cames, d'ondes continues et de différentes formes, telles qu'en avaient, d'ailleurs, déjà mis en usage, en 1820, Heathcoat et, en 1828, John Levers; le nouveau métier comportant au surplus, vers la partie inférieure, un double cantre, muni de cannettes portant les fils de chaîne directement soumis à l'action des cordes d'arcades et des crochets de la jacquart, occupant, comme je l'ai dit, le haut du métier.

En renvoyant à l'excellente publication de M. Armengaud pour quelques développements ou renseignements historiques qui peuvent éclairer l'état présent de cette branche d'industrie

(William), de Londres, qui propose un nouveau système rotatif applicable au métier fondé sur le principe soi-disant encore de *Leavers;* mais ici ce nom erroné paraît bien introduit par le fait même de la personne chargée de l'impression des brevets déjà expirés. Car, ou je me trompe grossièrement, ou ce brevet est la traduction plus ou moins écourtée de la patente anglaise de *Levers,* la même qui a paru, presque mot pour mot et avec de certaines additions, à la page 379 du tome XXIX, déjà cité, du *Bulletin de la Société d'encouragement,* un mois, chose digne de remarque, avant son enregistrement aux archives des brevets. Au surplus, on y voit encore apparaître (p. 395) les roues à la *Dawson,* pour donner latéralement l'impulsion aux barres de guide; et ce mécanicien est le même, sans nul doute, qui, sous le prénom de *William,* se fit délivrer la patente du 16 juillet 1791, dont j'ai déjà parlé, pour un métier à tulle noué, tordu, imitant la dentelle au fuseau, dès lors nommé *bobbin-lace,* bien que ce métier, comme on l'a vu, ne renferme, au fond, rien qui ait rapport au système postérieur des navettes à bobines traversières de Heathcoat.

En insistant autant que je le fais ici et que je l'ai déjà fait dans le texte ou la note précédente sur les particularités historiques qui concernent le métier *Levers,* j'ai prétendu me justifier d'un excès de sévérité envers les écrivains technologues, les patentés ou brevetés et les industriels plus ou moins bien renseignés, plus ou moins intéressés à obscurcir la vérité, en confondant les noms, les lieux ou les dates, mais surtout en exaltant les plagiaires et les copistes au détriment des vrais inventeurs.

mécanique dans notre propre pays, je dois pourtant faire observer que les rapprochements établis entre les machines lyonnaises et celles que l'on doit particulièrement à la cité de Nottingham ou mieux à Heathcoat (et non *Heathcoath*), de Tiverton, ne sont pas entièrement fondés en principe. J'ajouterai que l'auteur paraît aussi à tort supposer que les travaux du véritable Levers sont antérieurs à ceux du même Heathcoat, son prédécesseur de près de vingt années. J'exprimerai enfin le regret que M. Armengaud, en fouillant plus avant dans les archives des brevets français ou des patentes anglaises, n'ait pas jugé à propos de nous donner quelques éclaircissements sur la première application des cartons troués aux métiers à tulle-bobin, que certaines personnes veulent absolument attribuer à M. Draper (Samuel), mécanicien dont le nom figure, il est vrai, plusieurs fois sur le catalogue des patentes anglaises (1834, 1835, 1837 et 1840) pour des inventions relatives à l'ornementation de ce genre de tulle, mais non pas, ce semble, pour des additions proprement dites aux machines; ce que, d'habitude, les titres inscrits au catalogue officiel des patentes anglaises ne manquent guère de spécifier d'une manière plus ou moins explicite.

Quant au nom de M. Wright, également mis en avant par quelques personnes pour l'initiative dans cette application particulière de la jacquart, je ne l'aperçois nulle part sur la liste des patentes relatives aux métiers à tulle-bobin; mais je ne saurais en dire autant de deux autres industriels dont les noms ont été souvent mentionnés à ce sujet, soit en Angleterre, soit en France. D'une part, M. Jourdan (Th.), de Cambrai, a pris, le 20 juillet 1838, dans notre pays un brevet fort laconique, écourté peut-être à l'impression[1], et offrant tous les caractères d'un simple projet, non encore exécuté ou mûri dans ses diverses parties, mais où l'on remarque cependant un prisme troué ou cylindre jacquart placé horizontalement au bout de la machine et agissant sur les chariots à bobines par l'inter-

[1] Ancienne *Collection*, t. L, p. 248.

médiaire d'un système de leviers coudés et à bascule, dont l'exposition est tout à fait insuffisante.

D'autre part, dans des brevets d'importation de quinze ans du 27 mai 1835 et du 28 septembre 1836[1], par conséquent antérieurs de beaucoup au précédent, et qui joignent au caractère de la véracité et de l'originalité celui de l'expérience, M. Hind (John), de Nottingham, a présenté un système complet de cylindre jacquart intérieur à la machine, déterminant pareillement, au moyen de leviers et de bascules mis diversement en action par des arbres à cames, la marche des chariots à bobines, ici à doubles rangs placés l'un au-dessus de l'autre, et celle des barres à cueillir, à pointes, à crochets guides, etc., principalement disposés (dit l'auteur) d'après le système attribué à *Morley* dans l'industrie, sauf, sans doute, que l'on n'y employait pas un double équipage de grilles circulaires et de bobines étagées les unes au-dessus des autres en vue d'augmenter le nombre des rangées verticales de fils, d'une catégorie nouvelle, que Hind[2] nomme fils à *lacets* ou *additionnels*, et qu'il destine spécialement à la broderie des tulles unis ou façonnés. Resterait à examiner quels sont les améliorations ou changements divers apportés depuis 1835 ou 1836 à ces mêmes idées, qui paraissent tout aussi pratiques qu'originales; mais c'est là une tâche longue et épineuse que je me garderai bien d'entreprendre.

Qu'il suffise ici de remarquer que l'idée de substituer des cartons troués et repousseurs aux moulins à crans, aux rosettes, aux cylindres d'orgues, etc. dans les métiers à tulle-bobin, ne saurait par elle-même constituer aucun mérite ou

[1] Ancienne *Collection*, t. LXXIV, p. 137 à 164, pl. 4, 5 et 6.

[2] Les brevets d'importation et d'addition de M. Hind, écrits avec beaucoup de clarté et de franchise, composent 28 pages de texte et 3 planches gravées; mais cela ne suffit pas pour convaincre que cet industriel soit l'auteur original des perfectionnements qui s'y trouvent indiqués, attendu, d'une part, qu'ils portent le titre d'*importation* et non simplement d'*invention*, et, d'une autre, qu'on ne trouve dans les catalogues anglais aucune patente sous le nom de *John Hind* pour des métiers à tulle.

privilége spécial, pas plus à M. Hind qu'à MM. Calas et Delompnès, qu'à M. Grégoiré de Nîmes ou à d'autres; toute la difficulté consistant dans le mode même de solution, de réalisation ou d'application de cette idée à chaque cas spécial, pour si simple et si profitable qu'elle paraisse au premier aperçu. A cet égard, les droits de M. Hind sont d'autant plus incontestables, que, privilégiés en Angleterre comme en France, ils ont été cédés par lui dans ce dernier pays à MM. Champallier, Pearson [1] et Needham, qui les exploitèrent, dit-on, fructueusement dans Saint-Pierre-lez-Calais à partir de 1836 ou 1838, c'est-à-dire l'année même où M. Jourdan, de Cambrai, prenait en France le brevet d'invention dont il a été ci-dessus parlé.

Toutefois, il ne faut pas oublier que, dans ces applications diverses de la jacquart au tulle-bobin, on s'est, d'après l'exemple des fabricants lyonnais, entièrement affranchi de la difficulté inhérente à la marche diagonale et tournante des fils de trame ou de bobines, ainsi qu'à quelques autres particularités de la fabrication du vrai réseau de dentelle, en immobilisant, à cet effet, les deux grilles et en se contentant de croiser, commettre les fils de deux en deux ou de trois en trois au plus, de manière néanmoins à lier entre elles toutes les parties du réseau quadrillé. Ce système, dans lequel les bobines porte-trame ne sont plus que simplement traversières de part et d'autre du fossé, rappelle en quelques points celui de Lacy et Lindley, sauf encore qu'il n'y a plus d'ensouples mobiles d'une lisière à l'autre du tissu, et qu'on se sert,

[1] M. Pearson (Frédéric), à Calais, est lui-même l'auteur d'un brevet d'importation, du 8 juin 1840, pour l'application du métier à tulle-bobin à l'imitation de la *valenciennes*, par un système Jacquart différent de celui de M. Hind, et dont le prisme repousseur à balancier agit du dehors directement sur des lames horizontales minces dont les becs inférieurs sont conduits par des mentonnets liés à un système articulé spécial; les extrémités intérieures, ou opposées au prisme, des mêmes lames ayant simplement pour objet de produire l'écart ou l'échappée de certains fils verticaux d'une ensouple dont le nombre des fils de chaîne est doublé pour les entoilages (ancienne *Collection*, t. LXXIII, p. 29, pl. 5).

avec Heathcoat, de barres de guide horizontales, de roues à crans et à rosettes diversement tracées, roues auxquelles MM. Hind, Pearson, Champallier, Jourdan, etc., ont joint, d'après l'exemple anglais, le mécanisme à cylindre jacquart pour produire le déplacement transversal ou latéral des fils de chaîne ou ensouples dans la confection des tulles en coton imitant plus ou moins bien les malines, les valenciennes, etc., mais variés à l'infini, selon le goût et les caprices de la mode conciliables avec l'extrême bon marché.

D'après l'étendue involontairement accordée à la discussion des titres des inventeurs du métier à tulle, on ne doit pas s'attendre à ce que j'entre ici dans de nouveaux détails au sujet des admirables machines automatiques présentées en 1851, à l'Exposition de Londres, par MM. Birkin, patenté, d'une part, Ball et Dunnicliff, de l'autre, enfin par M. Sewell, l'un des membres du VIe Jury, qui, aux mêmes titres que ses compétiteurs et aussi comme fabricant patenté, aurait mérité une médaille de 1re classe, s'il n'avait dû se récuser, en sa qualité de juge. Je me bornerai à rappeler succinctement que toutes ces machines, admirablement exécutées en fer, fonctionnaient constamment et régulièrement sous les yeux du public; que celle de M. Birkin, à un rang de bobines et construite d'après le système Levers, avec application d'une jacquart simple à l'un des bouts, était employée à la fabrication simultanée de 30 à 40 bandes de tulle brodé; que celle de M. Sewell, à double rang de bobines, d'après le système des rouleaux dentés à double loquet de Crofts, était employée à la fabrication du tulle uni de Bruxelles; qu'enfin le métier de MM. Ball, Dunnicliff et Cie constituait un métier de tulle à chaîne, dans le genre de ceux de la ville de Lyon, marchant avec une grande douceur, pour fabriquer de la blonde ou tulle de soie ordinaire.

En citant encore, avec le rapporteur anglais du VIe Jury, les machines à flamber et apprêter le tulle, par MM. Burton, Hudson et Bottom, je saisirai l'occasion de rappeler que le sieur Martin, de Calais, à qui le même Jury a accordé une médaille de 2e classe, pour un mécanisme servant à substituer le papier continu aux cartons-chaînes de Jacquart, appartient à double titre à l'industrie qui nous occupe, en raison des services qu'il rend journellement à Saint-Pierre-lez-Calais dans la délicate construction des grands métiers à tulle. Car cette industrieuse annexe, ce faubourg, pour mieux dire, de l'une de nos plus intéressantes villes maritimes, où se concentrent, en très-majeure partie, les 600 ou 700 métiers quelquefois exclusivement attribués à la ville même de Calais, s'est posé depuis nombre d'années comme rival de la riche cité de Nottingham, à laquelle il ne lui reste plus rien à envier au point de vue mécanique, si ce n'est peut-être sous le rapport de ces merveilleuses bobines dont l'épaisseur a été réduite, pour ainsi dire, à celle d'une mince feuille de papier, et qui du diamètre d'une ancienne pièce de 5 francs, qu'elles avaient encore en 1825, lorsque Heathcoat s'occupait à en perfectionner la fabrication[1], ont aujourd'hui acquis un diamètre presque double, de manière à contenir par-là même un développement au moins quadruple du fil de coton, excessivement fin, qui s'y enroule et s'y superpose en une infinité de spires, après avoir été enlevé aux bobinettes étagées d'un ingénieux cantre à chariot.

Remarquons d'ailleurs, en terminant, que les machines à bandes multiples en imitation de dentelle ornée, mais d'une combinaison déjà fort ancienne, exposées à Londres par M. Birkin comme un véritable progrès, et qui y furent réelle-

[1] *London journal of arts*, juillet 1825, p. 17. C'est à des bobines de cette espèce que M. Biwer, de Paris, avait, en 1824, appliqué de très-ingénieux procédés de fabrication, où les rivets qui maintiennent réunis les disques excessivement minces de la bobine ou poulie contre la plaque constituant le fond ou la gorge avaient été complétement supprimés, non, il est vrai, sans rencontrer dans l'exécution des difficultés devenues invincibles quand on fut parvenu, dans les métiers Levers, à porter jusqu'à près de moitié en plus le diamètre de ces mêmes bobines. Pour la confection de ces bobines, fondues dans une seule pièce de cuivre laminé, M. Biwer avait mis en usage un système d'outils à laminoir conique, dont on lira avec intérêt la description à la page 687 du tome L du *Bulletin de la Société d'encouragement*.

ment admirées comme telles par bien des personnes, ne pouvaient rien apprendre à nos industriels sur les récentes tentatives faites à Nottingham pour parvenir mécaniquement à entourer les dessins de broderies sur tulle d'un gros fil, jusque-là encore appliqué, après coup, à la main. Ces procédés intéressants furent, en effet, soigneusement cachés à nos artistes et ouvriers visiteurs, qui ne trouvèrent que fort peu à emprunter à l'Exposition anglaise, si l'on en juge d'après les merveilleux produits, en imitation de valenciennes ou tulle à tresse, présentés à cette même Exposition par MM. Mallet frères, de Calais; produits qu'ils avaient obtenus de l'application de la jacquart à des métiers portant, non plus 3,000, mais 4,800 bobines, non plus 3,000 fils de chaîne, mais 9,600, à la vérité en plusieurs rangées verticales; métiers à l'aide desquels ils purent exécuter des entoilages sur des bandes de tulle à mailles quadrillées, d'une finesse et d'une précision vraiment hors de toute comparaison avec les produits similaires de l'Exposition anglaise.

RÉCOMPENSES

ACCORDÉES AUX EXPOSANTS DE LA VIe CLASSE À L'EXPOSITION UNIVERSELLE DE LONDRES[1].

MÉDAILLES DU CONSEIL.

BARLOW (A.)...........	Royaume-Uni..	Métier jacquart à double action.
CAIL et Cie.............	France.......	Appareil à cuire les sirops dans le vide.
DICK (D.)..............	États-Unis....	Outils et presses sans frottement.
DONISTHORPE (G.-C.)....	Royaume-Uni..	Machine à peigner la laine.
DONKIN (B.) et Cie......	Royaume-Uni..	Machine à fabriquer le papier.
FAIRBAIRN (W.) et fils...	Royaume-Uni..	Machine à river et moulin à blé.
HECKMANN (C.).........	Prusse........	Appareil à cuire les sirops dans le vide.
HERMANN (G.)..........	France.......	Machine à fabriquer le chocolat.
HIBBERT, PLATT et fils...	Royaume-Uni..	Machine à préparer et filer le coton.
HICK (B.) et fils........	Royaume-Uni..	Rouages, machine radiale et forge portative.
KRUPP (F.)............	Prusse........	Cylindres lamineurs en acier.
LAWSON (S.) et fils......	Royaume-Uni..	Machine à préparer et filer le chanvre.
MASON (J.)............	Royaume-Uni..	Machine pour le coton et la laine.
MAUDSLAY fils et FIELD...	Royaume-Uni..	Presse à coin monétaire.
MERCIER (A.) et Cie.....	France.......	Machine à préparer et filer la laine.
NASMYTH (J.)..........	Royaume-Uni..	Marteaux à pilons et à vapeur.
PARKER (C.-E.) et Cie...	Royaume-Uni..	Métier à tisser les toiles à voiles.
PONTIFEX et WOOD......	Royaume-Uni..	Appareil à cuire les sirops dans le vide.
REED (T.-S.) et Cie.....	Royaume-Uni..	Métier à tisser les franges.
RISLER (G.-A.).........	France.......	Épurateur pour le coton.
SHARP frères et Cie......	Royaume-Uni..	Machines-outils et de filature.
UHLHORN (H.).........	Prusse........	Presse à coin.
WHITWORTH (J.) et Cie..	Royaume-Uni..	Machines-outils, mesureur, tricoteur.

MÉDAILLES DE PRIX.

ACKLIN................	France.......	Substitution du papier aux cartons jacquart.
ADORNO (J.-N.).........	Royaume-Uni..	Machine à fabriquer les cigarettes.
BALL, DUNNICLIFFE et Cie.	Royaume-Uni..	Machine à fabriquer le tulle à chaîne.
BARANOWSKI (J.-J.).....	France.......	Presse à imprimer et compter les billets de chemins de fer, etc.
BERRY (B.) et fils.......	Royaume-Uni..	Diverses machines à fabriquer les tricots.
BERTHELOT (N.)........	France.......	Machine à tricots circulaires.
BESSEMER (H.).........	Royaume-Uni..	Machine centrifuge à séparer la mélasse.
BIRCH (J.)............	Royaume-Uni..	Machine à fabriquer les moneaux de croisées.
BIRKIN (R.)...........	Royaume-Uni..	Machine à faire le tulle, avec jacquart.
BLACK (J.)............	Royaume-Uni..	Machine à plier.
BLODGET (S.-C.)........	Royaume-Uni..	Machine à coudre.
BOLAND (A.)...........	France.......	Pétrisseur mécanique.
BONARDEL frères........	Prusse.......	Métier jacquart et machine à percer les cartons.
BORIE frères...........	France.......	Machine à fabriquer les briques creuses.
BREWER (C. et W.).....	Royaume-Uni..	Rouleaux et toile métallique pour papeterie.

[1] Cette liste est empruntée au rapport anglais de M. Willis.

Calvert (F.-A.)........	Royaume-Uni..	Débourreur et épurateur pour coton.
Church et Goddard.....	Royaume-Uni..	Machine à couper, imprimer et préparer les cartes et billets de chemins de fer, etc.
Claussen (P.).........	Royaume-Uni..	Métier à tricot circulaire.
Crawhall (J.).........	Royaume-Uni..	Machine à fabriquer les cordes.
Crighton (D.).........	Royaume-Uni..	Nouvel embrayage pour les métiers à tisser.
Cuyère (Mme)..........	Toscane......	Peignes ou ros à tisser.
Dalgety (A.)..........	Royaume-Uni..	Petit tour à mandrin automate.
Dandoy, Maillard et Lucy.	France........	Rouleaux cannelés de filature.
Darier (H.)...........	Suisse........	Presse à découper les aiguilles de montre.
Davenport (J.-P.)......	Royaume-Uni..	Machines diverses à travailler la soie.
De Bergue et Cie.......	Royaume-Uni..	Ros ou peignes fabriqués par machine.
De la Rue et Cie........	Royaume-Uni..	Machine à plier et coller les enveloppes.
Dorey (J.-F.)..........	France........	Machine à fabriquer les cordons de lisse.
Earle (T.-K.) et Cie....	États-Unis....	Cardeuse pour le drap.
Frey jeune.............	France.......	Machine à faire les clous.
Frost (J.).............	Royaume-Uni..	Machine nouvelle à préparer le fil de soie.
Furness (W.)..........	Royaume-Uni..	Machines pour travailler le bois.
Gamba (Les héritiers de)..	Australie......	Cylindre jacquart.
Garforth (W.-J.)......	Royaume-Uni..	Machine à river, à vapeur.
Hamann (A.)...........	Prusse........	Tour mécanique.
Harding, Pullein et Johnson................	Royaume-Uni..	Machine à fabriquer les types d'imprimerie.
Harding-Cocker........	France.......	Peignes et sérans.
Hayden (W.)..........	États-Unis....	Régulateur des réunisseuses pour coton.
Higgins et fils..........	Royaume-Uni..	Machine à préparer et filer le coton et le lin.
Holtzapffel et Cie.....	Royaume-Uni..	Tour à pédale d'amateur, avec appareil et outils.
Hornby et Kenworthy...	Royaume-Uni..	Machine à parer et dresser, et embrayage pour métiers à tisser.
Huck.................	France.......	Appareil complet de féculerie.
Hue (J.-B.)...........	France.......	Presse à découper et nouer les agrafes.
Ingram (H.)...........	Royaume-Uni..	Machine verticale à imprimer, d'Applegath.
Jacquin (J.-J.).........	France.......	Machine à tricot circulaire.
Johnson (R.) et frères...	Royaume-Uni..	Banc à étirer le fil de fer.
Judkins (C.-T.)........	Royaume-Uni..	Nouvelle machine à fabriquer les cordons de lisse.
Kenworthy et Bullough.	Royaume-Uni..	Casse-fil pour métier à tisser.
Lacroix et fils..........	France.......	Machine à fouler les draps.
Lawrence (J.).........	Royaume-Uni..	Réfrigérant distributeur, etc.
Leonhardt (J.-E.)......	Prusse........	Machine à fondre les types.
Lewis (F.) et fils.......	Royaume-Uni..	Machine à tailler les dents de roues et fuseaux de filature.
Lowell (Atelier de machines à)...........	États-Unis....	Tour mécanique et métier à tisser.
Manlove, Allcott et Seyrig...............	Royaume-Uni..	Machine centrifuge à laver et à sécher.
Mareschal (J.)........	France.......	Machine à hacher la viande.
Mirouds frères.........	France........	Cardes diverses.
Morey (C.)...........	États-Unis....	Machine à tailler les pierres, d'Eastman.
Muir (W.)............	Royaume-Uni..	Petit tour et outils divers.
Napier et fils..........	Royaume-Uni..	Presse pour imprimer les lettres.
Nicolas (P.)...........	France........	Machine à graver les cylindres.
Parr, Curtis et Madeley.	Royaume-Uni..	Variété de machines à carder, filer le coton, renvideuse automate triple, machines-outils.
Perry (John)..........	Royaume-Uni..	Peigne à laine.
Plummer (R.)..........	Royaume-Uni..	Machine à spader, teiller le lin, etc.
Preston (F.)..........	Royaume-Uni..	Fuseaux et ailettes.
Prosser et Hadley......	Royaume-Uni..	Scie à découper les bois d'ornement.

RANSOMES et MAY.......	Royaume-Uni..	Presse spéciale à imprimer.
REMOND (A.)...........	Royaume-Uni..	Machine pour couper et coller les enveloppes.
ROBINSON et RUSSELL.....	Royaume-Uni..	Moulin à vapeur pour la canne à sucre.
ROSWAG et fils..........	France........	Toile métallique pour papeterie.
RYDER (W.)...........	Royaume-Uni..	Petite machine à forger.
SAUTREUIL jeune........	France.......	Machine à planer, profiler les bois.
SCHNEIDER et LEGRAND...	France........	Tondeuse hélicoïde.
SCHWERDER (J.).........	France........	Machine à forger.
SCRIVE frères...........	France........	Cardes diverses.
SHEPHARD, HILL et SPINK.	Royaume-Uni..	Tour à chariot automate.
SMITH (M.)............	Royaume-Uni..	Métiers à tisser divers.
SMITH, BEACOCK et TANNETT................	Royaume-Uni..	Tour automate, machines à percer et à planer.
SOCIÉTÉ DU PHOENIX.....	Belgique......	Machine à bobines pour filer en fin.
STAMM et Cie...........	France........	Banc à broches à double compression.
STARR (C.)............	États-Unis....	Machine à relier les livres.
STEWART (D.-Y.) et Cie..	Royaume-Uni..	Machine à fabriquer les moules pour tuyaux de fonte.
TAYLOR (J.)...........	Royaume-Uni..	Sérançoirs.
TAYLOR (W.)..........	Royaume-Uni..	Machine à fabriquer des abat-jours hémisphériques en papier plissé.
THOMAS (H.)..........	Prusse........	Tondeuse hélicoïde.
TIZARD (W.-L.)........	Royaume-Uni..	Modèle de brasserie.
TOUAILLON (C.)........	France........	Machine à repiquer les meules de moulin.
TROUPIN frères.........	Belgique......	Tondeuse, Gnisseuse.
VARRALL, MIDDLETON et ELWELL..............	France........	Machine à fabriquer le papier.
WESTRUP (W.) et Cie....	Royaume-Uni..	Moulin à blé.
WILSON (G.)..........	Royaume-Uni..	Machine à couper le carton et le papier.
WOODBURY (J.-P.)......	États-Unis....	Machine à planer, raboter, rainer le bois.

FIN DE LA IIe PARTIE.

TABLE ALPHABÉTIQUE

DES

NOMS D'AUTEURS, INVENTEURS, MÉCANICIENS, EXPOSANTS, ETC.[1]

PREMIÈRE PARTIE.

A

B

[1] Cette table est due aux soins de M. Ginestou, employé à la Société d'encouragement.

C

D

E

F

G

H

I

J

K

L

M

N

O

P

Q

R

S

T

U

V

W

Z

SECONDE PARTIE.

A

B

C

D

E

F

G

H

I

J

K

L

M

N

O

P

Q

R

S

T

U

V

W

Z

TABLE GÉNÉRALE DES MATIÈRES.

PREMIÈRE PARTIE.

MACHINES ET OUTILS PRINCIPALEMENT EMPLOYÉS À LA FABRICATION DES MATIÈRES NON TEXTILES.

SECONDE PARTIE.

MACHINES ET OUTILS SPÉCIALEMENT EMPLOYÉS À LA FABRICATION DES MATIÈRES TEXTILES.

Pages.

35.

Pages.

FIN DE LA TABLE GÉNÉRALE DES MATIÈRES.

VIIe JURY.

GÉNIE CIVIL,

ARCHITECTURE, COMBINAISONS ET APPAREILS

RELATIFS AUX CONSTRUCTIONS,

PAR M. COMBES,

MEMBRE DE L'INSTITUT, INSPECTEUR GÉNÉRAL DES MINES.

COMPOSITION DU VIIe JURY.

MM. J. K. Brunel, Président et Rapporteur	Angleterre.
Combes, Vice-Président	France.
le Dr Neil-Arnott	Angleterre.
F. W. Conrad	Pays-Bas.
J. M. Rendel	Angleterre.
le Comte de Rosen	Suède et Norwége.
le Dr J. V. C. Smith	États-Unis.
William Tite	Angleterre.

OBSERVATIONS GÉNÉRALES.

Les matériaux qui entrent dans la construction des édifices, les machines dont il est fait usage pour les élever, les appareils de ventilation, les objets servant à la décoration, étaient répartis, à l'Exposition de Londres, dans diverses classes, suivant leur nature, leur mode de fabrication ou la spécialité commerciale qui les fournit. La VIIe classe du catalogue officiel ne comprend, en conséquence, que les grands édifices, les ponts, viaducs, constructions à la mer, et un petit nombre d'appareils spéciaux, fort peu analogues entre eux, qui n'ont pu trouver place parmi les machines ou les ouvrages en fer de la XXIIe classe.

Les grandes constructions ont, dans une exposition publique, le désavantage de ne pouvoir y être représentées que par des modèles à une petite échelle, qui donnent au public une idée fort imparfaite de l'œuvre dont ils tiennent la place. Cela explique pourquoi les ingénieurs et les architectes de toute nation se sont généralement abstenus de prendre part à l'Exposition universelle de 1851. Quelques-unes de leurs œuvres y figuraient seulement en modèles exposés par les personnes qui les avaient exécutés, sans la participation ou avec la participation fort indirecte des auteurs eux-mêmes. Dans ces circonstances, la tâche du VIIe jury a été réduite à peu de chose; elle aurait même été dépourvue d'intérêt, comme l'a fait remarquer son rapporteur M. Brunel, s'il n'eût été invité à comprendre dans son examen le bâtiment même de l'Exposition, et les habitations modèles pour les familles d'ouvriers, dont un spécimen, construit sous la direction et aux frais de S. A. R. le prince Albert, était élevé à proximité de l'entrée principale du Palais de cristal. Ces deux édifices, de proportions et de genres bien différents, offrent plusieurs applications des derniers perfectionnements dont les arts et l'industrie sont redevables aux progrès des sciences. On y reconnaît l'esprit qui anime les nations civilisées de notre âge et le goût qui les distingue.

BÂTIMENT DE L'EXPOSITION.

Nous ne décrirons pas ici l'œuvre conçue par M. Joseph Paxton et exécutée par MM. Fox, Henderson et Cie, à chacun desquels le conseil des présidents, sur la proposition du VIIe jury, a décerné la grande médaille. On trouvera une description exacte et tous les détails de construction du Palais de cristal dans la notice de M. Digby Wyatt, imprimée au commencement du catalogue officiel illustré. Nous nous bornerons à rappeler que ce vaste édifice, dont la hardiesse, l'élégance et l'excellente appropriation ont excité l'admiration universelle, résulte de la réunion d'un grand nombre de parties semblables, composées de pièces aussi semblables entre elles et groupées de manière à former un ensemble saisissant de grandeur, où la ténuité des parties pleines, indispensable pour ménager l'accès abondant de la lumière et de l'air, n'ôte rien à l'excès de solidité qui procure une sécurité absolue. Tout le bâtiment repose sur des colonnes creuses en fonte de fer reliées entre elles par des traverses ou fermes en métal, ayant la forme de cadres rectangulaires de 3 pieds ($0^m,914$) de hauteur. Ces traverses sont de trois longueurs différentes, 24, 48 et 72 pieds anglais, égales aux largeurs diverses assignées aux galeries qui forment les subdivisions de l'édifice. Elles sont toutes divisées, par des tiges verticales, en compartiments rectangulaires de 8 pieds ($2^m,43$) de long, dont chacun est renforcé par des diagonales ou croix de Saint-André. Les traverses de 24 pieds sont en fonte de fer; les autres, presque entièrement en fer forgé; les côtés verticaux des traverses et des compartiments sont seuls en fonte, parce que ces parties n'ont à supporter que des efforts de compression.

Les colonnes creuses en fonte employées comme supports offrent, en raison de leur forme, le maximum de résistance à la rupture pour une section donnée, sous une charge agissant dans le sens de leur longueur. Elles ont, en outre, l'avantage de donner écoulement par leur intérieur aux eaux pluviales, qui sont conduites par des tuyaux souterrains branchés sur leurs socles, au grand égout voisin du bâtiment. Les formes des traverses ont été déterminées par le calcul fondé sur les lois bien connues de la fonte et du fer à la flexion et à la rupture, de manière qu'elles soient capables de résister, sans altération, à des charges fort supérieures à celles qu'elles pourraient avoir à porter après leur mise en place. Des expériences préliminaires sur des parties formées de quatre colonnes réunies par des traverses et chargées sur des planchers par des hommes serrés d'abord immobiles les uns contre les autres, puis marchant au pas cadencé, puis enfin sautant sur les planchers, ont confirmé les résultats du calcul et mis en évidence l'efficacité et la solidité du mode d'assemblage des pièces. Toutes les traverses qui relient les colonnes et supportent les planchers ont été, avant leur mise en place, soumises, à l'aide de presses hydrauliques, à des pressions appliquées aux points qui devaient servir d'appui dans le bâtiment une fois construit, et égales au double au moins des charges maxima qui pourraient accidentellement venir à porter sur ces points.

Les cintres du grand transept, formant des demi-cercles de 74 pieds (22m,56) de diamètre, sont composés de planches courbées de champ, reliées par des boulons et armées de bandes de fer plat à l'intrados et à l'extrados. Ils sont espacés de 24 pieds dans le sens horizontal; l'espace intermédiaire est divisé en trois intervalles égaux par des cintres de dimensions moindres, entre deux desquels sont établis des cintres de section encore plus petite mais d'un diamètre plus grand, saillants sur le dôme, et sur lesquels portent les bords supérieurs des feuilles de verre de la toiture. Les cintres principaux et intermédiaires sont liés entre eux par des tiges en fer croisées, dont l'ensemble forme un réseau qui s'étend sous toute la surface interne du toit.

A partir du premier étage, c'est-à-dire d'une hauteur de 24 pieds au-dessus du sol, les parois latérales sont en vitrages comme la toiture. Les feuilles de verre sont placées dans des châssis en bois, consolidés par des tiges de fer qui traversent les cadres et les barreaux de subdivision; les châssis sont insérés entre des colonnes également en bois, à 8 pieds de distance l'une de l'autre, sur l'alignement des colonnes en fonte distantes de 24 pieds. Chacun des châssis est surmonté d'un ventilateur construit en façon de persienne à feuilles mobiles. Ces feuilles sont en fer galvanisé et peuvent être manœuvrées d'en bas par des renvois de mouvement.

La vaste surface à couvrir en vitrages n'a pas exigé moins de 32,186 mètres courants de pièces de bois destinées à recevoir les bords inférieurs des feuilles de verre, et à servir de gouttières, pour conduire aux colonnes creuses les eaux pluviales et l'eau résultant de la vapeur condensée à la surface inférieure du verre. Ces pièces doivent, en conséquence, être creusées, sur leur face supérieure, en un canal demi-circulaire où se réunissent les eaux pluviales, et présenter, sur leurs faces latérales, deux petits conduits ou rigoles pour recevoir l'eau condensée qui, retenue par l'adhérence malgré l'action de la pesanteur, coule en filets à l'intérieur sur les feuilles de verre. Les pièces de bois ainsi taillées étaient connues, depuis quelques années, sous le nom de *gouttières-Paxton;* celles du Palais de cristal ayant 24 pieds de portée, on a dû, afin de réduire leur section transversale, les armer de tiges en fer; elles ont été débitées et creusées, suivant le profil voulu, dans les ateliers de MM. Fox et Henderson, à Chelsea, au moyen de machines nouvelles fort ingénieusement disposées par M. Cowper, ingénieur attaché à leurs établissements. Ces machines ont débité journellement, pendant plusieurs jours consécutifs, 2,000 pieds courants (610 mètres) de gouttières.

Les traverses et barreaux en nombre immense nécessaires à la confection des châssis vitrés ont été aussi débités et profilés à l'aide de machines beaucoup plus simples que les précédentes et disposées par M. Birch, attaché à l'établissement des scieries du Phénix, dont les propriétaires avaient traité, pour la fourniture de toutes les pièces de ce genre, avec MM. Fox et Henderson.

Les plans de M. Paxton furent adoptés par la commission royale de l'Exposition universelle, le 26 juillet 1850. Le contrat définitif avec M. Paxton et MM. Fox, Henderson et Cie, ne fût signé que le 31 octobre suivant : l'ouverture de l'Exposition était fixée au 1er mai 1851. Ainsi, un intervalle de huit mois au plus a suffi pour réviser les avant-projets et arrêter définitivement les plans d'exécution, déterminer les formes et les sections de toutes les pièces et contrôler les résultats du calcul par des essais directs, passer tous les marchés, créer des ateliers spéciaux, inventer et mettre en œuvre des machines nouvelles, élever enfin, au temps fixé, sans qu'il soit survenu aucun accident sérieux, conformément à toutes les prévisions de l'auteur et des constructeurs, ce brillant édifice à proportions aériennes et pourtant si solide, dans la construction duquel on évalue qu'il n'est pas entré moins de 3,500 tonnes de fonte, 550 tonnes de fer forgé, 896,000 pieds carrés (83,238 mètres carrés) de verre pesant 400 tonnes et 600,000 pieds cubes (16,988 mètres cubes) de bois ouvré.

La dépense très-modérée, eu égard au résultat obtenu, a été entièrement supportée par le public, sans aucune subvention du gouvernement. Exemple admirable de ce que peut réaliser une grande nation dont les citoyens, en possession de la richesse accumulée par le travail persévérant et l'épargne, animés de l'esprit d'entreprise, de la confiance que donnent de nombreux succès et une longue jouissance de la liberté industrielle, savent mettre à profit, au moyen de l'association, d'une intelligente division du travail et de sages combinaisons économiques, toutes les ressources que présentent aujourd'hui la mécanique et la métallurgie.

MODELES D'HABITATIONS POUR LES CLASSES OUVRIERES.

La société pour l'amélioration de la condition des classes ouvrières, placée sous le patronage direct de S. M. la reine du Royaume-Uni et présidée par S. A. R. le prince Albert, a principalement dirigé ses efforts vers l'amélioration des habitations des ouvriers ; elle a voulu montrer, par des exemples, qu'il était possible d'obtenir un intérêt rémunérateur de capitaux employés à cet usage. À cet effet, elle a construit, en 1844, à Pentonville, entre Gray's-inn-road et Lower-road, un groupe d'habitations modèles pour vingt-trois familles et trente veuves ou femmes avancées en âge vivant isolément. D'autres constructions du même genre ont été exécutées ensuite dans divers quartiers de Londres. La même société ne s'est pas bornée à élever des maisons nouvelles ; elle a acheté, réparé et assaini des groupes de vieilles maisons qui se trouvaient dans les conditions les plus misérables de propreté et de salubrité, et les a louées, après ces améliorations, à des prix précisément égaux à ceux des locations antérieures, parce qu'elle s'est imposé la règle de maintenir sans abaissement les prix de location existants. L'assainissement des anciennes habitations a été, en tenant compte tant du capital immobilisé que des frais courants d'administration, d'éclairage, etc., celle de ses entreprises qui a donné le plus de profits, profits très-suffisants pour encourager un pareil emploi de capitaux.

La maison modèle construite auprès du bâtiment de l'Exposition, sous la direction et aux frais de S. A. R. le prince Albert, d'après les plans de M. Roberts, architecte honoraire de la société, offre la réunion des derniers perfectionnements auxquels on est arrivé, sous le rapport du choix des matériaux, de la distribution intérieure, des dispositions relatives au chauffage, à la ventilation, à l'écoulement des eaux ménagères, etc.; elle renferme des logements pour quatre familles; on accède à l'étage supérieur par un escalier extérieur et découvert; les murs et cloisons de séparation sont construits en briques creuses, très-propres à prévenir la transmission du son et de la chaleur, et qui facilitent beaucoup la ventilation, en permettant d'établir, sans frais additionnels, des conduits dans l'épaisseur des murs pour l'introduction de l'air extérieur et l'écoulement de l'air vicié dans les cheminées, suivant le mode indiqué et vulgarisé par le docteur Neil-Arnott; le sol des chambres est sur voûtes en briques et carrelé; les murs sont recouverts, dans leur partie inférieure, de carreaux vernissés, ce qui permet de les laver et de maintenir sans beaucoup de peine les lieux dans un état constant de propreté; l'eau est fournie à discrétion à chaque étage; les eaux ménagères s'écoulent par des cuvettes à fermeture hydraulique et d'un nettoyage facile. Ce modeste édifice où quatre familles d'ouvriers peuvent trouver, moyennant le prix de location qu'elles ont à payer pour des logements misérables et malsains, des habitations non-seulement salubres, mais pourvues de toutes les commodités qui rendent faciles les habitudes de décence, de propreté, réservées encore aujourd'hui presque partout aux seules classes riches et élevées, était digne de l'attention dont il a été l'objet de la part de tous les visiteurs de l'Exposition. S. A. R. le prince Albert a bien voulu accepter la grande médaille qui lui a été offerte par le conseil des présidents, en raison du grand service qu'il rend à l'humanité tout entière par sa coopération active et libérale aux œuvres de la société qu'il préside.

MODÈLES DE PONTS, VIADUCS, DIGUES À LA MER, ETC.

Plusieurs des grands travaux de ponts, viaducs, digues à la mer, exécutés dans ces derniers temps ou encore en cours d'exécution par des ingénieurs anglais, dans le Royaume-Uni ou sur le continent, étaient représentés, à l'Exposition, par des modèles qui ne laissaient rien à désirer sous le rapport de l'exactitude et du fini artistique. Nous citerons, en particulier, les modèles du pont-tube (*Britannia-bridge*) sur le détroit de Menai; du pont en fer en voie d'exécution sur la Wye, à Chepstow, pour le passage d'un chemin de fer conçu par M. Brunel; du grand pont suspendu sur le Dnieper, à Kieff, projeté par M. Charles Vignoles pour le gouvernement russe; du magnifique brise-lames de Plymouth; des systèmes de plans inclinés et engins propres à hisser hors de l'eau les grands navires à réparer, par le capitaine S. Brown et par MM. S. et H. Morton. Les nations étrangères n'ont contribué à cette partie de l'Exposition que par un très-petit nombre d'envois. Nous avons particulièrement regretté que la France n'y fût pas représentée par quelques-uns des modèles et dessins qui appartiennent à la belle collection de notre école impériale des ponts et chaussées, parmi lesquels il nous sera permis de citer ceux qui se rapportent aux magnifiques travaux du port de Cherbourg, bien supérieurs en importance au fameux brise-lames de Plymouth; au pont jeté sur le Rhône, entre Beaucaire et Tarascon, en un point où l'établissement des fondations sur un fond de sable mobile, recouvert d'une grande hauteur d'eau et dans un courant très-rapide, a présenté des difficultés qu'on n'a pu surmonter que par l'application de procédés nouveaux; au gigantesque aqueduc de Roquefavour; au pont-canal du Bec-d'Allier. Nous regrettions aussi l'absence d'un modèle de machines et du chemin atmosphérique de Saint-Germain, conçu et exécuté avec un succès si remarquable par MM. Clapeyron et Eug. Flachat. Dans le petit nombre d'envois faits par les nations autres que la Grande-Bretagne, le VIIe jury a distingué en particulier le modèle du dôme tournant en fer sous lequel doit être placée la lunette parallactique de l'Observatoire de Paris, et celui du comble en fer de 40 mètres de portée de la Douane de Paris; l'un et l'autre ont été adressés par le constructeur lui-même, M. Travers, qui a obtenu une médaille de prix. Un pont mobile pour chemin de fer au passage d'un canal, exécuté en Hollande, et dont le modèle a été envoyé par la compagnie des chemins de fer de Hollande, et un modèle de pont en fer et en bois, envoyé par la compagnie des ponts en fer de New-York, ont été jugés dignes de la même distinction. Ce dernier modèle représente un système mixte aujourd'hui très-usité aux État-Unis d'Amérique, et qui est une heureuse modification du système de ponts en bois connus généralement en France sous le nom de *ponts américains*, et désignés en anglais par celui de *lattice-bridge*.

MODÈLES D'ÉDIFICES ET RELIEFS TOPOGRAPHIQUES.

Nous ne devons pas omettre de rappeler les beaux modèles qui ont excité l'admiration générale, et qui représentaient quelques-uns des édifices les plus remarquables de l'Angleterre, des portions de villes entières et des reliefs topographiques de quelques districts. Citons, en particulier, les modèles des villes de Dundee et de Liverpool, par M. Carrington, et le relief de l'*Undercliff*, dans l'île de Wight, relevé et exécuté par le capitaine Ibbetson. Un modèle de la cathédrale de Strasbourg, par M. J. W. Leamann (Suisse), a aussi attiré l'attention.

PROCÉDÉS ET APPAREILS NOUVEAUX

EMPLOYÉS DANS LES CONSTRUCTIONS.

Les projets de constructions nouvelles étaient en très-petit nombre à l'Exposition universelle. Il en était de même des combinaisons et procédés relatifs aux constructions (*building contrivances*). Le VIIe jury a distingué, parmi les objets appartenant à cette dernière catégorie, les scaphandres de MM. Heincke et A. Siebe. Ces appareils, dont le principe est connu depuis très-longtemps, n'étaient que très-rarement employés. Ils ont reçu, dans ces dernières années, des perfectionnements qui les ont rendus d'un usage relativement facile et sûr. Les ingénieurs s'en servent aujourd'hui fréquemment dans les travaux de fondation sous l'eau. Un homme, porteur du casque, des vêtements en caoutchouc et des armures en plomb qui composent les appareils de MM. Heincke et Siebe, peut marcher et travailler pendant plusieurs heures sur le sol recouvert de 7 à 8 mètres d'eau, sans éprouver une grande fatigue et sans courir de danger. On a fait usage, avec succès, d'un appareil de M. Siebe, pour les travaux de fondation du pont sur le Rhône, entre Beaucaire et Tarascon, et ceux qui sont exécutés dans le port de Marseille.

Nous sommes ici réduits à exprimer le très-vif regret de n'avoir pas vu figurer, dans les galeries du Palais de cristal, en modèle au moins, les appareils à air comprimé qui remplacent aujourd'hui, avec d'immenses avantages, l'ancienne cloche à plongeur; nous voulons parler des bateaux exécutés par M. Cavé, pour les travaux du barrage du Nil, dont nous avons vu les analogues, sortis des ateliers du même constructeur, fonctionner dans la Seine, à Paris, et des moyens qui étaient mis en œuvre, avec succès, pendant la durée même de l'Exposition, aux travaux de fondation des piles d'un pont sur la

Medway, à Rochester, dans un terrain présentant des difficultés naturelles considérables et augmentées encore par l'existence, sur le même emplacement, des restes de piles d'un ancien pont détruit depuis longtemps. La partie essentielle des appareils très-habilement disposés à Rochester par M. Hughes, l'ingénieur résident, consiste dans les tubes en fer surmontés d'un sas à air comprimé, qui ont été imaginés par notre compatriote M. Triger, appliqués par lui au creusement d'un puits de mines à travers des sables fluides, dans une île de la Loire, près Châlonnes, et qui ont valu à leur auteur le prix de mécanique, que l'Académie des sciences de l'Institut lui a décerné en 1852.

SONDES POUR LE FORAGE DES PUITS ARTÉSIENS

ET L'EXPLORATION DES TERRAINS.

Les appareils pour forage de trous de sonde et de puits artésiens ont été renvoyés, en dernier lieu, à l'examen du VIIe jury. Il a distingué ceux de MM. Mulot et fils, de Paris, qui ont exécuté le fameux puits de l'abattoir de Grenelle, et ceux de M. J. F. Laué de Wilderz (canton d'Argovie). La sonde de M. Laué présente une disposition nouvelle et ingénieuse, au moyen de laquelle les boues mises en suspension dans l'eau par les mouvements de la sonde, sont reçues, à mesure que le trou est approfondi, dans un cylindre placé immédiatement au-dessus de l'outil qui attaque la roche; le fond du trou est ainsi tenu constamment dégagé des détritus qui, dans le procédé de sondage ordinaire, s'y accumulent, paralysent l'action de l'outil percuteur, et ne sont enlevés que de temps à autre par une opération particulière. Il y a de l'analogie entre les effets obtenus par la sonde de M. Laué et ceux de la sonde à tige creuse de M. Fauvel (cette dernière ne figurait point à l'Exposition universelle); mais les appareils sont très-différents l'un de l'autre. La disposition adoptée par M. Laué paraît avoir donné de bons résultats dans le forage d'un trou de sonde de 1,300 pieds (près de 400 mètres) de profondeur. Les emmanchements de tiges de sonde de MM. Mulot et de M. Laué sont l'un et l'autre ingénieusement disposés, et permettent de tourner alternativement la sonde en sens opposé, sans que les tiges puissent se dévisser.

FIN.

TABLE DES MATIÈRES.

Pag.

www.ingramcontent.com/pod-product-compliance
Ingram Content Group UK Ltd.
Pitfield, Milton Keynes, MK11 3LW, UK
UKHW021839190726
13855UKWH00001B/52